本书系国家社科基金青年项目“科学修辞战略研究”（11CZX027）研究成果
本书受教育部人文社会科学重点研究基地——山西大学科学技术哲学研究中心基金资助

科学技术哲学文库

丛书主编 / 郭贵春

科学修辞战略研究

李洪强 ● 著

科学出版社
北京

图书在版编目（CIP）数据

科学修辞战略研究 / 李洪强著. —北京：科学出版社，2016.7
（科学技术哲学文库）
ISBN 978-7-03-048603-5

Ⅰ.①科… Ⅱ.①李… Ⅲ.①科学技术–修辞学–研究 Ⅳ.①N02 ②H05

中国版本图书馆 CIP 数据核字（2016）第 125306 号

丛书策划：孔国平
责任编辑：邹 聪 刘 溪 刘巧巧 / 责任校对：郭瑞芝
责任印制：徐晓晨 / 封面设计：黄华斌 陈 敬
联系电话：010-64035853
电子邮箱：houjunlin@mail.sciencep.com

科学出版社 出版
北京东黄城根北街 16 号
邮政编码：100717
http://www.sciencep.com
北京厚诚则铭印刷科技有限公司 印刷
科学出版社发行 各地新华书店经销
*
2016 年 7 月第 一 版 开本：720×1000 B5
2019 年 1 月第三次印刷 印张：18 3/4
字数：378 000
定价：95.00 元
（如有印装质量问题，我社负责调换）

“科学技术哲学文库”

总　序

认识、理解和分析当代科学哲学的现状，是我们抓住当代科学哲学面临的主要矛盾和关键问题、推进它在可能发展趋势上取得进步的重大课题，有必要对其进行深入研究并澄清。

对当代科学哲学的现状的理解，仁者见仁，智者见智。明尼苏达科学哲学研究中心在2000年出版的*Minnesota Studies in the Philosophy of Science*中明确指出："科学哲学不是当代学术界的领导领域，甚至不是一个在成长的领域。在整体的文化范围内，科学哲学现时甚至不是最宽广地反映科学的令人尊敬的领域。其他科学研究的分支，诸如科学社会学、科学社会史及科学文化的研究等，成了作为人类实践的科学研究中更为有意义的问题、更为广泛地被人们阅读和争论的对象。那么，也许这导源于那种不景气的前景，即某些科学哲学家正在向外探求新的论题、方法、工具和技巧，并且探求那些在哲学中关爱科学的历史人物。"[①] 从这里，我们可以感觉到科学哲学在某种程度上或某种视角上地位的衰落。而且关键的是，科学哲学家们无论是研究历史人物，还是探求现实的科学哲学的出路，都被看作一种不景气的、无奈的表现。尽管这是一种极端的看法。

那么，为什么会造成这种现象呢？主要的原因就在于，科学哲学在近30年的发展中，失去了能够影响自己同时也能够影响相关研究领域发展的研究范式。因为，一个学科一旦缺少了范式，就缺少了纲领，而没有了范式和纲领，当然也就失去了凝聚自身学科，同时能够带动相关学科发展的能力，所以它的示范作用和地位就必然要降低。因而，努力地构建一种新的范式去发展科学哲学，在这个范式的基底上去重建科学哲学的大厦，去总结历史和重塑它的未来，就是相当重要的了。

换句话说，当今科学哲学在总体上处于一种"非突破"的时期，即没有重大的突破性的理论出现。目前，我们看到最多的是，欧洲大陆哲学与大西洋哲学之间的渗透与融合，自然科学哲学与社会科学哲学之间的借鉴与交融，常规科学的进展与一般哲学解释之间的碰撞与分析。这是科学哲学发展过程中历史地、必然地要出现的一种现象，其原因在于五个方面。第一，自20世纪的后历史主义出现以来，科学哲学在元理论的研究方面没有重大的突破，缺乏创造性的新视角和新方法。第二，对自然科学哲学问题的研究越来越困难，无论是拥有什么样知识背景的科学哲学家，对新的科学发现和科学理论的解释都存在着把握本质的困难，

---

① Hardcastle G L，Richardson A W. Logical Empiricism in North America//Minnesota Studies in the Philosophy of Science. Volume XVIII. University of Minnesota Press，2000：6.

它所要求的背景训练和知识储备都愈加严苛。第三，纯分析哲学的研究方法确实有它局限的一面，需要从不同的研究领域中汲取和借鉴更多的方法论的经验，但同时也存在着对分析哲学研究方法忽略的一面，轻视了它所具有的本质的内在功能，需要在新的层面上将分析哲学研究方法发扬光大。第四，试图从知识论的角度综合各种流派、各种传统去进行科学哲学的研究，或许是一个有意义的发展趋势，在某种程度上可以避免任何一种单纯思维趋势的片面性，但是这确是一条极易走向"泛文化主义"的路子，从而易于将科学哲学引向歧途。第五，科学哲学研究范式的淡化及研究纲领的游移，导致了科学哲学主题的边缘化倾向，更为重要的是，人们试图用从各种视角对科学哲学的解读来取代科学哲学自身的研究，或者说把这种解读误认为是对科学哲学的主题研究，从而造成了对科学哲学主题的消解。

然而，无论科学哲学如何发展，它的科学方法论的内核不能变。这就是：第一，科学理性不能被消解，科学哲学应永远高举科学理性的旗帜；第二，自然科学的哲学问题不能被消解，它从来就是科学哲学赖以存在的基础；第三，语言哲学的分析方法及其语境论的基础不能被消解，因为它是统一科学哲学各种流派及其传统方法论的基底；第四，科学的主题不能被消解，不能用社会的、知识论的、心理的东西取代科学的提问方式，否则科学哲学就失去了它自身存在的前提。

在这里，我们必须强调指出的是，不弘扬科学理性就不叫"科学哲学"，既然是"科学哲学"就必须弘扬科学理性。当然，这并不排斥理性与非理性、形式与非形式、规范与非规范研究方法之间的相互渗透、融合和统一。我们所要避免的只是"泛文化主义"的暗流，而且无论是相对的还是绝对的"泛文化主义"，都不可能指向科学哲学的"正途"。这就是说，科学哲学的发展不是要不要科学理性的问题，而是如何弘扬科学理性的问题，以什么样的方式加以弘扬的问题。中国当下人文主义的盛行与泛扬，并不是证明科学理性不重要，而是在科学发展的水平上，社会发展的现实矛盾激发了人们更期望从现实的矛盾中，通过对人文主义的解读，去探求新的解释。但反过来讲，越是如此，科学理性的核心价值地位就越显得重要。人文主义的发展，如果没有科学理性作为基础，就会走向它关怀的反面。这种教训在中国社会发展中是很多的，比如有人在批评马寅初的人口论时，曾以"人是第一可宝贵的"为理由。在这个问题上，人本主义肯定是没错的，但缺乏科学理性的人本主义，就必然走向它的反面。在这里，我们需要明确的是，科学理性与人文理性是统一的、一致的，是人类认识世界的两个不同的视角，并不存在矛盾。从某种意义上讲，正是人文理性拓展和延伸了科学理性的边界。但是人文理性不等同于人文主义，正像科学理性不等同于科学主义一样。坚持科学理性反对科学主义，坚持人文理性反对人文主义，应当是当代科学哲学所要坚守的目标。

我们还需要特别注意的是，当前存在的某种科学哲学研究的多元论与 20 世纪后半叶历史主义的多元论有着根本的区别。历史主义是站在科学理性的立场上，去诉求科学理论进步纲领的多元性，而现今的多元论，是站在文化分析的立场上，去诉求对科学发展的文化解释。这种解释虽然在一定层面上扩张了科学哲学研究的视角和范围，但它却存在着文化主义的倾向，存在着消解科学理性的倾向。在这里，我们千万不要把科学哲学与技术哲学混为一谈。这二者之间有重要的区别。因为技术哲学自身本质地赋有更多的文化特质，这些文化特质决定了它不是以单纯科学理性的要求为基底的。

在世纪之交的后历史主义的环境中，人们在不断地反思 20 世纪科学哲学的历史和历程。一方面，人们重新解读过去的各种流派和观点，以适应现实的要求；另一方面，试图通过这种重新解读，找出今后科学哲学发展的新的进路，尤其是科学哲学研究的方法论的走向。有的科学哲学家在反思 20 世纪的逻辑哲学、数学哲学及科学哲学的发展，即“广义科学哲学”的发展中提出了五个“引导性难题”（leading problems）。

第一，什么是逻辑的本质和逻辑真理的本质？

第二，什么是数学的本质？这包括：什么是数学命题的本质、数学猜想的本质和数学证明的本质？

第三，什么是形式体系的本质？什么是形式体系与希尔伯特称之为“理解活动”（the activity of understanding）的东西之间的关联？

第四，什么是语言的本质？这包括：什么是意义、指称和真理的本质？

第五，什么是理解的本质？这包括：什么是感觉、心理状态及心理过程的本质？①

这五个“引导性难题”概括了整个 20 世纪科学哲学探索所要求解的对象及 21 世纪自然要面对的问题，有着十分重要的意义。从另一个更具体的角度来讲，在 20 世纪科学哲学的发展中，理论模型与实验测量、模型解释与案例说明、科学证明与语言分析等，它们结合在一起作为科学方法论的整体，或者说整体性的科学方法论，整体地推动了科学哲学的发展。所以，从广义的科学哲学来讲，在 20 世纪的科学哲学发展中，逻辑哲学、数学哲学、语言哲学与科学哲学是联结在一起的。同样，在 21 世纪的科学哲学进程中，这几个方面也必然会内在地联结在一起，只是各自的研究层面和角度会不同而已。所以，逻辑的方法、数学的方法、语言学的方法都是整个科学哲学研究方法中不可或缺的部分，它们在求解科学哲学的难题中是统一的和一致的。这种统一和一致恰恰是科学理性的统一和一致。必须看到，认知科学的发展正是对这种科学理性的一致性的捍卫，

① Shauker S G. Philosophy of Science，Logic and Mathematics in 20th Century. London：Routledge，1996：7.

而不是相反。我们可以这样讲，20 世纪对这些问题的认识、理解和探索，是一个从自然到必然的过程；它们之间的融合与相互渗透是一个从不自觉到自觉的过程。而 21 世纪，则是一个“自主”的过程，一个统一的动力学的发展过程。

那么，通过对 20 世纪科学哲学的发展历程的反思，当代科学哲学面向 21 世纪的发展，近期的主要目标是什么？最大的“引导性难题”又是什么？

第一，重铸科学哲学发展的新的逻辑起点。这个起点要超越逻辑经验主义、历史主义、后历史主义的范式。我们可以肯定地说，一个没有明确逻辑起点的学科肯定是不完备的。

第二，构建科学实在论与反实在论各个流派之间相互对话、交流、渗透与融合的新平台。在这个平台上，彼此可以真正地相互交流和共同促进，从而使它成为科学哲学生长的舞台。

第三，探索各种科学方法论相互借鉴、相互补充、相互交叉的新基底。在这个基底上，获得科学哲学方法论的有效统一，从而锻造出富有生命力的创新理论与发展方向。

第四，坚持科学理性的本质，面对前所未有的消解科学理性的围剿，要持续地弘扬科学理性的精神。这应当是当代科学哲学发展的一个极关键的方面。只有在这个基础上，才能去谈科学理性与非理性的统一，去谈科学哲学与科学社会学、科学知识论、科学史学及科学文化哲学等流派或学科之间的关联。否则，一个被消解了科学理性的科学哲学还有什么资格去谈论与其他学派或学科之间的关联？

总之，这四个从宏观上提出的“引导性难题”既包容了 20 世纪的五个“引导性难题”，也表明了当代科学哲学的发展特征：一是科学哲学的进步越来越多元化。现在的科学哲学比过去任何时候，都有着更多的立场、观点和方法；二是这些多元的立场、观点和方法又在一个新的层面上展开，愈加本质地相互渗透、吸收与融合。所以，多元化和整体性是当代科学哲学发展中一个问题的两个方面。它将在这两个方面的交错和叠加中寻找自己全新的出路。这就是当代科学哲学拥有强大生命力的根源。正是在这个意义上，经历了语言学转向、解释学转向和修辞学转向这“三大转向”的科学哲学，而今转向语境论的研究就是一种逻辑的必然，成为科学哲学研究的必然取向之一。

这些年来，山西大学的科学哲学学科，就是围绕着这四个面向 21 世纪的“引导性难题”，试图在语境的基底上从科学哲学的元理论、数学哲学、物理哲学、社会科学哲学等各个方面，探索科学哲学发展的路径。我希望我们的研究能对中国科学哲学事业的发展有所贡献！

郭贵春
2007 年 6 月 1 日

前　言

20 世纪中期以来，后现代的种种思潮如洪水一般向着理性主义的堤坝冲来，洪水的水位一再上涨，甚至也会有几股汹涌的洪峰漫过堤坝，看起来，理性的堤坝被冲垮的风险也越来越大，从此，人类认识境况面临着后现代和理性主义的对峙。直至 21 世纪来临之时，人类思想认识有了一次飞跃，理性主义的堤坝开闸要将洪水般的后现代思潮导入泄洪水道，意在形成和谐和顺畅的“真”“善”和“美”统一的境界。

作为人类思想认识中最为活跃的科学哲学也同样面临着上述的困境和选择。面对要么仍然固守传统科学理性的堡垒，要么放弃传统科学理性事业彻底走上费耶阿本德告别理性之路的困境，科学哲学的发展必须重新作出选择。无论是图尔明从认识论角度为科学修辞所做的实用论证的辩护、库恩从历史主义角度为科学修辞所做的理由辩护、利奥塔和哈贝马斯从封闭走向交际修辞的探索，还是佩拉从证明到论证的转向都深刻地表明，作为介于绝对理性和非理性之间的一种中间战略，科学修辞在坚持传统推理逻辑的基础上，在科学论辩中可发挥独特作用——给“理由”；并在科学交流中发挥辩证“赎救”的功能，进而突出论证和话语的相关性以及语境性，从而为实现逻辑论证与理由论证的有机结合，走出绝对理性主义与相对主义的内在困境，为深受技术工具困扰的现代人能最终得到“解放”提供一条可选择的开放进路。因此，在我们所处的时代，无论在理论上还是在实践上，对科学修辞战略的研究都具有紧迫性和不可忽视的价值。

从理论上看，科学辩证法就是科学修辞战略的理论指导或内在逻辑，是负责裁决科学争论的科学话语逻辑，换句话说，如果没有辩证法，修辞就会成为柏拉图和康德所贬低的诡辩论。事实上，在科学论辩的语境中，辩证理性是由一张由实践、标准、思维方式、论证形式、信仰体系等要素组成的网络，它既包括科学事实、科学理论、价值以及推理等实体性要素，也包括一系列负责控制辩论过程和对辩论进行裁决的程序性要素，由此形成了科学修辞语境中的辩证理性的基本框架。

从实践上看，科学修辞战略的具体运用也充分展示了科学修辞在科学领域中策略上和战略上的灵活性、实用性和必要性。本书通过对公有性战略、认识论战略、发明战略和语言战略在内的四大宏观科学修辞战略的论述以及对为前提或假设进行辩护的战略、经验事实优先性战略、理论权衡战略、传统价值优先性战略、反驳战略、权威论证战略、得到或失去结果战略、保全性战略以及特殊的语言修辞战略在内的九种较为成熟的具有“实战”意义的微观科学修辞战略的案例分析，力图表明在科学修辞语境中，论辩双方无论利用哪一种科学修辞战略都呈现出一种总体性的“贝叶斯修辞”战略——论辩的每一方都在想方设法地提出论据，以提高自己理论的可信性，同时降低对方理论的可信性，最终实现说服和驳倒对方的目的。因此，一位出色的科学家就应懂得，要在最佳时刻，运用最佳战略，取得最佳效果。

从科学史上有关科学争论的案例分析（其中包括对哈维与盖伦的抗衡和光的本性争论，以及对大陆漂移学说遭拒的案例分析）可以看出，科学争论具有语境性特征，其中修辞语境又是科学争论中最显著、最核心的语境之一。科学争论是以劝说和反驳为特征的科学修辞语境；科学争论的过程是科学修辞双方将各自证据转化为适宜论辩场的可比较的语境理由的过程，是论辩双方较量理由效度和说服力度的过程；科学争论的解决或暂时性中止也需要借助科学修辞战略的裁决。

从方法论上看，对包括劝说、反驳、批判、类比、隐喻、辞格、术语、文献写作等在内的科学修辞方法的研究极大地丰富了方法论的宝库，为科学研究和科学哲学领域中问题的解决带来了多样化的研究进路和方法论上的多角度的启迪。

从学术价值上看，科学修辞战略的研究就是去挖掘和提炼出那些经典的科学修辞方法和机制，从而在认识论上形成一个理性和非理性交织、融合的理性重建过程，在方法论上形成一个多维度的“批判优选”分析方法，其价值就在于它最终要引领人类走向开放的、公平的和和谐的社会，而不是逻辑经验主义的“封闭社会”，更不是费耶阿本德的“自由社会”。

从应用价值上看，科学修辞战略研究的价值目标就在于让科学修辞战略分析加入其他科学分析模型中，一起来阐释人类追求的伟大真理。通过本书研究提炼和总结出的那些科学史上“好”的科学修辞战略无疑对今后科学的实践尤其是科学争论的实践具有指导意义，如本书对当前国内开展的有关主粮转基因是否应该商业化的论战进行了科学修辞战略的案例分析，充分体现了本书的应用价值。

从社会影响上看，笔者提出的有关辩证理性的观点在马克思主义哲学界也引起了一定的关注。辩证理性科学观下的辩证法尽管与马克思主义辩证法在具体语境中有所不同，但两者却并不矛盾，辩证理性科学观下的辩证法是对马克思主义辩证法的继承和发展，是马克思主义辩证法在新的时代背景下、新的学科领域中的创新和运用，更是对马克思主义辩证法科学性和强大生命力的进一步印证。

尽管科学修辞战略无论在理论上还是在实践上都具有无可辩驳的存在合理性和优势性，但科学修辞战略的元理论（科学修辞）、源理论（修辞学）和科学修辞战略实施主体的主观性都决定了科学修辞战略具有难以克服的局限性。因此，必须承认，任何任意夸大科学修辞战略作用的观点或做法，或是失去理性根基的科学修辞战略都会对科学造成危害，毕竟科学的生成不仅仅包括语言表征、交流的实践，它更包括科学家在头脑中认知和思维的抽象实践以及在实验室中实验和分析的实践。

值得一提的是，笔者的成书过程历经三个阶段——三年硕士的资料准备阶段、四年博士论文的撰写阶段以及九年国家社科基金课题的拓展和完善阶段。期间，既是笔者对所研究课题反复琢磨、痛苦与兴奋不断交织的过程，同时也是笔者对科学修辞战略认识不断深化的过程，主要表现在以下四个方面：

其一，笔者在博士论文中对科学修辞战略的研究范围仅仅局限于对科学修辞战略的合理性辩护以及科学修辞战略的构成和功能，而在国家社科基金课题的研究和本书的撰写过程中，笔者对科学修辞战略的研究范围不断延展，认为对科学修辞战略的研究不应该仅仅局限于科学修辞战略的地位、构成和功能，而应深入探讨科学修辞战略实施的土壤——科学争论，去研究科学争论中的修辞机制，去研究科学修辞战略与智性增长的核心问题等。

其二，笔者在博士论文中对科学修辞战略的最初认识，就是简单把科学修辞战略看成是通过战略设计去劝说或反驳的策略，而在国家社科基金课题的研究和本书的撰写过程中，笔者对科学修辞战略已经有了更高层次的理解，即在“大科学”时代背景下，科学修辞战略不应该再局限于在科学论辩中求胜，不应该总试图“征服”或“消灭”对方，而应立足于更开阔的空间，以更包容的态度去“聆听”对方和“审美”对方，最终经过劝说—反驳—共识之路，将那些多元思想融合到新的平台上进行审视、整合和理性重建，形成“螺旋式上升”的理解过程。

其三，在本书研究的方法上，笔者更加注重借助史料进行案例分析的方法。例如，在对科学史上著名的科学争论进行案例分析时，参阅了大量的史料和文献，其中，包括几个版本的《物种起源》①。笔者认为，只有尽可能多地借助第一手的资料，才能有效真实地还原当时的科学语境，才能挖掘出有价值的科学修辞战略，才能得出有说服力的结论。因此，在案例分析的撰写过程中，笔者更加注重对史料的分析方法，甚至对其中的一个小观点也试图通过多个版本的史料来加以引证或佐证，目的就是为了还原当时真实的科学争论语境，以期从中提炼出有效的科学修辞战略。

其四，为了提高本书的应用价值，笔者对科学修辞战略的研究更加注重了理论与实践相结合的分析方法，特别增加了对当下科学争论的分析，力图从鲜活的科学争论实践中审视和裁定那些合法、有效的科学修辞战略，其目的一方面是验证本书研究成果的实用价值，另一方面也试图为当前国内大范围的有关主粮转基因技术商业化的争论提供科学修辞战略上的指导或引导。

① 达尔文. 物种起源.周建人等译.北京：商务印书馆, 2002；达尔文. 物种起源.谢蕴贞译.北京：商务印书馆, 2007；达尔文. 人类的由来及性选择. 叶笃庄, 杨习之译.北京：科学出版社, 1982；Darwin C. The Origin of Species. London: John Murry, 1971.

总之，本书的成书过程就是对问题认识不断延伸、不断深入的过程，就是方法不断丰富、不断调整的过程，同时也是笔者思维不断抽象思辨、完善提高的过程。尽管本书倾注了笔者十几年的心血，但鉴于笔者的年轻和限于笔者的水平，本书一定会存在许多不完善之处，笔者始终期待各位专家、师长和学界同仁批评指正。

李洪强

2016 年 5 月

目　　录

导　论

一、问题的提出

自亚里士多德提出“人是理性的动物”以后，西方哲学一直都在致力于探索人类认识的理性原则。理性由此成为人类最为推崇、歌颂最多的概念，它将寻求形形色色的、确定无疑的“第一原理”“阿基米德点”作为其追求的最高目标。经过近代经验论和唯理论的论争以及德国古典哲学尤其是黑格尔哲学的综合思辨，理性主义无论是在认识论还是在方法论上都达到了登峰造极的地步，从而建立起人类理性主义的大厦。

在传统理性主义看来，科学是理性主义最典型和最值得骄傲的一项事业，通过理性，科学得到不断的累积和进步，同时也在不断地推动着社会向前发展。因此，理性的“问题”也一直是科学哲学关注的核心论题之一。在 20 世纪 60 年代之前，也就是历史主义学派兴起或者说非理性主义泛滥之前，整个科学哲学始终都在维系着理性的光环。尽管在不同时期，不同的科学哲学家都对理性概念给出了不同的诠释和重构，但他们都在试图从科学认识论以及科学方法论两个方面来建构科学理性的大厦，而问题是这两根被视为理性主义最基础、最中心及最确定的支柱是否能支撑起整个科学理性的大厦。

首先，自然科学在微观和宇观的深入发展使得以逻辑经验主义为代表的传统科学理性再也无法支撑起所谓的“坚不可摧”的宏伟大厦，“可证实原则”（confirmation）显然已经成了当代科学尤其是物理学进一步发展的障碍，传统认识论中的那些所谓的标准都已经成了没有任何意义的废话。其次，逻辑经验主义内部的矛盾日趋不可调和，尽管逻辑实证主义内部一再放宽其标准——从早期卡尔纳普提出的“可证实原则”，到“可检验性原则”（testability），再到“可验证性原则”（corroboration），最后到赖欣巴哈提出的“概率性原则”（probability），试图通过内部的调整来寻求解决困境的出路，但由于自身的矛盾和外部的批评，最终还是放弃了所谓的刚性的方法论标准。最后，来自外部的其他哲学派别的批评也使得逻辑经验主义难以应对，其中一方面是来自以奎因为代表的整体主义的批判以及波普尔的批判理性主义的批判，另一方面则是来自 20 世纪 60 年代崛起的历史主义和科学知识社会学（SSK）的消解，最终使得逻辑经验主义从科学哲学的中心舞台退出。

面对传统科学理性的困境，波普尔率先试图通过其“证伪”理论来挽救逻辑经验主义，但它和逻辑经验主义一样，都忽视了一个用经验来作为标准的致命的弱点——经验本身无法克服的私人性和欺骗性。库恩（T. Kuhn）从历史的角度给出了范式理论的解决方案，但在其心理、社会因素以及不可通约性的指导下，“库恩损失”也最终走向了无标准、无进步性可言的相对主义。接着，拉卡托斯又试图通过其“科学研究纲领”的不断进化和退化的模式，来清除库恩模式中那些否认科学存在客观性、进步性的相对主义因素，但拉卡托斯这里抛开了辩证法逻辑，而完全按照形式逻辑的方法来进行简单的综合，最终成了费耶阿本德嘲笑的对象。历史学派的极端主义者费耶阿本德则把对传统理性和对传统方法的批判和反对推向了极端，并汇集了科学哲学不同学派中所有的心理主义、相对主义及非理性主义的种种因素，最终形成了一整套的非理性主义体系。如果说上述历史主义是从科学史的角度对科学的客观性和绝对性进行相对主义的消解的话，社会建构论则是从社会学角度对科学的客观性和自然本性进行社会因素和政治性因素的消解，但当社会建构论夸大社会因素在科学研究中的作用，甚至把科学看成是社会建构、为金钱和权威所左右的结果的时候，则是非理性的，更是危险的。最后，后现代思潮则从语言学角度对科学的知识论和语境无涉性进行语言学、解释学和修辞学上的消解，但某些极端的后现代主义所带有的强烈的反基础、反中心甚至是反人类的相对主义特征，却最终使后现代主义走向了更令人难以接受的反科学思潮。这些形形色色的非理性主义的科学观，几乎把当代科学哲学的发展领上了一条不归之路，他们共同的观点就是反对理性、反对方法，取消科学的“限制物”，认为科学并不比任何其他的智力探索更理性，企图建立一个反对传统理性、反对传统方法论的新科学图景。

面对要么仍然固守传统科学理性的堡垒，要么放弃传统科学理性事业彻底走上费耶阿本德的告别理性之路，科学哲学必须重新做出选择。无论是图尔明从认识论角度为科学修辞所做的实用论证的辩护，还是佩拉从方法论视角为科学修辞所做的功能辩护都深刻地表明：作为介于绝对理性和非理性之间的一种中间战略，科学修辞战略的合理性不仅在于在科学实践中时刻存在着的对理性和非理性因素进行“决定”的要求，而且也是科学修辞本身所具有的功能和非规则叙述的本质特征之所在；也正是在这里，理性的“理由”和修辞的“有理由”内在地结合在了一起，同时在不同论域之间构建起了由此达彼的桥梁；理性的力量可以成为最好的修辞设计，而修辞力量能够成为最合理的理性可接受性的助力。

从理论上看，作为具有实践意义的科学修辞战略的理论指导或内在逻辑，科学辩证法是负责包括裁决科学争论、交流和表达等在内的科学话语的逻辑，换句话说，如果没有辩证法，修辞就会成为柏拉图和康德所贬低的诡辩论。事实上，在科学论辩的语境中，辩证理性是一张由实践、标准、思维方式、论证形式和信仰体系等要素组成的网络，它既包括由科学事实、科学理论、价值以及推理等构成的实体性要素，也包括一系列负责控制正在进行的辩论和对辩论进行裁决的程序性要素，由此形成了科学修辞语境中的辩证理性的基本框架。比较性研究表明：与黑格尔自己考察自己的自我批判式的辩证理性不同，科学辩证理性并不是一个只强调通过自身扬弃而最终实现完善的过程，而是着眼于“大科学”时代背景，借鉴亚里士多德意义上的辩证法优势，强调在不同科学共同体论辩语境下的辩证理性的研究，从而一方面克服黑格尔概念辩证法的局限性——缺乏客观性和实践性，另一方面由论辩双方形成的辩证理性更有利于把握事物的真理，有利于防止某一方形成对事物的歪曲认识，这无疑又是对辩证法在新的实践背景下的创新和发展。与逻辑经验主义的绝对理性相比，辩证理性在道义上更加宽容，因为它不是与一个特性或一种确定的方法相联系，而是更正确地与自由争论的不同特性和必要条件相联系。与“怎么都行”的“非理性”或“自由社会”相比，辩证理性更加适当，因为它保留了规范的理性概念，同时也并不取决于权威的冲动或外在的社会因素。事实上，辩证理性的哲学魅力就在于：它取决于自身的内在本性，即论证力度和效度。可见，科学修辞语境中的话语逻辑——辩证理性为消解绝对主义与相对主义之争提供了一条适当的可供选择的中间之路，同时也为科学家达成科学共识提供了一个有效的交流平台。

更为重要的是，在科学实践中，科学修辞战略的具体运用也充分展示了科学修辞在科学领域中的、在策略性和战略性上的灵活性、实用性和必要性。本书通过对包括公有性战略、认识论战略、发明战略和语言战略在内的四大宏观科学修辞战略的论述以及对包括为前提或假设进行辩护的战略、经验事实优先性战略、理论权衡战略、传统价值优先性战略、反驳战略、权威论证战略、得到或失去结果的战略、保全性战略以及特殊的语言修辞战略在内的九种较为成熟的具有“实战”意义的微观科学修辞战略的案例分析，力图表明：在科学修辞语境中，论辩双方无论利用哪一种科学修辞战略，都会呈现出一种总体性的“贝叶斯修辞”战略——论辩的每一方都在想方设法地提出论据，以提高自己理论的可信性，同时降低对方理论的可信性，最终实现说服和驳倒对方的目的。同时，本书也发现在科学修辞战略的语境中，即使是最为激烈的科学争论也应被看作发生于一个多元的论辩语境中：在这个多元的论辩语境中，存在着一种关于基本原则的默契；在这个语境中，持不同意见者及他们的活动会得到系统的宽容；在这个语境中，甚至是最为激进、最为固执的观点也不会随意地被驱除；在这种语境下，那些相左的视角不是相互排斥的，而是同一枚硬币的两面，最终会在“倾听”的基础上达成共识。因此，一位出色的科学家就应懂得，要在最佳时刻，运用最佳战略，取得最佳效果。

为了检验上述科学修辞的理论，本书对科学修辞与科学争论进行了深入细致的案例分析研究，其中包括对哈维与盖伦的抗衡、光的本性争论及大陆漂移学说遭拒的案例分析。研究表明，科学争论具有语境性特征，其中修辞语境又是科学争论中最显著、最核心的语境之一；科学争论是以劝说和反驳为特征的科学修辞语境；科学争论的过程是科学修辞双方将各自证据转化为适合论辩场的可比较的语境理由的过程，是论辩双方较量理由效度和说服力度的过程；科学争论的解决或暂时性中止也需借助科学修辞的裁决。

应当指出的是，书中所分析的科学修辞战略都是科学家根据当下所处的具体情况而采取或发明的战略，具有明显的当下性，并不存在任何的固定模式，也并非是一劳永逸的“万能钥匙”。尽管科学修辞战略的积极意义——认识论上的延展和方法论上的拓展——是不容置疑的，但其局限性也是不容忽视的，科学修辞战略一旦离开了辩证理性的指导，就会重蹈后现代主义泛文化、泛社会及泛历史之覆辙，使科学修辞战略最终导向科学的“诡辩论”立场。毕竟我们这里所要寻求的科学修辞战略并不是要让其走上后现代主义意欲走上的带有明显的“诗性”“文本性”和“主体间性”特征的进路，也不是要让其走上科学知识社会学影响下的带有明显的“社会磋商”特征的进路，同时也更不是要让其走入费耶阿本德（P. Feyerabend）所倡导的“鼓吹宣传”式的“自由社会”。

但无论怎样，有适当构成的、辩证理性指导下的科学修辞战略为我们提供的是一种介于封闭的形式逻辑体系和开放的怀疑主义视野之间的中间战略，并在主体与客体、理论与经验、逻辑和历史及理性因素与非理性因素之间搭建起了平等对话和融合的平台，最终为挽救传统科学理性困境、解决理性和非理性之间的矛盾提供了一条可供选择的进路。这正是本书研究的理论意义和现实价值之所在。

二、国内外的研究现状

1. 国内的研究现状

对于科学修辞，国内存在着两种不同的认识。

其一，明确反对将修辞引入科学领域，他们认为，在后现代思潮的影响下，把修辞引入科学领域无疑会进一步地消解科学理性。蔡仲在其《后现代相对主义与反科学思潮》一书中，就明确指出，“后现代修辞学开始检验科学家的修辞策略，并开始把科学视为一个将被解构的文本。结果人们开始质疑科学传统的形象，质疑作为一种追求理性的科学，强调科学作为一种权利”[①]。

其二则立足于科学史和后现代主义，并明确指出，科学研究中的修辞手段从古至今都是一直存在的，这是科学家努力适应科学境遇的产物。郭贵春就曾明确指出，“语言学转向”“解释学转向”和“修辞学转向”是 20 世纪人类理智运动

① 蔡仲.后现代相对主义与反科学思潮. 南京：南京大学出版社，2004：18.

中的三大转向，其中，科学修辞学不断地获得了自己特有的存在价值、学科意义以及方法论功能，并显示出它内在的本质特征，由此引发了国内对于科学修辞研究的热潮。之后，李小博和郭贵春在《自然辩证法通讯》《自然辩证法研究》和《科学技术与辩证法》等核心期刊上分别发表了《科学修辞学与“解释学转向”》《科学修辞学的认识论意义》和《科学修辞学与后现代主义》等相关的科学修辞学论文，在认识论上和后现代的大背景下，为科学修辞学做了系统阐述和辩护。

之后，成素梅与笔者相继在《哲学动态》《科学技术与辩证法》《自然辩证法研究》《科学技术哲学研究》等核心期刊上分别发表了《析佩拉的科学修辞方法》《科学修辞语境中的辩证理性》《论科学中的实用论证》《论科学修辞战略》《辩证理性科学观》以及《科学修辞语言战略》等相关的科学修辞学论文，从方法论和案例分析的角度为科学修辞学做了进一步的阐述和辩护。这些论文于 2006 年 7 月由上海译文出版社出版发行，成为国内第一部科学修辞学译著——《科学话语谈》，该书被北京师范大学等国内著名大学列为科学哲学新发展的指定教材。

2. 国外的研究现状

国外对于科学修辞的研究视角已不仅仅局限于科学修辞的定义、功能的传统研究方向，而是转向更为核心的有关修辞与理性的问题，其中包括：在科学知识的生成和建立过程中，修辞手段的作用，尤其是在争执或争议背景下科学话语的生成；修辞与认知、理性间的交界面问题；关于修辞战略在使不同构成的受众接受其话语的重建过程中所起的作用，这些正是其他学科研究进路包括历史学、社会学、哲学、人类学以及解释分析学所无法解决的问题。西方著名的修辞学家阿兰·格罗斯、马赛罗·佩拉、理查·M. 韦弗、钱姆·佩雷尔曼、肯尼斯·伯克、米歇尔·福柯以及史蒂芬·图尔敏分别在其科学修辞学著作《科学修辞学》《科学之话语》《费德鲁斯》《新修辞学》《动机修辞学》《知识考古学》以及《科学与修辞的多面性》中，不但系统全面地阐述了科学修辞学产生的合理性，给出了科学修辞学的定义，并对科学修辞学的功能以及科学史上著名的修辞案例做了系统考察，从而在理论层面上为科学修辞学进行了有效辩护，而且他们最后都不约而同地把研究的重心转向了修辞与理性的问题，即科学修辞语境中的理性问题。

值得注意的是，西方对科学修辞学的研究已经开始从理论研究转向应用研究。20 世纪 90 年代以来，西方国家的不少大学都开设了“科学修辞学”的课程，课程的重心是科学中的语言使用问题，案例主要取自自然科学领域，同时该课程也重视其他三个密切相关的领域，即人文和社会科学修辞学，工程、设计与技术修辞学，专业（如医学、法律）修辞学，其目的就在于提高使用科学语言的效果，最大限度地传播和生成科学知识。

三、研究思路与方法

在研究思路方面，可以概括为以下脉络：提出问题—分析现有的解决方案—提出己方的切入点，并为其进行合理性辩护—实践案例分析—优势及局限性分析—展望。具体来讲，本书以当前科学哲学所面临的棘手问题为切入点，深刻剖析了传统科学在认识论和方法论上建构的“绝对理性”的宏伟大厦倒塌之后，在逻辑经验主义所倡导的“可证实性”标准被消解之后，无论是历史主义学派库恩提出的关于科学信念的“格式塔”转换的心理主义的解决方案，还是非理性主义的代表人物费耶阿本德所倡导的把科学这一理性事业带入他所谓的“无政府事业”或“自由社会”的观点以及后现代主义倡导的泛文化的观点，都无法挽救理性的科学事业，反而从一个极端走向了另一个极端。正是在此背景下，科学修辞作为介于绝对理性和非理性之间的一种中间战略，走进了科学的殿堂，同时也为科学理性赋予了全新的理解——辩证理性，即在“大科学”时代背景下，论辩双方进行劝说—反驳、聆听—交际，最终达成共识的话语之逻辑理性，它一方面继承了传统理性中的合理成分，另一方面也为避免走向相对主义提供了一种张力，从而揭示出科学修辞产生的合理性之所在。在此基础上，本书又对科学修辞战略与科学争论进行了理论上和实践上的分析，充分展示了科学修辞战略在科学领域中策略性和战略性上的语境性、灵活性和实用性，但也不可避免地暴露出科学修辞战略的局限性——文本性、随意性和“压迫性”。

在研究方法上，本书主要采用了案例分析方法。其中，在考察科学修辞在科学实践中所起作用的时候，着重对科学史上最有影响力的科学思想（如达尔文的《物种起源》、哈维的《心血运动论》以及物理学史上关于光的本性的认识过程）进行了科学修辞案例分析。分析结果表明，无论是达尔文还是哈维，他们在阐述其伟大思想的时候，所使用的方法都并不仅仅是他们时代所谓公认的“感性经验和必然证明”，而是使用了包括劝说、推断以及假说等在内的各种修辞手段，尤其是在他们力图劝说受众相信其尚处于“孱弱”阶段的学说的时候以及在他们的学说遭到反对的时候，他们就不单是经验归纳和逻辑演绎上的专家，而且更是修辞上的高手；而关于光的本性的认识过程更是一个多回合较量的修辞论辩过程，是一个不断劝说—反驳、聆听—共识的认识深化过程。案例分析的方法无疑增加了本书的说服力和可信度，同时案例式的分析方法也为今后科学修辞战略在科学实践中的运用提供了可供参考的范例。

此外，在课题的研究过程中，笔者也使用了其他的一些方法，如比较分析法、语境分析方法、定量分析方法和图表法等，从而增强了本书的说服力。

四、难点与创新点

本书所进行的研究，难点在于：首先，国内对修辞学的研究刚刚兴起，对科学修辞学的研究亦尚处于起步阶段，对其研究仅仅限于先导性、框架性和认识论上的研究，而对科学修辞与科学辩证法的核心关系、科学修辞战略的辩证逻辑、科学修辞战略与科学争论的关系以及科学修辞战略的案例分析等研究国内并无前人的研究可供借鉴和参考，因此，理论上的深度和国内资料上的匮乏无疑增加了本书的研究难度。其次，对科学修辞的研究无论是历史上还是当下、无论是国外还是国内都是一个饱受争议的课题，特别是对科学领域内理性与修辞的交叉研究更是存在着较大的争议，这种在科学修辞研究课题上就无法达成共识的局面无疑也增加了本书研究上的困难。

本书在内容上有以下创新点：

第一，深入研究了科学修辞与科学辩证法之间的核心关系，这在国内尚属首次。正如亚里士多德在其《修辞学》一书开篇就明确讲到的那样，“修辞术是辩证的对应部分”①，“修辞过程就是演讲的辩证法，辩证法与修辞学的关系，就好比理论与实践的关系”②。如果我们在对科学修辞进行研究的时候，对辩证法避而不谈，科学修辞论证岂不真成为柏拉图和康德所贬斥的“诡辩术”了吗？我们所要探索的事业岂不又一次滑向了我们所反对的非理性主义泥潭中了吗？这既是修辞进入科学领域易遭误解之处，同时这也是本书努力要解决的关键问题和最大的创新之处。在科学论辩的语境中，科学辩证法就是科学修辞论证的逻辑，因为辩证法是改变受众信念的逻辑：科学修辞应该通过科学辩证法来确立其立场，要求我们相信它，根据它来采取行动；“好”的科学修辞就应该是取自任何一种从科学辩证法角度所获得的观点，要形成“好”的修辞，必须要有一个扎实的辩证法来作为其坚实的后盾。

第二，对科学史上著名的科学修辞战略的案例进行了细致的分类和分析。尽管国内对科学修辞的研究已经有了一定的基础，但大多数研究属于先导性和认识论上的研究，缺乏对科学修辞实证性的研究，特别是案例式的研究，从而导致人们对科学修辞认识上的抽象和空洞。本书立足于科学实践，利用案例分析的方法，分别对科学史上那些较为成熟的、经典的基本科学修辞战略和“权宜性的”科学修辞战略进行了系统考察，其中涉及科学史上著名的达尔文的生物进化论、哈维的心血运动论、哥白尼的天体运动论、宇宙学说中的稳态说和大爆炸说等科学案例，分析表明，科学修辞在其中所起的作用是不容置疑的。此外，案例式的分析方法无疑增强了人们接受科学修辞的证据效果。

---

① 亚里士多德. 修辞术·亚历山大修辞学·论诗. 彦一，崔延强译. 北京：中国人民大学出版社，2003：3.

② 胡曙中. 美国新修辞学研究. 上海：上海外语教育出版社，1999：84.

第三，众所周知，一部科学发展的历史就是一部科学争论的历史，更是一部人类不断追求真理、战胜谬误的历史，也是思想和理论在其中不断进化和深化的历史。因此，科学家和科学哲学家从未停止过对科学争论的研究。但立足于科学修辞语境，对科学争论进行深入研究在国内尚属首次。科学修辞战略与科学争论的关系如同“鱼和水”的关系，一方面科学修辞战略离不开科学争论，科学争论是科学修辞战略实施的主战场，正是科学争论孕育和催生了大量的科学修辞战略，在其中，科学修辞的劝说、批判、反驳和发明等基本功能得以最大限度地发挥；另一方面，科学争论也离不开科学修辞战略，正是科学修辞战略为其提供了争论的修辞方法和争论的修辞机制，离开了科学修辞战略制衡的科学争论也将转化为科学诡辩或科学吵闹。

第四，将 20 世纪新修辞学发展的成果，引入科学修辞战略研究当中，这在国内尚属首次。应当说 20 世纪是一个修辞学得到全面复兴的时期，新修辞学的蓬勃发展带来了众多硕果，修辞已不再被简单地看作是语言的装饰品——“修辞之花”，而是被越来越多的智者看作是一种跨学科的智性追求的实践，其中最有代表性的新修辞学理论包括理查兹的隐喻修辞方法、伯克的“同一”修辞理论、图尔明的实用论辩、哈贝马斯和福柯的修辞交际理论、布斯的“倾听”修辞观及福勒（Steve Fuller）和拉图尔的文本修辞学，这些 20 世纪新修辞学成果的共性在于着眼于探究具有跨学科性质的修辞学的一般理论基础或共性方法，为元修辞在新的时代语境中寻找认识论和方法论的根基。笔者也尝试将其成果引入到科学修辞战略的研究中，一方面，这将极大地丰富本书的研究思路和方法；另一方面，也可以检验这些带有共性的一般修辞学成果是否可以在特殊的科学修辞领域得以成功运用。①

① 这里使用了元修辞这一概念，主要是为了区分语言学中的修辞概念，因为对于大多数人而言，对修辞的认识仅仅局限于语言学中的修辞方法或技巧，而非亚里士多德原初的修辞本意。

第一章　科学修辞战略复兴的时代背景

传统科学常常禁止心理的、社会—经济—政治的和其他外部条件所引起的运动，相比之下，科学之所以能够流传下来，恰恰是因为允许了曾经被先验地禁止的这些因素的存在。今天的知识可能变成明天的童话，而最可笑的神话最终可能转变成为科学的最坚实的构件，科学王国中唯一的通行证就是“怎么都行”。

——保罗·费耶阿本德

在自由社会中，并不存在任何优势性的传统，选择任何一种传统，甚至是科学理性传统来作为社会基础或仲裁者都是武断的、强权的。

——保罗·费耶阿本德

在由认识论和方法论支撑的传统科学“绝对理性”的宏伟大厦倒塌之后，以及在逻辑经验主义所倡导的“可证实性”标准被消解之后，无论是历史主义学派库恩提出的关于科学信念的“格式塔”转换的心理主义的解决方案，还是非理性主义的代表人物费耶阿本德所倡导的把科学这一理性事业带入他所谓的“无政府的事业”的观点以及后现代主义倡导的泛文化的观点，都无法挽救理性的科学事业，反而从一个极端走向了另一个极端，因此，科学哲学必须重新做出选择。

第一节　传统科学理性之困境

由近代科学特别是牛顿经典力学支撑起的科学理性大厦曾经被认为是坚不可摧的堡垒，科学主义者们不断实现着精确测量、准确预测、绝对确定和总体化知识的梦想，同时也坚信存在一种能将科学与任何其他学科加以区分的、普遍而又精确的方法，严格地运用这种方法可以保证科学目的的实现。然而，随着科学的深入发展，特别是相对论、量子力学以及 20 世纪“新科学”的发展都深刻地表明，那种认为可以用经典力学的观念来解释一切物理现象的雄心是根本无法实现的幻想，传统科学认识论再也无法承担支撑起整个科学理性大厦的重任；同时科学实践也表明，在科学探索的活动中，没有哪一种方法、哪一条规则能避免有朝一日在某个场合被违背或被抛弃的命运，可见，把科学理解为被唯一的方法捆绑起来的一块磐石的观点是站不住脚的。传统科学理性的宏伟大厦最终在其自身的重压下、在现代科学的深入发展以及历史主义的冲击下倒塌下来。

一、传统科学理性

作为人类思想史上的一个重要概念，一般认为有四个原则构成了理性最为坚实的核心。第一个原则是我们只接受建立在彻底的、批判的考察的证据和正当的推理之上的真理；第二个原则是现实是可知的，因为它具有一种理性的，从理智上说是可理解的结构；第三个原则是强调自我认识的重要性；第四个原则涉及人类在选择手段和目的方面合理地指导自身行为的能力。①在此基础上，理性逐渐发展成为指导万物的大法官，理性主义也理所应当地取得了至高无上的权威地位。

在传统理性主义看来，科学是理性主义最典型和最值得骄傲的一项事业，通过理性，科学得到不断的累积和进步，同时也在不断推动着社会向前发展。因此，理性的“问题”也一直是科学哲学关注的核心论题之一。不同时期的科学哲学家在阐述自己的科学哲学思想时，都必然要对这个概念赋予新的理解。

早在 19 世纪下半期以前，西方的大多数哲学家，不论是归纳主义者还是演绎主义者都毫不动摇地坚信科学是理性的事业，科学活动是理性的活动。他们把理性与逻辑等同起来，把科学理论的发现与科学理论的证明结合起来，认为包括二者在内的整个科学认识过程就是一个逻辑的过程——归纳主义者认为是一个归纳法的过程，演绎主义者认为是一个演绎法的过程，因而也是一个理性的过程；以逻辑经验主义为代表的理性主义，继承了近代理性主义的传统，着重对科学认识进行逻辑、语言的分析和探讨知识的经验积累增长模式，但随着卡尔纳普寻找归纳法的失败以及波普尔的批判理性主义和拉卡托斯的科学研究纲领弊端的暴露，科学哲学界最终放弃了以某种固定的方法论原则来作为理性的标准。

19 世纪下半期以后，科学认识开始深入微观世界，微观客体的结构及其变化规律的知识既不可能从“先天公理”的演绎中得出，也不可能从经验材料的重复性中直接归纳出来，而只能通过假设—演绎—实验的过程得以实现。这样就造成了归纳主义、演绎主义的相对衰落与假设主义的兴起。假设主义把科学理论的发现与科学理论的证明（或辩护）区分开来，认为理论的发现，即假设的提出是灵感或直觉猜测的结果，它是非逻辑的，因而也是非理性的；而理论（假设）的证明或辩护则是逻辑的，因而是理性的。假设主义的早期代表是惠威尔，而当代著名的假设主义者则是波普尔。波普尔在理论的发现问题上是一个非理性主义

① H. P. 里克曼. 理性的探险. 姚休译. 北京：商务印书馆，2006：13.

者，而在理论的证明或辩护问题上则是一个理性主义者。

总之，在 20 世纪 60 年代以前，也就是历史主义学派兴起之前，无论是归纳主义者和演绎主义者，还是假设主义者，尽管他们提出的各自理论都已暴露出种种缺陷，但他们依然不肯放弃追求理性这一最高目标的梦想，因此，他们都在不同时期对自己的理论做了种种的修补或重构，然而，面对非理性主义的发难和科学在宇观和微观上的突破性发展，传统科学理性的大厦最终也没有逃过被倾覆的命运。

二、传统科学理性之认识论困境

（一）传统科学认识论的形成

以哥白尼的《天体运行论》和维萨留斯的《人体的构造》的发表为标志，伴随着文艺复兴运动的反封建思想、文学艺术和哲学的发展，近代科学革命终于冲破了宗教神学的桎梏而发生。哥白尼“日心说”的提出，哈维的血液循环理论的完成，牛顿对经典力学的综合，林奈生物分类系统的建立及拉瓦锡“氧化学说”的创立，所有这些划时代的成果构成了近代科学革命的画面。[①]在向近代科学的转换中，理性在其中发挥了绝对性作用，理性的力量不断认识并征服着世界，从根本上废黜了作为知识和价值中心点的上帝，并采取了以数学和实验为根本手段的揭示宇宙奥秘的一种新的认识论。

按照近代科学世界观的缔造者们（即伽利略、培根、笛卡儿和牛顿）的观点，整个宇宙就是一架被普遍而恒定的法则所控制的巨大的机器，这类法则因为其具有稳定和秩序化的方式而能够被理性的头脑所理解和操纵。[②]正如冯特纳利所说的那样，自从他认识到宇宙如同一架钟表时，他就更好地认识到了整个宇宙。令人惊讶的是，如其那般让人惊奇的大自然，仅基于如此简单的事实之上。从 16 世纪开始，对世界的科学解释代替了神学的解释，知识不再被用来服务上帝和支撑信仰，而是进一步服务于人类并扩充人类征服自然的能力；近代科学要想取得巨大的进步，在那些缔造者们看来，首先必须对世界进行祛魅，从中清除掉所有把自然看作是充满了生命和机灵力量的影响。为此，一大批的近代思想家、科学家和哲学家都致力于这种祛魅返真的目标，以期从自然中获得确定无疑的认识和知识。

首先，伽利略就是其中一位具有代表性的思想家，他首先反对从那些权威的著作中通过抽象的推理寻求真理的方法，主张自然科学要同臆测的方法和神秘的观点决裂。他把那些盲目追随亚里士多德的人称为“奴化的头脑”，相反

① 张家治，刑润川. 科学技术史简明教程. 北京：科学出版社，1988：55.
② 斯蒂芬·贝斯特，道格拉斯·科尔纳. 后现代转向. 陈刚译. 南京：南京大学出版社，2004：259.

他认为，科学的基础是实验，真正的哲理应该从自然界这部大书里寻找，而“自然之书”是用数学的文字写成的，由此，科学研究的方向由先前经院哲学所倡导的对事物的内在趋向和目的的定性研究转向对事物的重量、体积和尺寸的量化分析，即转向了可以由一名公正的观测员用合适的数学方法去测量完成的物质的、外部的和物理的特征。从此，以亚里士多德“四因说”为代表的“目的论”成了现代科学的摒弃之物，这样一来，宇宙不仅没有了目的和方位的趋向，而且丧失了价值、意义和变化。伴随着对第一性质（形状、尺寸及重量）和第二性质（味道、结构及气味等）的区分，自然界已经被简约为仅仅是“一种沉闷单调、无声、无嗅、无觉、无色的事物；仅仅是一种无休止、无意义的忙乱着的事物”①。

其次，和伽利略一样，思想家培根也提出，理性的任务就是掌握和控制被定义为与人类相对立的自然世界，1620 年出版的《新工具》成了整个西方人类中心主义的名副其实的宣言，该书坚持认为，人类将站在一切创造物的顶端，地球以及其上面的各种生命形式只有在达到满足人类需要的程度时才具有相应的价值。但与伽利略等思想家不同的是，培根对世界的认识注重应用知识，并宣称知识的功能在于控制自然。“知识就是力量”成了引导人类控制自然最为响亮的口号。接着，笛卡儿从先验的理念论入手，开创了二元论逻辑，心灵被认为是截然地与身体分离的，同时在本体论上人类也被提到了自然的主人和所有者的地位上。笛卡儿梦想着一种“将为我们的自然界提升到至善至美境界的一般性科学的方案”②，在他的《方法谈》中，他给出了一种概念，其中空间或广袤成为自然的特定特征，运动中的物体成为新科学的实体，同时数学化的物理学成为提供有关物体的正确知识的方法。

最后，从某种角度说，近代科学的认识论正是在牛顿经典力学的基础上确立下来的。1687 年，牛顿的《自然哲学的数学原理》一书的出版标志着经典力学体系的创立，这是一个富有成果的理论体系，它不仅把先前零散发现的力学知识概括和统一起来，而且还为尔后发展起来的机械制造工业提供了理论工具。牛顿经典力学体系的核心思想主要是通过惯性定理、加速度定律以及作用与反作用定律这三条著名的运动规律（惯性定律：一切物体总保持匀速直线运动状态或静止状态，除非作用在它上面的力迫使它改变这种状态。加速度定律：物体加速度的大小跟它受到的作用成正比、跟它的质量成反比，加速度的方向跟作用力的方向相同。作用力和反作用力：两个物体之间的作用力和反作用力总是大小相等，方向相反，作用在同一条直线上）体现出来的。这三条规律既预设了宏观力学运动的时空结构，给出了原始概念间的数学表述，而且还明确了力的含义，规定了力

① 斯蒂芬·贝斯特，道格拉斯·科尔纳. 后现代转向. 陈刚译. 南京：南京大学出版社，2004：260.
② 斯蒂芬·贝斯特，道格拉斯·科尔纳. 后现代转向. 陈刚译. 南京：南京大学出版社，2004：261.

的性质，纠正了自亚里士多德以来诸如力是产生速度的原因等错误观点，指出了力是改变加速度的原因的思想。

万有引力的发现，是牛顿对经典力学的又一贡献。在开普勒提出行星运动三定律后，许多科学家都在探讨行星绕太阳做椭圆运动的原因，而牛顿却以自己独特的方式和精湛的数学才能，从地球对月球的引力入手，提出：既然地球的引力对高山上的物体有效，那么地球的引力为什么就不能伸向月球呢？按照伽利略的抛物体的研究成果，他进一步假设：当初速度增加到一定值时，被抛物体将沿着圆周轨道绕地球旋转。月球绕地球旋转就类似这样的抛物体运动，使月球做圆周运动的向心力就是引力。在此基础上，他运用自己独创的变量数学工具——流数法，并根据自己提出的加速度公式以及开普勒提出的行星运动的第三定律，演绎出著名的万有引力公式：$F=G\cdot Mm/r^2$，然后他把地球对月球的引力推广到整个太阳系以及一切天体和地面物体，论证了地球上的重力同物体间的引力在本质上是相同的。这就把地面上的力学和天体力学统一了起来，从而证明，宇宙间一切物体都不是彼此孤立存在着的，而是相互间有着普遍的引力作用。

在此基础上，牛顿提出了与任何具体事物都不相联系的绝对时空观。正如爱因斯坦曾经指出的那样：“为了使人们能把那个出现在运动定律中的加速度看作是一个具有任何意义的量，牛顿的空间因而必须被认为是‘静止’的，或者至少是‘非加速’的。对于时间也是差不多一样，时间当然也同样进入加速度概念里。”①这样，牛顿把时间和空间作为独立于实物力学行为的因素带进了理论中。在《自然哲学的数学原理》一书的开始部分，牛顿为了消除一般人从时间、空间、位置以及运动这些基本概念与可感知事物的联系中产生的理解上的偏见，对时间和空间做了详细的界定。牛顿在注释中写道，绝对的、真正的和数学的时间自身在流逝着，而且由于其本性而在均匀地、与任何其他外界事物无关地流逝着，它又可以名之为“延续性”。相对的、表现的和通常的时间是延续性的一种可感觉的、外部的（无论是精确的或是不相等）通过运动来进行的量度，我们通常就用诸如小时、日、月和年等这种量度以代替真正的时间。绝对的空间，就其本性而言，是与外界任何事物无关而永远是相同的和不动的，相对空间只是绝对空间的可动部分或者量度。我们的感官通过绝对空间对其他物体的位置而确定了它，并且通常把它当作不动的空间看待。②可见，时间和空间在牛顿力学中是作为给定的概念出现的，它们具有特殊优越的地位——绝对不变性，时间与空间和物体的运动变化及其占有没有任何关系。

在牛顿开创的经典力学时代，力学的观点占据了科学认识论的绝对优势地

① 爱因斯坦等. 爱因斯坦文集. 第一卷. 许良英，范岱年译. 北京：商务印书馆，1976：543.

② 塞耶. 牛顿自然哲学著作选. 上海外国自然科学哲学著作编译组译. 上海：上海人民出版社，1974：19.

位，这种认识论的核心思想就是，科学之外存在着一个独立的外部世界，这个世界有其固有的属性和规律，其中，有些属性（如时间、空间、惯性、荷电性等）和规律（如力学三定律、电磁学规律等）是绝对的、终极的，不因任何条件而改变；科学的任务就在于揭示这些属性和规律，特别是揭示那些绝对的、终极的属性和规律。只要正确运用实验和数学的方法，这些属性和规律是一定能够被揭示出来的；自然界中任何事物的发展变化都有其自身固有的内在原因，甚至是最终原因，只要能够找到这些原因，事物的未来和过去便唯一地确定下来，连续的因果链条将通过动力学理论体现出来。①正如赫姆霍兹在《论力的守恒》一文中所说的那样："自然科学的问题首先在于寻找一些规律，以便把种种特定的自然过程归因于某些一般规则，并从这些一般规则中推演出来……我们相信这种研究是对的，因为我们确信自然界中的各种变化都一定有某个充分的原因。我们从现象推得的近似原因，它本身是可变的也可能是不变的。如果是前者，上述的信念就会促使我们去追寻能够解释这种变化的原因。直到最后找到不可变的最终原因，而这个不可变的最终原因在外界条件相同的各种情形下一定能产生同样的不变的效果。因此，理论自然科学的最终目标就是去发现自然现象的终极的、不变化的原因。"②

作为近代自然科学史上最伟大的科学家之一，牛顿把过去一向被认为是截然无关的地面物体运动规律和天体运动规律概括在一个严密的统一理论中，从而实现了物理学也是人类认识自然的第一次理论大综合。正如恩格斯对其评价的那样，牛顿由于发现了"万有引力定律"而创立了科学的天文学，由于进行了光的分解而创立了科学的光学，由于创立了二项式定律和无限理论而创立了科学的数学，由于认识了力的本性而创立了科学的力学。由牛顿等同时代的科学家所建立的近代科学认识论克服了古代直观、笼统的认识自然的局限，并且摆脱封建专制、宗教神学和经院哲学的束缚，开始将科学实验与数学方法、定量分析紧密结合起来，把观察、实验作为科学知识的源泉和检验的标准，从而形成以实验事实为根据的系统的科学理论，基本上坚持了唯物主义经验论的认识。

值得反思的是，近代科学认识论系统强调了自在实在对科学实在的上行规定性，认为物理学理论所描述的实在结构同客观世界存在着一种"镜式"图像的一一对应关系，任何一个物理量都是对实在要素的一种反映。决定论的理论模型必然是理想化的实在模型。在这个模型所允许的定义域内，一切物理现象都能找到对应的值域，并且定义域同值域具有对应关系，复杂的数学公式被认为是自然规

---

① 成素梅. 论科学实在. 北京：新华出版社，1998：61.

② 杨仲耆，申先甲. 物理学思想史. 长沙：湖南教育出版社，1993：477.

律的直接体现。[①]但是，由于经典力学的辉煌成就和率先发展，牛顿便试图用力学的定律解释光、电、磁乃至生物运动，从而使人们产生了用力学来解释自然界一切现象的信念，最终导致了影响自然科学数百年之久的机械论，成为科学进一步发展的障碍。

后牛顿时代的思想家霍布斯、斯宾诺沙和拉美特利也随之拒绝了笛卡儿的那种二元论的思想，创造了一种更为内在一贯的机械一元论。尽管笛卡儿将人的意识从机械论的法则中独立出来，但很快，霍布斯就宣称人类心灵本身就是一架机器："如果是这样，则理性将依赖于名称，名称将依赖于想象，想象将依赖于躯体器官的运动，因此，心灵就只能是有机身体的一个特定部分的运动。"[②]斯宾诺沙也夸口说："我将以同样精确的方式，像思考线、面和立体那样来思考人类的活动和激情。"[③]拉美特利则更进一步提出了"人是机器"的思想，他认为，如果说人和动物有什么区别，那只是因为两者在想象能力的大小、神经纤维的粗细和敏锐程度上有所不同罢了。如果我们认识到人和动物的一致性、相似性和共同性，那么我们从"动物是机器"就可以自然地得出"人是机器"的结论。人是一架机器，它比最完善的动物再多几个齿轮，再多几条弹簧，脑子和心脏的距离在比例上更接近一些，所接受的血液再充分一些，因而就产生了理性，除此之外再没有别的区别了。近代机械论的观点也由此形成。

总之，对于近代科学而言，自然界是可以被人类理解和认识的，而且理解的过程在机械一元论者们看来越发简单和机械，在他们眼中，没有什么可以逃脱机械运动规则的束缚，同时，科学的成长也消灭了生活中的美和诗意。[④]在 1687 年出版的《自然哲学的数学原理》中，牛顿还通过对引力和运动的一般法则及有关它们的数学表达方法的发现维护了培根和笛卡儿的观点，但在牛顿之后，那种自然界的神秘，就已经被揭示为一种非常有规则的钟表或机器般有序和精确的机械。宇宙被认为是遵守法则的、有序的、普遍的和完全可预言的：全部事件——过去、现在与将来——都取决于相同的法则，在自然界平滑运动的齿轮中不会出现任何变化和不确定性。因此，17～20 世纪，一个由确定、机械和抽象为根本认识论的范式出现了，在这一范式的指导下，科学主义者们不断实现着精确测量、准确预测、绝对确定和总体化知识的梦想。

（二）传统科学认识论的倒塌

然而，在这样一幅简单化、确定化和机械化了的科学认识图景中，我们又如何能感觉到现实世界原本所具有的生动性、丰富性与复杂性呢？自认为只需要通

① 成素梅. 论科学实在. 北京：新华出版社，1998：61.
② 斯蒂芬·贝斯特，道格拉斯·科尔纳. 后现代转向. 陈刚译. 南京：南京大学出版社，2004：261-262.
③ 斯蒂芬·贝斯特，道格拉斯·科尔纳. 后现代转向. 陈刚译. 南京：南京大学出版社，2004：262.
④ 卡尔·皮尔逊. 科学的规范. 李醒民译. 北京：华夏出版社，2003：35.

过经验的检验和逻辑的证明就可以解决一切的认识论，结果又会如何呢？正如后现代科学的倡导者们所宣称的那样，传统科学认识论在 20 世纪正让位于一种科学思考的新模式，这种模式基于一系列新的概念，诸如熵、演化、有机主义、非决定论、可能性、相对性、互补性、诠释、混沌、复杂性和自组织。在这场后现代科学革命的转换中，20 世纪初爆发的在整个科学史上最伟大而深刻的物理学革命——相对论和量子力学——极大地改变了人类对科学的这种传统看法，更新了经典物理学所构建的世界图景；此外，以混沌理论为代表的 20 世纪“新科学”的发展也进一步粉碎了传统科学认识论的基石，这些理论最终汇聚成一股强大的力量将传统科学认识论湮灭在其中，下面我们从四个方面来诠释传统科学认识论最终倒塌的原因。

第一，经典物理学在 20 世纪之前各个领域所取得的辉煌成就，使得不少科学家相信科学尤其是物理学的大厦已经基本建成，今后只能做些细枝末节的修补。但正当人们欢庆胜利的时候，在物理学晴朗的天空中接连出现了一朵朵乌云①：X 射线、放射性和电子的发现，以太漂移、光电效应、黑体辐射、原子光谱等，都表现出与经典物理学理论的尖锐矛盾。例如，X 射线的发现对于当时极为盛行的原子论是一次致命的打击；作为人类认识的第一个基本粒子，电子的发现最终打破了原子不可再分的传统认识，使经典物理学出现了严重的“危机”，这场“危机”导致了世纪之交的一场伟大而深刻的物理学革命，这场革命前后延续了 30 多年，高潮迭起，硕果累累，新的研究领域不断被开拓，物理学的面貌发生了根本性的变化，它改变了人类的自然观，并为人类的文明开辟了一个新纪元。

第二，在牛顿开创的经典力学框架中，时间和空间被看作是绝对的和分离的现实；对时空的准确测量是不会发生变化的，而且两者不会相互影响，两者都独立于人类意识之外。当热动力学引入不可逆的时间而打乱了这种绝对的秩序时，爱因斯坦通过引入时间的旋转拒绝了作为僵硬和分离结构的时间和空间。爱因斯坦的理论勇敢地与常识的实在观相背离，创立了一个带有弯曲空间、黑洞、同时性和一种基于时空连续体的第四维实在的奇特宇宙，最终爱因斯坦将相对论引入了科学的框架中，打破了主客体的截然分离。②在创立狭义相对论的过程中，爱因斯坦受到了两种哲学的影响：一是英国哲学家休谟和马赫的怀疑经验论，主要是对于先前存在着的先验论的僵化思想的批判，特别是对牛顿绝对时空观的批判；二是哲学家斯宾诺沙的唯理论所体现出来的自然界的统一性思想。

爱因斯坦首先给出了两个基本假设（相对性原理：物理定律在所有惯性系中都具有相同的形式，这一原理正是伽利略相对性原理的推广；光速不变原理：在

① 张家治，刑润川. 科学技术史简明教程. 北京：科学出版社，1988：179.
② 斯蒂芬·贝斯特，道格拉斯·科尔纳. 后现代转向. 陈刚译. 南京：南京大学出版社，2004：278.

所有的惯性系内，真空中光的速度在各个方向上都具有相同的数值 c，与光源的运动无关，这个原理既是麦克斯韦方程的推论，又被实验所证实）作为建立狭义相对论的依据和基础。爱因斯坦认为，只要这两个原理同时成立，那么不同惯性系的各个时空坐标之间必然存在着一种确定的数学关系，他最终得出了一种新的变换关系——洛伦兹变换。

爱因斯坦不仅对洛伦兹变换的意义给出了新的诠释，而且还利用这一变换得出了一系列著名的推论：运动的尺子会缩短（一个物体相对于观察者静止时，它的长度测量值最大，如果它相对于观察者以速度 v 运动，那么物体在运动方向上的长度要缩短，运动速度越大，沿运动方向的长度缩短得越厉害）；运动着的时钟会变慢（一只时钟相对于观察者静止时，它走得最快，如果它相对于观察者以速度 v 运动，那么它就走得慢了）；同时性是相对的（如果两个事件在惯性系 S 中是同一时刻但在不同地点发生的，那么在相对于 S 以匀速度 v 运动的惯性系 S' 中测量，它们就不是同时发生的，可见，同时性并不是绝对的）；光速是物体运动的极限速度（在任何惯性系中，物体的运动速度都不可能超过光速）；物体的质量不是一个不变量，它会随着物体运动速度的增加而增加；如果物体运动速度远远小于光速，那么洛伦兹变换就变成了伽利略变换，相对力学就变成了牛顿力学。

从上面这些崭新的结论中，我们可以看出：相对论力学比牛顿力学具有更普遍的意义，而牛顿力学只不过是相对论的一种极限情形。狭义相对论的创立，引起了人类在时空观上的重大变革，它深刻地揭示出时间和空间的内在联系以及时间、空间同物质运动的密切联系，即揭示了时空结构、特性对于物质及其运动的依赖性，从而证明了时间、空间不是独立的实体，也不是先验的认识形式，而是物质运动的一种基本属性，这就将伽利略和牛顿以来的绝对时空观转换到了相对论的时空观。

1905 年 9 月，爱因斯坦发表的《物体的惯性同它所含的能量有关吗？》一文，提出了著名的质能方程 $E=mc^2$，揭示出质量与能量之间的本质联系，从而使当时无法解释的放射性现象和太阳能来源等问题都迎刃而解。这就不仅从科学上揭示了时间和空间的统一性、物质和运动的统一性，而且还揭示了两种运动量（动量和能量）之间的统一性，使两百多年前笛卡儿学派和莱布尼茨学派之间关于运动量度的争论得到了彻底解决，使动量守恒定律和能量守恒定律结合成为一个统一的规律——能量-动量守恒定律。但是，狭义相对论也存在着一定的局限性，例如，为什么在物理学中惯性系比其他坐标系都特殊、都优越？狭义相对论的框架为什么就容不下引力现象？

为了克服狭义相对论的这些局限性，爱因斯坦在当时人们还无法接受狭义相对论的情况下，又将其进行了推广。爱因斯坦首先将下面的两个假设作为广义相对论的基本原理：广义相对性原理（所有参照系包括惯性系与非惯性系均可等效地来描述物理规律，因而要求物理定律的数学形式在任何参照系中都是相同的）；等效原理（匀加速对观察者的效应和静止观察者所受均匀引力场的影响，两者是等效的，是无法区别的）。

1916 年，爱因斯坦发表的《广义相对论基础》一书标志着广义相对论的建立。广义相对论实质是一种引力波，它把几何学和物理学统一起来，用空间结构的几何性质来表述引力场，使非欧几何获得了实际的物理学意义。爱因斯坦在其相对论中指出，相对论中的空间不是平直的欧几里得空间，而是弯曲的黎曼空间。空间的弯曲程度取决于物质的分布；时空的性质不仅取决于物质的运动，更重要的是取决于物质本身的分布。这就在更深的层次上揭示了时空对物质的依赖性，从新的高度彻底否定了牛顿的绝对时空观。随后进行的包括水星近日点的进动、光谱的红移、光线在引力场中的偏转以及引力波等一系列观测也进一步证实了广义相对论的正确性，从而使其成为现代宇宙理论的基础之一，使人类的认识从宏观拓展到了宇观。

尽管爱因斯坦通过引入相对论和能量的概念，摧毁了牛顿经典力学的稳定性，但爱因斯坦仍然被认为是走向后现代科学的一位过渡性人物，因为相对论仍然要求严格的连续性、严格的位置性和严格的决定论。尽管狭义相对论击破了关于客观性的经典力学体系，但爱因斯坦却又分享了牛顿要求对自然进行完整描述的雄心（广义相对论），拒绝了非决定论的理论，始终坚信“上帝不能在宇宙中掷骰”。因此，按照玻姆的观点，爱因斯坦并没有彻底打破原子主义，但其理论却为量子力学革命的到来做了理论上的奠基和准备。

第三，量子力学创建之前，首先于 1900 年爆发了量子革命，那一年普朗克在犹豫中发表了关于能量辐射的论文，其影响力超出了牛顿范式的范围。亚里士多德和牛顿的理论一直以来就宣称物质是以一种平滑和连续的方式运动的，而普朗克却发现由原子振荡产生的能量是突然地、不连续地喷射，包括他称为“量子”的能量包。①对量子特性的全新认识也预示着量子力学革命即将到来。

量子力学是 20 世纪物理学发展的又一硕果，在其创建过程中，以德国物理学家海森堡为带头人的矩阵力学学派，于 1927 年提出了著名的“测不准关系”：对于一个粒子的位置（x）所测得的数值的不确定性（Δx），同对它的动量（p）所测得的数值的不确定性（Δp）的乘积和普朗克常数（h）是同一数量级，即 $\Delta x \cdot \Delta p \approx h$，这表明对一个粒子的坐标测量得越准确，那么对于它的动量测量就越不准确，反之亦然。这就意味着微观粒子的位置和动量是不可能同时被准确测量出来的；另一路研究进路从德布罗意提出的实物粒子具有波动性的思想出发，

① 斯蒂芬·贝斯特，道格拉斯·科尔纳. 后现代转向. 陈刚译. 南京：南京大学出版社，2004：272.

立足于连续性，运用物理学中常用的微分分析的方法，由奥地利物理学家薛定谔通过对力学和光学的类比——就像几何光学是波动光学一样，质点力学也应该是波动力学的近似，于 1926 年创立了波动力学，其核心是描述微观粒子运动基本规律的薛定谔方程，该方程在量子力学中的地位，就如同牛顿运动方程在经典力学中的地位、麦克斯韦方程在经典电动力学中的地位一样重要。

海森堡等采用代数方法建立的矩阵力学，是从所观察到的光谱线的分立性入手的，突出了粒子的不连续性，其中“测不准关系”更是深刻地揭示出微观粒子所具有的新颖而独特的运动特性——波粒二象性和统计规律性；而薛定谔的波动力学采用的则是微分方程，强调了粒子的连续性。尽管两个理论在创建初期都对对方的理论提出过批评，但薛定谔并没有完全否定矩阵力学，并最终证明波动力学与矩阵力学在数学上是完全等价的理论，于是两路研究进路殊途同归，统一组成了现在统称的量子力学。量子力学的创建是对经典力学的又一次根本性突破，它所建立的一系列新概念极大地更新了人们对自然界或者外在世界的观念，而且量子力学所揭示出的微观世界的基本规律，使人们的认识由宏观世界拓展到了微观世界，这既是科学史上的深刻革命，也是人类认识史上的巨大飞跃。

第四，混沌理论被认为是 20 世纪第三次伟大的科学革命，正如物理学家约瑟夫·福特所指出的那样，相对论排除了牛顿主义者有关绝对时空观的幻想；量子理论排除了牛顿主义者关于一个可控制的计算过程的梦想；而混沌理论排除了拉普拉斯关于决定论的玄想。事实上，混沌理论是一种有关实在的热动力学观点，它把事物的行为理解为经常是复杂的和不可预测的，甚至将其应用于任何系统，不管它是股票市场、人口、化学反应比率、蚂蚁的运动和脑波，还是心脏跳动的节奏。通过使用计算机计算出来的复杂的方程式，混沌理论试图建构起关于这些系统的数学模式，以便探测它们是如何运转的。对于混沌理论来说，复杂系统有一种隐藏的秩序，同时反过来说，甚至最简单的决定性的系统在它们运作中也能够是高度复杂的和非预测的。[①]至此，以混沌理论为代表的 20 世纪的“新科学”的发展使得科学家们开始通过复杂的、随机的和非规则的多样化的方式来重新审视外在世界，从而比牛顿经典力学以及相对论力学的观点更富有弹性和张力。

可见，20 世纪科学的发展尤其是相对论、量子力学以及“新科学”的发展，深刻地揭示出经典力学或者传统科学认识论内在的不协调性与经典观念的狭隘性。

首先，狭义相对论所揭示的尺缩、时延及质增等效应，从本质上表明，研究主体对客体的认识依赖于对参照系的选择；广义相对论将狭义相对论研究问题的

① 斯蒂芬·贝斯特，道格拉斯·科尔纳. 后现代转向. 陈刚译. 南京：南京大学出版社，2004：289.

结论更加普遍化，它指出，不仅时空关联、质能关联，而且物质分布形式与它所处的时空结构也是不可分割的；与经典力学不同，相对论力学预先假定的观察者是来自被观察世界之内的，认识主体、认识中介与认识客体在认识过程中相互依赖、相互影响，客体的固有属性通过主体选定的认识中介体现出来，认识中介的不同设置将揭示出不同的客体属性，认识主体对客体属性的描述将直接依赖于认识中介的选择。

其次，如果说，牛顿的成就在于在科学研究中确立了经验归纳的有效地位，认为理论完全是从经验事实中归纳出来的，那么爱因斯坦通过建立相对论力学的具体实践则有力地表明，必须对牛顿以来的关于实验事实和建构理论假设之间的关系进行重新认识，当科学家的研究范围超出宏观感知范围的时候，单纯依靠实验中的可观测量，通过归纳推理的方法是不足以建立起理论大厦的。正如爱因斯坦所指出的那样，对于离开知觉主体而独立存在的外在世界而言，我们的感官只能间接地提供关于这个外在世界或物理实在的信息，我们也只能用思辨的方法来把握它，所以，我们关于物理实在的观念绝不是最终的，科学不是也永远不是一本写完了的书，它的每一个重大的进步都会带来新问题，每一次发展总会揭露出新的更深刻的问题。

最后，与追求机械的、确定的和绝对的牛顿经典力学相反，与介于现代和后现代科学的相对论不同，量子力学彻底突破了机械论、确定性和绝对论的束缚。因为量子力学发现，实在的最基本层次是任何再精确的方式都不可能再现的，正如量子力学家们所说的那样，既然在没有测量仪器的帮助下，没有什么人可以真正地看见一个电子，因此与其说他们在确切地反映实在，倒不如说他们在塑造实在，因为他们认为我们关于“客观世界”的概念只是一个认识结构。此外，量子力学所揭示出来的粒子的波粒二象性也向几千年来西方形而上学的亚里士多德的同一性逻辑发起了挑战，因为微观粒子既具有粒子性又具有波动性，而且它们的形成依赖于人们所采用的不同的观察工具，这就使得传统科学追求对实在的单一的、普遍有效的表征难以为继。

综上所述，在牛顿经典力学时代，科学所认识的领域仅仅涉及宏观领域，时间、空间、质量和能量等概念都是彼此相互独立的概念，科学家们以这些概念为基础，通过定理和各种公理系统勾画出一幅传统科学的世界图景。在这种图景中，科学家们的认识被认为是精确的、绝对的和终极的认识，但是当这种经典图景遭遇到高速客体和宇观客体时，先前被认为是互不相关的时间、空间、质量和能量等概念都成为彼此相关的概念，原有的经典图景也不再被认为是纯粹客观的终极描述，但却仍然保留着理论的单值决定性，最终转化为相对论的图景，原有的经典图景也仅仅被认为是相对论图景中的一种极限情况。随着量子力学的诞生，科学进一步深入到微观领域，人们越来越认识到没有一种单一的理论描述能穷尽对自然实在的反映，相反，多元化的语言和视角是必需的——假如追求独白，它们就相互排斥，假如相互合作，它们就彼此补充①，科学认识最终转化为一种多元并且相互关联的整体性图景。

可见，无论是相对论和量子力学的观点还是 20 世纪“新科学”的发展都深刻地表明那种认为可以用经典力学的观念来解释一切物理现象的雄心是根本无法实现的幻想，同时也说明了由传统科学理论所描述的科学实在并不等同于自然实在②，传统科学认识论再也无法承担起支撑整个科学理性大厦的重任。正如意大利著名的科学修辞学家佩拉所说的那样，“所有这些都表明，甚至是最清楚和最明确的概念（空间、时间、因果关系、物质及数字）都无法逃脱有朝一日被修正的命运，而且甚至是那些最为纯粹的感知（如对图形和运动的感知）也都同样不可能不被歪曲”③。

当传统科学认识论在自身结构的重压下开始崩溃时，那些传统科学认识论的坚强捍卫者们一方面听凭实证科学在认识论意义的削弱，不断改变着传统的哲学观念：从确定性到真理性，从真理性到概率性，从概率性到逼真性；另一方面又在想方设法地去加固支撑传统科学大厦的最后一根支柱——科学方法论。

三、传统科学理性之方法论困境

（一）传统科学方法论的形成

自古以来，人类对于探求真理的方法的热情就远胜于对真理本身的迷恋，因为尽管对真理的追求至高无上，但这种追求的实质并不在于占有真理，而在于掌握通达真理的方法。一般而言，方法包括三个层面：比较具体的专业学科领域的方法；系统化、抽象化和概括化的自然科学方法论和社会科学方法论；哲学层面上高度概括的最一般化的方法论。显然，科学方法只是方法的一个子集，是指科学家在探究自然或进行科学研究中所使用的可以通达真理或实现科学实践重任的手段、途径或工具；科学方法不仅具有普通方法的共性，而且还具有自己特殊的、曲折的历史性，这一方面得益于科学方法悠久的历史传统，另一方面更是近代科学实践的直接产物。④

从史学角度来看，在古代，由于科学只具有朴素的原始形态，并没有从哲学中分离出来，所以方法论，尤其是科学方法论也并没有成为独立的学问，尽管在某些先哲的著作中已经包含了科学方法的胚胎或萌芽，但并没有形成系统化、理

① 斯蒂芬·贝斯特，道格拉斯·科尔纳. 后现代转向. 陈刚译. 南京：南京大学出版社，2004：284.
② 成素梅. 论科学实在. 北京：新华出版社，1998：126.
③ Pera M. The Discourses of Science. Chicago：The University of Chicago Press，1994：136.
④ 刘大椿. 科学活动论与互补方法论. 桂林：广西师范大学出版社，2002：306.

论化的科学方法论。科学方法论的思想渊源我们最早可以追溯到古希腊几位哲人的思想先悟中。苏格拉底是最早对方法进行研究的古希腊哲学家，在他看来，人类认识的目的在于认识事物“是什么”，而认识的方法就是他所谓的“助产术”——“辩证法”（dialektike），即所谓通过发出问与答的形式，运用比喻、启发等手段，使对方对所探讨的问题的认识从具体到抽象，从特殊到普遍，一步步逐渐深入，最后得出正确认识，生出自己孕育的真理胎儿，这种方法一般被总结为四个环节：反讥、归纳、诱导和定义。苏格拉底的这种方法直接被柏拉图所继承和发展，不仅对哲学也对西方整个教育思想和教育方法产生了重要的影响，黑格尔更是将这种对话内化于精神之中，将其发展为详尽完善的辩证法体系。苏格拉底有关辩证法的思想也正是本书论述科学修辞与科学辩证法之间核心关系问题所能追溯到的最早的思想渊源。

柏拉图是古希腊又一位对方法提出见地的哲学家，其思想充分地发挥了苏格拉底问答法，他把研究如何提问和如何回答的学问叫做“辩证法”[①]，而且其著作大多是采用对话体裁写成的，达到了哲学与文学、逻辑与修辞的高度结合。此外，柏拉图也对数学方法提出了自己的解释，他认为，只有数学实体才具备永恒的可理解性，因此，任何科学理论都只有建立在几何学的基础上，才能揭示出现象表面或流变背后的真正的结构和关系，而且我们在其著作中也可以找到一些归纳和演绎最早的萌芽。

尽管苏格拉底、柏拉图等都对方法进行了一定程度的研究，但在方法论的历史上真正可以称得上第一位深入、详尽及全面地对方法论进行研究的哲学家却是亚里士多德。作为古希腊哲学集大成者，举世公认的历史上第一位百科全书式的思想家，亚里士多德之所以能够取得如此伟大的思想成就，主要得益于两个方面：一是采取了多种治学的方法，二是孜孜不倦的求知爱智精神。在其方法论著作《工具论》中，他为正确严谨地进行思维制定了规则和形式，为知识的求取提供了工具和方法，从而创立了逻辑学；并且自觉或不自觉地把生物学中的收集、分类和解剖等方法带进了哲学中；最为重要的是，他将逻辑推论与经验观察这两个方面结合起来，形成了不同于前人的独特的哲学研究方法，如历史批判法、概念分析法、经验归纳法、样本解剖法、问题探索法和逻辑论证法等。[②]其中，历史批判法就是亚里士多德常用的一种方法，在分析或解决问题前，他总是要先考察前辈先哲的各种观点，用批判的眼光去审视前人的见解，在批判的基础上借鉴并有所创新；概念分析法是亚里士多德方法论的核心，在探讨事物的本原和原因时，在对存在进行范畴分类时，并没有采取常人所采取的从浅显易知到复杂难知的方法，而是采取了概念分析法，从而使得清晰的概念得以呈现；亚里士多德非

① 刘大椿. 科学活动论与互补方法论. 桂林：广西师范大学出版社，2002：307.
② 张志伟. 西方哲学史. 北京：中国人民大学出版社，2002：111.

常重视经验事实而很少进行纯粹思辨的推演，在论证哲学时常常会列举一些生活中的事例，并不时地用事实分析代替理论论证，为近代出现的经验论留下了思想上的渊源。

到了近代，培根率先把知识和方法问题作为哲学对象进行研究，“方法论”一词就是培根首创的，他是近代以来系统研究科学方法的先驱。在其划时代的巨著《新工具》中，培根提出要用一种新的逻辑方法取代亚里士多德旧的逻辑方法，即用归纳法取代三段论式的演绎法；培根推崇和倡导实验方法，认为实验和归纳是相辅相成的，都是科学研究的工具，也都是科学发现的方法；并且提出人类获取知识的三种途径：蜘蛛吐丝结网、蚂蚁采集以及他本人所推崇的方式——蜜蜂既采集又酿蜜；培根坚信人们通过实验干扰和控制自然，可以迫使自然“招供”，从而使人们获得对自然规律的认识，归纳法也由此成为在实验中探索自然因果联系的重要方法。方法论尤其是归纳法是培根在哲学探索中给后世留下的最为重要的影响，因为在培根看来，2500 年来科学之所以很少进步就是因为缺少正确的方法。理性如果缺少了正确的方法指导，就如同黑夜行路缺少了光亮、大洋航船没有了罗盘一样，而且经院哲学广泛使用的三段论只能强迫人们接受那些抽象而毫无意义的命题，而不能帮助人们发现自然现象背后隐藏的那些规律。因此，培根提出，真正可以获取知识的方法就是经验归纳法，这种方法由三大步骤组成①：

第一步是收集材料。作为全部工作的基础，首先要收集大量、充分的资料来作为实验和研究工作的依据。在培根看来，如果资料不够详尽，只是根据手头少数的事实做出的决定是会发生危险的，因为只要碰到了一个与之相矛盾的例子就会推翻先前所得出的结论，这正是简单枚举法幼稚、简单以及结论易变之处。

第二步是运用“三表法”来整理材料。①“具有表”，把具有所要考察的某种性质的一些例证列在一起。②“接近中的缺乏表”，列举出与上表中的例证情形相接近可是又没有出现所要考察的某种性质的一些例证。③“比较表”，在这里要列举出按照不同程度出现的所要考察的某些性质的例证。

第三步是进行真正的归纳。培根又进一步将其分为三个小步骤：①排除法，即排除和拒绝一些性质，即在有给定的性质存在的例证中不存在的；或在给定性质不存在的例证中存在的；或者在这些例证中，给定性质减少而它却增加，或者给定性质增加而它却减少的。②根据三表所列举的事例，做一次正面解释自然的尝试，就是通过排除之后得出正面的结论。③纠正解释偏差的几种帮助。培根列举了九种帮助，如“具有优先权的例证”“归纳法的改正”“按照题目的性质改变研究方法”等，这九种帮助旨在校正以上程序中的失误，以求得尽可能准确的

① 张志伟. 西方哲学史. 北京：中国人民大学出版社，2002：357.

结论。

限于当时自然科学发展的程度以及培根本人的知识水平，培根没有将其经验归纳法用于推进自然科学的进步，他甚至无法理解当时伟大的天文学革命而否定哥白尼提出的日心说，而且受到古代哲学尤其是经院哲学的影响，其思想带有明显的朴素性和简单性，因此，正如黑格尔所说的那样，培根只是近代哲学的一位先驱或者过渡性人物。从各方面看，法国著名的哲学家、数学家和物理学家，近代哲学奠基者和唯理论的创始人——笛卡儿才真正称得上是近代科学方法论当之无愧的创始人。

哲学史上的重大革命多与方法论上的革命有着密切的联系，笛卡儿也不例外。笛卡儿的哲学革命也是从方法论开始的。在笛卡儿看来，重建哲学的基础关键在于方法。但是，传统三段论和大部分其他法则只能用来向别人说明已知的东西，并不能求知未知的东西，于是他便开始考虑创立一种包含几何学和逻辑学这两门科学的优点同时又能够避免两者缺点的新方法，这种新方法既推理严密又能获得新的知识，但他认为这并不需要制定大量的规则。因此，他的新方法只列出了四条不应该违反的规则①：

第一条：绝不把任何我没有明确认识其为真的东西当作真的加以接受，也就是说小心避免仓促的判断和偏见，只把那些十分清楚的、明白的东西呈现在我的心智之前，把那些使我根本无法怀疑的东西放进我的判断中。

第二条：把我所考察的每一个难题，都尽可能地分成细小的部分，直到可以而且适于加以圆满地解决的程度为止。

第三条：按照次序引导我的思想，以便从最简单、最容易认识的对象开始一点一点逐步上升到对复杂对象的认识，即使是那些彼此之间并没有自然的先后次序的对象，我也给它们设定一个次序。

第四条：把一切情形尽可能完全地列举出来，尽量普遍地加以审视，使我确信毫无遗漏。

正是在这四条方法论原则的基础上，笛卡儿建立了理性演绎的方法。在笛卡儿看来，哲学作为一切知识的基础，必须是从一个清楚明白、无可置疑的基本原理推演出来的严密的科学体系，所以他以几何学为模型，将演绎法看作哲学的根本方法。因为这是一种可以产生新的知识的方法，而且是具有普遍必然性的推理过程，所以能最终形成科学知识的体系。但笛卡儿认为，这些清楚明白、无可置疑的基本原理不可能来源于感觉经验，只能是与生俱来的天赋观念，最终滑入了唯心主义的泥潭。

培根和笛卡儿都是近代反对中世纪那种烦琐论证的经院哲学的先锋，二人都

① 北京大学哲学系. 西方哲学原著选读. 上卷. 北京：商务印书馆，1981：364.

认为只靠三段论式的推理不能获得新的知识，他们分别提出了新的方法论以代替亚里士多德的逻辑学，其中，培根强调实验和归纳，笛卡儿重视理性、数学和演绎，他们各自代表着一种从古代继承下来并延续至今的方法论传统，但他们的论证实际上只能权作一种声明，为随后建立起来的自然科学提供一个思想纲领。科学史的主流并非培根和笛卡儿，而是科学家伽利略和牛顿，特别是牛顿。在《自然哲学的数学原理》中，牛顿建立了第一个成熟的物理学体系，同时，也最终促成了近代科学方法体系的形成。在《自然哲学的数学原理》一书中，牛顿提出了进行科学研究的四条法则①：

法则Ⅰ：除那些真实而且已足够说明其现象者外，不必去寻求自然界事物的其他原因。

法则Ⅱ：对于自然界中的同一类结果，必须尽可能归之于同一种原因。

法则Ⅲ：物体的属性，凡既不能增强也不能减弱者，又为我们实验所能及的范围内的一切物体所具有者，就应视为所有物体的普遍属性。

法则Ⅳ：在实验哲学中，我们必须把那些从各种现象中运用一般归纳而导出的命题看作是完全正确的，或者是非常接近于正确的；虽然可以想象出任何与其相反的假说，但是没有出现其他现象足以使之更为正确或者出现例外以前，仍然应当给予如此的对待。

在此基础上，牛顿还在实践上提出了日后为科学哲学家和科学家所公认的科学方法的基本框架——把实验方法和数学方法结合起来的假说演绎方法（专心于观察事实；对观察到的一般特征提出恰当的概念；运用概念对观察到的事实之间的联系进行归纳概括，提出表述一般规律的定律；采用解释性假说，首先是把它作为工作假说；将假说的推断与归纳的概括仔细比较，当推断与归纳的概括相抵触时，放弃这些推断，修改以至重新提出假说；把经受了检验的假说用公理方法组织起来，而理论的其余则作为公理的推论被纳入整个体系）。

（二）传统科学方法论局限性的暴露

在随后的科学研究中，一直都延续着由近代科学家们所开创的那种方法论体系，科学方法成了像国际象棋规则一样的一组抽象的和不变的规则②，问题在于这根方法论支柱能担当起支撑整个科学理性大厦的重任吗？

在近代科学方法论体系中，归纳法和演绎法是其中最为重要的方法。归纳法认为，已观察到的事物 a_1、a_2、a_3、…、a_n 都具有性质 p，因此所有的事物都具有性质 p；而演绎法因其可以从大前提和小前提中获得必然性的推论而备受推崇，其中的三段论又被认为是获取知识要求的唯一适当方式，它把两个前提结合

① 刘大椿. 科学活动论与互补方法论. 桂林：广西师范大学出版社，2002：309.

② 达德利·夏佩尔. 理由与求知. 褚平，周文彰译. 上海：上海译文出版社，2001：189.

起来进行推理得出绝对知识，例如，古典三段论把大前提“人终有一死”与小前提“苏格拉底是一个人”结合起来，就可以得出结论“苏格拉底一定会死”。因此，演绎论者们认为，只有那些按照严格的逻辑推演得到的命题才是真命题，一个论证的可靠性仅仅是由前提与结论之间的关系决定的，如果前提为真，那么推出的结论也必定为真。从某种角度说，近代科学正是在形式逻辑方法的保证下，归纳或演绎出整个知识系统的，因此，归纳或演绎的可靠性将直接关系到整个方法论体系的可靠性。然而，随着科学的深入发展和语境论的提出，它们却逐渐暴露出种种弊端。

1. 归纳法困境

首先，作为一种从有限推知无限、从过去推知未来的论证，归纳法根本无法获得必然性的知识，因为过去再多的经验重复也无法保证今后经验的必然重复。在哲学史上，休谟是第一个提出归纳法存在着严重问题的人，他认为，不管我们看到的黑乌鸦有多少，我们在逻辑上都没有理由从乌鸦 a 是黑的，推知乌鸦 x 也是黑的。所谓归纳就是一种“未来必然符合过去”的假设，“所有来自经验的任何论据都不可能证明过去和未来这种相似性；因为这些论据都是建立在这种相似性的推测上的”①。因此，我们用归纳法获得的自然科学知识只能是或然的知识，而不是必然的知识。

但休谟并没有彻底抛弃归纳法。他认为，归纳虽然存在着问题，但它可以使人们在心中产生因果性和必然性的习惯或信念，这对于人的生活来说是完全必要的，对于人应付环境的变化是有用的，否则，在多变的环境中人们将无所适从。在休谟看来，因果性和必然性并不是客观存在的，而是来自人们内心的习惯或信念，习惯也由此成为人类生活的伟大向导。如果离开了反复和联想的机制，那么我们就不能生存。例如，儿童玩火，烫了几次后，他在下次碰到火时就会避开，这就是生存需要的联想。可见，休谟一方面指出了归纳法存在着的问题，另一方面又将其作为自己联想主义的尽管或然但却有用的一种工具。这正是休谟问题所在——关于“归纳的逻辑问题”（我们是否有权利从已被认为是足够多的已观察到的事实中推论出尚未被观察到的事实，或者从已被认为是足够多的“已知”的陈述中推论出“未知”的陈述）和“归纳的心理问题”（为什么大多数人并且是完全有理性的人也相信归纳法的有效性？）。显然，休谟否定了第一个问题，却赞同第二个问题。因为在休谟看来，虽然归纳法存在着问题，但人们一旦失去了归纳，必然失去在心中产生因果和必然性的习惯和信念的可能，而习惯却是人生最大的指导，没有了习惯，也就意味着我们会对直接出现在记忆和感觉之外的每

① 夏基松，沈斐凤. 西方科学哲学. 南京：南京大学出版社，1987：38.

一个事实完全无知，人类的生活也由此陷入茫然和混沌之中。

与休谟不同，波普尔对这两个问题都给出了否定的回答，他认为：归纳是一种无法证明其正确性的原则，用一个自身尚待证明的论据来证明自身，这显然就是一种循环论证，在逻辑上就是错误的，“归纳只是一种神话”。可见，波普尔是一位彻头彻尾的反归纳主义者，并从三个方面对归纳法进行了批判。

其一，经验陈述是单称陈述。科学知识（定理、原理）是具有普遍有效性的全称陈述。我们无法从单称陈述（经验事实）中归纳出普遍有效的全称陈述（定理、原理）。因为有限不能证明无限，过去不能证明未来。历史上，欧洲人曾因为总是看到白天鹅而归纳出“凡天鹅都是白的”的全称陈述，但后来由于在澳大利亚发现黑天鹅而否定了这一全称陈述。此外，波普尔还举了三个典型的例子来反对归纳法：①“太阳每二十四小时升落一次”，已经被马赛人在比戴河发现“半夜的太阳”所推翻；②“凡人必死”或“凡生物必死”，已经被细菌（或癌细胞）自身分裂而不死所否定；③“面包给人营养”，由于法国农村发生麦角中毒而遭到反驳。

其二，归纳原则本身无法得到证明。因为归纳是从个别中得到一般的方法，归纳问题是要证明这种归纳出来的一般陈述的有效性。但是，归纳原则本身如何得到证明呢？归纳原则本身也是一个一般陈述，人们也是从过去归纳法的经验有效性来论证归纳原则的。波普尔认为，这种论证是荒谬的，它是用一个自身尚待证明的论据来论证自身的，因而是一种循环论证。

其三，波普尔也反对逻辑经验主义在归纳问题上向概率退却的做法，因为在逻辑经验主义者看来，归纳即使不能推知未来的必然性，毕竟可以推知未来的或然性。对此，波普尔反驳说，过去的重复不能保证今后或然重复，也许今后不再重复了。例如，过去因为地球自转而每天日出于东，一旦地球毁灭，它就不再重复了；从数学角度看，无论过去的重复数有多少，它都只是一个有限数，一个有限数与一个无限数之比，其所得概率只能是零；逻辑经验主义同样未能解决归纳原则本身的证明[①]，其结果不是导致无限循环论证，就是先验论。

2. 演绎法困境

首先，在实证主义发展的初期，穆勒就指出：从内容上说，演绎推理都是同义反复，其结论原本就蕴涵在其前提之中，“人终有一死”，无非就是“苏格拉底一定会死”“柏拉图一定会死”等的综合或概括。因此，在这里说“苏格拉底一定会死”并没有告诉人们任何新的经验知识。从形式方面说，演绎法犯了“窃取论据”的错误，因为演绎推理结论的正确，必须以另一个前提的正确为保证，这

① 洪效楠. 科学文化哲学研究. 上海：上海文化出版社，2005：115.

样就会陷入一种“无穷回归”的困境，这也就难怪历史上会有那么多的思想家不懈地追求所谓的“天赋原理”。

其次，形式演绎法在形式上较为固定和死板，如进行推理时，必须是三个命题，命题都必须是主谓结构，尤其是严格意义上的演绎三段论只能有三个不同的词项，推理的方向总是从一般到特殊，这对于现代自然科学研究需要处理众多参量和复杂关系而言，显然是无法适应的。尽管后期数学演绎和数理逻辑的发展使演绎法获得了巨大的进步，在一定程度上不必拘泥于三段论的模式，但经过形式化、符号化，以及数学化的概念和命题却并不能反映或表征活生生的外在世界。

更为严重的是，形式逻辑方法的理想就是假定论证的所有方面都是域不变量，数学（尤其是几何学）或而后的物理学就是标准，通过这个标准可以判断所有领域的论证，通过比较，所有的其他论证都可以得到评判，目前逻辑传统上的许多问题皆来源于此。[①]然而，无论是自然还是人类活动实践都并不完全与所谓严密的数学假定和精确的物理学假定相一致，因此那种试图用套用形式逻辑方法来解决理性的实际世界的想法是根本行不通的，这无异于是把生机勃勃的自然世界转变成一架死的机器，整个宇宙也由此而丧失了变化、意义、价值以及目的。

再次，现代科学哲学尤其是语境论的发展表明，形式逻辑方法中的那种认为假定概念并不随时间的变化而变化的观点是站不住脚的。因为大多数论证并不能遵循知识不受时间影响的论断，不可能把论证的可能性与可接受性所依据的关系套入不受时间影响的形式逻辑方法的模式中，甚至在相当特殊的科学中，形式逻辑方法“不受时间影响”的要求是有问题的。而且形式逻辑方法形成的论证与由实际事物组成的世界毫无关系，因为不能被单一的普遍原则所覆盖的情境太多了[②]，我们日常生活中碰到的问题也并不简单，它们会因为细节上的不同而不同。

最后，到了20世纪60年代，历史主义学派开始兴起，形式逻辑方法妄图建构绝对可靠的理性大厦的梦想也最终破灭了。因为在历史学派的代表人物库恩、费耶阿本德看来，在科学研究过程中，并没有所谓普遍有效的形式逻辑方法可遵守，唯一可遵守的原则就是“怎么都行”，最终，他们将科学和人类的发展引入非理性、非逻辑的相对主义的道路上。总之，形式逻辑方法尤其是归纳法和演绎法就是把论证建立在不变的、抽象的及普遍的原则的基础上，最大的问题就在于脱离了实践、脱离了语境。

事实上，在传统科学主义者看来，方法论的构成是与其在认识论上的构成紧密结合在一起的，这表明，我们能够运用正确加工证据的方法，提供科学知识。

---

① 温科学. 20世纪西方修辞学理论研究. 北京：中国社会科学出版社，2006：207.

② Tulmin S. The Uses of Argument. Cambridge：Cambridge University Press，1958：145.

在不同的情况下，方法做出的保证是，如果信息正确，那么结论也将是正确的。从历史的角度看，培根、笛卡儿、莱布尼茨、牛顿、惠威尔和穆勒之间，以及波普、拉卡托斯和劳丹之间，在方法论上的观点并无本质上的差别，尽管他们各自在方法论的规则与目的上明显不同，但他们各自的纲领在潜在的层面上都是一致的。佩拉认为，所有这些关于方法论的讨论一直都在支持以下的三个论点[①]：①存在一种能将科学与任何其他学科加以区分的普遍而又精确的方法；②严格地运用这种方法可以保证科学目的的实现；③如果科学不具有这种方法，科学将不再是一项认知的和理性的事业。佩拉将基于这些论点的任何科学哲学纲领，称为“笛卡儿方案”（a Cartesian project），尤其将第三个论点称为“笛卡儿困境”（the Cartesian dilemma）。那么，什么是科学方法呢？科学方法的严格使用能够保证科学目的的实现吗？为此，佩拉利用历史主义的动态分析手段从三个层面对科学方法的可靠性做了深入的剖析。

第一，把科学方法理解成是一套严格的科学程序，用科学程序作为科学的划界标准。所谓科学程序，是科学家为了实现科学目的，在科学研究过程中形成的一系列必须执行的科学研究步骤。这正是柏拉图对于科学方法所持的观点，同时也是通常所说的归纳法和演绎法所表达的思想。问题是，在科学与技术发展的历史上，遵循一套充分而可靠的科学程序，可得出伪科学探索的案例并不少见，例如，古代的炼金术就有严格的一步又一步的程序要遵循。这里，我们碰到了科学方法的第一个悖论——“科学程序悖论”。

第二，把科学方法理解成是一套技巧，用科学技巧作为科学的划界标准。所谓科学技巧是指，符合一套科学研究程序所需要的概念上的技巧或有形实体上的技巧。这正是通常所谈论的观察、分类、计算和实验等各种方法的意义之所在。问题是，如果人们试图用科学技巧作为科学的划界标准，那么，将很难再找到一门可以称之为“科学”的学科。有谁能否认，现代科学没有采纳过在伪科学中所使用过的技巧呢？事实上，各种科学技巧本身并无好坏之分，科学技巧作为工具，按照使用者运用的目的和方式，才被赋予了好坏的价值判断。在现代占星术的资料中，配有比物理学更多的图片和公式，难道这就意味着占星术已和物理学一样具有科学性吗？这里，我们又碰到了科学方法的第二个悖论——“科学技巧悖论”：一门科学的学科可以合法地采用曾用于伪科学的技巧。

第三，把科学方法理解成是一系列科学规则，试图用科学规则作为科学的划界标准。相当多的科学方法论者坚信，科学方法就是保证科学程序的每一步得以实现的规则集或标准集。这正是培根和笛卡儿以及当代的波普和拉卡托斯所理解的“方法”的意义所在。尽管对于培根和笛卡儿而言，科学方法与发现有关，而

① Pera M. The Discourses of Science. Chicago：The University of Chicago Press，1994：13-29.

对于波普尔和拉卡托斯来说，他们更关注方法的合理性解释问题。由于科学规则是对科学方法进行辩护的最重要的底牌，所以有必要对科学规则进行更为系统的分析。为此，佩拉进一步对科学规则做出了分析。在他的分析过程中，他把科学规则划分为三种类型的基本规则[①]。①接受规则：一个命题为了能被承认是科学知识体系中的一部分，就必须满足这样或那样的必要条件；②拒绝规则：一个命题会由于这样或那样的理由而遭拒绝；③优先规则：一个命题如果满足这样或那样的特性，那么，它相对于一个与之相竞争的命题而言就会被优先选择。

佩拉认为，从科学史的角度来审视这三条基本规则，其实，没有任何一条是能够完全而又充分地站得住脚的。如果每一位科学家都套上科学规则的"紧身衣"，近代科学革命还会产生吗？哲学家们也看到了科学方法论上的规则的局限性，为此一再做出调整，例如，在接受规则方面，先后调整为只有"可证实性的假说""可证伪性的假说"或"可检验性的假说"才能被接受。然而，这样就能挽救所谓的科学规则吗？这里，我们的探索又碰到了科学方法的第三个悖论——科学规则之悖论：对于任何方法论规则而言，总存在着不符合这些规则的科学探索。科学史也表明，如果伽利略使用的仅仅是他当时"最为有效的规则"——感觉经验和必要证明——的话，现代科学或许还不会诞生；如果达尔文仅仅遵循当时被认为是最有效的培根的归纳标准，或许我们仍然会相信《圣经》中的"创世说"；如果没有一代物理学家犯下叛逆之罪去反对牛顿和他的规则的话，量子力学或许也不会产生。因此，试图用科学规则作为科学的划界标准的看法，也存在着固有的缺陷。

通过从科学程序、科学技巧和科学规则三个层面对科学方法进行了系统的考察之后，佩拉深刻地指出：原本以为这些层面可以实现笛卡儿力图寻求的一种普遍而又精确的方法的构想，从而为科学找到一个划界标准，然而，结果却撞见了三个悖论。这充分说明，对科学方法的传统理解是不完善的。在科学探索的活动中，科学家实际上是用"模糊"的规则，而不是所谓的普遍而又精确的规则在工作，因为没有一种方法、一条规则能避免有朝一日在某个场合被违背或被抛弃的命运。

可见，把科学理解为被唯一的方法捆绑起来的一块磐石的活动以及把科学认识视为不可动摇的"万世一系"的事业的观点是站不住脚的[②]，不仅传统科学认识论，而且传统科学方法论也无法承担起支撑传统科学理性大厦的重任，传统科学理性的宏伟大厦最终在其自身的重压、现代科学的深入发展以及历史主义的冲击下倒塌下来。

---

① Pera M. The Discourses of Science. Chicago：The University of Chicago Press，1994：51-68.

② 野家启一. 库恩范式. 毕小辉译. 石家庄：河北教育出版社，2002：250.

第二节　解决传统科学理性困境的五种方案

面对传统科学理性的困境，波普尔率先试图通过其“证伪”理论来挽救逻辑经验主义，库恩从历史的角度给出了范式理论的解决方案，历史学派的极端主义者费耶阿本德则直接给出了彻底的非理性主义方案，社会建构论提出了理论建构的社会学视角，后现代思潮也从语言学角度给出了文本主义解决方案。然而，这些方案却将传统科学理性分别带到了“理性弱化”“理性易变化”“心理化”“社会化”和“文本化”的境地，其结果是模糊了科学独有的客观性和进步性特征，抹杀了科学与其他人类文化的区别，最终使科学成为和神话一样的杜撰。

一、逻辑经验主义的自救方案

如前所述，近代自然科学经过了16～17世纪的大发展后，18世纪以牛顿力学为核心的经典物理学获得了空前的成功并逐渐达到了登峰造极的地步，自然科学进入了相对稳定的时期，传统科学认识论和科学方法论也逐渐完善，科学主义也逐渐在西方思想中取得了支配地位，而科学主义的发展也经历了多样化的发展历程，主要表现为实证主义、马赫主义和逻辑经验主义。①

作为实证主义的创始人，法国哲学家孔德一方面继承了休谟的主观经验主义的基本观点，坚持认为认识只能局限于经验的范围，另一方面却把休谟的怀疑主义改造成了实证主义，认为经验之外的问题，例如，经验之外是否有物质的存在，物质和意识的关系问题则是人的认识能力所不及的“形而上学”的问题，人们没有任何根据去讨论它们，科学的任务在于收集和整理经验材料，而不应该去讨论那些客观自然界的存在问题。孔德这种把认识局限于经验范围之内，而不去讨论经验之外的任何问题的原则就是著名的实证主义原则。但是，孔德却不仅不承认物质的客观性，同时也不承认规律的客观性，断言规律不存在于经验之外，而只是经验中或感觉与感觉之间的某种“不变的先后关系和相似关系”。因此，孔德的实证主义与休谟的怀疑主义在本质上并没有多大区别，但无论怎样，孔德为我们留下的实证主义原则后来却逐渐成了影响近代西方科学的一条重要原则。

奥地利著名物理学家、哲学家马赫在19世纪末20世纪初建立的马赫主义继承并发展了孔德的实证主义思想，首先，马赫认为人的认识不能超出经验之外，感觉经验是我们科学认识的范围，那些关于物质和意识抽象的哲学上的形而上学的问题，应该被排斥在科学领域之外；其次，在马赫看来，在经验中只有或然性，没有必然性，也不存在着因果关系的客观性，他主张用数学上的函数关系代替因果关系，“函数概念能按照研究事实的需要而任意加以伸缩，这样，过去对

① 洪效楠. 科学文化哲学研究. 上海：上海文化出版社，2005：59.

原因概念提出的怀疑就完全可以消除了”[①]；最后，马赫得出结论说，科学的任务就是要通过观察和实验来发现、收集和积累经验材料，然后对大量的经验材料进行描述和整理，其原则就是经济思维——以最少的思维来描述最大量的经验事实，并断言科学理论就是思维经济的产物，一切科学理论并没有正确与错误之别，而只有方便与否之分的“作业假设”思想。值得注意的是，正是马赫的这种可以把任何符合“思维经济”原则的梦想说成是科学的真理标准[②]最终导致了后期实用主义哲学在西方的盛行。

科学主义在哲学上发展的第三个阶段被称作逻辑经验主义，它被认为是现代西方第一个较为成熟的科学哲学流派。逻辑经验主义的基本理论主要包括意义理论和可证实理论两部分。其中，意义理论是用来区别科学和非科学或伪科学的分界线，在此基础上，又进一步提出经验证实原则，并将其作为科学哲学的根本原则。其主要思想包括以下两个方面。

其一，在逻辑经验主义看来，科学哲学的任务就是通过对语言的逻辑分析，从科学中清除掉一切没有意义的逻辑结构，从而使科学家避免为一些无意义的形而上学的命题争论不休，因为那些形而上学的观点不是有所主张，而是一无主张。怀特曾为此做过经典的评述，“形而上学的命题既不是真的也不是假的，因为它们无所判定，它们既不包括知识也不包括错误，它们完全处在知识领域之外、理论领域之外，处于真或假的讨论之外”[③]。

其二，从认识论角度看一个命题是否有意义，一方面要从构成命题的概念或词的角度来看，一个有意义的命题，它包括的每一个概念都必须是有意义的；另一方面，还要从句子的角度来看，光是有意义的概念还不足以保证命题是有意义的，以致日常语言的语法并不足以保证命题是有意义的，在此基础上，逻辑经验主义又提出了检验概念和命题是否都有效的以经验证实为核心的意义标准。即一个命题是否有意义取决于此命题是否表述经验内容，是否能被经验证实或证伪，只有能被经验证实或证伪的命题才是有意义的，否则就毫无意义。尽管逻辑经验主义将拒斥“形而上学”作为其哲学任务，并通过证实原则将那些无法被经验证实或证伪的空洞的毫无意义的命题排斥在科学之外，但逻辑经验主义尤其是强实证主义在面对下面的困境时也不得不放宽其标准，适时地做出调整——从完全证实到可证实性。

首先，如果命题超出经验之外，按照逻辑经验主义的可证实原则就应该被视为没有意义的“伪”命题，但是命题，如“月亮背面有 3000 米以上的高山”，如果在当时的技术条件下，还无法通过实验得以直接证实，是否就应该被视为没有

① 马赫. 感觉的分析. 洪谦，唐钺，梁志学译. 北京：商务印书馆，1975：73.
② 瓦尔特尔，霍利切尔. 科学世界图景中的自然界. 孙小礼等译. 上海：上海世纪出版集团，2006：115.
③ 怀特. 分析的时代. 杜任之译. 北京：商务印书馆，1981：222.

意义的伪命题呢？为此，卡尔纳普率先作出调整说，我们必须肯定两种证实：直接证实和间接证实。直接证实是指那些当下的经验证实，如观察金属的色泽，掂量金属的重量；间接证实是指在直接经验的基础上，通过逻辑推理来证实。现在我们注意到间接证实的问题，因为这个问题对于我们比较重要。一个不能直接证实的命题，就只能通过间接证实，即对从这个命题与其他已证实的命题一起推演出来的新命题加以证实。同时卡尔纳普也认为，直接证实是可靠的，间接证实却是或然的，不可靠的，因为我们在将来总有找到相反例子的可能性，不管它的或然率有多小。后来，卡尔纳普又将可证实性原则进一步放宽，改为可验证性原则。正如卡尔纳普本人指出的那样，如果证实指的是对真理作出一种明确的最终的确定，那么我们就会看出任何（综合的）语句都是不能确定的。我们只能对语句做越来越多的验证，因此我们以后要谈验证问题，而不谈论证实问题。

其次，与卡尔纳普一样，另一位逻辑经验主义者赖欣巴哈试图通过他的概率理论来弥补逻辑实证主义的缺陷。赖欣巴哈首先提出了两种意义理论——真值意义理论和概率意义理论。一般的逻辑实证主义都采用真值意义理论，即任何一个命题只有被经验证实才有真或假的意义，否则就没有意义。但这种理论存在着一个问题，就是它只适用于已经得到证实的命题，而不适用于尚未得到证实的命题，如有关将来的问题以及那些不可直接感受到的原子内部的一般性命题。为此，赖欣巴哈又提出了概率意义理论，对卡尔纳普等的真值意义理论做了原则上的修改，这个新原则主张，任何命题，如果有可能权衡其概率的，就有意义，否则就没有意义，例如，有关未来的普遍性命题，人们虽然不能以经验确定它们的必然性，但却有可能确定他们的或然性或概率，因而它们是有意义的。尽管赖欣巴哈试图通过其概率意义理论来挽救衰落的逻辑经验主义，但当面对古德曼的“新归纳之谜”时，其理论却显得苍白无力。因为按照赖欣巴哈的概率意义理论，过去出现的次数愈多，今后出现的可能性就愈大，但“新归纳之谜”提出的反驳是，在某些情况下，一个例子就足以支持一个归纳，相反，在其他情况下，千万次的出现或例证却不能证明一个理论，其概率有时甚至近乎为零。

尽管逻辑实证主义一再放宽其标准——从早期卡尔纳普提出的“可证实原则”（confirmation），到“可检验性原则”（testability），再到“可验证性原则”（corroboration），最后到赖欣巴哈提出的“概率性原则”（probability），试图通过内部的调整来寻求解决困境的出路，但当其面对现代科学尤其是现代物理学的发展时，逻辑经验主义衰落的命运再也无法挽回。因为科学的任务就在于发现规律，而规律却不能直接为感官所感受，特别是当现代物理学的研究领域向宇观和微观深入发展时，所遇到的那些高速-微观的研究客体不能为经验所直接证实。正如有些科学家所说的那样，如果按照逻辑经验主义的原则，那么现代物理学就将全部成为没有任何意义的废话了。

二、波普尔批判理性主义的解决方案

波普尔的科学哲学被称为“批判理性主义”或“证伪主义”，其科学方法论的核心是反归纳法以及在反归纳法的基础上建立的经验证伪原则。

如前所述，波普尔首先对休谟不彻底的反归纳观点进行了批判，他认为，归纳问题是认识问题或逻辑问题，而不是心理学问题。波普尔说，“我建议把休谟的这种学说翻一个身。我们不把规律性的信念解释为重复的结果，而把重复解释为我们信念或期望的结果”①。为此，波普尔提出了与逻辑经验主义“证实原则”相反的“证伪原则”。他认为，科学知识或理论虽不能被经验所证实，但却能被经验所证伪。例如，“所有天鹅都是白的”这一普遍命题，虽不能因为人们看到过的大量的白天鹅而加以肯定，却能因为看到过的一只黑天鹅而予以否定，也就是说它已经被经验所证伪了，其逻辑是一个“证实”只能证实一个经验事实，而一个“证伪”却有可能证伪整个科学体系。

在“证伪原则”的基础上，波普尔又进一步提出了著名的“试错法”，科学发展是通过不断提出尝试性猜测，并不断清除猜测中的错误而实现的——科学从问题开始，促使科学家思考；针对问题，科学家进行各种大胆的尝试性猜测；各种理论之间进行激烈争论，相互批判，并经受观察和实验的严格检验，在检验中清除错误，并筛选出逼真度较高的新理论；新理论被科学技术的进一步发展所证伪，又出现新的问题。波普尔认为，所有的理论都是尝试性假设，人们拿出来试试，看看它们的结果如何。而所有实验对它们的验证都仅仅是一种批判精神指导下的暂时结果。因此，波普尔提倡科学家采取敢于犯错误的精神。因为在他看来，一部科学史仅仅是一部不可靠的猜想史或错误史；同时他也鼓励科学家采取批判的精神，因为批判是任何理智发展的主要动力，我们必须力求推翻自己的答案，而不是辩护它；最后，他也提倡科学家采取“否定”和“革命”的精神，鼓励科学家在建立新理论之初，就应该着手想方设法去否定它，否定得越早，进步就越快。

与逻辑经验主义相比，波普尔的“证伪”理论看起来更为进步，也更富革命精神，但和逻辑经验主义一样，它们都忽视了一个用经验来作为标准的致命的弱点——经验本身无法克服的私人性和欺骗性。这里，如果我们按照波普尔的“证伪”理论的原则，也只需要一个很简单的反例就可以推翻波普尔的“证伪”理论，一个被非正常人（如色盲患者）和正常人的幻觉所否定的理论就应该被认为是被经验证伪的理论吗？

波普尔也清楚地认识到了这一点，他写道：“主观经验或感觉信念永远不能证明科学理论，因为主观经验是个人的。任何陈述能够用‘波普尔完全相信它’

① 波普尔. 猜想与反驳. 傅季重等译. 上海：上海译文出版社，1986：41.

这样的理由来证明它吗？回答是‘不能的’。”[①]那么，多数人的经验就一定会可靠吗？多数人的经验就一定比少数人的经验可靠吗？此外，多数是一个相对的概念，什么数才算是多数呢？这一系列问题使波普尔陷入了和逻辑实证主义一样难以摆脱的困境，于是波普尔也不得不求助于约定主义。他说：“我们无须说基本命题是‘真的’或是‘假的’，因为我们接受它们仅仅是一种约定或决定。从逻辑的观点看，理论的检验取决于基本命题，而这些基本命题的接受或拒绝，反过来又取决于我们的约定。因此，正是约定规定了理论的命运。”[②]令人遗憾的是，波普尔并没有进一步研究这种科学家个人所做出的或是科学共同体所做出的决定或约定的内在机制，从而失去了走上科学修辞进路的机会，相反，他只是简单地将其处理为缺乏逻辑基础的非理性的约定主义。

此外，一次性证伪的困难还在于，构成被检验理论的往往不是一个单独的陈述，而是包含着背景知识等的一组辅助性假说，如果理论是由实验来检验的，那么还要规定实验仪器使用方法的定律和理论，以及诸如实验装置说明之类的初始条件。观察陈述是从这些附加假说的合取中推导出来的，如果观察陈述被否证了，那么否证的是众多附加假说的合取，也就是说，可能是理论为假，可能是背景知识为假，也可能是初始条件有问题，还有可能是规定实验仪器使用方法的定律和理论有错，因此并不存在着可以完全或充分证伪所检验理论的逻辑。事实上，理论富有相当的韧性，面对经验事实的挑战，我们可以通过对整个系统的可供选择的部分进行调整或修改，从而使其免遭证伪。这正是奎因整体论和拉卡托斯精致证伪主义得出的结论。

最后，波普尔的可证伪理论也根本无法把伪科学从科学的殿堂中驱逐出去。因为按照波普尔的理论，古代占星术在预测人的出生年月、星座以及命运方面的可证伪度是极高的，但我们能因此而将其视为是科学的理论吗？

至此，波普尔试图用证伪理论来挽救逻辑经验主义的梦想最终在一片批判和质疑声中破灭；同时，他试图用一种统一的方法论（无论是逻辑经验主义的证实原则还是波普尔的证伪原则）来作为科学与非科学的划界标准的企图也最终失败。

三、历史学派的解决方案

20 世纪 60 年代以后，以库恩、拉卡托斯和费耶阿本德等为代表的历史主义学派开始盛行，它对逻辑实证主义仅仅对科学知识做静态的逻辑分析进行了深刻的批判，继承和发展了波普尔批判理性主义研究科学发展动态模式的合理思想以

① Popper K R. The Logic of Scientific Discovery. New York：Harper&Row，1961：274.
② Popper K R. The Logic of Scientific Discovery. New York：Harper&Row，1961：108.

及奎因逻辑实用主义的整体主义思想，并把它们与科学史的研究结合起来，从而形成了一种较为适应当时科学发展的科学哲学流派。

1962 年，库恩在他的《科学革命的结构》一书中，对理性主义的科学观和传统的科学方法论提出了尖锐的批评。首先，库恩同意波普尔的反归纳法的观点。他认为，归纳主义那种把科学的发展看成是一点一滴的进步，或是一件一件增加的连续不断的积累过程，从而把科学史看成是一堆轶事或年表的观点是站不住脚的。它会导致人们不去探索科学发展的模式，从而桎梏科学上的创新和飞跃。但库恩也反对波普尔的“不断革命论”，他认为，不断否定、不断推翻又怎么谈得上知识的增长呢？同时，他也反对波普尔的证伪原则，因为在他看来，依靠经验是不可能证伪理论的，理论的转变是科学家们心理上的信念的转变，而非理论上的被证伪，而且科学史表明，科学的发展既有否定性的革命，也有肯定性的积累。因此，库恩坚信，科学发展的实际过程是一个进化和革命、积累和飞跃、连续和中断的不断交替的过程。

其次，在库恩看来，把科学与非科学区分开来的标准既不是逻辑实证主义的“证实”标准，也不是波普尔的“证伪”标准，而是其所谓的“范式”标准——科学共同体由于接受了共同的教育和训练，并以共同的基本理论、观点和方法取得了相当的成就，从而在心理上产生了一种共同的信念，这是解决该学科一切疑难的钥匙，从而成为该学科的范式。范式不是别的，它就是一种像宗教一样的信念，但是，任何范式在一个学科中的统治并不是永恒的，科学革命就是抛弃旧范式，更立新范式，而且范式的更迭，并不是认识的深化，而是心理上的信念变化，或“格式塔的转换”，“这就好像整个专业共同体突然被载运到另一个行星上去，在那儿他们过去所熟悉的物体显现在一种不同的光线中，并与他们不熟悉的物体结合在一起。革命之前的科学家世界中的鸭子到革命之后就成了兔子”[①]。

在此基础上，库恩又进一步提出了“不可通约性”概念。他认为，范式的不同并不是认识同一世界的深化程度不同，而是心理信念上的不同，因此新旧范式之间是互不相通的、不可比较的，这就和两种彼此对立的宗教教义互不相通、不可比较是一样的。对于同一情况作出不同理解的两个人，尽管他们在讨论中使用相同的语词，但它们的语义却是不一样的，例如，在爱因斯坦的相对论和牛顿的经典力学体系中都使用了“时间”“空间”“质量”“能量”等概念，但它们却具有不同语境的含义，因此它们是不可比较的，缺乏共同比较的基础，它们是不同科学共同体的不同世界，换句话说，鸭、兔两个世界是根本无法比较的。

与逻辑经验主义者和波普尔拒绝“心理学”和“社会学”不同，随着“范式”和“科学共同体”概念的引入，库恩将心理学因素和社会学因素引入到科学

① 托马斯·库恩. 科学革命的结构. 金吾伦，胡新和译. 北京：北京大学出版社，2003：101.

理论的评价之中，把它们看作是与方法论一样的东西。[①]应该指出的是，库恩的科学哲学思想是具有一定的历史进步性的。一方面它着眼于科学史，动态地分析科学理论的变化（包括科学的常规时期和革命时期），从而避免了逻辑经验主义那种静态、僵化的逻辑分析；另一方面，它吸取了奎因整体主义的思想，把理论的检验看作科学活动的一个整体，从而避免了“证伪”原则的草率和随意。

但是，库恩提出的新、旧范式之间互不相通、不可比较的思想等于否认了科学知识的客观性，抹杀了真理与错误的区别。他认为，既然范式之间的更换仅仅是信念上的更换，就像宗教的改宗一样，它们之间没有任何继承性和连续性，那么科学的发展也只能是一种随机的演化，而绝没有任何客观进步可言。因此，他得出结论说，“科学家并没有发现自然的真理，也没有越来越接近真理，任何越来越接近真理的观点都是毫无根据的，必须放弃”[②]。他嘲笑波普尔说，“他一直在寻求绝对可靠的理论评价程序。我只怕他是在追逐一种从常态科学与非常态科学的混合中冒出来的鬼火”[③]。正是这种对传统科学理性、客观性以及进步性的消解，最终使库恩的历史主义进路陷入了无标准、无中心和无可通约的相对主义。

此后，拉卡托斯在扬弃波普尔证伪主义和库恩范式理论的基础上，提出了由四个相互关联的部分组成的“科学研究纲领论”：①由最基本的理论和观点组成的“硬核”；②由众多辅助性假设构成的“保护带”；③消极保护硬核的“反面启示法”；④积极改善和发展理论的“正面启示法”。拉卡托斯指出，波普尔的证伪主义是初级的、朴素的证伪主义，因为“经验是不能证伪理论的，任何理论都可以通过适当地调整它的背景知识，使它从经验的反驳中永恒地挽救出来”[④]。而他在这里提出的“科学研究纲领”则可以有效地解决波普尔那种随意放弃理论的难题，因为当理论系统受到责难的时候，研究纲领会将经验反驳的矛头引向由那些辅助性假设构成的保护带，而不是由基本理论构成的硬核，并通过修改、调整这些辅助性假设来保护硬核，因此拉卡托斯将其“科学研究纲领”称为精致的证伪主义。

如上所述，当理论受到质疑或责难时，波普尔认为应该采取立即放弃的态度，因为不断革命、不断批判才是科学的中心；但库恩认为，波普尔的这种观点是无法解释科学中相对稳定的发展时期的，因为在科学发展的常规时期，是不容许科学家对范式做出任何批判的，只能教条地遵守范式，严格按照范式进行科学研究，只有在危机和革命时期，科学家才能批判范式。与库恩“范式”理论不

① 孙思．理性之魂．北京：人民出版社，2005：82.

② 托马斯·库恩．必要的张力．范岱年等译．北京：北京大学出版社，2005：267.

③ 托马斯·库恩．必要的张力．范岱年等译．北京：北京大学出版社，2005：279.

④ Lakatos I. The Methodology of Scientific Research Programmes. Cambridge，New York：Cambridge University Press，1978：98.

同，拉卡托斯的“科学研究纲领”中“硬核”是包括基本理论、方法、规则及仪器设备等在内的一整套由客观实在组成的体系，而库恩的范式仅仅是一种以心理信念为主的相对主义，从而根本否定了科学理论的真理性和进步性。

最后，拉卡托斯指出，一部科学史就是一部由相互竞争的科学研究纲领组成的斗争史。科学的发展就是科学研究纲领不断进化和不断退化的演进过程。在这一过程中，既有内部作为“硬核”的基本假设，它具有超经验的形而上学性，也有外部的辅助性假设，它具有经验性，可以检验和修正，还有联系内部理论和外部理论的启发法，它具有逻辑性，但又允许不同纲领逻辑性的不同；研究纲领既保持着运动变化的可能性，又保持着一定阶段的稳定性；既在多元纲领的竞争中保持着科学理论的开放性，提倡了科学的创造性，又在科学预言的成功能力中保持了对科学理论的检验性。这些综合表现了科学系统的复杂性，客观地反映了系统思想和辩证法的精神。①

尽管与波普尔不断革命证伪模式和库恩的格式塔转换模式相比，拉卡托斯的“科学研究纲领”的不断进化和退化模式，在一定程度上既体现了科学发展的质变，也体现了它的量的进化；同时也清除了库恩模式中那些否认科学存在客观性、进步性的相对主义因素，其进步性和完善性是无可争议的，但是，要对科学进行综合性研究并非一件十分容易的事情，它需要把科学自身的复杂性、矛盾对立的方面合理统一起来的思维和逻辑，而拉卡托斯这里抛开了辩证法逻辑，而完全按照形式逻辑的方法②来进行简单的综合，再一次陷入了形式逻辑难以自拔的困境。这也难怪费耶阿本德会嘲笑说，拉卡托斯的“科学研究纲领”是形式上的理性主义和事实上的相对主义。因为，在拉卡托斯看来，科学的预言成功并不能表明科学理论的真理性，而只是“拟真性”，进步的纲领并不能确定地指引科学家的活动，参与退步纲领的工作也是合理的，退步的纲领可能随时会成为进步的纲领。这样，科学的知识性和进步的标准性也是无法确定的，科学的知识依然只能停留在猜测与假说的程度，我们对世界的认识似乎依然是无知的。③

如果说历史学派的库恩和拉卡托斯从历史主义的角度出发，在其研究模式中只是或多或少地渗透了非理性主义的因素，毕竟他们仍然保留了理性和客观性的内容在其结论之中，那么历史学派的极端主义者费耶阿本德则把对传统理性和传统方法的批判及反对推向了极端，并汇集了科学哲学不同学派中所有的心理主义、相对主义及非理性主义的种种因素，最终形成了一整套的非理性主义体系。

首先，费耶阿本德对传统认识论包括逻辑经验主义以及库恩和拉卡托斯的模式进行了毫无保留的批判。他认为，逻辑实证主义的证实划界是失败的，波普尔

① 李建华. 科学哲学. 北京：中共中央党校出版社，2004：279.
② 李建华. 科学哲学. 北京：中共中央党校出版社，2004：280.
③ 李建华. 科学哲学. 北京：中共中央党校出版社，2004：281.

的否证划界也是失败的，库恩的范式和拉卡托斯的研究纲领也都是不成功的，因为他们试图用一种统一的方法论来为科学划界，这是根本行不通的。一方面，科学研究所面对的是一个复杂的世界，任何一种方法只能从一定的角度对其进行某一层面上的研究。因此，科学家必须对所使用的方法保持一种开放的态度。如果科学家追求那种固定的方法、封闭的合理性，就等于束缚了科学的发展。另一方面，从科学史角度看，现代科学的发展正是通过方法论上的突破而实现的，科学中总是会出现新的方法，也没有任何方法和理性原则能够长期不变。

因此，费耶阿本德认为，在科学研究过程中，只有一条原理可以在一切境况和人类发展的一切阶段都得到辩护，那就是"怎么都行"。科学是一种自由的实践，理论上的无政府主义比主张按规律和秩序办事更为人道，更容易鼓励进步。传统的科学方法论常常禁止心理的、社会的、经济的、政治的和其他外部条件所引起的运动，相比之下，科学之所以能够流传下来，恰恰是因为允许曾经被先验地禁止的这些因素的存在。"今天的知识可能变成明天的童话，而最可笑的神话最终可能转变成为科学的最坚实的构件。"[①]可见，在费耶阿本德眼中，科学王国中唯一的通行证就是"怎么都行"。

然而，如果科学方法真的成了费耶阿本德所描述的"怎么都行"，科学将会失去过去一直以来引以为自豪的规范性，同时也将失去当今科学家和知识分子著书立说的一个基本支撑点——说某一程序或一种观点是客观的[②]；如果科学事业真的成了费耶阿本德所倡导下的或所理想中的"无政府主义"，不但科学殿堂甚至整个人类社会都会陷入无尽的混乱和灾难之中。

尽管非理性因素在科学中的确存在，特别是在需要通过直觉、顿悟和灵感等抽象思维来进行的科学理论的建构中，非理性因素甚至起到了难以替代的作用，但我们绝不能因此而像费耶阿本德那样片面夸大非理性的作用，因为在费耶阿本德看来，"非理性"过程常常导致的是成功，而"理性"的过程却可能带来的是大量的问题[③]。正是费耶阿本德的这种思想直接导致了非理性主义思想在整个西方的泛滥，造成了后来科学哲学的危机，但同时它也为随后出现的社会建构论以及后现代思潮的兴起打开了理论上的缺口。

四、社会建构论的解决方案

如前所述，经过历史学派库恩"范式"及"不可通约"理论的影响和费耶阿本德对传统方法论和传统理性的消解，科学哲学被引入了更让人难以接受的相对主义，在其中没有绝对的"客观性"和"规范性"，什么都是相对而言的，不同

① 费耶阿本德. 反对方法. 周昌忠译. 上海：上海译文出版社，1992：6.
② 费耶阿本德. 告别理性. 陈建等译. 南京：江苏人民出版社，2002：4.
③ 费耶阿本德. 告别理性. 陈建等译. 南京：江苏人民出版社，2002：10.

范式下的话语、视角、文化以及世界观都是不可比较的，它们具有相同的权利，谁也不比谁更好，根本毫无进步性可言，传统科学至高无上的地位最终也被相对主义消解掉。但同时，正是这些相对主义的问题为科学哲学的“新纪元”拉开了帷幕。①

按照美国《科学哲学》杂志主编柯特奇在《科学哲学的“新纪元”：建构主义、女权主义与后现代主义》中的划分，我们下面将着重分析“新纪元”中的建构论和后现代思潮针对传统科学理性的问题所给出的不同解决方案。

首先，在社会建构论者看来，“有人倾向于把科学和技术的发展看作是整体上独立的并且不断进步的过程，且这种过程与社会结构无关，而现在，历史事件的实际过程正在把任何这类倾向的痕迹消除”②，“科学和技术的知识不是已有知识的理性、逻辑性的延伸，而是不同社会、文化和历史过程的偶然产物”③。这里，建构论者们将科学知识看作仅仅是科学家一致同意的结果，因此其是偶然的产物，然后他们采用社会学的方法来研究科学家是如何达成一致的。他们在社会学方面的研究又被称作是“科学知识社会学”。众所周知，科学知识社会学最早是由巴内斯、布鲁尔、夏平和皮克林等在英国爱丁堡大学提出的，他们认为，科学知识也应该作为社会学研究的对象，并从社会学角度分别对科学知识的客观性和理性进行了进一步的消解与批判。尽管有关科学知识社会学的研究途径以及思想较为庞杂，但其学派对以下三个基本观点的认识是一致的，同时这三个观点也可以说是科学知识社会学的基本纲领。

（1）科学知识是人工制造的产物。马尔凯（M. Mulkay）认为，“科学事实的内容不应该被视为一个不受文化调节的、对永恒的外部世界的反映。而且科学的经验结论必须被视为解释性的建构物，因为它们的意义依赖于特定的环境并受一个特定社会群体在特定时间点上所拥有的文化资源的制约”④。马尔凯在这里指出的特定的环境主要是指科学家生产知识所处的环境——实验室。由于实验室本身就是一种人工环境，一个实验室使用什么仪器，使用什么材料以及使用何种药品等都是人为的结果，带有相当的偶然性，所以建立在这些人为因素基础上的科学实验结果必然是人工产物，由实验结果得出的科学知识也只能是人工建构，甚至是虚构的产物。

（2）科学知识是科学家互动和磋商的结果。事实上，科学家的互动远远不止是在实验室中进行的，他们必然要受到更多社会因素的影响。在这样一个“大科学”时代的背景下，我们已经无法找到牛顿和瓦特时代下单打独斗式地完成伟大

① 王巍. 科学哲学问题研究. 北京：清华大学出版社，2004：196.

② R. K. 默顿. 科学社会学. 鲁旭东，林聚任译. 北京：商务印书馆，2003：53.

③ Koertge N. “New age” philosophies of science：constructivism，feminism and postmodernism. British Journal for Philosophy of Science，2000，51（4）：669.

④ 迈克尔·马尔凯. 科学与知识社会学. 林聚任等译. 北京：东方出版社，2001：145-146.

发现或发明的案例，相反，绝大多数的发现或发明需要借助共同体的协助、大笔资金的资助乃至政府的支持，因此，也难怪科学知识社会学家会把科学知识理解成为社会建构、政治谈判、基金运作及权威操纵的结果。例如，皮克林就在《建构夸克》一书中大胆地提出，夸克理论的出现并不是科学的发现，而是相信夸克的科学共同体最终战胜了否定夸克的科学家的结果。此外，科学磋商的过程就是一个毫无理性和毫无客观性的说服过程，在其中真正起作用的是那些包括语言辞藻、语言修饰、语言技巧以及社会威望等在内的众多非理性的社会性和语言性的因素。

（3）科学知识并不是对客观实在的反映，而是科学共同体内部各种意志相互作用的产物，是对科学团体中占主导地位的学者或者学派信任的产物。科学的活动并不指向“实在”，而是指向有关陈述的操作。科学的认识活动固然可以以个人的方式来进行，但作为一种知识体系的科学却是一种团体行为，是建立在社会信任的基础上的。事实上，并非所有的知识都是依据我们自身的认识活动而获得的，人类及其社会共同体内部大部分的科学知识都不是直接知识，而是通过间接的方式获得的知识，这其中就有一个信任的问题。所以，真理问题在一定程度上就意味着社会学意义上的信任问题。①

事实上，如果社会建构论者只是宣称，科学研究中存在着社会的因素，而并非纯粹理性或客观的因素，那么它就是可以接受的合理的思想，对于这一点，即使是今天最传统的科学哲学家也很难否定。况且，科学知识社会学的研究在这方面也取得了一定的进展，很多科学知识社会学学者扎根于实验室，对科学研究的日常活动非常了解，他们把科学放在更广阔的社会背景中去进行研究，无疑极大地丰富了我们对科学的认识，对科学的发展也是健康的。

但如果社会建构论因此而夸大社会因素在科学研究中的作用，甚至把科学看成是社会建构的结果则是非理性的，更是危险的。因为科学的客观性一旦被社会性所取代，科学的自然本性一旦被权威、金钱所左右，科学将失去真理性，必将倒退到也许还不如中世纪披着宗教外衣的孱弱的科学的状态，因为此时科学的规模性、危害性及毁灭性已经到了足以使人类无数次彻底毁灭的境地。

五、后现代思潮的文本主义解决方案

如果说历史主义是从科学史的角度对科学的客观性和绝对性进行相对主义的消解，以及社会建构论是从社会学角度对科学的客观性和自然本性进行社会和政治性因素的消解的话，那么后现代思潮则是从语言学角度对科学的知识论和语境无涉性进行了语言学和文本主义的消解。

---

① 刘魁，干承武. 经典科学知识论的理论困境与未来趋向. 科学技术与辩证法，2005，(6)：47.

按照卡胡恩（L. E. Cahoone）的概括，后现代主义思潮主要包括以下五点：四个批判的主题和一个文本的边缘方法——相对于表达的表征、相对于现象的本质、相对于多元的统一、相对于规范内在性的规范超越性，以及构成性的排他性方法。显然，这是从利奥塔的后现代的语言游戏转向德里达的解构主义的概括。具体来讲，在后现代主义看来，没有任何东西能够被直接表征出来，因为认识是依赖于符号、语言和解释的，只有通过文本和表达来进行。后现代主义否认任何寻求甚至表达在现象背后的任何深刻本源的可能性，怀疑甚至否认这种本质的存在，认为事物的现象不需要涉及较深层次的或更为基础性的东西；同时，后现代主义试图把统一的、单一的整体或概念认作是复杂的和多元的，没有任何事物是简单的、直接的，任何分析都是不完全的。例如，一个文本可以用无限多种方式来阅读，其中没有一种阅读方式能够提供完整的和真实的意义；对规范的超越是后现代主义最为关键的因素，像真、善、美和理性这样的规范被认为不再独立于它们控制或判断的过程，而是这样一些过程的内在东西；最后，后现代的边缘方法是指那些显示出文化整体的对象——人类、词、意义、理想、哲学或社会组织等——是通过一种排他性的、压制性的或等级式的社会过程得以维持的，其他的对象或单位必须承认外在于它们的这种特权才能得以生存，通过这种边缘方法，使原来很少有人注意到的论题，如权力、隐喻等变成了后现代的中心议题。[①]

应该说，后现代主义从语言和文化的角度对科学知识和人类认识给出的全新的解释——科学理论的真理性和人类的认识只存在于一定的语境和关系之中——是有一定合理性的。因为科学对自然实在的认识过程既是一个逻辑和推理的过程，也是一个借助语言表达、交流的过程，根本不存在一种既能清楚表征同时又与语境无涉的表达。因此，在我们阅读文本时，多视角性、多解释性及多方位性等多元性就会大行其道，这样一来，我们就很难再得到对自然实在的自在性和客观性的唯一解释了。这正如曹天予概括后现代主义观点时所说的，“没有可用宏大叙事法描述的历史：因为经验的断裂，没有了始终同一的个人；没有一种话语有前后一贯的意义；没有作为表象的知识；不存在具有普遍逻辑和客观真理的科学；剩下的只是语言游戏自由地在权力关系网中游荡”[②]。

值得注意的是，某些极端的后现代主义还带有强烈的反基础、反中心甚至是反人类的相对主义特征，他们否认在实在论意义上建立知识基础的可能性，传统哲学对于主观和客观、实在和现象及事实和理论的区分现在已经消失；他们声称知识的合理性根源并不是来自其研究对象，而是相对于研究者的实用目的、共同体的传统、研究者的需要、研究者的诡辩才能及研究者的权力等，由此进而解构

① 蔡仲. 后现代相对主义与反科学思潮. 南京：南京大学出版社，2004：69-72.

② 曹天予. 科学和哲学中的后现代性. 哲学研究，2000，（2）：13-14.

“真理”“理性”与“客观性”的传统概念①，最终走向了反科学的思潮。

综上所述，面对传统科学理性的困境，波普尔率先试图通过其“证伪”理论来挽救逻辑经验主义，但它和逻辑经验主义一样，都忽视了一个用经验来作为标准的致命的弱点——经验本身无法克服的私人性和欺骗性。

最后，后现代思潮从语言学角度对科学的知识论和语境无涉性进行了语言学和文本主义上的消解，其中某些极端的后现代主义所带有的强烈的反基础、反中心甚至是反人类的相对主义特征，最终也使得后现代主义走向了更令人难以接受的反科学思潮。

综上所述，这些形形色色的非理性主义的科学观，几乎把当代科学哲学的发展领上了一条不归之路，他们共同的观点就是反对理性、反对方法，主张取消科学上的“限制物”，认为科学并不比任何其他的智力探索更理性，企图建立一个反对传统理性、反对传统方法论的新科学图景。这种非理性的科学图景排除了作为仲裁者的客观性、方法论的作用，从而使科学理性随之消失，最后只剩下渴望探索自然界的那群人的个人兴趣、品味、特异倾向、共同体的心理以及来自社会诸因素的影响。

至此，在科学探索中，已没有了任何的约束和限制。从根本意义上看，非理性主义的科学观不过是从一个极端走向了更加难以令人接受的另一个极端。

① 蔡仲. 后现代相对主义与反科学思潮. 南京：南京大学出版社，2004：72-73.

第二章　科学修辞的合理性辩护

修辞是消除人类隔阂和误解，达成人类新的认识的桥梁，缺少了交际修辞，人类要么会走向封闭，要么会走向冲突，正是交际修辞打开了封闭的大门，控制了冲突的炮火，为人类的和谐发展和最终得到“解放”起到了“缓冲器”或“整流器”的作用。

——哈贝马斯

在科学实践中，正是在那些以逻辑理性为核心的方法论所不能解决问题的地方，科学修辞却可以彰显功能，尤其是在形式化系统中出现不清晰性、不完备性和不一致性问题的时候，科学修辞论证就会大显神威，这不仅是由于科学家在科学实践中随时都要面对种种“选择”进而不得不进行比较和决定所需，而且更是与科学修辞本身所具有的功能分不开的。

——M. 佩拉

无论是图尔明从认识论角度为科学修辞所做的实用论证的辩护、库恩从历史主义角度为科学修辞所做的理由辩护、利奥塔和哈贝马斯从封闭走向交际修辞的探索，还是佩拉从证明到论证的转向，都深刻地表明，作为介于绝对理性和非理性之间的一种中间战略，科学修辞在坚持传统推理逻辑的基础上，发挥着在科学论辩中独特的给“理由”的作用以及在科学交流中辩证“赎救”的功能，突出论证和话语的相关性以及语境性，从而为实现逻辑论证与修辞论证的有机结合，为走出绝对理性主义与相对主义的内在困境，为深受技术工具困扰的现代人能最终得到“解放”提供了一条可供选择的开放进路。

此外，20 世纪修辞学的全面复兴也为科学修辞学的发展提供了元理论基础和支持，无论是布斯的“聆听修辞”——低层次的论辩和高层次上的“倾听”后达成新的“共识”，还是利奥塔和哈贝马斯的“交际修辞”——主体间际性互动后的思维辩证“赎救”或“解放”等一般修辞学的最新理论突破都对科学修辞学的发展起到了牵引作用，致使大多数科学家和科学哲学家不是仅仅把科学修辞看成是科学上的“诡辩之花”，而是重新审视科学修辞在科学全过程中的地位、作用和价值，科学修辞也由此不断拓展和延伸自己的施展空间，在方法论和认识论上为科学和科学哲学的发展提供新的思路和视阈。

第一节　图尔明实用论证的合理性辩护

为了摆脱绝对主义与相对主义的困境，图尔明分析了不同学科的论证，以便在绝对主义和相对主义两极之间找到一个位置。图尔明从论证的功能即辩护的观点出发，提出一个合理的论证，一个站得住脚的或有坚强后盾的论证就是经得起批评的，合乎要求标准的成功论证，而且论证就是主张、根据、理由、支持、限定和反驳六部分组成的修辞语境论证，它是符合人类实践并能通向人类进步的希望之路。

一、图尔明的实用论证

传统形式逻辑把论证建立在不变的、抽象的和普遍的原则的基础上，最大的问题就是论证脱离了实践，脱离了语境。当形式逻辑妄图建构绝对可靠的理性大厦的梦想破碎时，历史学派的代表人物库恩、费耶阿本德等所倡导的非逻辑、非理性的相对主义开始叫嚣，因为他们发现，在科学研究过程中，并没有所谓的普遍有效的方法原则可遵守。不论是库恩提出的“范式”和“不可通约性”概念，还是费耶阿本德极力倡导的“怎么都行”的方法论原则和“无政府主义”的科学观，都是要彻底地抛弃逻辑经验主义者所坚持的理性主义的科学观。但是，他们的主张并没有把科学哲学引向正确的道路，相反却走上了令我们更难以接受的彻底的“告别理性”的道路。①

事实上，我们对形式逻辑的批判，并不是要彻底抛弃它，毕竟它是人类进行理性认识的重要工具，如果因此而走上历史主义所倡导的非逻辑、非理性的相对主义道路，也许人类的认识乃至人类社会都会陷入无尽的混乱中。但问题是我们如何在汲取历史主义以及后现代主义有益思想的基础上，来挽救理性的世界。当代著名修辞学家图尔明在其著作《人类的理解》中，试图确立那种既不是绝对主义又不是相对主义的价值标准，“目的是发现一种新的认识自画像，即对能力、过程和活动的新鲜的描绘，通过这种描绘，人类获得对自然的理解，而自然反过来对人类来说是明白易懂的”②。

为了便于分析，图尔明首先将论证分为实用论证和分析性论证两种不同的类型。实用论证是根据某些事实或论据推断得出结论的论证，而分析性论证与前提的内容几乎是一样的，即与柏拉图的形式演绎法相一致，它通向普遍真理但不考

① 李洪强，成素梅. 科学中的实用论证. 科学技术与辩证法，2007，(4)：40-43.
② Tulmin S. Human Understanding. Princeton：Princeton University Press，1972：145.

虑语境。换句话说，分析论证是脱离语境的；而实用论证与亚里士多德在《论题》和《修辞学》中的思想一致，就是语境化了的论证。尽管图尔明认为，分析性论证是与人类大多数重要的方面无关的论断（因为理性的程序并不存在于空气中，有时会被进行推理的人们所修改，有时甚至会被抛弃），但同时，他又不愿意走向另一个极端，即用完全相对取代完全绝对，因为那些所谓的相对主义的标准都是相对而言的，那就如同没有标准一样，因此也就无法提供区别论证好坏的标准，更为糟糕的是，相对主义的盛行最终会走上怀疑论、不可知论以及虚无主义、主观主义的道路①。

为了摆脱绝对主义与相对主义的困境，图尔明分析了不同学科的论证，以便在绝对主义和相对主义两极之间找到一个位置。图尔明从论证的功能即辩护的观点出发，讨论了论证是否可以成功地为断言提供辩护的标准。如果一个辩护能使那些经得起在不同领域从事理性工作的人的批评，这个论证就是合理的、正确的。换言之，一个合理的论证，一个站得住脚的或有坚强后盾的断言就是经得起批评的，合乎要求标准的。②在此基础上，图尔明提出了著名的实用论证设计，力图通过融入语境分析而不是不顾语境分析，来摆脱绝对主义和相对主义的困境。

图尔明的著名论证的结构模式是根据类似于运动的情形设计的：论证是从事实出发的运动，通过理由达到主张。因此，进行论证类似于进行一次旅行，试图从“一个地方”到达“另一个地方”，即由此达彼。在图尔明的结构模式中，涉及六个相关的部分。前三个是基础部分，包括主张、根据和理由；后三个部分是支持、限定和反驳，来修饰前三个部分。其中，“主张”表示论证的结果，是论证产生的一种明确的诉求，往往可能会有争议；“根据”，即事实根据或论证所依据的其他信息。“根据”是对问题“我们有什么事实根据可以继续进行下去”的答案，是达目的地的运输工具。“理由”是认可从“根据”到“主张”的活动，是评估从“根据”到“主张”的“旅行”是否合适的评价活动，也是回答“你如何提出自己的主张”或“如何证明从根据到主张的活动”之类问题的解释过程。这三个成分是论证的基本成分，在一个简单的论证中，它们可能是仅有的成分，可用图 2-1 来表示③：

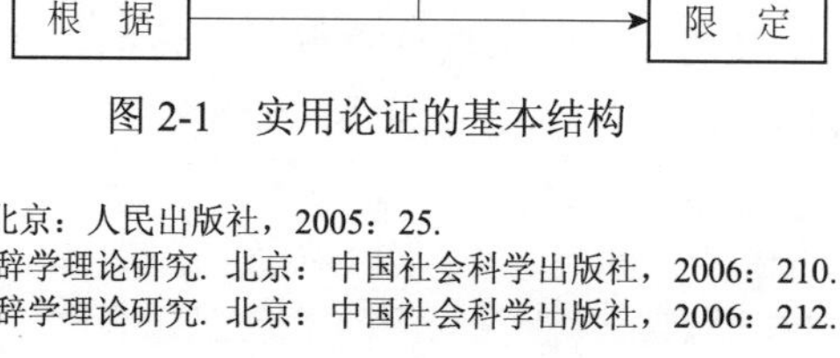

图 2-1　实用论证的基本结构

① 娄永清. 哲学相对论. 北京：人民出版社，2005：25.
② 温科学. 20 世纪西方修辞学理论研究. 北京：中国社会科学出版社，2006：210.
③ 温科学. 20 世纪西方修辞学理论研究. 北京：中国社会科学出版社，2006：212.

显然，由这三个基本成分组成的论证与由大前提、小前提以及结论组成的形式逻辑中的三段论并无两样，如下所示：

（根据）大前提：天气预报说北方地区明天要降雨

（理由）小前提：A地属于北方地区

（主张）结论：A地明天要降雨

如果是这样，论证就会再次陷入我们在前面所分析的形式逻辑的困境中。图尔明正是看到了这一点，在其设计的论证结构模式中，增加了另外三个关键性的修辞成分。第一个成分是“支持”，是由用来证明蕴涵在论据中假定的证明材料所组成的。在形式逻辑中，大前提不需要支持，因为他被看作是普遍原则，而在实用论证中，可能需要对理由的支持或附加支持，因为当听众不愿意相信证据的时候，必须引进“支持”。理由回答的问题是“你走什么路”，而支持回答的问题是“为什么走这条路是安全的”。

第二个成分是“限定”，指从根据到理由这一步的强度。分析性论证不需要情态限定，因为分析性论证得出的结论在结构上是确定的，而在实用论证中，包括像“可能”或“当然”之类的限定，是指根据与理由之间关系的强度。事实上，在科学实践的论证中，我们碰到的情况大多数都会使用这种可行性论证。情态限定回答的问题是“我们到达目的地的确定性是多少”。看起来，限定词的使用在一定程度上削弱了论证的确定性，但它却在从另一个角度上增加了论证的有效性和可信度。

第三个成分是“反驳”，它附在表示主张的陈述上，相当于一个保险阀。因为在实践论证中，每一个新的主张的提出必然会招致大量的反对，因此附加一个反驳一方面更加符合实际的论证情形，另一方面也更有助于新主张得到承认和推广。图尔明实用论证的完整模式可以用图2-2来表示[①]：

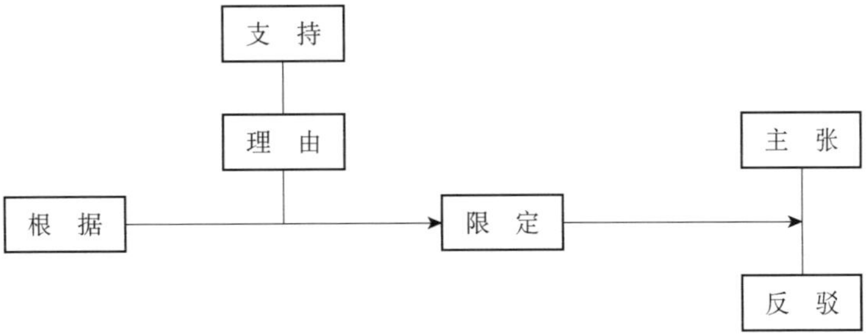

图2-2　实用论证的完整模式

上面的案例也由此变成：

（根据）大前提：天气预报说北方地区明天要降雨；支持：据气象卫星云层

① 温科学. 20世纪西方修辞学理论研究. 北京：中国社会科学出版社，2006：213.

分析；（理由）小前提：A 地属于北方地区；限定：因此估计北方大部分地区降雨概率为 95%；

（主张）结论：A 地明天会有 95%的降雨概率；反驳：除非 A 地受到地形、地貌或新的冷、热空气的影响。

显然，正是新增加的这三个修辞成分使得原有的三个基本成分更加有效也更加可信。在传统的形式逻辑分析中（比如在三段论中），论证分为前提和结论，往往掩盖了证明中的缺点，而且与实际论证的语境不符；而图尔明在这里提出的实用论证的模式为论证的各个部分分配了一个具体的空间位置，这样就更容易发现其中的缺点，正如当代修辞学家约翰森在其著作《当代修辞学理论》一书中对实用论证所做的评价那样，图尔明的实用论证在描述和检验论辩时具有以下七个方面的优越性①：

第一，传统逻辑的特征与使用理由的论证有关，这种论辩是推论“飞跃”的基础，其有效性是不容置疑的。图尔明的模式为确立理由的论辩做了特别的规定，在这种论辩中，作为推理基础的假设，其可靠性必须通过“支持”来确定，把它作为证明模式本身的一部分。

第二，传统逻辑以暗示的普遍原则为基础，总是或多或少地把证明作为分类或划分，而图尔明的分析强调了论辩的推理性与相关性本质，提供了一个语境，这个语境中把与有争议的主张有关的所有形式与物质因素组织起来，成为一系列相关联的步骤。

第三，图尔明的第二个三位一体的组合，即支持、反驳和限定，在他的基本结构模式的框架中，为确立那些具有可能性的主张作出规定。这个模式把注意力集中到各个附加成分可能起作用的方式上面。

第四，由于传统逻辑的暗示原则仍然会在论辩中起主导作用，因此，必然会造成本质上是不变的论辩观念，而图尔明提出的从事实根据出发，经过理由到达主张的论证活动，则产生了动态的论证观念，我们从他的结构模式中得到的是一幅确立和证明主张的工作图。同时，他使用了实用术语，使我们能够理解论辩的各个部分在这一过程中所起的作用。

第五，以传统分析为基础的诸如三段论省略式、例证之类的模式常常在证明中压缩一个步骤，而图尔明的模式把论辩全面展开，对各个步骤都可以进行彻底的检验。

第六，在传统的分析中，论辩分为前提和结论，往往掩盖了证明中的缺点，而图尔明的模式为论辩的各个部分之间分配了一个具体的空间位置，这样就更容易发现缺点。

---

① Johannesen R L. Contemporary Theories of Rhetoric. Oxford：Oxford University Press，1980：244-245.

第七，传统逻辑不能完善地解决物质有效性问题，而图尔明使物质有效性成为他的体系中不可分割的一部分，清楚地证明了事实成分在产生可接受性的主张中所起的作用。

总而言之，在把修辞论辩展开进行分析或证明时，图尔明所提供的论辩结构模式要比传统的逻辑方法更有用。而大多数从事论辩教学的教师往往只是一般地讨论三段论，并没有认真地探索三段论中形式和图形的复杂性，也没有把传统逻辑学的原理成功地运用到有争议的论辩中去，而图尔明的模式提供了实用的替代方式。有趣的是，当图尔明第一次在其著作《论辩的运用》中描绘这一模式时，他并没有强调这个模式与修辞学有什么联系。例如，他没有意识到这个设计可用作人们之间进行论辩的模式。只是在美国修辞学家把他介绍到修辞学界，在他移居美国并出版《推理导论》之后，他的这个论辩模式的修辞学含义才清楚地显现出来。[①]

尽管图尔明在这里提出的实用论证在一定程度上弱化了真理和理性的力量，但它却对传统的理性认识论进行了不可替代的修正和完善，从另一个角度强化了论证的效度和可信度，但这种介于封闭的逻辑形式体系和开放的相对主义视野之间的方法论工具是否在科学论证中有其现存性和必要性则更是修辞学家和科学哲学家关注的问题，同时也是我们这里所要考察的问题。[②]

二、科学实用论证分析

事实上，图尔明提出的实用论证模式只给出了适用于一般论证的情形，并没有基于科学史的发展进一步阐述实用论证在具体科学领域中的现存性。下面我们通过对达尔文在论证他的进化论思想时所用的论证形式的剖析，来揭示实用论证作为一种科学论证形式的存在性及其在科学论证中的必要性和必然性。

众所周知，达尔文在经过长期详细考察活着的生物和化石的遗迹之后，提出物种起源的重要原因是自然选择——新种可不依靠种的类型的变异，由个体经过环境的选择作用而形成，因为不具有这种性能的个体逐渐被淘汰掉了，这一特殊性便有扩大到全族之势，种族改变了，一个不同的永久的种别慢慢地确立起来。[③]可以说，达尔文的进化论的提出奠定了近代生物学的基础，在生物学史乃至当代社会学的发展中都占有重要的地位。看起来，正如达尔文所说的，这一伟大学说是按照“真正的培根原理”有根据、有理由的合理必然的主张。

但是，从理论的论证逻辑的严密性来讲，达尔文理论的提出并不十分严密，而且在当时还存在一些无法解决的困难，如达尔文本人就在其著作《物种起源》一书的第六章开头列举出了四种主要的困难：缺乏过渡形式、重要性较小或高度

---

① 温科学. 20世纪西方修辞学理论研究. 北京：中国社会科学出版社，2006：214-216.

② 李洪强，成素梅. 科学中的实用论证. 科学技术与辩证法，2007，(4)：40-43.

③ W. C. 丹皮尔. 科学史及其与哲学和宗教的关系. 李珩译. 广西：广西师范大学出版社，2001：265.

复杂的器官的形成、本能以及不育的物种。①

此外，正如我们现在看到的一样，达尔文，尤其是他的门徒们，和在他们以前的希腊原子论者一样，低估了生命问题的复杂性。尽管从形态学与生物学的事实来看，进化的一般进程现在是很明显的了，但物种起源的详细细节，还没有被阐明出来，而且作为进化论阵营中最为有力的捍卫者赫胥黎也指出了其中的一个缺陷——累积变异而成新种的观念忽视了这样一个事实：血缘相近而不同的物种杂交后往往在某种程度上生殖不蕃。如果物种有一个共同的来源，我们便看不出为什么竟有这样一个现象，而且我们也找不到明显的例证，来说明在实验中确实生殖不蕃的杂种是从共同祖先传下来的多产亲体所养育出来的。换句话说，"适者生存"用来说明进化论的轮廓是可称赞的，但应用在种的差异上就不行了，因为每一物种如要生存，必须在自然里繁盛起来，但没有人能说出我们所说的种的差异（常常是十分显著的固定的）在事实上怎样使物种能够繁盛起来。②

尽管如此，进化论的思想仍然像一股洪流充斥到思想界的每一个领域，之所以如此是与达尔文及其捍卫者所做的修辞工作分不开的。事实上，达尔文为了达到他所关注的目标，选择了一种复杂的论证策略。如果我们从这种论证策略中只发现了演绎论证或归纳论证，那么，我们就丢失了达尔文"一项长期论证"中的关键部分，也就是我们在这里所要分析的实用论证中的三个关键性的修辞成分。

首先，在对理由的支持上，达尔文一方面选择了拉马克的环境影响个体学说以及马尔萨斯的《人口论》作为自己进化论的理论支持，另一方面他通过类比论证来弥补证据上的不足。

在达尔文之前，最早一个提出有条理、合乎逻辑的进化学说的人就是拉马克，他认为如果习惯的必要改变变成是经常的和持续的，这就可能改变旧的器官，并在需要新器官时使新器官产生出来。例如，长颈鹿的祖先由于不断地伸长脖子吃高处的树叶从而颈部越来越长，这样获得的结构的变化又通过遗传而得到发展和强化。达尔文尽管相信自然选择是进化的重要原因，但并不排斥拉马克的这种思想，相反却将这种在环境影响下用进废退的思想作为自己进化论的一个支持。另一个支持来自马尔萨斯的人口论。达尔文曾毫不隐讳地说，"1838 年 10 月，我为了消遣，偶然读了马尔萨斯的《人口论》。我长期不断地观察过动植物的生活情况，对于到处进行的生存竞争有深切的了解，我因此立刻就想到，在这些情况下，适合环境的变种将会保存下来，不适的必归消灭，其结果则为新种的形成。这样，在进行工作时，我就有了一个理论可以凭持"③。

此外，为了弥补证据上的不足，达尔文努力寻找着各种理由上的支持，其中

---

① 达尔文. 物种起源. 周建人等译. 北京：商务印书馆，2002：184-185.

② W. C. 丹皮尔. 科学史及其与哲学和宗教的关系. 李珩译. 广西：广西师范大学出版社，2001：268-269.

③ W. C. 丹皮尔. 科学史及其与哲学和宗教的关系. 李珩译. 广西：广西师范大学出版社，2001：264-265.

最为成功的就是通过类比论证而获得的。达尔文承认自己在论证进化论时所采取的程序是假设-演绎程序，我们可以用图 2-3 加以说明①：

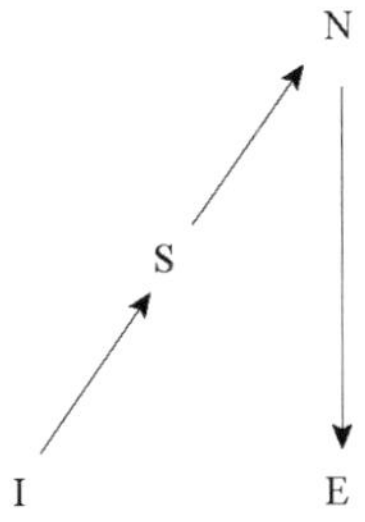

图 2-3　达尔文在论证进化论时所采取的假设-演绎程序

注：箭头表示演绎关系

图 2-3 中，I 表示“所有生物体都易于增加的高速率”（马尔萨斯《人口论》中的某些观点）。由于这种高的（几何的）增加概率，再加上某些固有的前提，生存斗争 S 就是“必然结果”。在其中，每一个微小的变异，只要有用，就会被保存下来，这一过程就被称之为自然选择 N。E 是待说明的效果，或者说，是从理论说明中得到的结果。

显而易见，这一程序中最为棘手的部分是 S→N。因为，假如 S 是可观察的，那么，N 无疑就是假设。因而，严格地讲，在逻辑意义上，人们不能说 N 是 S 的必然结果，这里再一次出现了我们上面所分析的逻辑困境。然而，达尔文清楚地知道，S→N 的有疑问的本性使得对 E 的说明同样是成问题的；他也意识到，假设-演绎程序的局限性恰好在于这种蕴涵关系。达尔文为了增加 N 的价值，使其超越简单的猜测层面，由此使他的对话者更容易接受 N，必须找到有利于 N 的一些单独的支持。根据赫谢尔的观点，达尔文采用的策略正是类比论证：类似于 N 的一个原因 A（人工选择）蕴涵了类似于 E 的一个效果 D（家畜的变异），而 N 又蕴涵了 E。用图 2-4 来说明这种执行程序。

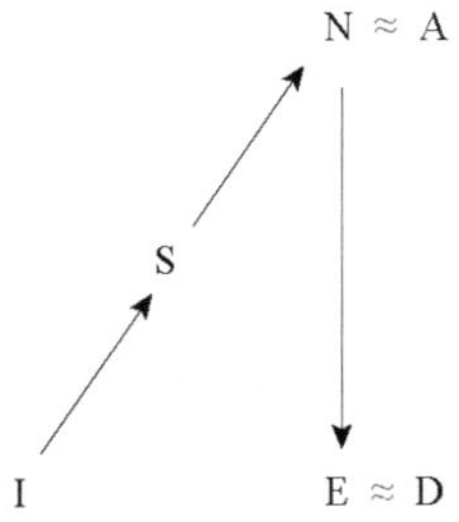

图 2-4　达尔文的类比论证

注：“≈”表示类比关系

正如达尔文所写到的那样：“我们已经看到，选择原理对人类是如此的有效，那么，能把它应用于自然界吗？我认为，我们将明白，它会起到更加有效的作用。应该牢记，我们的家畜和更低程度的那些自然物种，有多少个循环不止的奇异特性会发生变异；这种遗传倾向又是多么强烈。在家畜中，真的可以说，全部有机体在某种程度上都是可塑造的。应该牢记，所有有机体的个体之间以及与其生命的自然延续之间的相互关系，是多么复杂和多么密切相称。于是，我们能够认为，既然对人类有用的变异确实发生了，那么，在残酷而又复杂的生存斗争中，在某方面对每种生物都有用的其他变异，也应该在世代承袭的过程中时而发

① Pera M. The Discourses of Science. Chicago：University of Chicago Press，1994：132.

生，这难道就不可能吗？”[①]

此外，1871 年达尔文在其又一力作《人类的由来及性的选择》中，再次利用人类与低于人类的动物间在胚胎发育方面的类比来为其理论辩护。他指出，“人类起源于某种体质较低的类型……这一结论的根据绝不会动摇，因为人类与低于人类的动物间在胚胎发育方面的密切相似，以及它们在结构和体质……的无数点上的密切相似，还有，人类所保持的残迹（退化）器官，他们不时发生的退祖倾向都是一些不可争辩的事实”[②]。

可见，在论证自然选择证据不足时，达尔文并未因此而退缩，而是选择了经典的修辞类比论证来为自己的进化论思想提供理由上的支持。

其次，在修辞的限定方面，达尔文在应对这些犀利的反对意见时，对他的理论进行了一系列的特定修改，其中最多的修改就是增加了许多诸如“可能”“很有可能”等情态词。例如，达尔文曾写道：“在许多情况下，我们非常无知，以至于不能断言，身体的一部分或一个器官对于物种的健康而言是非常不重要的；也不能断言，在其结构上的改变是无法通过自然选择的手段缓慢地积累而成的。在许多其他情况下，这些改变与已获得的任何好的变异无关，可能是变异规律的直接后果，或者，可能是成长的直接后果。但是，正如我们可以确信的那样，在新的生存条件下，为了保持该物种的优势，即使是这样的结构，也经常会不断加以利用，甚至会得到进一步的改变。”[③]

这也正如詹金在评论《物种起源》时所说的：“建立该理论所运用的主要论证取决于猜测。野生动物也许会发生变异；变异也许会得到积累；它们也许是永恒的……要求我们相信，所有这些‘也许’ 都以一种巨大的规模发生，以便我们可能相信，最终达尔文的‘也许’是关于物种起源的。他的论证的一般形式如下：所有这些事情也许都已经存在着，因此，我的理论是可能的；既然我的理论是可能的，因此，就有可能提出理论所需要的所有那些假设。根本没有直接的证据表明，任何这些‘也许’实际上已经存在着”[④]。

尽管詹金的评论过于偏激，但无论怎样，我们也不能因此而否定达尔文进化论。因为这些情态词的使用或者说是可行性论证尽管不同于那些要证明理论真理性的声称，但它却能够提供某些可能的或可信的说明；同样，我们也不能因此必须断定，达尔文的“一项长期论证”就是一个“不严密的”论证，因为假设-演绎推理和归纳推理并不是科学家持有的唯一的论证标志，而且尽管情态词的使用或可能性的论证在一定程度上弱化了自然选择思想的必然性，但在缺乏证据的当时，这种修辞上的可行性论证无疑更增加了其“精确性”以及获得科学家和世人

① Darwin C. The Origin of Species. London：JOHN MURRY，1971：80-81.
② 达尔文. 人类的由来及性的选择. 叶笃庄，杨习之译. 北京：科学出版社，1982：732-733.
③ Darwin C. The Origin of Species. London：JOHN MURRY，1971：190.
④ Pera M. The Discourses of Science. Chicago：University of Chicago Press，1994：156.

接受的可能性。

最后，在主张的捍卫和反驳上，不仅达尔文而且其追随者们为了使这一全新的学说获得通过，都拿起修辞的武器与反对者进行了有力的反驳，从而确保了这一新思想的通过和传播。相反，如果缺少了反驳这一环节，《物种起源》一书也许将永远不会问世，或者，早就成了第一个反对意见的牺牲品。正像赫胥黎指出的那样，《物种起源》的出版，对于当时的科学家，好像黑暗中的一道闪电，它使我们脱离了一个进退两难的处境："你不愿意承认上帝创造世界的假设，可是你又能提出什么学说，让任何慎思的人都能接受呢？"①

综上所述，图尔明这里提出的实用论证的结构模式强调从事实根据出发，经过理由到达主张的活动，从而产生动态的论证观念，并通过增加支持、限定以及反驳三个修辞性的成分，将论证的全过程完整地展现出来，从而可以彻底地检验每一步骤，并使我们能够理解论证的各个部分在这一过程中所起的作用。通过对达尔文进化论的论证形式的考察，已经证实了，早在图尔明提出具体的实用论证构成之前，在科学家的论证策略中已经不自觉地或潜意识地运用了这种论证形式。科学中的实用论证或者说是科学修辞，在坚持传统推理逻辑的基础上，突出了论证的相关性以及语境性，从而把理论的展开与传播和语境的演变动态地联系起来，从而为实现逻辑论证与修辞论证的有机结合，为走出绝对理性主义与相对主义的内在困境，为更合理地理解科学哲学的发展提供了方法论上的启迪。

第二节　库恩"埋没"的科学修辞思想

库恩从历史主义角度出发，对科学革命中的范式选择过程进行了细致深入的考察，将科学卷入一个"理性+修辞"的辩证语境之中。这里，库恩不仅对选择过程中那些"好"的理由、基于理性因素的理由进行了分析，并将其放在了首位，而且还对那些在选择过程中的非理性因素的作用进行了肯定。尽管他在科学共同体的转换过程中，将这些非理性因素的作用进行了夸大，导致了相对主义，但无论怎样，我们应该给库恩以客观公正的评价，同时正是库恩从理性到理由的转向为科学修辞的复兴提供了"历史性的"背景理由。

一、库恩对不可通约性难题的科学修辞辩护

库恩在从历史角度对逻辑经验主义进行批判时，给我们留下了一道难解的"库恩难题"——由于新旧范式的不同，尽管双方都在看同一个世界、同一个东西，但是由于是在不同的参照系中（科学标准的不同、概念的变迁以及世界观上

① W. C. 丹皮尔. 科学史及其与哲学和宗教的关系. 李珩译. 广西：广西师范大学出版社，2001：268.

的差异）看这些东西，他们所看到的结果却是不一样的，因此新旧范式是互不相通的、不可比较的。按照库恩的这一理论，语言上的不可通约性阻碍了跨典范的沟通，最终造成了交流的不完全性和译不准性；评价上的不可通约性也否认了不同典范可以拥有一模一样的标准或价值；如果不同的典范是不同的世界观，但没有一个共同的世界观来作为绝对的参照系，那么所有的典范或世界观都具有同等权利，因而无法作出理性的选择。①

一般认为，正是在这种不可通约性思想的影响下，库恩把从旧范式到新范式的转变仅仅看作是信念上的转变或“宗教上的改宗”，而且信念上的改变只是心理上的变化，不是靠理性的说明能够改变的，只能靠宗教的狂热宣传来改变，因此，范式的转换问题受到了众多科学家和哲学家的批评，最终把库恩的观点简单地看成了非理性主义的思想。然而，库恩在面对这一难题时并没有坐以待毙，而是利用科学修辞来为其进行辩护，深刻阐释了从旧范式到新范式的理性或非理性的选择机理，从而给我们留下了精彩的科学修辞思想。

事实上，库恩的本意并不是说新旧范式的转换就完全像宗教改宗那样是一个完全非理性的过程。相反，他比较清楚地表达了这一“信念”转变的过程，且在其中蕴含了丰富的科学修辞思想。在其著作《科学革命的结构》一书的后记部分，库恩努力地澄清着别人对他的误解，并详细论述了新旧范式转换过程中选择或说服的力量，尽管库恩并没有在当时使用修辞这一术语，但他所表达的思想正是科学修辞的基本思想，因为按照西方修辞学的基本理论，劝说就是修辞最重要的标志。库恩指出，在新旧范式发生冲突时，“我极力主张，每一派必须尽力通过劝说，以使对方转变。可是，哲学家们却严重地误解了我的论证中的这些部分的含义。他们中有些人报道说我相信下列的说法：不可通约理论的支持者彼此间根本无法沟通；其结果是，在关于理论选择的辩论中不能诉诸健全的理由；相反，理论的选择最终必然基于个人的和主观的理由；实际做出的抉择有赖于某种神秘的灵感。书中造成误解的这些段落，是使我被指责为提倡非理性的科学观的主要原因”②。

具体来讲，关于理论选择的辩论，库恩认为，这是不可能完全按照逻辑或数学证明的形式来解决的。因为在逻辑和数学的证明中，前提和规则在一开始就已经制定好了，如果双方对结论有异议，可在随后的辩论中回溯其推理步骤，按事先的规定一步步核查，在这个过程的最后，总有一方会承认自己犯下了错误，违反了事先公认的规则，而某一方一旦认错，就可以裁定其失败，从而使对方的证明成为必须相信的论证。③

① 王巍. 科学哲学问题研究. 北京：清华大学出版社，2004：196.
② 托马斯·库恩. 科学革命的结构. 金吾伦，胡新和译. 北京：北京大学出版社，2003：137.
③ 托马斯·库恩. 科学革命的结构. 金吾伦，胡新和译. 北京：北京大学出版社，2003：178-179.

但在劝说的过程中也并不排除那些可以说服人的好的理由，而且这些理由对于共同体而言是有最终决定性的，这些理由既包括那些传统科学哲学家们所列举的被广为接受的精确性、简单性和有效性等，甚至也包括那些完全不属于科学领域的非理性的理由。此外，库恩还对他认为“解题能力”较强的几种理由进行了详细的考察和阐述：

第一类理由是库恩认为特别有说服力的、最为有效的基于理性的理由，例如，新范式可以解决致使旧范式陷入危机的关键问题，那么这个范式通常可能就是一个最有效的解决方案；又如，新范式在定量方面或预测性方面展示出比旧范式更加精确的优势，那么新范式就可能是成功的。

库恩认为，无论是有效性理由和精确性理由还是预言性理由都是“基于竞争者之间解题能力的比较”①，对科学家来说，这些论证通常是最有意义和最具说服力的。但在库恩眼里，这些论证并不是使科学家弃旧迎新的唯一一类理由，“幸而，还有另一种考虑”②，可以在这里派上用场。

第二类理由是库恩认为较为主观的、更具有美感考虑的理由：通常，这种考虑不一定都能清楚化、形式化地表达出来，但新理论会被说成是比旧理论“更灵巧”“更简洁”和“更美”。库恩甚至认为，“即使是在今天，爱因斯坦的广义相对论仍然主要是在美感上吸引人，而这种吸引力在数学领域之外，很少有人能感受得到”③。可见，库恩这里所强调的第二类理由属于非理性的理由。

二、库恩科学修辞思想的合理性

应该说，库恩这里对于范式选择的论辩过程的考察是细致的，也是很少招致批评的，这说明其分析是有理由的并且是合理性的，也基本将科学卷入一个“理性+修辞”④的辩证语境之中。在这里，库恩不仅对论辩过程中那些“好”的理由、基于理性因素的理由进行了分析，并将其放在了首位（难怪他会因为有那么多的人将其视为非理性主义者而感到冤屈和不满），而且还对那些在论辩过程中非理性因素的作用进行了肯定。尽管他在共同体的转换过程中，将这些非理性因素的作用进行了夸大，导致了相对主义，但无论怎样，我们应该给库恩以客观公正的评价。我们可以用图 2-5 来表达库恩的科学修辞语境。

---

①② 托马斯·库恩. 科学革命的结构. 金吾伦，胡新和译. 北京：北京大学出版社，2003：140.

③ 托马斯·库恩. 科学革命的结构. 金吾伦，胡新和译. 北京：北京大学出版社，2003：143.

④ 王彦雨，高璐. 科学与修辞：从二元对立到辩证统一. 科学技术哲学研究，2010，(6)：37.

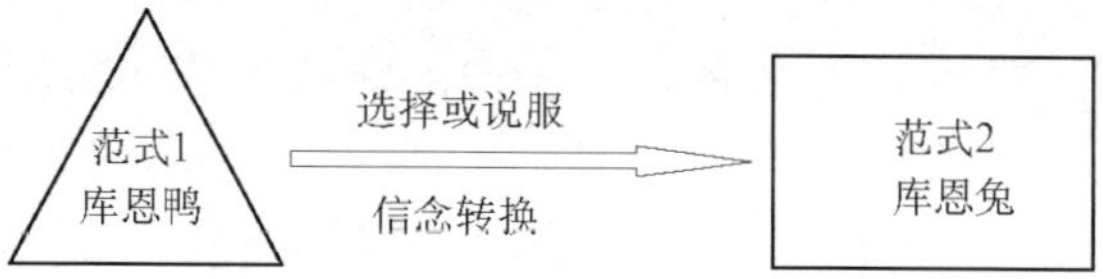

图 2-5　库恩革命前和革命后的范式转换

图 2-5 中的范式 1 和范式 2 分别代表革命前和革命后的范式，按照库恩的理解，它们是不可通约的，因此图 2-5 中使用了单向不可逆的箭头来表示范式的转换。显然，库恩这里正是借助科学修辞的力量——“选择或说服”——来完成其范式转换的。

首先，库恩强调了在选择过程中，理性的理由是首要的，他也认识到缺乏科学客观性的理由是没有说服力的，更是站不住脚的。其理性选择过程主要包括以下三种科学修辞观点：

（1）库恩提出，“好”的理由在论辩语境中是具有决定性作用的。库恩承认，亚里士多德有关修辞的基本观点——修辞有好与坏之分，换句话说，一旦修辞失去理性的指导，必然会走向“西赛罗的雄辩术”，甚至是“坏的诡辩术”。因此，库恩将其解题能力建立在传统理性的基础上——精确性、简单性和有效性。同时，修辞作为一个劝说的过程是很难成为一种可以免受道德力量干扰的中性工具的，但“善”或者道德的力量并不能替代真理或者理性成为主宰修辞过程的逻辑支撑和理性指导，因为道德并不等于理性，“善”亦不等于“真”；此外，论辩的双方都可以利用修辞来为自己服务，这就有可能使它成为非道德的武器，暗含着巨大的危害，只有完美的哲学家才能去实践这门艺术①，然而世俗中难觅完美的人，更难觅完美的哲学家，也更难觅完美的哲学家作出的完美的修辞艺术。

库恩正是认识到了这一点，才保留了修辞过程中理性的决定性作用，因为只有理论是否更精确、是否更简单、是否更有效等传统意义上的客观性和进步性才能成为他“解题能力的”可比较基础；同时，也正是理性因素在这个修辞过程中的存在，库恩会大喊“冤枉”，自己并不是非理性主义者，因为他所认同的选择是理性的选择。

（2）为新生理论提供生存机会。在科学实践中，有些新生理论，在最初阶段尽管在有效性和精确性方面较差，但在预言性方面却能预言旧范式流行时完全未曾料想过的现象；或者在简单性方面，提出了更简单的程式。这时，如果不运用修辞论证为其进行辩护的话，这些新生的、孱弱的、仅仅是“似真”的理论假设就会被粗鲁地排斥掉，甚至根本就没有登场论辩的机会。事实上，为新生理论辩护从而赢得宝贵的成长机会正是科学修辞的功能之一。早在古希腊，亚里士多德

① 胡曙中. 美国新修辞学研究. 上海：上海外语教育出版社，1999：83.

就注意到修辞论证可以很好地服务于这一目的。如果一个前提受到怀疑，就必须说服反对者先承认它，至少在一段时期内是这样的，希望一旦“好的”结果实现了，那么反对者也就会很乐意地接受这一前提了。特别是在当代科学的发展过程中，理论的建构早已不是完全归纳的过程，而是通常建立在特定假设的基础之上。这样，对阐述理论所依赖的基本前提的辩护，就变得更加重要起来。如果这时仍用传统逻辑证明来为这些科学假设的初始条件进行证明的话，必然导致“无穷倒退”的逻辑悖论，甚至产生极端的怀疑论。而对这些科学假设的初始条件进行修辞论证，可以最大限度地消解对这些初始条件或基本前提的怀疑，以期赢得进一步发展的时间。

（3）提高理论的竞争能力。库恩认为，“我们不但要考察自然现象和逻辑的推动和影响，也要研究那些在各特殊的科学家共同体中有效的说服论辩技巧”①。科学共同体要想使一个他们相信的假设在论辩的过程中取得成功，就绝不会对他们的反对者保持沉默，相反，为了使其理论能在竞争中赢得胜利，他们必然会攻击对方的弱点，同时拿起反驳的武器应对对方提出的批评，正是通过这种批评与反驳才使自己的理论获得了击败对手的机会，同时也使自己的理论在这种论辩的过程中日渐成熟和完善，毕竟，观点对峙、唇枪舌剑、捍卫真理和伸张正义是修辞最基础、最原始的存在理由。

其次，库恩认为，在理论的选择过程中，非理性的理由也很重要，有时甚至是“决定性”的，因为每一种理论，每一种科学即使是特别“硬”的科学——物理学也难以做到“充分科学”“充分客观”和“充分理性”②。在理论的选择过程中，除了经验标准、逻辑标准之外，直觉、灵感和美感等非理性因素也是科学家在实践中重要的考虑因素，尽管没有任何哲学家或科学家能给出有关它们的任何一种程式化、标准化的模式。应当说，库恩这里提到的美学价值或标准是正确的，因为，“不仅真的东西固有美，而且美的东西往往真”③。

事实上，库恩这里强调的科学修辞思想就是意在维护科学客观性或理性的前提下，容纳那些科学认识中的非理性因素，毕竟“实践的主体、客体和中介及其相互作用构成了一个语境化的结构，在这个语境化结构中，实践目的的确定、主客体作用过程和作用结果的评价及检验都是离不开语境的”④，而真正的科学修辞语境所要助推的就是“真”“善”“美”的结合体，毕竟缺乏其中任何一项的“纯”科学在哲学意义上是不存在的。

① 托马斯·库恩. 科学革命的结构. 金吾伦，胡新和译. 北京：北京大学出版社，2003：87.
② 牛顿-史密斯. 科学哲学指南. 成素梅，殷杰译. 上海：上海科技教育出版社，2006：244.
③ 刘大椿. 科学活动论与互补方法论. 桂林：广西师范大学出版社，2002：386.
④ 魏屹东. 语境论与马克思主义哲学. 理论探索，2012，（5）：10.

三、库恩科学修辞思想的局限性

尽管库恩自觉或不自觉地使用着科学修辞来建构着自己的范式，但库恩所强调的科学修辞语境过于单一化，甚至局限了科学修辞语境构建理性和非理性对话的空间，同时也斩断了科学共同体间交流和融合的桥梁，最终使科学修辞致力于经过“多元理由”论辩后的理性重建的目标成为幻想。

首先，库恩范式转换中的“理性空白”最终成为众矢之的。波塞尔一针见血地指出，“由于范式之间从各自的结构来看既不相通亦无法相比——如同一幅画可以得到两种甚至多种不同的解释那样，因此，对各种范式的讨论与对比亦无理性可言，因而亦无法从是否合理的角度说明从一范式转换到另一范式的必要性”①。既然不存在理性的辩护，那么辩护的进路就只能是非理性的辩护。无辩护等于湮没，而非理性的辩护无须提出理性的理由，只需煽情或鼓动即可完成其心理上的转换；同时，库恩甚至认为，每一个范式都同时是论证的起点和终点，换句话说，论证的起点和终点是完全一致的，无须作出任何的调整和修正。这样一来，论证过程也是可有可无的，因为他的“格式塔”转换完全是起点和终点的切换，即宗教上大彻大悟的皈依。这样一来，无论是“理性空白”的出现，还是起点和终点同一而无进步性的问题，都成为后来科学哲学家们批判的对象，也是库恩观点最为自相矛盾之处。

从科学修辞角度看，在理论的选择过程中，不外乎存在着三种选择的机制：基于理性理由的理性选择、基于非理性理由的理性选择以及基于非理性理由的非理性选择。第一种选择是基于科学辩证法的选择，是亚里士多德所推崇的“好”的科学修辞选择，库恩承认，这种选择最有说服力；第二种选择则是逐渐被科学实践认可的选择，库恩赞赏这种选择是“幸运的”，有时甚至是“决定性的”，如凯库勒苯环结构的建构和 DNA 双螺旋模型的建构；而第三种则是柏拉图贬斥的展示个人权力的危险工具，即“西赛罗的诡辩术”。显然，库恩就是在这里滑向了“诡辩”之路，他脱离了科学修辞的指导，妄图用宗教般的心理力量完成其彻底的世界观的转换，这恰恰有悖于当代科学哲学所要坚守的目标——“坚持人文理性反对人文主义”②。难怪库恩后来也会修补说，“每个人在相互竞争的理论之间进行选择，都取决于客观因素和主观因素的混合，或者说共有准则和个人准则的混合”③。这样，“科学家所作出的选择便不再是毫无把握的非理性选择了，而是成了一个机会与冒险并存的选择，是个理性非常强的有意识的选择”④，即基于科学修辞的选择过程。

---

① 汉斯·波塞尔. 科学：什么是科学. 李文潮译. 上海：上海三联书店，2002：122.
② 郭贵春，成素梅. 科学哲学的新进展. 北京：科学出版社，2008：ii.
③ T. 库恩. 必要的张力. 纪树生译. 福州：福建人民出版社，1981：234.
④ 汉斯·波塞尔. 科学：什么是科学. 李文潮译. 上海：上海三联书店，2002：134.

其次，库恩认为，论辩双方只存在“竞争倾轧”[①]的斗争场，即只是谁胜谁负的问题，根本不存在交流与融合的可能和论域，这就彻底切断了论辩理性在更高层次上否定之否定统一的道路，成就的无疑是库恩基于非理性理由的非理性再建。科学史已经证明，无论是科学共同体间，还是科学理论间，不仅存在斗争的一面，更存在着交流融合的一面。

拉卡托斯也批评说，各研究纲领之间并非完全是斗争和不可比较的，它们之间存在着不同程度上的交融性或重合性，新的纲领取代旧的纲领，不仅会继承原有纲领中的部分甚至大部分的概念、条件、标准和经验内容，而且还会补充新的概念、条件、标准和经验内容，因此新旧纲领之间不但具有可比性，而且新纲领比旧纲领更具有进步性。科学实践也验证了拉卡托斯的这一观点，光的波粒二象性的提出并没有把之前对立的光的粒子性学说和波动性学说否定，而是认为两者都各自反映了光的本质的一个侧面：对于光的瞬时涨落来说，它表现为粒子；而对于光的统计平均现象来说，它又表现为波动。

库恩最大的困境就在于不可通约性导致的不可进步性，因为他这里并没有将“好”的科学修辞贯彻到底。如果从语境论，特别是科学修辞的论辩语境分析出发，就会找到困境的原因，同时也有可能为解决库恩难题提供一条可能的进路。

按照语境论的科学进步观，前后相继的理论之间的更替关系为：“前语境阶段→语境确立阶段→语境扩张阶段→语境转换阶段→新的语境确立阶段……”[②]这里提出的语境论进步观看起来无异于库恩的范式转换，但它却是一种论辩后的理性重建观，意在表明这种重建既存在着前后相继的连续性，同时又是一种新的论辩超越——前后相继的理论、假说或者科学观都包含着一定程度的真理成分，只是说后者揭示出了更深刻、更全面和更逼近真理的世界结构和机理。同时，这种重建不会像库恩那样单纯地强调心理的“格式塔”转换而置科学的进步性而不顾，也不会像逻辑经验主义那样彻底拒斥主观的、心理的、社会的和语言的作用——前后相继的理论、假说或者科学观都是理性论辩后的重建，而非“库恩鸭”与“库恩兔”的直接转换，“是不断向着揭示世界真实机理的方向发展的”，“是向着不断逼近真理的方向发展的”[③]。

可见，无论是科学进步的语境生成论模式，还是科学修辞语境论辩后的理性重建观，尽管殊途但却同归，都是在坚持科学实在论的立场下，寻求解决当前科学哲学困境和挑战的可能思路。

但令人感到十分遗憾的是，库恩在对论辩进行系统考察的基础上，并没有更进一步去深入研究论辩的内在机制，从而揭示出科学修辞的语境进路和前途。相

---

① 汉斯·波塞尔. 科学：什么是科学. 李文潮译. 上海：上海三联书店，2002：122.

② 郭贵春，成素梅. 科学哲学的新进展. 北京：科学出版社，2008：18.

③ 郭贵春，成素梅. 科学哲学的新进展. 北京：科学出版社，2008：20.

反，却在这里夸大了信念等心理因素在其中的作用，最终将由科学证明和证据支持的理由论辩说成了心理转换，将论辩劝说说成了宗教的皈依，完全抛开了理论的“过去”——原有的客观性、合理性以及进步性等，而仅仅关注理论的“未来”——革命性和不可比性。

第三节 利奥塔和哈贝马斯“交际”理论中的修辞思想

后现代主义的鼓手利奥塔从主体间交际角度出发，系统完整地考察了人类交际过程中修辞以及科学修辞存在的必要性，强调了二者在人类交际以及科学共同体交流全过程中的作用和价值；同时，哈贝马斯的“交际赎救”观也隐蔽或“隐讳”地从社会学角度阐述了修辞以及科学修辞是人类探求真理、最终获得解放的必由之路。

一、利奥塔的“交际修辞”（communicative rhetoric）

后现代主义的代表人物利奥塔从主体间交际角度出发，阐释了科学修辞存在的理由。他指出，“在交际的过程中，有三大支柱：发话者、受话者和指涉物。一条陈述是否能被接受为‘科学的’，需要符合三条指导原则：一是发话者讲的须是指涉物的事实；二是受话者须有能力对该陈述表示赞同或反对；三是发话者对指涉物的语言描述必须与真实情况完全一致。但问题就出在第三条上。一个人所说的之所以是正确的，是因为他有论据证明，但用什么可以证明他的论据是真实的呢？这时就得遵循两条规则。一条是辩证法或修辞的规则，也就是说，虽然我无法证明事实就是如我所说的，可是只要我能提供证据，就可以认为，事实就是如我所说的；另一条是形而上学的规则：同样一个事实，无法衍生出诸多相互矛盾的证据”①。

显然，利奥塔这里基于叙事交际、真理理解与表达的过程，阐释了修辞对于一条陈述是否能被接受为“科学的”的关键作用。

其一，发话者讲的须是指涉物的事实。这里发话者只要一讲话，就会涉及修辞，毕竟与修辞无涉的语言是不存在的，况且还要保证所说的语言必须是指涉物的事实的语言，这里的问题是拿什么来保证含真理性成分的陈述能够准确无误地通达对方？所说的语言应该是逻辑语言、世俗语言，还是它们的混合体？

逻辑语言的刚性、欠表达性和欠交流性制约了真理性陈述通达对方：一方面

① 米勒德·艾利克森. 后现代主义的承诺与危险. 叶丽贤，苏欲晓译. 北京：北京大学出版社，2006：12-13.

是因为仅仅凭借逻辑语言根本无法全面、有效地涵盖并表达真实的科学，科学中大量的科学事实、科学解释、科学隐喻、科学说明和科学理由根本就无法用逻辑语言来表示；另一方面，纯逻辑语言局限了受众的范围，即使那些似乎自称完全可以用逻辑符号或公式表达的陈述，如果缺少了科学解释等修辞语言的助力必定会失去更多受众，从而大大降低科学思想被理解、被接受的可能性。

世俗语言的随意性、欠收敛性和欠规范性制约了受话者对真理性陈述的信服度。每一个可信的含有真理性的学科都有逐步完善发展而来的专业术语或当下普遍接受的学科性语言，如果把科学思想的表达完全转换为世俗语言，哪怕是转换为另一学科的语言，例如，诗性语言，受话者会直接认为你投错了稿子，失去了通约性也意味着失去了理解性和接受性。

与刚性的逻辑语言和随意的世俗语言不同，具有张力的修辞语言恰好可以为发话者提供一种可以把逻辑推理和必要解释、说明有效结合在一起的语言表达方式。一方面，修辞语言可以为逻辑推理的前提、过程和结果做出必要的解释甚至是预期的解释，而且为那些无法用逻辑语言而只能自然语言表达的拟真的陈述提供“给理由”的机会；另一方面，修辞语言的辩证法机制将有效过滤并提炼出“好的”修辞论证，为说服对方创造强大的论辩力量。

其二，受话者须有能力对该陈述表示赞同或反对。这里所指的受话者可以分为三种：一种是可以理解话语的受众，一种是无法理解话语的受众，另一种则是似懂非懂的受众。利奥塔所指的受话者正是可以理解话语的受众；而所谓的“有能力”并不是指自然或行为上的能力，而是特指具有的对该陈述表示赞同或反对的能力，即修辞表达的能力。肯尼斯·伯克的修辞“同一”性思想为其提供了理论基础，他认为，正是修辞主体具有共同的心理基础和社会基础使得修辞具有了“同一”的可能，因为修辞主体具有人类共同的基本生理、情感和智性等基础，同时也具有共同的时代背景和条件，从而使得受话者有了接受发话者的可能。

当受话者接受到发话者的带有“动机”的修辞陈述时，受话者也自然会利用修辞语言来对发话者进行回复，这一部分的“交际”过程会出现以下几种可能。

（1）赞成。鉴于发话者的强大修辞理由，受话者完全接受了发话者的观点和意见，并同时完全放弃了对关涉物原来持有的观点或意见，或者受话者根本对关涉物一无所知，因而原本就不持有任何对关涉物的观点或意见，只能被动选择“赞成”。

（2）反对。鉴于发话者的漏洞百出的弱修辞理由，受话者完全反对发话者的观点和意见，直接表示反对，并给出相应的反驳理由，形成修辞—反修辞—对峙修辞的局面。

（3）“聆听”基础上达成新的共识。尽管在修辞实践中，或在科学修辞实践中，偶尔也会碰到完全赞成或完全反对的情形，但在真实和复杂的修辞和科学修辞实践中，大多会碰到的情形却是“不完全赞成”和“部分否定”，因为发话者和受话者都对关涉物持有一定的观点和意见，且这些观点和意见都或多或少包含着真理的成分，这时会出现的局面有两种：一是形成发话者与受话者对峙和僵持的局面；二是受话者不是急于去反驳，而是去聆听，去欣赏发话者的优越性和优雅性，去寻找双方共同点，利用辩证法在更高的层次上提炼形成新的统一——“交流共识”，这是发话者和受话者交流的成果，源于各自的观点和意见，同时又高于各自观点和意见的简单相加，是一次思想上的取长补短，是人类获取知识和真理的主要途径。

其三，发话者对指涉物的语言描述必须与真实情况完全一致。利奥塔认为，这是交际过程中最重要的一条原则，其中涉及两条规则。一条规则就是辩证法或修辞的规则，意在利用论辩的力量，基于理性或非理性的理由说服对方事实就是如我所说的，毕竟我们双方暂时都拿不出完全理性的证明——亚里士多德的“保证未来获胜的”修辞论证。接着，利奥塔又补充了一条主要的规则，即形而上学的规则：同样一个事实，无法衍生出诸多相互矛盾的证据。事实上，利奥塔这里所要强调的就是证据的有效性和合法性，“这种对合法性的要求，是西方文化中又一种形式的帝国主义”①。辩证法或修辞恰恰就是负责审验证据的工具，其中包括审验证据的类型、提出证据的步骤、证据的无矛盾性或自洽性、证据的裁定、证据的效度和证据的终审裁决等。

应该说，利奥塔从主体间交际角度出发，系统完整地考察了人类交际过程中修辞以及科学修辞存在的必要性，强调了二者在人类交际全过程中，包括在交际发起、交际受话和形成交际成果等阶段中的作用和价值，从而在交流和科学交流层面上为其存在和发展做了全面、系统及合理的辩护。

二、哈贝马斯的“交际行为理论”

确切来说，哈贝马斯并不是严格意义上的修辞学家，他也从未标榜过自己是修辞学家，但哈贝马斯在综合哲学、社会学、心理学和解释学等基础上提出的“交际行为理论”却为20世纪修辞学复兴奠定了理论基础，也为深受技术工具困扰的现代人摆脱现代困境提供了一条出路。

哈贝马斯交际行为理论的核心就是把人类共同参加的“人际交流语境”划分为“客观界”“社会界”“主观界”三界②，见表2-1。

---

① Lyotard J F. The Postmodern Condition: A Report on Knowledge. Minneapolis: University of Minnesota Press, 1984: 27.

② 刘亚猛. 西方修辞学史. 北京：外语教学与研究出版社，2008：306-307.

表 2-1　哈贝马斯的交际行为理论的核心划分

范畴	内涵	行动者表达的与之相关的语言行为	有效性宣称
“客观界”	整个相关事态	表达自己对事态的看法	正确的
“社会界”	所有相关人际关系	建立起某种人际关系	规范的
“主观界”	言说主体的内心活动	表白自己的内心意图	真诚的

但如何来保证行动者表达的与之相关的语言行为是有效性的宣称，即那些正确的、规范的和真诚的宣称？对此，哈贝马斯进一步提出了“交际赎救”（redeeming）的辩证过程：事实上，每一位宣称者提出的对事态的看法都是开放的、可批判的，根本无法做到完全的有效宣称，但在与其他行动者的交际互动过程中，不断受到质疑、批评、批判和反驳，宣称者也相应地不断调整着自己的看法和观点，并不断提供相应的解释、说明和论证。经过多次这样的循环往复“赎救”，一方面，宣称者的观点不断得到完善和发展，其有效性得到最大限度的提升；另一方面，其他行动者也可以在最大限度内接受宣称者的观点，最终双方达成充分的相互理解，并在新的契合点上达成共识，当然，搁置某些争议是不可避免的。

尽管哈贝马斯的“交际赎救”理论是源于社会学或者是为社会学设计提出的理论，但“交际赎救”理论却碰巧与交际修辞理论以及科学修辞之交流理论不谋而合，其对修辞和科学修辞的影响和意义主要体现在两个方面：

其一，哈贝马斯的“交际赎救”过程就是一个完整的修辞过程。

哈贝马斯的“交际赎救”过程就是持事态观点的宣称者与地位平等的其他社会行动者之间的交际互动过程，双方在交际的过程中，思想碰撞，既可以相互理解，也可以相互修正，其结果可以是双方中一方的观点获得胜利，但其观点也在“赎救”过程中获得完善和提升；也可以是双方观点“赎救”后的新生，它源于双方原初观点又高于双方原初观点。这恰恰就是一个完整的修辞过程——劝说—反驳，就是一个循环往复的辩证过程，一种用社会学术语表达的交际修辞观。

其二，哈贝马斯的“交际赎救”语境就是一个“开放”和“进步”的修辞语境。

哈贝马斯的“交际赎救”理论最大的特点就是营造了一个追求真、善和美完美统一的“开放的”修辞语境。与封闭的个人主义和集团霸权主义不同，哈贝马斯的交际修辞就是通过在人类社会中营造出交际或交流的普遍语境，使人类在追求真、善、美的完美统一的过程中，有一个可以彼此沟通、批评开放、相互理解和达成共识的平台，在其中社会成员不但可以与其内部成员交流，而且还可以与其他的共同体进行交流，最大限度地消除内部成员之间的隔阂以及不同共同体之间的壁垒，为人类思想的最终解放铺平道路。

与费耶阿本德的自由观不同，哈贝马斯的“交际赎救”语境是一个不断取得“进步”的修辞语境。费耶阿本德在其代表作《反对方法》的姊妹篇《自由社会中的科学》中，提出“自由社会是所有传统在其中都有平等的权利、平等受教育和接近其他权利位置的机会的社会”[①]。在其中，并不存在任何优势性的传统，选择任何一种传统，甚至是科学理性传统来作为社会基础或仲裁者都是武断的、强权的。换句话说，尽管这是一个开放自由的社会，人类也可以进行自由交流，但根本不存在任何像哈贝马斯提出的“交际赎救”的可能，因为在费耶阿本德的自由社会中，没有更高的标准，甚至是理性的科学传统也没有任何特权，人类追求的真、善、美也无法在其中体现，各种传统只能在其中共存，但不能相互沟通、相互理解，也不能相互批判，更不存在双方或多方达成共识的基础和可能，科学进步和人类进步根本无从谈起。而哈贝马斯提出的“交际赎救”是宣称者与受宣称者之间就“客观界”的看法进行交换、批评和完善的“赎救”过程，那些“生命世界”的基础——“无可置疑的解读”和“最基本的解读格式”[②]，即人类的同一性和追求真、善、美的目标，为不同看法和观点之间交锋和碰撞提供了进一步融合和达成共识的基础和前提。由此，人类才有了进步，才有了最终走向思想解放的机会。

应当说，与封闭的个人主义和集团霸权主义以及与费耶阿本德的自由观相比，哈贝马斯提出的“交际赎救”是一种开放的、更是一种进步的人类社会观，它恰当而隐蔽地把修辞机制嵌入其“交际赎救”语境中，使之成为一条更符合人类实践和更有益于人类实践的思想解放之路。但它仅仅是隐蔽和隐讳地使用着修辞，并没有进一步深入探讨“交际赎救”的核心机制——修辞语境中的辩证机制，从而使之显得较为空洞和过于理想化。此外，它所揭示出的仅仅是修辞多面性中的一面——人类追求真、善、美过程中的交流性，而修辞众多的特质，如修辞的认知、发明、建构及写作等功能都被漠视。

综上所述，无论是利奥塔为保证发话者对指涉物的语言描述与真实情况完全一致而强调的“交际修辞”，还是哈贝马斯为了冲破技术理性霸权而为人类设计的“交际行为理论”，都意在表明修辞以及科学修辞是一座消除人类隔阂和误解、达成人类新的认识的桥梁，缺少了交际修辞，人类要么会走向封闭，要么会走向冲突，正是交际修辞打开了封闭的大门，控制了冲突的炮火，为人类的和谐发展和最终思想解放起到了“缓冲器”或“整流器”的作用。

---

① 保罗·法伊尔阿本德. 自由社会中的科学. 兰征译. 上海：上海译文出版社，1990：23.
② 刘亚猛. 西方修辞学史. 北京：外语教学与研究出版社，2008：307-308.

第四节　佩拉基于辩证法的科学修辞思想

事实上，科学家在科学研究的过程中，时刻都要就手头的事情作出“决定”，哪怕是对那些非理性的、心理的和社会的因素也要作出慎重的“决定”，而且科学家在运用科学规则的过程中，不仅要留给自己充足的自行裁定的余地，还要保持中止规则有效性的权力，否则，必然会给处于探索中的科学家套上一件束缚其思维和想象的“紧身衣”。值得庆幸的是，越来越多的科学家、科学哲学家认识到，正是这些由理性和非理性交织而成的“决定”在困扰着他们，或左或右，或走向刚性的强实证主义，或走向更无可靠性的强“无政府主义”，同时也有越来越多的思辨者在不断地思考着，是否存在着一种中间战略，来为解决真理与表述、认识与信念及客观性与非理性间存在的矛盾提供一种可能的方案，并在汲取历史主义、非理性主义及后现代文化思潮的合理成分的基础上，弥补传统方法论的局限性，从而挽救科学的客观性与真理性。

一、佩拉从证明到辩证的科学修辞观

当代著名的科学修辞学家佩拉认为，科学家们的论证或许经常采用的是下面的一个实际运用的三段论①：

由实验 O 证实的理论是可以被接受的；

T 被一个像 O 一样的实验 e 所证实；

那么，T 就是可以被接受的。

很明显，像这样的三段论会引出两个问题。第一个问题涉及如何决定小前提的问题，在这种推理模式中，对小前提的决定是十分必要的。例如，科学家为了使对 T 的裁决显得合理，就必须搞清楚，e 是否是和 O 一样的实验，即，e 是否是一个可靠的实验。为了确定应该对 T 做出什么样的判断，他也必须去决定 e 是否是一个严格的检验。第二个问题是决定大前提是否与小前提密切相关。假设判断 e 是可靠和严格的，但 T 被认为有一些重要的反常现象 e′，而这些反常现象可以被一个与之相竞争的理论 T′解释；或者，假设 e 是可靠和严格的，T 没有出现重要的反常现象，但却碰巧与其他已被接受的理论或与占支配地位的哲学假设和形而上学假设发生冲突，科学家将必须决定给定的规则 R 是否与所研究的情况密切相关，也必须决定运用一个不同的规则 R′是否会更好。

科学家为了对他们做出的这些决定进行辩护，就必须先了解科学家可以运用哪些论证方式，他们也必须懂得其中哪种论证方式才是合法和有效的。在他们从 T 到 e 的推理过程中，很明显，他们会运用演绎方法；这种推理是由形式逻辑方

① Pera M. The Discourses of science. Chicago：The University of Chicago Press，1994：73.

法规则和数学规则所规控的。另外，当他们提出，鉴于 e，T 是可能的时候；还有当他们表明，由于 e 不可能是先验的，那么，T 就可能是后验的时候，科学家便使用了归纳法。这些推理是由归纳法规则所规控的。但是，当科学家必须推理出决定 T 所需要的判断时，演绎和归纳推理都是无用的。因为像这样的推理是在后来出现的。科学家为了宣布 e 是可靠的或是严格的，e′是不十分重要的，T 最初是可能的，或 R 比 R′（或 R′比 R）与讨论的情况更密切相关时，必须使用的论证既不能是演绎型的推理，也不能是归纳型的推理。由于科学家为了说服他们的对话者，就必须考虑到各种机遇和价值，佩拉认为，这一论证就是修辞论证的基本框架。

此外，在理论解释的过程中，更是无法摆脱修辞论证，因为即使最为完善的科学方法也会表现出模糊性、不完备性和悖论等特点，特别是在当代科学的发展中，随着理论的数学化和符号化程序的不断提高，对同一个理论往往会同时出现多种不同的解释，例如，在 20 世纪物理学史中，对量子力学的解释的选择至今仍在进行之中。科学家虽然能够一致地运用着同一套数学公式进行推理与运算，但是，每当他们表述与传播其科学思想的时候，对抽象的理论理解就变得重要起来。而对科学理论的不同理解，往往隐含着不同的认识论与世界观的内容。不同解释之间的争论，不同理解之间的交锋，虽然最终有赖于新的科学观察与实验事实来裁判，但是，在这些新的证据出现之前，科学家必须在许多解释中，决定出哪一种解释是更为合理的解释，由此，他们已经自觉或不自觉地运用了修辞论证。

科学家会把这种决定建立在他的受教育程度及文化背景的基础上，还会受到各种心理的、社会的因素的影响。在这个过程中，每一位科学家事实上都是一位劝说论证者，他们都会尽力去劝说对方接受自己的观点。这种劝说活动就是运用修辞论证捍卫自己立场和观点的过程。在这个意义上，科学家通常是一位“辩护律师”，而不是一位“审判官”。有鉴于此，佩拉认为，修辞学进入科学领域不是偶然的，或是说，不是牵强附会的，而是有其合理性和必然性的。

因为按照原有的科学传统，在科学研究中需要解决的问题只有三个：第一，回答它是什么，即回答有关 what 的问题，解决对象的性质问题；第二，回答它为什么是这样的，即回答有关 why 的问题，解决对象存在的原因以及行为目的的问题；第三，回答它是怎样的，即回答有关 how 的问题，用于解决描述对象状态或过程中出现的问题。但科学实践证明，科学家在科学研究中经常碰到的情形却并不是这样简单，如果提出的科学论述是 X，在这一论述中必然蕴涵着 A、B、C、D、E、F 等多种可供挑选的限制和选择，同时也必然会出现百家争鸣的多种际遇和局面，如 S_1、S_2、S_3、S_4、S_5、S_6 等，在面对这么多的可能目标、可能选择和可能进路时，正是科学修辞的解题能力[①]在调整着科学的有理性和选择的有理由之间的关系，最终给出一套既合乎科学理性同时又富有理由的最佳方案。科学修辞在这里所要解决的问题有四项：提出证据、解释建构、评价价值和科学方法论的运用。

其中，证据的难题来自科学论述和科学研究中什么存在和什么不存在的疑问，这实际上是科学修辞解题目标的确定；解释的难题来自关于理论及建构的意义的疑问，它事实上是对科学修辞的解题内容的确定；评价的难题来自被赋予经验、语言和论述的价值的疑问，它事实上是对科学修辞解题意义的确定；方法论的难题来自关于科学研究活动和修辞程序何时存在的疑问，它事实上是对科学修辞路径的确定，而在这四个难题的任何一项中，又都存在着必须被解决的“次级难题”，它们是：①猜测的难题，即对证据可行性和可靠性的疑问，物理学中引力波的高速流动问题就是这类难题的典型案例；②定义难题，即可行的证据意味着什么的疑问，古生物学中软体动物分类的问题就是这类难题的案例；③定性的难题，即证据如何能被运用于得出关于现象存在的结论的疑问，实验心理学中记忆传递的问题就是这类难题的案例；④说明的难题，即哪些证据为科学论述提供了更可靠基础的疑问。这表明，在一般情况下，在任一特定的科学论述背后都至少隐含了 16 个相当复杂的修辞需要解决的难题，它们彼此交错，相互关联，形成了科学修辞实践操作的前提和基础，所有的修辞学者（包括科学家），所有科学研究中有理由的修辞目标都必须调整和解决这些难题和困惑，因为它们对于待定科学论述的选择和定向具有本质的修辞限定功能。[②]

二、佩拉的科学修辞功能观

在科学实践中，正是在那些以逻辑理性为核心的方法论不能解决问题的地方，科学修辞却可以彰显其功能，尤其是在形式化系统中出现不清晰性、不完备性和不一致性问题的时候，修辞论证就会大显神威，这不仅是我们前面所分析的在科学实践中种种“选择”存在的客观情况所需，而且更是与科学修辞本身所具有的功能分不开的，在科学语境中，佩拉将科学修辞的主要功能概括为以下六种[③]：

第一，为理论前提辩护。为了得出某种结论，开始时必须要使用一些前提。但问题是如何能对所使用的这些前提进行辩护呢？亚里士多德注意到修辞论证可以很好地服务于这一目的。如果一个前提受到怀疑，就必须说服对话者先承认它，至少是在一段时期内是这样的，一旦目的实现了，那么他们就会很乐意地接

① 郭贵春. 科学实在论的方法论辩护. 北京：科学出版社，2004：161.
② 郭贵春. 科学实在论的方法论辩护. 北京：科学出版社，2004：161-162.
③ 郭贵春，魏屹东. 科学大战与后现代主义科学观. 北京：科学出版社，2006：245-246.

受这一前提。亚里士多德也正是通过修辞论证为其三段论的大前提来源问题进行辩护的。在当代科学的发展过程中，理论的建构早已不是在完全归纳的过程中，而通常是在特定假设的基础之上建立的。

第二，选择适当的方法论程序。尤其是当一个新理论与一种新方法联系在一起时，就必须要致力于其在两条阵线上的发展，因为如果新的方法得不到接受，那么，根据这种方法确立的理论也不可能得到接受，因此，研究者必须在更广阔的修辞背景条件下，对具有个人独特的创造性的方法给予辩护，还必须提出对于他所选择的“方法的辩护”。

第三，解释已被容纳的规则。这里，典型的修辞策略是诉诸惯例的语用论证，通过对一种新的探索规则的确定内容、起源及其价值的修辞分析，论明新的假设与论据之间的关联以及与确定背景规则之间的关联的一致性。

第四，将特定的规则应用于具体的案例分析。也就是要从个体案例的修辞分析中，去论证特定规则的价值深度及其解释域面的大小。这种应用是修辞的强劝导形式，易于消除对选定方法的怀疑。

第五，将似真性纳入科学修辞假设的论证结构中。修辞学的这一功能显然对于保护那些新生的、暂时无法得到经验和事实证实的理论起到了不可替代的作用。建构新理论所基于的假设或前提，往往会由于当时科学技术水平的限制，无法得到经验事实的证实，如果不运用修辞论证为其进行辩护的话，这些新生的、孱弱的、仅仅是“似真”的理论假设就会被粗鲁地排斥掉，甚至根本就没有登场论辩的机会。因此，在科学论辩的语境中，通过修辞的发明，把尽可能多的有限的似真性分析纳入假设的论证结构中，就不仅仅会对论证起到修饰或润色的作用，而且还会增强它的批判性或创造性的意义。

第六，提高理论的抗辩能力。科学共同体要想使一个他们相信的假设在讨论的过程中取得成功，就绝不会对他们的反对者保持沉默，相反，为了使其理论能得以幸存下来并赢得胜利的机会，他们也一定会进行反驳来应对对方提出的批评，也正是通过这种批评与反驳才使自己的理论获得了幸存的机会，而且也使其在这种论辩的过程中日渐成熟和完善。

从以上科学修辞的基本功能我们可以看出，当人们从修辞角度来审视科学理性的进步时，会越来越意识到在科学理论的发展中强烈地渗透着科学修辞的分析特征。这些特征都是通过在科学论辩中给出“有理由”的论述形式，或者说，修辞功能都是通过修辞学的语言形式，即“非规则叙述”的形式而得以实现的。难怪，著名的科学哲学家夏佩尔会提出“科学的最终形式语言是科学修辞学”[①]的论断。

从某种角度上说，科学修辞的合理性也在于修辞学这种非规则的叙述形式的合

① Shapere D. On Deciding What to Believe and How to Talk about Nature. New York：Science History Publication，1991：46.

理性——不仅仅在于它是理解文本形式化语言的形式及其特征的基础，而且还是携带和引入非规则逻辑（修辞逻辑）去批判或摧毁某种现行理论论证的有力工具和有效形式；通过严格形式句法所表达的批判论述不可能成为分叉的语言游戏可通约的中介，因此很容易造成不同科学推理和科学结论之间的“断裂”，而修辞学的非规则叙述则有可能在分叉的语言游戏的逻辑空间之间架起一座可交流的桥梁；对非规则叙述“世界”的内在逻辑来讲，其学术翻译可能是真的，在语言“世界”之内，其及其逻辑的使用将赋予非规则世界以合法的程度，并解构单一的句法形式及其逻辑的约束和统治；其及其逻辑的使用也是修辞发明及其创造的形式空间。只有在这个空间内，一切直觉、联想、想象或理想构造的思维方式才有可能得以实现，同时，也正是在这个空间中，那些规则叙述的语义矛盾和不协调的层面，才有可能得到修辞学的补充和修正①，从而强化特定理论的统一性和一致性。

综上所述，科学修辞的合理性不仅在于科学实践中时刻存在着的对理性和非理性因素进行“决定”的要求，而且也是科学修辞本身所具有的功能和非规则叙述的本质特征之所在。这样一来，逻辑和理性被从绝对的先在的高度降低到历史和社会的语境网络当中，而心理和文化则从科学的对立面，融入了理性的行列中。这里，修辞并不是对形式逻辑方法的排斥，而是在其所不能达到的空间中，施展修辞所具有的发明特征；通过对受众、叙事和对历史偶发事件做出的审慎判断的重视，被逻辑专家关闭的对话和辩论的竞技之门，就这样被修辞学家撬开了。②也正是在这里，理性的“理由”和修辞学的“有理由”内在地结合在了一起，最终在不同论域之间构建起了由此达彼的桥梁；理性的力量成了最好的修辞设计，而修辞的力量也成了最合理的理性可接受的助力。③

① 郭贵春. 语境与后现代科学哲学的发展. 北京：科学出版社，2002：39.
② 史蒂文·塞德曼. 后现代转向. 吴世雄等译. 辽宁教育出版社，2001：314.
③ 郭贵春. 语境与后现代科学哲学的发展. 北京：科学出版社，2002：34.

第三章　科学修辞战略的构成因素分析

我的目的是要证明在科学事业中修辞维度的重要性，但同时我又坚持认为，科学的复杂性是无法简单还原为修辞理论或修辞实践的。让修辞分析加入其他分析模型的行列中，一起来阐释一种人类精神的伟大成就，也正是在实现这项宏伟事业的过程中，才出现了一种对修辞的全新理解。

——图尔明

修辞学 2500 多年的传统理论积淀以及“大科学”时代背景下科学话语的特征共同促成了科学修辞学的形成。科学修辞是指在科学领域中，那些与演绎论证和归纳论证不同的论证集合，即那些具有实践特征的，不能用形式逻辑工具加以评价的，以及意在实现劝说、反驳和发明等目的的论证集合，在实践中，这些目标或特征是通过具体的科学修辞战略的实施来得以实现的。真正的科学修辞战略就在于寻求修辞力量与该主题理性力量相汇合之处，其中，事实、理论、假设、价值和推定等构成了科学修辞战略的实体性因素，负责在辩论期间引导论辩双方如何进行争论才能形成有效论证的制衡以及负责宣判或裁决争论一方获胜或失败的权衡则构成了科学修辞战略的程序性因素。

第一节　科学修辞学的三个研究维度

在本节，笔者通过对修辞学的史学研究和基本概念、内涵的研究，试图确立科学修辞学在新的时代背景下的定义、功能和认识论地位。科学修辞学的认识论地位表明，在科学实践中，修辞与理性是不可分割的两重维度，真正的科学修辞战略就在于寻求修辞力量与该主题理性力量相汇合之处。值得我们警惕的是，在“科学修辞学转向”的过程中也出现了以科学修辞的后现代主义进路、科学修辞的社会学进路以及科学修辞的非理性进路为代表的强科学修辞立场，它们共同的错误就在于夸大了修辞的作用，而忽视了理性和客观性在其中的中心和基础性作用。我们需要的科学修辞并不是像这三条科学修辞进路那样，最终把理性的力量湮没，从而成为科学中唯一的权威力量，我们需要科学修辞的助力，但不能因此而失去理性的指导，这就是我们要走上科学修辞辩证法进路的理由之所在。

一、科学修辞学的历史维度分析

（一）西方古典修辞学

一般来说，西方修辞学最早可以追溯到公元前 5 世纪古希腊的遗嘱检验法庭，随后修辞一直在公共事务和教育中起着难以替代的作用。在最早孕育修辞学的古希腊社会中，演讲与政体和民众事务是息息相关的，在当时出现民事、政治争端和思想冲突时，劝说性的演讲和雄辩的论证就会在明显缺乏真理的情况下起到关键性的作用。由于演讲在当时的社会生活中所起的重要作用以及演讲本身所具有的技巧（不同的人，在不同场合下，所做的演讲效果有好有坏，甚至在一个演讲中，不同的话语效果也不同）[①]，有越来越多的人开始从各种演讲成分中选出那些被认为是具有劝说作用的成分，并对这些成分进行分门别类的归纳、总结，最终形成了一门专门研究劝说性艺术的学科——修辞学。

在前亚里士多德时期，古希腊的许多智者就已经开始关注演讲修辞，并给出较为零碎的和感性的认识。其中，被认为是西方演说修辞学创建者的柯拉斯（Corax，前 539—前 443）最早提出将“可能性”作为演说修辞的立足点和出发点，要同建立在“真”的原则上的逻辑有所区别；后来高尔吉亚（Gorgias，前 483—前 374）强调新颖的辞藻与工整的句法的重要性，他认为，一个论点的真假并不是论辩家或演说家最需要关心的，最重要的是如何以演说技巧鼓其如簧之舌，打动听众，改变其观点。他在这里所要强调的是如何以演说技巧来展示语言的感性力量和煽情作用，最终表达了智者派的语言观——演说是强有力的上帝，它可以阻止恐惧，消除痛苦，创造快乐，培养同情心；稍晚的智者伊索格拉底（Isocrates，前 436—前 338）认为，可取的演说修辞必须适合情境、题旨，并且要有新颖见解，除技法规则之外，还必须考虑道德观点，修辞在他手里最终成为训练学生人品和智力的“全面”教育课程。

但并非所有的早期智者都对修辞持肯定态度，认为修辞的发挥是合理和必然的，柏拉图就曾对修辞学和修辞学家持敌对的态度，坚决反对智者学派所提倡的修辞实践，尽管他阐述或表述其观点时所应用的修辞手段有时甚至比那些专业的修辞学家更专业，也更精彩。在其著作《高尔吉亚》（*Gorgias*）和《费德鲁斯》（*Phaedrus*）中，他借用苏格拉底的口气严厉批评早期雄辩术的修辞观。柏拉图指责，修辞是讨好听众的美辞，是一种工具而不是艺术，而诉诸情感打动听众的技巧是有害无益的；修辞学忽视了真理知识，没有向好方面的能力。因此，柏拉

① 腾慧群. 语法修辞关系新论. 哈尔滨：黑龙江人民出版社，2006：71.

图认为，修辞学似乎完全不是艺术的追求，而是一种精明的、勇敢的精神，这种精神在对付人的时候自然是聪明的，但它完全不是艺术，而是雕虫小技，是套话。

应当说，柏拉图对当时修辞学的批判，既造成了对修辞的破坏性作用，同时也为后来修辞学的改造和完善提供了契机和可能。其门生亚里士多德在柏拉图逝世前就开始传授修辞学，并将修辞学作为其终生的兴趣。在西方修辞学史上，正是亚里士多德首次把修辞学系统化，组成一个统一的体系。在其被认为是西方修辞学奠基之作的《修辞学》中，亚里士多德运用历史的观点，追溯了修辞术的发展过程，对以往的修辞术研究加以总结和概括，并把柏拉图对修辞批判的思想和智者学派所推崇的演讲修辞传统结合起来，成为哲学和实用主义的综合体。

亚里士多德在其著作《修辞学》中，初步确立起现在被称为修辞学的主要原则，形成了后来两千多年的修辞学研究的特征：构思（invention）或者说通过选择材料发现思想主张；谋篇布局（organization）即把通过构思手段所发现的思想组织起来；演说技巧指演说者的表演；以及他未提到的记忆（memory）原则。[①]此外，亚里士多德把修辞定义为“在每一事例上发现可行的说服方式的能力”[②]，或者“一种在任何一个问题上都能找到所能利用的各种说服方法的才能”[③]；所谓的演讲活动就是通过说理和论辩来劝说他人作出反应的活动，演讲是由演说者、演说的题目和演说针对的对象——听众三种成分组成的。他还把演讲修辞分为议事演说（deliberative）、法庭演说（forensic）和展示性演说（epideictic）三种形式：议事演说意在劝说，它是私人场合下的劝告者或在公众场合下的平民领袖都可以使用的方式；法庭演说或是控告或是辩护，因为诉讼当事人必须做其中的某一件事情；展示性演说或是赞颂或是谴责。[④]在亚里士多德看来，修辞是一门工具，是社会进步不可缺少的一部分，它帮助弘扬真理和正义，抵制谬误和邪恶。

这里，最值得一提同时也属于本书重点考察的核心之一是，亚里士多德在其著作《修辞学》开篇就明确指出，“修辞是辩证法的对应物（counterpart）”，这表明修辞与辩证法相似而又不完全相同：两者都与可能性、或然性有关，都建立在大众的意见、大家公认的真而不是绝对的真的基础上，同时两者又都采取三段论的形式；其不同之处在于，前者更加平民化，面向各种各样的听众，而后者面向的却是有限少数的知识阶层的思想贵族；修辞的最终目的在于产生解决的方法，

① 温科学. 20世纪西方修辞学理论研究. 北京：中国社会科学出版社，2006：8.
② 亚里士多德. 修辞术・亚历山大修辞学・论诗. 彦一，崔延强译. 北京：中国人民大学出版社，2003：8.
③ 亚里士多德. 修辞学. 罗念生译. 北京：生活・读书・新知三联书店，1991：24.
④ 亚里士多德. 修辞术・亚历山大修辞学・论诗. 彦一，崔延强译. 北京：中国人民大学出版社，2003：16.

而不只是劝说，它研究的是单凭逻辑无法解决的事情，其模式是一群人在一起的讨论，而不是一个演讲者对一群人的慷慨陈词，或一个教师对一群学生的说教；此外，从修辞学角度看，最小的意义单位是交际而不是演讲，而辩证法的最终目的是要对逻辑进行净化，是对真正的和明显的三段论的发现。

在亚里士多德之后，真正使修辞学的教育经典化和完善化的是罗马时代的西塞罗（Cicero，约前 106—前 43）和昆提里安（Quintilian，约前 35—约前 95）。西塞罗在其著作《论雄辩者》中，试图进一步拓宽研究的视野，把一切东西都纳入修辞学家研究的范围。在西塞罗看来，修辞学是最高级的人类文化成就，修辞通过打动感情来取得其效果，因此，修辞必须适应听众，必须学会模仿范例，学生也必须学会从他们的学校走向政治的喧哗之中，走向公众辩论的骚乱之中——英国平民议院的假想模式；西塞罗对修辞学的一大贡献就是提出了演说家责任的概念：为了达到劝说的目的，演讲的艺术完全依靠三件事情——证明我们的论断，赢得我们听众的欢喜，激起他们的情感去产生我们所需要的任何一种驱使。

此外，昆提里安对修辞学的最大贡献是他提出修辞学家应该进入哲学领域，去开垦自己的领域；修辞学家需要掌握广泛的哲学课程，特别是辩证法。因为尽管哲学可以为交际提供主题，但只有修辞学才能提供把交际的主题变成有效的、劝说性话语的言语，而且与西塞罗不愿意深入讨论雄辩的具体细节不同，昆提里安把雄辩的具体细节搞得一清二楚，并对文体风格做了全面的论述，我们有理由把最大的力气放在培训的规则上。尽管昆提里安表面上支持修辞学应当深入哲学领域，尤其是借鉴辩证法的优点，但他又明确指出，修辞学可以使用一些逻辑过程，但是不该被它们束缚住，因为对于演讲而言，辩证法最终是太局限了，太用智力了，如果辩证法要想控制论坛上的争斗，那么它只会成为修辞学的障碍，而且还因为其深奥性会把那种已被削减下来适合其局限性的力量耗尽。

总之，尽管亚里士多德与西塞罗、昆提里安在修辞学或者说论辩术的具体细节方面看法并不完全相同，但他们的修辞观基本是相同的。在他们眼中，修辞是一种才能，也是一种工具；修辞是一种在任何问题上都能找到所能利用的各种说服方法的才能，也是演讲的劝说效果得以实现的方法。后人一般把亚里士多德的修辞理论体系以及西塞罗和昆提里安的雄辩术理论合称为古典修辞学。其中，以亚里士多德为代表的西方古典修辞学家们认为，演讲的效果如何与演讲过程中的构思、谋篇、表达（文体风格）、记忆和演讲技巧这五个方面都有关，它们是确保能产生劝说诉诸所必需的成分，因此，西方古典修辞学又称作“五艺说”修辞。而到了中世纪，修辞学与语法、逻辑已成为中世纪人文教育必修的“三艺”，但在修辞学的研究上并未有所建树，只是把修辞学引入传教活动中去，说服人、规劝人及打动人都成为宗教布道的手段，由于布道修辞在理论上并没有什么创新之处，所以中世纪背景中的修辞只是古典修辞学的具体运用。值得我们注意的是，在这个时期曾经出现了一些诡辩人士，他们放弃修辞理论指导，片面追求华而不实、矫揉藻饰的文体风格，并且刻意追求愚弄公众的诡辩技巧，最终给修辞学造成了十分恶劣的影响。

（二）西方近代修辞学

14～16 世纪的文艺复兴标志着中世纪的结束，人文主义的兴起。处于这一时期的人文主义者们认为，人类世界是通过语言建构的而不是自然的世界，把人类置于认识的中心地位，从而突出了人类文化和语言的世界，相信词语的力量不仅仅是因为在实际事务上会给予那些掌握词语的人特殊的好处，同时也是因为词语固有的为人类展示世界的能力。因此，他们认为，最初的学科是修辞学而不是哲学，因为正是通过语言，人类才取得了通向世界的途径。其中，意大利著名学者瓦拉（Lorenzo Valla，1407—1457）就明确提出雄辩是“哲学的主人”，他认为，处理伦理问题时，雄辩家要比哲学家更清楚、更有分量且更有意义；日常生活语言要比正规语言更优越，并提出了修辞具有可行性、灵活性和敏感性等价值。

但在文艺复兴时期也出现了另外一种观点，而且它主宰了随后的修辞学的发展。其中，以拉米斯（Peter Ramus，1515—1572）和笛卡儿为代表的理性主义追求的是那些客观的、科学的和永恒的真理，而不是那些或然的、不确定的文本或文体，因此，他们认为，学者所要研究的东西是逻辑和辩证法而不是修辞学。其中，对亚里士多德和西塞罗的修辞学说持怀疑态度的法国学者拉米斯首先批评了那些以修辞为研究中心的意大利人文主义者们，认为他们实际代表了以修辞为中心的文化，与欧洲的以辩证或逻辑为中心的文化背道而驰；此外，拉米斯还主张要对修辞进行“革命”，把修辞学中传统的五艺说在逻辑学和修辞学之间进行重新分配，把构思和谋篇布局置于逻辑规则之下，修辞学就只剩下了文体风格和演说技巧，因而使修辞学从属于逻辑，这样一来，修辞学只不过是一种语词的修饰而已。在其影响下，修辞学的地位一落千丈，作为一门话语艺术的学科，它在应发挥作用的论辩语境中的功能几乎丧失殆尽。

但也并非所有的近代理性主义者都是修辞学的反对者，培根在 17 世纪就明确提出，人的大脑具有记忆、想象、理性、爱好和意愿五种功能，修辞学的责任就在于“把推理应用于想象以更好地感动意志”[①]。这表明培根在力图使语言的力量受到理性的控制，因为在培根看来，尽管想象和理性是截然不同的两种功能，但它们又必须合作。由于想象要受到理性的支配，所以培根提倡内容优于形

① Dick H C. Selected Writings of Fraccis Bacon. New York：Modern Library，1955：100.

式，因此他既反对文艺复兴时期那些修辞学派轻视内容而片面强调辞藻形式的观点，同时也不赞成那些完全忽视文本作用的强理性主义者的观点，正是基于这种融合的观点，培根才在其散文《论学习》中给我们留下了传世千古的论断——史益人智、诗令人慧、数学教人缜密、自然哲学让人深邃、伦理学启人之庄严及逻辑修辞使人善辩。可以说，这也是在近代强科学主义开始盛行后，第一次较为经典地提出理性和修辞，或者说科学和人文相融合的表述，同时正是在培根思想的影响下，科学探索逐渐深入到修辞学领域，才最终形成了近代修辞学的思想。

总的来说，近代修辞学的发展呈现出认识论的（epistemological）、纯文学的（belletristic）和演说术的（elocutionist）三大研究趋向。其中，在认识论的修辞学研究中，著名的苏格兰牧师坎贝尔（George Campbell，1719—1796）在吸收了亚里士多德、西塞罗和昆提里安等的修辞学思想的基础上，大胆提出了科学修辞学的思想。在其修辞学的理论中，坎贝尔试图通过理解、记忆、想象、激情和意志等五种能力或心智功能来揭示人类行为，因为在他看来，修辞学就是“使话语适应其目的的艺术或才能”，其作用就在于“启迪理解，满足想象，触动情感或影响意志”[①]。这里，坎贝尔通过把理性的、经验的方式与知识联系起来的方法，将证据划分为三种类型：一是来自推理的数学公理，二是意志或感官刺激的结果，三是常识或一种人所共有的本能感觉，并讨论了所谓的“科学推理”和“道德推理”两种推理模式。[②]其著作《修辞哲学》曾经作为欧美大学标准修辞学教科书再版二十多次，对后期修辞学的发展影响深远。

从文艺复兴到 19 世纪，西方修辞学经历了种种变化：从传统的五艺说、文体风格说、修辞手段说和构思组织辩论说，到演讲技巧说，再到语言规范修辞说。但无论怎样变化，期间最显著的特征就是带有浓厚人文主义色彩的传统修辞学逐步走向了一种较为规范和严谨的理性修辞学。此外，近代修辞学在与语言学、逻辑学、伦理学和心理学等学科建立密切关系的同时，也促使修辞学朝着理论化的方向发展。

首先，随着近代科学的深入发展，学科分类越来越细，心理学、哲学、文艺评论理论和语言学等学科的兴起和发展又分化了许多原来属于演讲修辞的内容，传统五艺说的修辞学作用被逐渐分散到这些学科中，其自身的作用越来越小。其次，随着印刷业的发展和商业活动的繁荣，文字记录和交流的形式越来越重要和普遍，欧洲从口语社会逐步过渡到文字写作社会，写作因为时代的要求而成了教育的内容，作为演讲的修辞学也自然会面临文字写作修辞学的挑战。最后，无论是在古典时期还是近代时期，修辞学都在某种程度上给人造成了“矫饰”的印象，以及那些只重视形式与技巧的诡辩士的存在，都使得修辞学的负面影响有所

① Campbell G. The Philosophy of Rhetoric. Carbondale：Southern Illinois University Press，1963：1.
② 温科学. 20 世纪西方修辞学理论研究. 北京：中国社会科学出版社，2006：16.

放大，加上科学精神兴起后人们对科学简朴文体的兴趣转移[①]，西方修辞学最终在这些因素的影响下走入了长达几个世纪的低谷阶段。

（三）复兴的现代修辞学

20 世纪是西方修辞学的复兴时期，在这一时期的修辞学比历史上任何时期的修辞学都更富有特色：它不仅恢复了对演说的研究，而且还逐渐从传统习惯中走出来，开始关注人类的各种话语行为；一种正试图通过汲取心理学、社会学、人类学、语义学和语言学等领域中的研究成果来丰富自己的新修辞学体系正逐渐形成。特别是在美国，修辞学也终于冲出了低谷，又一次成为重要的跨学科的理论。哲学家和文学批评家重新发现，修辞学能够解决传统意义理论所提出的问题。由于他们运用话语对美国修辞学进行了彻底的改造，美国修辞学的内容更加丰富，成为一种把语言作为社会行为，把目的和阐释作为意义的决定性因素的新理论，因为在他们看来，知识是由论辩而生成的，思想和力量是通过话语来扩大其范围的。[②]在 20 世纪的西方尤其是美国新修辞学形成的过程中，有五位著名的修辞学理论学家起到了关键性的作用。

其一，西方新修辞学理论的先驱理查兹（I. A. Richards）。他在其著作《意义之意义》中，提出意义是一种阐释，并不是词语的内在含义；意义取决于语言曾经被使用过的环境，词语并不具有在任何环境之中都能运用的字面意义；词语的意义来自该词语曾经被使用过的语境，以及在特定时间与该词搭配的其他词语曾经被使用过的语境，所有的语言形式都在某种程度上受到语境意义的支配。

其二，作为新修辞学领袖的伯克（K. Burke）。他在《修辞学：新与旧》一书中明确提出，如果要用一个词来概括旧修辞学与新修辞学之间的区别，伯克就归纳为：旧修辞学的关键词是“劝说”，强调“有意的”设计；而新修辞学的关键词是“认同”，其中包括部分的“无意识”的因素。[③]随后，伯克把所有形式的话语都作为修辞学分析的对象，并创立了有助于揭示话语影响行为动机的各种形式的方法和概念。因为伯克认为，人是象征性地对环境作出反应的，语言不仅导致行动，而且还建构了人类的现实，最终形成了他的新修辞学思想：人主要是通过语言来改变态度、诱发行动的，对于人来说，修辞环境是永恒的，人一旦运用语言，就不可避免地要进入修辞环境。伯克这种“修辞行为存在于普遍的人的生存环境中而不是有限的修辞环境中”的观点，正是新修辞学与“旧”修辞学的重要区别之一。

其三，第二次世界大战后，西方修辞学逐渐从复兴走向繁荣，期间欧洲的哲

① 腾慧群. 语法修辞关系新论. 哈尔滨：黑龙江人民出版社，2006：80.

② 胡曙中. 美国新修辞学研究. 上海：上海外语教育出版社，1999：1.

③ 肯尼斯·博克. 当代西方修辞学：演讲与话语批评. 常昌富，顾宝桐译. 北京：中国社会科学出版社，1998：17.

学家为新修辞学的理论化作出了突出的贡献，其中包括比利时的佩雷尔曼（C. H. Peralman）和前面我们所提到的图尔明。同伯克一样，佩雷尔曼也认为修辞学是一种有关论辩和劝说的学说，是一种能用于揭示诉诸理性的思想基础的分析工具。为此，佩雷尔曼在其《新修辞学：论论辩》一书中，对一些有关判断的例子进行了深刻剖析。他指出，科学可能存在于确定性的范畴之内，而在这一范畴之内论辩必须以明显的证据为基础，但是人类的事务是一个广阔的领域，它取决于判断，但这种判断并不能被缩小到那些不证自明的前提上。最后，佩雷尔曼得出结论说，知识本身以论辩为基础，而大多数论辩却主张以永恒真理为基础，这种倾向无论从伦理还是从思想的角度来看都是很危险的。因此，修辞学的目的是要揭示：所有的话语都是修辞性的，没有哪一种主张是不证自明的。此外，佩雷尔曼还提出了修辞学创造知识的观点，即知识是通过具有相同信念的社团内的论辩而产生的，因为在其听众中心论的指导下，佩雷尔曼坚信，“为了使哲学对理论的论断与众多的哲学体系相一致，我们必须承认，必须确定，理性的诉求并不是某个真理的诉求，而是诉求听众的赞同”①。

其四，传统逻辑的局限性也使得英国哲学家图尔明试图寻求一种实用的论辩哲学，在其《论辩的运用》一书中，图尔明根据论辩的断言、论据、条件和假设提出了一种分析方法——论证是从事实出发的运动，通过理由达到主张。因此，进行论证类似于进行一次旅行，试图从“一个地方”到达“另一个地方”，即由此达彼。在图尔明的结构模式中，涉及六个相关的部分。前三个是基础部分，包括主张、根据和理由；后三个部分是支持、限定和反驳，来修饰前三个部分，这样一来，论证的全过程完整地展现出来，从而可以彻底地检验每一步骤，并使我们能够理解论证的各个部分在这一过程中所起的作用。显然，图尔明并没有完全抛弃必然性研究，也没有完全把修辞学看成是一种代替语言和推理的理论，他所想要强调的是知识往往是默契的假设，是所信奉的共同论题和劝说的一种作用。

其五，美国当代著名修辞学家韦恩·布斯（W. Booth）甚至将修辞的复兴扩大到人类的一切领域，他认为，“修辞学是人类为了给彼此带来各种效应而分享的一切资源：伦理效应（包括人物的点点滴滴），实践效应（包括政治），情感效应（包括美学），以及智性效应（包括每个学术领域）”②。贯穿布斯修辞复兴的一个主题就是他倡导的“倾听修辞”（listening rhetoric），人类已经在太长的时间里给太多的人造成了太大的伤害，过往的修辞太过强调击败对手，争论有时喋喋不休甚至毫无意义，修辞的动机往往在于摧毁一个甚至是虚拟的敌手，“如果愿意聆听，他们或许会发现一些对手比自己更优秀”③。在此基础上，布斯得出了

① Perelman C. The New Rhetoric：A Treatise on Argumentation. Wilkinson J，Weaver P，trans. Notre Dame: University of Norte Dame Press，1969：285.

② 韦恩·布斯. 修辞的复兴. 穆雷等译. 南京：译林出版社，2009：6.

③ 韦恩·布斯. 修辞的复兴. 穆雷等译. 南京：译林出版社，2009：284.

修辞复兴的旗帜——求同修辞学（rhetorological），即在双方的论辩中，每一方都应该在试图说服对方的同时，尽力倾听对方的论证，以期达到对争议点的共识。

总而言之，20 世纪西方新修辞学运动是一场名副其实的“修辞学革命”[①]，其最大的贡献在于对修辞本质的重新认识，从略带诡辩色彩的以劝说为核心或以演讲技巧为重点的修辞术逐渐转向了以客观因素为基础的论辩为语境或交际为模式的主体间性的共识研究。新修辞学冲破了传统思想的桎梏，“理直气壮”地四面出击，渗透到各个学科以及交叉学科的研究中，从而成为西方修辞学发展的潮流。

（四）科学修辞学新进路

应当说，科学主义在 20 世纪占据了西方思想领域的主流，在其率领和影响下，科学取得了举世瞩目的成就，人类社会也获得了前所未有的发展，但随着科学发展的逐步深入，人们逐渐对科学主义是否能解决一切人类事务产生怀疑，因为由科学主义本身带来的问题及其无法解决的问题实在是太多而且是越来越多。在这种情况下，有越来越多的西方思想家、哲学家以及理论家开始不约而同地转向修辞学[②]，并从中看到了希望，他们发现古典修辞学的论辩理论非常适合于解决现实社会的问题，它能增进理解，消除误解，增强人类社会的内聚力，使人类社会和谐地向前发展。现在，就连大部分的自然科学家也愿意承认，大部分的科学话语也都是策略性的、辩论性的和修辞性的。[③]

正是在这种背景下，修辞学加快了向其他学科渗透的速度，不但在诸如文学、历史学和心理学等社会性学科中占有一席之地，而且也在诸如生物学、天文学甚至数学等自然科学中发挥着越来越重要的作用，最终促成了科学修辞学这一新兴学科的形成。作为西方新修辞学理论阵营中一支新兴但却十分重要的力量，科学修辞学的形成充分体现了新修辞学研究范围的进一步扩张和深入，同时更体现了日益完善的新修辞学理论所关注的视角和主题的相对收缩。在当代新修辞学理论的重新定位和认识过程中，之所以有越来越多的人开始把目光转向了科学修辞学，原因在于以下几个方面。

其一，纵观整个西方修辞学 2500 多年的发展史，修辞学自始至终关注的主题有五个——修辞与权力的问题、修辞与真理的问题、修辞与伦理学的问题、修辞与听读者的关系问题，以及修辞与社会的关系问题。其中修辞与真理的问题从柏拉图开始就成为修辞学研究的最为核心的问题，例如，修辞与真理之间的关系

① 温科学. 20 世纪西方修辞学理论研究. 北京：中国社会科学出版社，2006：5.
② Louis J L. Contemporary Rhetorical Theories. New York：The Guilford Press，1999：7.
③ Weaver R M. Ideas Have Consequences. Chicago：University of Chicago Press，1948：97.

如何、修辞是否可以发现或者创造真理及修辞是否会影响真理等。

其二，尽管修辞学理论有了一定的完善和发展，但要想真正成为一门系统化、理论化的学科必须要得到自然科学的支持，换句话说，只有得到来自自然科学的证据，修辞学才能最终成为一门有科学证据支撑的理论化学科。

其三，自然科学，特别是科学之话语离不开修辞语境中的劝说、论辩、"发现"、交流和表述等功能的发挥，甚至在元科学理论的形成过程中，包括科学理论的生成、判断、选择、应用等也都离不开修辞在促成理解、赞同以及达成共识方面优势的发挥。

因此，可以说是修辞学的传统及其自身理论完善的需要，特别是科学话语的特征共同促成了科学修辞学的形成。从理论形态上看，当代科学修辞学存在着两种转向——"明确的科学修辞学转向"和"含蓄的科学修辞学转向"①。其中，"明确的科学修辞学转向"是指那些明确认识到并指出修辞学与科学的关联性，而且认为修辞学可以作为一种批判和解释的工具在科学活动中发挥作用的理论家提出的，他们包括理查兹、伯克和佩雷尔曼等理论修辞学家，特别是一些当代著名的科学修辞学家，如意大利的佩拉（Marcella Pera）和美国的格罗斯（Alan Gross）等，他们的思想最终构成了科学修辞学转向的强劲动力；而"含蓄的科学修辞学转向"通常是由哲学家，特别是科学哲学家在其著作中以含蓄的方式或以暗示的方式或者是以无意识的方式渗透或贯彻了修辞学的基本观点和基本思想，其中就包括我们前面所分析到的库恩的《科学革命的结构》、费耶阿本德的《反对方法》、图尔明的《论证的应用》，以及大部分的后现代著作，如史蒂文·塞德曼的《后现代转向》、伽达默尔的《真理与方法》等。但无论是"明确的科学修辞学转向"还是"含蓄的科学修辞学转向"，都是科学认识在后现代主义框架内合理而又自然的一次扩张，是从根本上对传统认识论在多方面的实践意义上的重建，同时也是介于封闭的形式逻辑和开放的怀疑主义视野之间的一种中间战略的构想。

二、科学修辞学的认识论维度分析

（一）修辞与科学修辞的基本内涵

如果要对科学修辞的定义及特征进行系统研究，就必须先搞清楚修辞的定义及特征。纵观整个西方修辞学的发展史，由于修辞在不同时期有不同的研究主题、研究范围，其定义也必然有所不同，但这里我们仍然要尝试着给出修辞的一般性的认识和定义。

① 李小博. 科学修辞学研究. 山西大学博士学位论文，2004：24.

"rhetoric"一词一般译为"修辞"或"修辞学"。其中,"修辞学"侧重学科性质上的理解;"修辞"则侧重认识论上的意义和方法论上的启示。"修辞"原是中文里固有的词,但它的意思与西方的 rhetoric 的含义不尽相同。rhetoric 的字根 rhe,意思是"使用语言",即"说话"或"讲话";rhetor 则是"使用语言的人",但 rhe 所指的"使用语言"与一般的说话有别,它意味着包括声调、表情和动作在内的"全方位"的说话,与在公众场合中发表"演说"的意思接近。然而,在 16、17 世纪时,rhetoric 一词的研究范围从演说约缩成对演讲词风格与辞格的研究。[①]因此,在随后对修辞的研究中一直存在着两种研究进路:一种是以研究辞格为主的 rhetoric,有人称之为 tropological rhetoric,即辞格修辞学;另一种是以说服、论辩为主的 persuasive rhetoric,即劝说修辞学。可见,rhetoric(修辞)是一个多义词,即使是同一位研究者也会给出不同的定义。维切恩斯在《演讲的文学批评》一文中就给出了八种定义:①用来形容夸夸其谈,即浮华虚饰的文字;②指正确的甚至是优雅的文体手段——写与说的方式;③泛指散文或诗歌的所有文体;④在所有具体情况下找到所有说服手段的能力;⑤运用语言去说服或影响别人的艺术;⑥运用语言以对听众或读者产生期望的印象的艺术;⑦语言交流的科学艺术;⑧教育人和感动人的艺术。

布赖恩特在《修辞学:功能与范围》一文中提到了十种有关"修辞"的定义:①说话的一种方式;②装腔作势的语言;③夸夸其谈、空洞无物的语言;④为掩盖意义而弄虚作假的语言;⑤诡辩语言;⑥文字修饰及修辞格的语言;⑦大学一年级的写作;⑧整个口语艺术,特别是劝说性话语的艺术;⑨修辞格或语言的人工修饰(通常是在牺牲思想的情况下强调文体);⑩表达性言语艺术,或讲话艺术,原来用于演讲,现在专门用于文学作品,特别指创作优秀散文作品的艺术,与诗法及演讲术不同。

此外,按照《美国传统词典》对"修辞"一词的解释,对修辞学的定义也有六种解释条目:①有效地或有说服力地运用语言的艺术或研究;②讨论修辞艺术的论文或书籍;③有效并有说服力地使用语言方面的技巧;④说话或写作的风格,尤指一种特殊主题的语言;⑤花言巧语,复杂、矫饰、不真挚的或思想贫乏的语言;⑥口头交流、讨论。[②]

从上面的定义中,我们可以看出,针对"修辞"一词给出的定义十分复杂,有褒义的定义,也有贬义的定义,这往往是由对修辞学的态度和对修辞学的研究视角的不同而造成的,但无论定义怎样复杂,他们都是从以下五个方面来给出定义的[③]。

---

① 高辛勇. 修辞学与文学阅读. 北京:北京大学出版社,1997:117.
② 腾慧群. 语法修辞关系新论. 哈尔滨:黑龙江人民出版社,2006:83-84.
③ 腾慧群. 语法修辞关系新论. 哈尔滨:黑龙江人民出版社,2006:90-91.

第一个方面：文体风格修辞。侧重用现代语言学理论和方法研究语体、文体、风格和修辞手段等；研究语言因为功能和语境的变化而产生的功能特征；用语用学原理，对辞格意义的理解和生成做动态的分析。

第二个方面：人际交往修辞。对各种人际交往活动进行修辞分析，把交往活动看作一个流程，通过分析流程来建立交往模式，寻找通过符号对他人施加影响的方式方法。

第三个方面：文学创作修辞。对各种文学创作活动进行修辞分析，把文学作品视为一种旨在引起读者某种反应的符号手段，对影响和左右读者对文学作品的反应的种种技巧进行分析。

第四个方面：文章写作修辞。对文章写作活动进行修辞分析，着重研究“觅材取材”的技巧和方法，试图解决“表达什么”——如何运用已经学到的知识把题目展开，如写些什么内容，用什么方法写等问题。

第五个方面：认知修辞。从人类思维和认知的角度对修辞进行研究，追问“辞格”的生成原因，寻找蕴藏在修辞现象背后的人类智慧、创造性的思维方式和创造能力。

显然，我们这里所要研究的是修辞的第一个方面、第二个方面，尤其是修辞的第五个方面。这既符合亚里士多德修辞研究的方向，同时也与 20 世纪新修辞学转向的方向相一致，更是本书需要研究的方向。

通观西方各个时期的修辞内涵，就其研究的根本问题而言，似乎都是在古典时期就已经有了规定，其源头无疑要追溯到亚里士多德。按照亚里士多德的观点，所谓“修辞”就是“在每一事例上发现可行的说服方式的能力”①，或者是“一种能在任何问题上找出可能的说服方式的功能”②，抑或者是“在每一个案件上利用各种可能的方法来进行说服的机能”③。亚里士多德这一精辟定义从他的那个时代起就对修辞学的发展产生了深远的影响，从某种角度上说，后世的修辞学理论发展不过是亚里士多德修辞学理论上的加工提炼或偶有补充罢了。

此外，20 世纪的新修辞学中的新观点层出不穷，关于修辞的定义也是令人眼花缭乱。其中，理查兹认为修辞“应该是对误解及其纠正方法的研究；是对词语如何起作用的方式进行的持久的、有系统的仔细研究”④。西门斯则把修辞定义为“寻求明智而又审慎地解决社会问题的各种方法”。可见，新修辞学更多的是把语言作为一种社会行为，把目的和阐释作为意义的决定性因素的新理论，其理论依据在于，知识由论辩生成，思想和力量是通过话语来扩大其范围的，论辩

① 亚里士多德. 修辞术·亚历山大修辞学·论诗. 彦一，崔延强译. 北京：中国人民大学出版社，2003：8.
② 亚里士多德. 修辞学. 罗念生译. 北京：生活·读书·新知三联书店，1991：23.
③ 高辛勇. 修辞学与文学阅读. 北京：北京大学出版社，1997：128.
④ Richards I A. The Philosophy of Rhetoric. New York：Oxford University Press，1936：23.

成为他们分析话语的基本的修辞语境。

伴随着修辞学转向而诞生的科学修辞学，已经作为一种具有元分析特征的科学方法论渗透于科学发明和科学论述的修辞学战略之中，并成为后现代科学哲学研究中一个具有重要前途的研究方向。作为一门新兴的学科，科学修辞学的研究范围不断扩大，功能不断增强，研究视角也不断拓宽。因此，我们只有通过对科学修辞学功能及其一般特征的考察，才能最终给出科学修辞学的一般定义。

就科学修辞的基本功能而言，当代著名的科学修辞学家佩拉在其著作《科学之话语》中明确给出了科学修辞的六种功能：①为理论前提辩护；②选择适当的方法论程序；③解释已被容纳的规则；④将特定的规则应用于具体的案例分析；⑤将似真性纳入科学修辞假设的论证结构中；⑥提高了理论的抗辩能力。[①]

从以上对科学修辞基本功能的考察中，我们可以看出，当人们从修辞学角度来审视科学理性的进步时，会越来越意识到在科学理论的发展中强烈地渗透着科学修辞的分析特征；越来越发现修辞与科学推理、理论选择和逻辑理性之间的内在关联；也有越来越多的科学家和哲学家力图应用修辞这一方法论来解释传统或新近出现的科学问题和哲学难题；同时，不容忽视的是，也有越来越多的社会学家和后现代主义者们立足于修辞学，试图解构或消解科学理性，将科学的文本最终消解为修辞的文本甚至是诡辩的建构。综上所述，从狭义的角度说，科学修辞就是指在科学领域中，那些与演绎论证（其目的在于从一定的前提中得到结论）和归纳论证（其目的在于从零散的经验上升到一般性的结论）不同的论证集合，即那些不能用形式逻辑工具加以评价的论证集合；从广义的角度说，科学修辞是所有那些意在在科学争论期间去劝导受众改变信念的论证集合。[②]

（二）科学修辞的认识论地位

传统认识论认为，修辞只是一种语言表达或劝说的艺术和技巧，只是减轻理性语言的“严肃”与“枯燥”的辅助手段而已，是不能产生真正的知识的，因此修辞是没有资格走入哲学或人类认识论的殿堂的，相反只有逻辑才是唯一通向认识论的进路。而科学修辞的认识论地位的确立是同对传统认识论立场的质疑联系在一起的。如前所述，我们这里所主张的科学修辞并不是对传统科学无根基、无原则的怀疑和解构，而是在承认科学客观性和真理性的前提下，充分考虑科学认识过程中的历史性、社会性等主观或非理性的因素和特点，重新架起理性与非理性、逻辑与历史得以统一的桥梁，正如有人对科学修辞认识论的评价那样，是“介于封闭的形式逻辑体系和开放的怀疑主义视野之间的一种中间领域的认识

---

① 马尔切洛·佩拉. 科学之话语. 成素梅，李洪强译. 上海：上海科技教育出版社，2006：79-80.

② 成素梅，李洪强. 析佩拉的科学修辞方法. 哲学动态，2004，(10)：21.

论”[①]。科学修辞之所以会有这样的认识论地位，郭贵春认为，主要是由以下几个方面决定的：

首先，科学修辞可以通过建立特殊个体事件与一般抽象原则之间的关联而创造一种“逻辑性知识”[②]。在科学研究中，经验材料和事件与科学原理和规则往往处于一种分离的状态，经验无法不通过任何媒介而跳跃到理论层次，理论也不能无条件地渗透到观察。换句话说，科学家无法由单个观察证据或观察证据群的不确定性直接过渡到研究结果和理论的确定性。从逻辑学角度看，这就是单称观察证据与全称理论之间的不对称难题，即已观察到的事物 a_1、a_2、a_3、…、a_n 都具有性质 p，因此所有的事物都具有性质 p；或者是从已经得到的证据 d_1、d_2、d_3、…、d_n 直接得出理论 T，显然，这种直接从个别到一般、从有限推知无限及从过去推知未来的论证根本无法获得必然性的知识，再次陷入我们前面分析过的归纳法困境之中。但幸运的是，这一难题会由于科学修辞的介入迎刃而解。一方面，科学修辞可以通过具体化的分析活动和抽象化的综合活动，给出经验观察相关事件的趋向图景，指出科学论述在不同境遇中的前条件集合，从而为科学理论的对个别事件的整合奠定基础。另一方面，科学修辞也可以通过将一套特定的原理系统嵌入具体分散的研究对象，在不同观察难题中引入修辞分析，在理论指导下实现多个难题、多个领域及多个对象之间的融通，为经验现象向科学理论的上升准备条件，最终在个别事件和一般原理之间搭建起由此达彼的桥梁，从而较好地解决单称观察证据与全称理论之间的不对称难题。

其次，科学修辞可以通过建立特定经验与公共范畴之间的关联而创造一种“社会性知识”[③]。在科学实践中，由单个科学家得到的特定经验与整个科学共同体的公共范畴之间总会存在差异，科学修辞恰恰就是消除这一差异的有力武器。一方面，科学修辞承认科学共同体范式的独立性；另一方面，它也承认研究个体的主体性，把它们之间的差异最终引到相互可以交流的平台上，再通过修辞特有的劝导机制——我们接下来要重点分析的科学辩证法——生成一种以修辞语境为基底的“社会性知识”，它源于个体的特定经验但又超越了特定经验的片面性；它是对公共范畴的建构和运用但又避免了公共范畴的独断性。显然，这里所要确立的科学修辞认识论地位，是要在僵化的传统认识论和试图背离传统的社会建构论之间形成的一种必要的张力，在它们之间做出必要的调整和融合。“这种基本的交流模式最终确定什么样的事情人们可以做或者可以说，而且这种中介同时既是开放的也是封闭的，这种中介决定了在一个给定的领域究竟什么样的交流会发

① Farrell T B. Landmark Essays on Contempory Rhetoric. New Jersey：Lawrence Erlbaum Associates Publishers，1998：55.

② 郭贵春. 科学实在论的方法论辩护. 北京：科学出版社，2004：145.

③ 郭贵春. 科学实在论的方法论辩护. 北京：科学出版社，2004：146.

生以及什么样的经验在这里被认为是信息。”①

最后，科学修辞可以通过建立预设前提和先验原理之间的关联而创造一种“推理性知识”②。科学研究是从各种初始条件通过各种定律、定理和规则进行推导直至得出未知结论的过程。但究竟什么是初始条件？而且在逻辑的推导过程中，这些初始条件和定律如何来保证其自身的合理性和可靠性？一般来讲，科学中的初始条件有两类：一类是经验观察证据，一类是那些先验的公理。这里随即就会出现下面几个问题：首先，经验观察证据在没有被符号化和公式化之前是不能被纳入到逻辑推导系统的；其次，经验观察的复杂性和主观性如何可以转化为可以满足科学理论简单性和统一性要求的符号或预设前提，而预设前提又是如何取得合法地位的；等等。事实上，早在古希腊，亚里士多德就注意到了这些问题，同时这也是当时亚里士多德开创修辞学力图解决的难题中的一部分。郭贵春认为，科学修辞可以成为联结预设前提和先验公理的桥梁和纽带，这是因为：首先，科学修辞可以运用构建知识和认同意义的“语言战略”和“发明战略”实现对经验资料的组织和论述，并通过符号和公式将它们纳入可解释的模型之中；其次，科学修辞能够发现不同预设前提之间的差异和区别，并对它们进行“有理由”的建构和淘汰，从对外在世界的多元解释中选择出第一原理；再次，科学修辞对第一原理进行解释和运用，检验其理论价值深度和解释域面大小；最后，把“有理由”和最有解释力的“第一原理”发展为“第一前提”，这也就是超越科学争论形式体系的“先验前提”。可见，从预设公理到先验前提的过渡在一定意义上也是一个遵循逻辑规则的推理过程，正是通过它，我们才可以从第一前提出发，得出最终的推理性知识。难怪当代修辞学家法罗会说：“科学修辞是一种通过克服形式体系的限制找到思辨哲学和科学的第一前提的元逻辑。”③

三、科学修辞学的发展进路分析

（一）新思潮中的三条科学修辞进路

自罗蒂在 1984 年提出“修辞转向”以来，科学修辞已经引起了哲学界的广泛关注。罗蒂认为，科学修辞转向归根到底是基于一个转换、两个命题和一个隐含。其中，一个转换是指从对科学成果的关注转换到对科学家从事科学这一事业的过程和实践的关注。两个命题是指科学并不仅仅局限于个体操作烧杯、望远镜及加速器的范围，它还包括需要公开其成果的发布会、期刊以及需要实现的价值

① 奥利卡·舍格斯特尔. 超越科学大战. 黄颖等译. 北京：中国人民大学出版社，2006：188.

② 郭贵春. 科学实在论的方法论辩护. 北京：科学出版社，2004：146.

③ Farrel T B. Landmark Essays on Contemporary Rhetoric. New Jersey：Lawrence Erlbaum Associates Publishers，1998：50.

和目标；并不存在一种普适的科学方法，相反，只存在受语言支配的进路或文体上的（受限制的）多元性。一个隐含是指科学命题的优点不仅仅来源于它与自然的映射，而且也是它在具体的进路和共同体下的语境映射。[①]

这一隐含常常会招致人们对修辞转向的反对，一方面是因为大多数人都把与科学命题相联系的最重要的性质看成是其蕴含的真理或谬误，这正是许多学者想要完全把修辞阻断在外的一片净地。另一方面是因为这正是有些修辞学家想要从其构成中去除的成分。当然，库恩的思想正是这一转向的源头。库恩认为，科学本身不是一个纯粹的、递增的和神圣的知识积累过程，而是一个在他称为范式的概念体系引导下的人和学派的共同体，库恩在这里提出的两点主张，促使理论学家们去揭示科学的修辞特征：其一，范式是一整套的预设，制约着何为证据以及什么证据才算数的问题；其二，科学发现是在一个特定的范式引导下进行的，直到另一个范式出来挑战并转变它的执行者。事实上，库恩这里所隐含的过程就是典型的劝说修辞的过程。

如果把劝说修辞看作是科学发展的原动力，甚至以一种非蔑视的态度来使用修辞这一术语，就会抵消来自哲学的抗议之声。当这些抗议之声消失的时候，历史学家、社会学家及哲学家们就开始从各自的领域出发来重新审视科学修辞的认识论和方法论地位问题。他们发现，修辞视角给科学研究带来的洞察力是历史学、社会学、哲学、人类学以及解释分析学所无法捕捉到的，即其他科学研究进路在其中是模糊的空间，修辞却可以使其“明朗化”，它们运用“科学文本与话语分析的方法，力图进入科学内容和科学协商的微观层面，显示出强烈的修辞研究倾向”[②]。但同时也正是它们的影响最终把科学修辞重新带到了带有明显中世纪“诡辩”和“传教”特征的强科学修辞，同时也由此形成了三条科学修辞进路——科学修辞的后现代主义进路、科学修辞的社会学进路以及科学修辞的非理性进路。

1. 科学修辞的后现代主义进路

首先，在法国后现代主义对修辞概念理解的影响下，历史学家在很大程度上把修辞转向看作是美学上或是文学上的转向。他们认为，科学家就是文体家或者文学家，致使这条科学修辞的后现代主义进路带有明显的“诗性”“文本性”和“主体间性”的特征。其基本观点有以下三点：

第一，在后现代主义的影响下，我们不断对传统的知识和科学探索的基础产生质疑，它要求我们在对科学的元理论进行重新定义时，必须采取修辞学的立

① Fuller S. Philosophy，Rhetoric and the End of Knowledge. Madison：University of Wisconsin Press，1992：86.

② Latour B. Give me a laboratory and I will raise the world//Cetina M. Science Observed：Perspective on the Social Study of Science. London：Bevery Hills：Sage，1983：142.

场。后现代主义者们论辩说，我们对科学和知识是如何建构而成的理解依赖于一个假定的真理和它的得以表达的媒介等级体系。基础主义的认识论和现代科学方法坚持认为，客观真理独立存在于任何可能用以表达它的符号之外。在这个两分法中，理智的权威高于它自己的外在表达体系，自启蒙运动以来，科学依赖于一个自圆其说的预设而繁荣发展起来，这个预设使得“修辞”在定义上就与科学本体论和认识论上的真实相分离。与此相反，后现代主义者们则用一个修辞的科学的概念推翻了现代主义元理论的权威。[①]他们通过合并传统上二分的真理和表述、信念和认识、理性和语言、表象和实在及意义和隐喻之间的对立，激进地将理智相对化，将注意力集中于知识是如何如何而不是知识是什么，集中于他的诗学和政治权力而不是它的逻辑和经验之必要性，最终将确立起实在和真理通过语言映射出来的诗学-隐喻的景观。我们通过隐喻最终也创造了一个人类实在，在这个修辞过程中，每个感知都成为以某种方式观看实在和朝着实在采取行动的论据。

第二，通过这种注意力的转移，知识被重新定位在符号建构的过程中，而不再被认为是由符号辅助地传达的东西，同时知识也不再被仅仅看成是客观的产物，而是也被看成是具有内在说服力的符号过程；我们关于真理的知识不是基于某种语言之外的理性，因为理性本身已经被人类修辞学家非神秘化并重组为一个历史的建构和部署。[②]由此，实在的表述也随即变成了真实的描述过程，不是单纯地与实在客体相对应，而是通过与传统的读写实践保持一致而实现的。后现代主义者们正是看到了这一点，他们认为，任何一个表述都是在某种视界框架内，从某个观察角度做出的表述，于是文本主义开始大行其道，他们将包括知识在内的一切文化看成是“文本的集合”，相应地，意义不再是独立于文本之中，而是在将经验转换为文本的过程中产生的，而且该文本与其他文本和语境又处于对话的关系中，因此，文本就成为“一个互文的网络，在此其他文本、规范和价值相遇并相互作用的结合点上”[③]。其结果是，不再有一个具有特权的意义，而是有许多的意义和许多的声音。

在文本主义眼中，谈论世界就是类似于谈论文本，理解文本的不可能性就意味着我们无法理解世界，而文本却不可能是一致的和相容的：在文本中总存在着文本的有意识的逻辑与各种各样的无意识的矛盾活动之间的张力，而这些矛盾活动受到独断的、正统的解读方法的压制。文本主义的这种“边缘”方法就是要把注意力集中在文本中那些易引起争论的方面，从而消解对文本的清楚的理解以及

① 史蒂文·塞德曼. 后现代转向. 吴世雄等译. 辽宁教育出版社，2001：313.

② 史蒂文·塞德曼. 后现代转向. 吴世雄等译. 辽宁教育出版社，2001：314.

③ Iser W. Representation：a performative act//Kreiger M. The Aims of Representation：Subject/Text/History. New York：Columbia University Press，1987：217.

文本的清晰性和清楚的意义。[①]正如哈贝马斯所说的那样，“文本主义的这种解构方法采用了一般批评，其目的是发现在哲学和科学文本中那种被压制了的修辞意义的残余物，以否认对文本的明确理解”[②]。显然，后现代主义的文本主义者们就是要通过修辞把科学建构或解构为彻底的“文本”，科学修辞在他们手中也成为最有力的文本化改造武器。

第三，在后现代主义看来，科学研究应该从解释和确证的困境中转向那些努力要引导和说服他们自己和彼此的修辞话语上，因为理论上的真理并不是根据一个元理论的线性或等级序列的蓝图而发明的固定实体，而是在一个正在进行自我反省的共同体内发明的，在这个共同体中“理论家”“社会学家”“批评家”等角色是相对可互换的；也正是因为理论和方法自身的局限性和无法普遍化的原因，所以对理论和方法的批评就是永恒的，最终要求我们承认自己的修辞性的建构——我们自身为主体，我们的研究对象为客体——并进而保持应用修辞实践的意识。而且这个修辞性地建构的叙事整体会为在特定符号背景或生活世界中的人们提供一种众多主体可认同的模型——主体间际性。它可以引导众主体知晓什么是真实的，什么又是虚假的；什么是正义的，什么又是不道德的；什么是许可的，什么又是禁止的；什么是需要辩护的，什么又是不言自明的；什么是必须主张和声张的，什么又是必须保持缄默的。正如布鲁勒所言，“世界观的建构因此是创造性的人类力量的一个修辞行为；它是人类共同体历时完成的实践活动”[③]。正是在这样一种后现代的修辞实践中，主体间性成了唯一的约束力和通行证，客观性仿佛可有可无。

2. 科学修辞的社会学进路

后现代社会学尤其是科学知识社会学的崛起为修辞转向提供了更为宽松的环境。当有关真理、理性和客观性的规范性的概念转变成多个真理、多个理性和多个客观性的时候，当人们承认科学具有许多其他社会实践的特点的时候，而且尤其是当科学被证明是一种不同党派通常会持不同观点，科学家仅仅是其中一方的观点的时候，修辞学家就会受到“公开邀请”[④]来对科学进行研究，修辞也因此成为社会学家入侵科学哲学的直接受益者。

更为重要的是，在后现代的社会学尤其是科学知识社会学中，科学知识并不是对先验实在的个体反映，科学语言并不是对世界事件的精确报告，科学论述也

① 蔡仲. 后现代相对主义与反科学思潮——科学、修饰与权力. 南京：南京大学出版社，2004：93.

② Habermas J. The Philosophical Discourse of Modernity. Cambridge：Polity Press，1990：191.

③ Brulle R. Power，Discourse，and Social Movements. unpublished paper：Washington：George Washington University，1988：4.

④ Brown R H. Society as Text：Essays on Rhetoric，Reason and Reality. Chicago：The University of Chicago Press，1987：98.

不是为某个科学家个人所垄断的私有领地，在科学的一切领域都存在着极为广阔的修辞空间；修辞又是其实现获得研究资金、知识生成、共享知识成果以及实现交流与评价的有效手段。科学知识社会学通过案例分析进路，强调科学的社会实践过程，但在这里得到的知识却是科学家们相互协商谈判的结果，而不是与自然对话的结果。

按照克瑞杰的观点，后现代背景下的社会学要通过科学修辞这一手段实现的目的有以下八个。①那种我们称之为一组复杂的科学的任何一个方面，包括其中最重要的内容和结果，只能根据其地域的历史和文化的语境来塑造和理解。②特别是科学研究的产品，即所谓的自然律，必须始终被视为一种社会建构，其有效性依赖于专案之间的默契，正如罗马教皇的合法性依赖于大主教的枢密院。③虽然科学家自称为认识论上的特殊权威，然而，科学知识不过是"众多故事"中的一种。在一个特定的社会中，科学在认识论上的权威越高，揭露其作为一追求客观知识事业的假象的工作就越显得其重要性，因此，科学必须是"卑微的"。④由于对客观知识的追求是一种堂吉诃德式的幻想，所以，评价科学论断的最好方式就是通过一个政治评议的过程，因为科学断言的"证据"绝不是确定的，它总是对谈判敞开大门，所以，评价科学成果的最好方式就是质问：如果某一论断被认为是真的，那么说话者代表了谁的利益，这样对大众来说，关键问题不是科学的结果是否经受了很好的检验，而是它代表了谁的利益。⑤"科学只不过是一种伪装的政治学"：权力精英的意识形态议程深刻和重要地影响着科学研究的结果。⑥如果说一个社会中的科学比另一个社会中的科学更好，这并没有明确的意义，比起由人类学家描述的或非洲中心主义者所发明的各式各样的民族科学和萨满教来说，欧洲科学也许并没有客观性上的优越性。⑦我们谈论在欧洲传统中科学的进步，也没有明确的含义，相反，近代史中的几乎所有的消极或压制人的方面：日益增加破坏性的战争、环境的灾难、种族主义、男性至上主义、优生学、剥削、异化和帝国主义等，科学在其中都具有明显的同谋犯特征。⑧如果科学的客观性是不可能的，那么，告诫科学家与政策制定者在科学实践中努力摆脱意识形态的偏见将是徒劳的。相反，我们需要做的是谨慎地在科学中引入"正确的偏见"和"进步的政治价值"，存在着称之为"具有解放意义的科学"和"辩护术的研究"[①]。

显然，在克瑞杰这里总结的八种后现代社会学的基本观点中，几乎每一种都需要借助"修辞"这一手段才能完成，其中"语境"的观点、专案之间的默契、政治评议的过程、质问以及最后提出的"辩护术的研究"无不映射着修辞的力量。显然，如果离开了修辞的助力，这些后现代社会学的目标也很难实现。

① 诺里塔·克瑞杰. 沙滩上的房子——后现代主义者的科学神化曝光. 蔡仲译. 南京：南京大学出版社，2003：3-5.

3. 科学修辞的非理性进路

最后，我们要分析的是科学修辞的非理性进路。在哲学领域，自后现代主义的鼓手德里达对哲学和文学之间历史悠久的、壁垒森严的对立发动了著名的颠覆战之后，哲学家们也开始关注修辞对科学的影响。将哲学与文学对立起来一直是自柏拉图以来西方哲学的一个重要传统，因为哲学以追求真理和确定性为最高目标，而文学则是虚构的、隐喻的和修辞的，所以哲学比文学更优越，文学只是哲学的派生物。但德里达的分析却恰恰相反，优越的哲学不过是所谓文学的派生物——文学的一种特殊情况而已。文学话语与哲学话语在元文学（archi-literature）中具有共同的本源[①]，彼此间具有共同的特性。因此，在后现代主义看来，哲学就是一种文学，哲学中隐喻比比皆是，隐喻看来包含在全部哲学的语言之中，柏拉图的“洞喻”就是其中的一个显著的例子。这样一来，耸立在哲学和文学之间长达千年之久的高墙坍塌了，哲学和文学的绝对对立消解了。

在后现代主义的“文学化”或“文本化”以及“社会化”思潮泛起后，哲学家们也开始从修辞学的角度来审视科学，以库恩特别是费耶阿本德为代表的科学哲学家将修辞的力量无限夸大，直接掩盖了理性的力量。在“怎么都行”观点的影响下，费耶阿本德最终把科学理论上的胜利和科学事业的进步看成是“鼓吹宣传”（propaganda）的结果，而不是依靠理性取得的结果。费耶阿本德断言，一般人都会认为哥白尼的天文学革命的胜利是理性的胜利，这是错误的，其实它并不是靠理性，而是靠“伽利略的诡计”或者说是靠伽利略的“能言善辩的宣传”而取得胜利的。

费耶阿本德宣称，历史上对“哥白尼革命”的胜利的解释有以下几种。①朴素经验主义的解释：中世纪的人们迷信圣经，近代人从迷信中解放出来，抬头仰观太空，发现托勒密地心说的错误。②精致经验主义的解释：日益增加的新的观察事实证明了地心说的错误和日心说的正确，从而迫使天文学家们修改地心说。③证伪主义的解释：新观察材料反驳并证伪了地心说的旧假设，从而天文学家提出了日心说新假设。④约定主义的解释：对于日益增加的新观察材料来说，日心说的解释比地心说的解释方便，所以天文学家们抛弃地心说，接受日心说。⑤库恩的危机理论解释：由于地心说的信念陷入危机，必须以日心说的新信念更换旧信念。⑥拉卡托斯研究纲领的解释：地心说已经退化，必须以预见性高的进步的日心说代替之。[②]但费耶阿本德并不同意这些观点，他认为，这些解释并不符合科学史的实践，同时也并不能令人满意和信服。

在费耶阿本德看来，无论是朴素经验主义还是精致经验主义和证伪主义的解

① 王治河. 扑朔迷离的游戏——后现代哲学思潮研究. 北京：社会科学文献出版社，1998：168.
② 夏基松，沈斐凤. 西方科学哲学. 南京：南京大学出版社，1987：245.

释都是错误的，因为他们都在试图用经验来作为标准，显然经验是不可靠的，想拿一个不可靠的标准得出可靠的结论，这在逻辑上就是错误和荒谬的，如果将哥白尼学说的天体模型与托勒密的天体模型相比较，就会发现，两者的平均误差的最大值误差都是相同的。约定主义的错误就更加明显了，因为哥白尼体系并不比托勒密体系更简单，约定并不能给出任何可靠的说服力。而历史主义者库恩的危机理论也不符合科学事实，因为当时托勒密体系并未表现出“摇摇欲坠”的危机状态，同样，哥白尼本人并未批评托勒密体系不能做出正确的预言。

那么，“哥白尼革命”是如何胜利的呢？费耶阿本德的回答是：靠“伽利略的诡计”或者说是靠伽利略的“能言善辩的宣传”而取得胜利的。[①]费耶阿本德认为，当时伽利略的观察材料原本对托勒密地心说更有利，而不利于日心说，因为地球是绕太阳运动的话，那么居住在地球上随着地球绕太阳运动的人就会有各种各样的感觉，如石头下落就不会是直线，而是斜线；鸟飞不是向前，而是后退等，但我们看到的事实并非如此，只是由于伽利略在其著作《关于两个世界体系的对话》中的宣传和解释，才使得哥白尼取得了胜利。这正如费耶阿本德在其著作《反对方法》中所写到那样，“伽利略之所以取得胜利是由于他的风格和精明的说服技巧；是由于他迎合了激烈反对旧思想的人们以及与他们相适应的认识标准”[②]。

客观地讲，和库恩一样，费耶阿本德这里从科学史中所发现的正是修辞所起到的作用，无论是其中的修辞战略的运用，还是说服和交流手段的使用，都是修辞在其中发挥着重要的作用，尽管费耶阿本德并未明确指出这一点，但他还是借助修辞来完成其告别理性的最终愿望。他在另一本著作《告别理性》中，再一次提到了修辞的作用，尽管他依然没有使用修辞这一术语，但他所要表述的思想恰恰就是修辞的思想，他指出，“根据许多历史学家的观点，希腊人介绍了另一种方法来处理文化的多样性。他们试图将其分为正确的方式和错误的方式，他们既不依赖于坚持传统，也不依赖于特定的改变，他们依靠辩论。辩论就像语言、艺术或礼仪，是广泛存在的，出现在任何的历史时期和任何的社会中，但也如同语言、艺术和礼仪，它是多样的。一个简单的手势或一声抱怨就能使一个辩论满足一些参与者，而其他人则需要长时间和生动的演说才能使之信服”[③]。此时，费耶阿本德已将非理性的力量推向了极端，修辞已经完全失去了理性的指导，甚至连鼓吹宣传也是多余的，所需要的只是“一个简单的手势”或是“一声抱怨”，辩论就会得到解决。

难道我们要分析的科学修辞最终就是费耶阿本德在这里所倡导的“鼓吹宣

① 夏基松，沈斐凤. 西方科学哲学. 南京：南京大学出版社，1987：245.

② 费耶阿本德. 反对方法. 周昌忠译. 上海：上海译文出版社，1992：141.

③ 费耶阿本德. 告别理性. 陈建等译. 南京：江苏人民出版社，2002：5-6.

传”或是“一个简单的手势”和“一声抱怨”吗？难到当修辞学进入科学领域后真的会如某些纯科学家所言的那样会对科学造成危害，最终摧毁理性的力量吗？难道我们最终要形成的科学修辞真的就没有理性的支撑吗？

答案是否定的。我们既不想让我们在这里分析的科学修辞走上后现代主义意欲要走上的带有明显的“诗性”“文本性”和“主体间性”特征的科学修辞进路，也不愿意使其走上科学知识社会学影响下的带有明显“社会磋商”特征的科学修辞进路，同时我们也更不愿意走上费耶阿本德在这里所倡导的“鼓吹宣传”式的科学修辞进路，因为这三条后现代主义影响下的科学修辞进路的共同错误就在于夸大了修辞的作用，而忽视了理性和客观性在其中的中心和基础性的作用。

（二）科学修辞的辩证法进路

正如图尔明所说的那样，我们的目的是要证明在科学事业中修辞维度的重要性，但同时图尔明也承认，科学的复杂性是无法简单还原为修辞理论或修辞实践的。布朗也指出，在后现代、科学知识社会学以及非理性主义的影响下，修辞学要么最终走上费耶阿本德所倡导的非理性之路，直接用鼓吹宣传这一词项替换掉修辞，并打起非理性主义的大旗，将库恩的“科学革命”进行到底，要么走上佩拉的辩证法之路，将辩证法作为劝说修辞的逻辑支撑。[①]

如前所述，科学认识需要修辞，科学交流、传播和评价更离不开修辞学，但我们需要的科学修辞并不是像前面三条科学修辞进路那样，最终把理性的力量湮没，而成为科学中唯一的权威力量，我们需要科学修辞的助力，但不能因此而失去理性的指导，这里正如亚里士多德所表达的那样，修辞是理性最好的助力，反过来，理性的力量又是最好的修辞手段。因为从科学认识的本质看，其既包含着真理性的、客观性的内容，同时其“过时性和脆弱性”[②]也表明了它的修辞发明性；从科学理论的确证本质看，其既是经验的，也是逻辑的，而且也是主体间性的；从科学理论的确证过程来看，其既是发现和解释的，也是归纳和演绎的，还是激发和唤起的；从确证的途径看，其既是观察的，也是三段论的，还是劝导的；从确证的方法论上看，其既是符合论的，也是衍推论的，还是交往论的；从科学理论的表述看，其是由很多的科学符号表示的，对科学符号的结构、运算和结果的分析是需要理性来解决的，而恰当符号的选择、对符号所内含的信息进行表述、传播和共享以及对科学符号进行建构和调整却是需要修辞来完成的；从科学文本的构造和科学发明的表述看，科学推理需要通过科学修辞来发明和选择新命题，选择已有的命题，发明新的假说命题；科学解释也需要通过科学修辞来克

---

① Brown R H. Society as Text，Essays on Rhetoric，Reason and Reality. Chicago：University of Chicago Press，1987：75.

② Gross A H. The Rhetoric of Science. Cambridge：Harvard University Press，1990：7.

服和消除科学文本中不一致的表述，避免科学解释的失误，通过其显著的预测性和丰富的创造性，通过对事件的再概念化、对措施的再具体化，为科学解释提供进一步的修正和调整的空间[①]；在科学争论的意义上，“科学修辞就是要把修辞对象的外在关联暂时悬置起来，使用一种公共的或者是可以相互通约的语言进行重新发明、组织和解释，从而避免那些无益的争论和问题”[②]。可见，在整个科学研究的过程中，前一部分是需要理性来解决的，而后一部分则需要借助科学修辞来完成。

事实上，在科学实践中，修辞与理性是不可分割的两重维度，正如图尔明在《科学与修辞的多面性》一书中所讲的那样，“对合理的理性的要求也许会与我们智力程序上的修辞力量相交叉，而对修辞力量的要求也许又会与该主题的理性力量相汇合”[③]。因为修辞与理性的维度在很大程度上说是同时存在的，所以合理性就会要求科学家和哲学家以有利于说服受众的术语和方式来表征其论证和推理。换句话说，合理性需要他们顾及他们的受众的条件，这正是图尔明所强调的。这就要求我们一方面承认科学的客观性和真理性，反对对科学无根基、无原则的怀疑和解构，毕竟我们要追求的科学修辞是“一切理性行为的本质方面”[④]；另一方面，我们也必须承认科学知识具有历史性、社会性的层面和特点，主张科学认识的过程不仅包括发现和证实，也包括辩护与争论，正如有人评价的那样，真正的科学修辞应该是介于封闭的形式逻辑体系和开放的怀疑主义视野之间的一种中间战略。

但问题是修辞与理性究竟如何来实现合理的交叉？答案也许要再一次到亚里士多德那里去寻找，因为“当今的西方修辞学，就其精华而言，仍是亚里士多德的理论”[⑤]，古希腊人似乎早已为我们今天的难题给出了指向——科学修辞的辩证法走向。

第二节　科学修辞战略的构成因素

在科学修辞战略的实践中，要想形成“好的”有效和有理由的论证，就必须要受到某些特定的限制物或规则的制约，这些限制物或规则负责控制整个辩论过程：用于确定应该禁止哪些步骤、应该允许哪些步骤，如何对那些可选择项进行抉择、如何根据规则来裁决辩论等，而辩证法恰恰就是用于确定像这样的规则的逻辑，其中既包括那些由事实、理论、假设、价值和推定等构成的科学修辞战略

① 肖显静. 科学哲学研究三大转向的内涵及意义简析. 科学技术与辩证法，2006，(2)：55.
② 郭贵春. 科学实在论的方法论辩护. 北京：科学出版社，2004：166.
③ Toulmin S. Science and the Many Faces of Rhetoric. Pittsburgh: University of Pittsburgh Press，1998：9.
④ 伽达默尔. 真理与方法. 洪汉鼎译. 上海：上海译文出版社，1999：755.
⑤ 邓志勇. 修辞理论与修辞哲学. 上海：学林出版社，2011：自序，2.

的实体性因素，也包括那些由负责在辩论期间引导论辩双方如何进行争论才能形成有效论证的制衡规则以及负责宣判或裁决争论一方获胜或失败的权衡规则构成的科学修辞战略的程序性因素。

一、科学修辞战略中的实体性因素

如前所述，科学修辞是科学共同体在传播科学思想的过程中，为了说服其受众而采取的一种手段，其目的在于改变对方的信念。然而在这个论证过程中，如果仅仅依靠像心理学家所说的“心理暗示”、社会学家所说的“政治磋商”和诡辩论者们所说的“语言修饰”，显然是难以形成“好”的有说服力的论证的。和亚里士多德的观点一样，佩雷尔曼也认为，在修辞论证的过程中，要受到某些特定的限制物或规则的制约，这些限制物或规则负责控制整个辩论过程：用于确定应该禁止哪些步骤、应该允许哪些步骤，如何对那些可选择项进行抉择、如何根据规则来裁决辩论等，而辩证法恰恰就是用于确定像这样的规则的逻辑。此外，辩论是在论证的支持者与其反对者之间进行的问—答式的交流，双方的意图揭示了论域、功能和论证得以评价的诸因素①。

但在科学论辩的语境中，这些因素并不是随意可以构建的体系或模式，而是要受到科学史与科学实践的制约的。如果把它们加在一起来考虑，它们就对科学传统形成了界定，即形成了一张包括实践、标准、思维方式、论证形式和信仰体系等因素的网络。从历史的角度看，所有这些因素是在很长的时间内确立起来的，而非人为规定的。当代著名科学修辞学家佩拉把科学论辩语境中的这些因素分为实体性因素（substantive factors）和程序性因素（procedural factors）两个层次，其中，实体性因素主要包括以下几个方面②。

1. 科学事实

因为要想守住己方在科学辩论中的阵地，最典型的方式就是借助于科学事实（甚至包括那些低层次的经验事实）。实际上，事实这一概念很早就在科学认识论中占据着首要地位，不同时期的科学家和哲学家都对其重要性进行强调：例如，中世纪的罗吉尔·培根认为，由于观察和实验可以为真理提供事实，因此，观察和实验性的事实应被看作是证明真理的唯一方法；近代英国经验主义代表人弗朗西斯·培根则进一步指出，实验科学最重要的特征之一就是利用实验来增加事实知识。可见，事实在科学中的地位是首要的，“事实就是科学家的空气，没有

① Peralman C H. The Idea of Justice and the Problem of Argument. Petrie J，trans. London：Routledge and Kegan Paul，1963：78.

② 李洪强，成素梅. 论科学修辞语境中的辩证理性. 科学技术与辩证法，2006，（4）：43.

它，你任何时候都无法起飞；没有它，你的理论就是枉费心机”[①]。

众所周知，在法庭诉讼中，事实是具有重要影响的证据，这是控辩双方首先要向法官呈供的证词，同时也是法官进行裁决的主要依据，它的成立和有效与否取决于细节的力量，例如，事件是否被正确描述和鉴别了，时间和地点是否正确，等等。毫无疑问，和法庭辩论一样，在科学论辩中，科学事实更是一个关键性的辩论支持，这通常是论辩双方展开辩论时，首先要亮出的最有说服力的“王牌”；同时诉诸科学事实的力量也是科学修辞区别于诡辩术的关键之所在，再雄辩的修辞劝说，如果没有事实这一实体性因素作为支撑或基底，也是无法实现其“有理由”的论证目标的。毕竟在科学论辩中，首先要维护的是科学的客观性，除了纯粹数学，几乎任何科学的分支，无论是自然科学还是社会科学，无论是物理科学、生物学还是人文科学，如果没有从观察中获得一定量的经验事实都是不可能存在的。

但是，事实也并不是绝对可靠的，其来源、加工方法及报告形式等都有可能出现偏差，因此事实在一定程度上说也是不确定的。因此，如果辩论中出现下面的情况之一：论辩双方各自都提出有利于自己立场的科学事实、论辩双方的观点暂时都拿不出有力的事实来为其进行辩护，以及论辩的某一方尽管在事实的论辩上处于下风但他还能拿出更有说服力的论辩因素，那么，辩论就会发生变化，就会借助于其他的辩证法因素来进行裁断。

2. 理论

与事实一样，理论也是科学辩论中的重要因素。在大多数科学家和哲学家看来，科学理论就是一张抽象的网络，其中，事实和/或概念的结点靠定律、公式、家族相似性或者其他功能性关系而在许多方向上交叉联结。约翰·齐曼则进一步把科学理论看作是地图（maps）。他认为，几乎关于科学理论的每一个表述都适用于地图，它们都是假定“现实”的表象，都是社会建构，都抽象、分类并简化了大量的“事实”，也都是功能性的，都需要熟练的诠释，等等。一个论证，如果能够被表明是如何从一个已经得到有效证实和普遍接受的说明性理论中得出的一个新的认知主张，那么，它就是相当有效的。当然，其有效程度就取决于两者间的联结，比如说，某一特定的论点“来源于”某一理论，或者它是与某一理论“相兼容”的一个论点，或者说，它是“基于”某一理论的论点，其说服力就是渐次而减弱的。

但要完全依靠科学理论在科学论辩中取胜是不可能的，也是不可靠的。这主要是由科学理论自身的局限性所决定的，因为科学理论来源的不可靠性、从经验

① 刘大椿. 科学活动论与互补方法论. 桂林：广西师范大学出版社，2002：64.

事实上升为科学理论的方法的不可靠性以及理论所具有的历史性都决定了我们无法完全依靠它来结束战斗。这也正如齐曼所说的那样，“科学理论是证据不足的（under-determined），它们是当时当地的产物。科学理论的产生源于充满着争论的共同体中行使的独创性和怀疑主义。当然，也有新颖的科学理论看上去相当正确，但其形式和内容都并非预先决定的，因此也就不可能是永久不变的，甚至是那些最有说服力的理论也无法摆脱有朝一日会被重新定义或遭到修改的命运，和地图一样，教科书的编写者们也很快会发现，那些所谓权威的理论必须要马上进行重新修订”①。可见，当科学家对理论本身的权威性产生怀疑时，辩论就会再一次发生转移，转到其他辩证法的因素上。

3. 假设

从根本意义上看，没有假设，任何科学探索都是不可能的。任何准备深入探究自然现象的人必须要对这些现象的情况有一个初步的概念，例如，他必须首先假定，这些现象有一个可理解的结构，这种可理解的结构具有特定的类型，等等。尽管我们能够把假设看成过去认为是理所当然的认知结果——在这种意义上，某些理论（如牛顿力学）已经“固定成为”一种哲学解释（如机械论），它们能够成为进一步研究的先决条件。但是，假设不同于认知结果，从它们的目的和认识状态来看，两者之间的差异是显而易见的。对于它们的目的而言，假设的目的不是提供说明，而是解释世界，即依据根本的本体论，把特定的结构归属于世界，或者归属于世界的具体领域。我们能够把这些假设称为解释性理论（interpretative theories）。就它们的认识状态而言，解释性理论与说明性理论不同，它不是可以通过经验检验的断言，而是形而上学的观点，用康德的术语来说，就像是“在对自然的调查研究中我们所依赖的判断格言——一种先天的判断”；拉卡托斯的研究纲领中的形而上学内核，正是这里所理解的典型的解释性理论；同样，库恩范式中的分类学成分，劳丹研究传统中的本体论因素和费耶阿本德的“自然的解释”，都是如此。如果细分，我们还可以把解释性理论分为两类：第一类是普遍性假设。通常认为，这类假设是科学之所以如此的可能条件，而且，它们是非常可靠的。例如，伽利略和牛顿在其力学体系中所表达的那样，自然界的规律性和统一性是其力学体系最基本的原理，在此基础上，他们又给出了一系列可以详细说明从自然界中能预期得到的特殊类型的规律性的假设；又如，决定论的因果性、自然界具有简单性等具体性的假设。显然，详述第二类假设关注世界的某一个具体部分，通常局限于一个特定的学科领域内，例如，物理学中的机械论或生物学中的活力论，它们通常是在某一特定阶段形成的“暂时

① 约翰·齐曼. 真科学. 曾国屏等译. 上海：上海科技教育出版社，2002：160.

性”的假设，可靠性相对较低。

基于假设的重要性，假设往往成为科学争论中论辩双方关注的焦点。既然我们通常把它们看成是科学（普遍假设或本体论假设）的可能条件，或者，是科学的特定领域（规律性假设）的可能条件。因此，论证涉及的假设是由某一论点的正方提出的，这种论证会给反方造成严重的困难，如果反方意识到他违反了这些假设，也许就会退出争论，但这里的前提是双方就这些假设早已达成了一致，否则论辩一方必然会对这些假设提出质疑，毕竟假设就是假设，而非硬核理论，更非铁定事实。因此，如果论辩双方就假设无法达成一致，就必须诉诸科学修辞战略中的其他因素——价值——来实现这一目标。

4. 价值

就价值而言，在 20 世纪之前，在思考科学的本质时，几乎所有人都会一致的认为，科学应该是“不受价值影响的”[①]。因为在逻辑实证主义者和之前的自然科学家看来，科学要处理的仅仅是事实，事实是客观的；而价值却是主观的，是个体喜好或兴趣以及感觉或欲望表达的结果。价值因素对事实的入侵必然会对事实造成“污染”，夹杂着价值取向和判断的事实是不可靠的，科学研究的正确方向也许会就此而改变，科学家对客观事物的认识也许就会失真，得到的也许仅仅是培根提出的“假相”。但如今，科学知识“负载着价值”这一格言，却赢得了大多数人的赞同，事实和价值之间所设定的墙被打破了[②]，科学和价值之间具有密切的联系这一思想现在已经被广大的科学哲学家所认可。他们认为：首先，某物具有明确的价值，是因为它对于某一或某些特定主体来说是如此，19 世纪价值论的创立者们正是在这一意义上来使用“价值”的，进而价值就符合了诸如吸引、情绪以及感情等这样一些人类经验的特征，而且它们的实质主要就是在这种主体感觉上，而非客观特征，这也正是逻辑实证主义要把价值从科学中清除出去的主要原因；其次，当价值是某物适当运行的必要条件，而主体又对这一功能的运行感兴趣时，关联的意义就会再一次把价值和主体联系起来。[③]

而价值之所以会负载着主观性的内涵，厄南·麦克马林在《科学中的价值》一文中给出了更普遍的原因：对它们的估计经常要依赖于个体的判断来进行，依赖于特定的喜欢或不喜欢，而没有主体间性的标准。如果你喜欢，那么在此情况下，价值的价值就是主观的；需要对价值的判断提出疑问，而非对价值本身。此外，麦克马林还指出，逻辑实证主义对价值不感兴趣的根源是：主观的估计可能破坏了科学一直主张的普遍性，在他们看来，价值的判断是不可能替代逻辑规则的公共操作的。但随着逻辑经验主义企图的破灭，尽管科学家们仍在致力于寻求

①② 牛顿-史密斯. 科学哲学指南. 成素梅，殷杰译. 上海：上海科技教育出版社，2006：666.

③ 牛顿-史密斯. 科学哲学指南. 成素梅，殷杰译. 上海：上海科技教育出版社，2006：667-668.

理解事物的根本原因，但其目的已不再仅仅是为了满足我们的好奇心，而是要为我们所用，所以科学探索就必然要符合我们人类的需要和价值取向；而且，随着科学越来越深入到我们人类观测所不能及的事物内部和遥远空间，科学家们为此给出的结构也越来越无法用经验事实和逻辑规则来评价，而只能依赖于我们的价值导向和取向。最后，科学社会学家们也为科学中的价值给出了有力的辩护，他们认为，社会的、政治的、经济的以及个人的价值因素已经在所有的层面上渗透到了科学研究中，没有了社会、政治、经济以及个人的因素，科学就将失去社会的协作、政治磋商的协调和必要的物质支持，科学探索最终也是难以为继的。正是基于科学中价值存在的客观性，著名社会学家默顿在 1957 年出版的《社会理论和社会结构》一书中，提出了一系列指导和规范科学家活动的价值——普遍性（为了获得普遍成立的知识，使用非个人的标准）、公有性（以共同体的形式进行研究，共享所获得的发现）、无私利性（把对真理的追求置于个人进步的考虑之前）、有条理的怀疑性（对论证的每一步提出质疑的自觉性）以及纯洁性（在面对政治的、经济的以及其他外部要求时，坚持科学的自主性）[①]。默顿认为，正是因为这一系列价值的存在才构成了其所谓的科学家的“精神气质”，同时也是科学家在科学探索中必须遵守的道德规范。

值得注意的是，科学中的价值因素不但客观和普遍存在，而且更为关键的是，价值因素在理论选择中的作用更是不可替代的，即使是逻辑经验主义的代表人卡尔纳普也强调了支配选择的标准的实用特征：科学家在理论的选择过程中不得不去依赖价值判断，依赖于个人对相关因素的估计。而库恩则更进一步，他指出，在理论的选择过程中，包含了众多需要的因素，它们都以价值的最大化来运行，而不会考虑规则的满足。但他同时也指出，这并不必然会破坏所做选择的客观性：尽管诸如利己主义之类的实用价值可能会进入到选择中去，但被认为对理论选择是适当的那些标准价值（精确性、一致性、范围、简单性和丰富性），同样可以促进所做选择的客观性[②]，正如我们在前一章中分析的那样，库恩显然在这里发现了在科学选择过程中，科学修辞和科学辩证法的力量所在，但遗憾的是，他再一次错失掉了挖掘和重现科学论辩语境中修辞和辩证法力量的机会，最终为了保持与其早期研究的一致性，把从一个理论到另一个理论的转变描述为宗教式的“改宗”（conversion）而不是“选择”（choice），其错误就在于：库恩这里用心理等非理性价值完全取代了经验性价值在理论选择的科学论辩中的作用，最终陷入非理性主义的泥潭当中。

为了弥补库恩有关理论“改宗”观点的缺陷，也为了重现科学修辞和科学辩证法在理论选择的科学论辩语境中的力量，佩拉首先明确地把认识上的价值分为

① 牛顿-史密斯. 科学哲学指南. 成素梅，殷杰译. 上海：上海科技教育出版社，2006：671.
② 牛顿-史密斯. 科学哲学指南. 成素梅，殷杰译. 上海：上海科技教育出版社，2006：674.

两类：一类是经验科学上具有的构成性价值，这一价值是用事实来对认知命题达成的一致，佩拉认为，这类价值是整个科学传统中一种典型的、永久的价值，其说服力远大于后一类价值；另一类是一组调节性的价值，诸如简单性、经济性、无矛盾性、优雅性、证伪性、丰富的经验内容、富有成果性、理论间的相互一致性和助启发力等。

更为重要的是，一旦确立了价值在科学辩论中的作用，就立刻会引发出三个相关的问题：第一，对于以价值为基础的一个论证来说，为了在争论中产生重要的影响，只享有这些价值是不够的，还必须对它们的解释达成一致，由此而带来的问题就是关于解释的标准问题；第二，是对范例的判断问题；第三，一旦给定价值、标准和相符合的范例判断，对话者们就不但要考虑这些价值及其标准，而且还必须考虑这些价值应该在什么位置上才能达成一致，这就涉及价值的等级问题，除非提前讲清楚这种等级，否则，超出价值范围的科学争论就是无效的。这恰好就是优先性常规要起作用之处。

5. 常规

根据亚里士多德的理论以及修辞学的传统，常规就像是“储存箱”——储备着对话者们可利用的公认论证和意见。在科学争论中，常规经常会充当在不同价值间进行优先选择的原则，其中最普遍的常规之一就是传统，按照这一常规，那些经常并且会成功地加以重复的东西就会优先于新事物而被选择。此外，在不同价值间进行优先选择时，还会出现其他的一些常规，如充分性常规（经验上的充分性优先于简单的优雅性）、一致性常规（理论的内部与外部一致性优先于不一致性）和简单性常规（简单性优先于复杂性）等。

尽管我们可以在科学史中找到大量优先性常规得以运用的成功案例，但常规并不是万能的，在科学史中我们也同样可以找到大量相关的反例。人们对于常规运用的可靠性仍然存在着巨大的分歧，如“简单性真的优越于复杂性吗？”等问题仍然值得我们在下面的章节中做进一步的考察。

6. 推定

我们最后要考察的科学修辞战略的实体性因素是推定。在法律上，推定就是假定，其逻辑是：如果一个孩子是由同居在一起的已婚夫妇生下的，那么，这个孩子就是这对夫妇的孩子。推理的结论不一定来自前提，但是，尽管如此，直到能给出相反的证据之前，我们就可以认为它是有效的。这样一来，举证的负担就落在了对它提出质疑的人的身上。和法律上情况一样，尽管科学上的推定并不能给出绝对真理，但一直到推定被证明是相反的之前，就应视它们为真。但佩拉认为，与法律中的情况稍有不同的是，科学上的推定存在着两种类型：

第一种类型是本质上的推定。它们涉及事实或说明性理论，而且起到了保证的作用。例如，如果R是一位严谨的研究者，那么，R所做出的实验和观察就是可靠的；因为经常有人引用这种推定来支持第谷的数据，所以开普勒乃至伽利略通常也都认为这些数据是正确的。又如，如果一个定律 L 或一个理论 T 得到了有效的证实，那么，它就会具有稳定的基础（而且，不可以违反它）。

第二种类型是调节性的推定。它们与假设相关，而且（与常识一样）起到优先选择原理的作用。例如，如果自然界具有数学结构，那么数学化的理论就比其他理论更可取（这是伽利略所依赖的推定）；又如，如果在这世界上起作用的原因与我们目前看到的原因相同，那么，现实的理论就比超验的理论更可取（这是达尔文所依据的推定）。

在详尽地列举了科学修辞战略的实体性因素之后，还必须对它们的顺序加以说明。佩拉指出，这里给出的顺序并不是要人为地去设定任何等级层次，换句话说，这里并不是要断言，科学争论开始于事实，然后，逐步继续进行，直到推定；同时也并不意味着，在一个层次上的分歧，能够在更高的层次上得到解决。事实上，一场科学争论会同时包括许多因素，而且，关于某一因素的分歧，也不一定能够诉诸任何其他因素来解决。一般而言，根本不存在像享有特权的出发点和确保到达的终点那样的事情（甚至是最有把握的推定也会受到怀疑）。出发点是由争论的参与者根据具体实情来确定的，而终点则是在争论停止时根据具体实情自然显现的。在这两点之间，没有任何预先确定好的路线。一旦参与者对前者达成一致性意见，如何到达后者还取决于争论的具体情况。从这种观点来看，这里所要坚持的立场类似于劳丹所称的“辩护的网状模型”，其中，“价值论、方法论和事实陈述，必然交织在相互依赖的关系当中”①。

为了进一步说明科学修辞战略中的实体性因素在科学论辩语境中的作用，佩拉给出了下面七种说明情境②。

说明1：如果在某一特定领域内，具有特定功能的某一科学论证的结论获得支持，支持它的理由又属于该领域的科学修辞战略中的实体性因素，那么，这个科学论证就是恰当的。

这种说明无疑是适当的，因为恰当性与一个领域有关。例如，基于《圣经》来断定，特定的天文学假设是真的或可能的论证，就不能被认为是恰当的，因为它不是基于所承认的实体性因素，在实体性因素中，经验的可检验性是首先要考虑的因素。但说明 1 只有在明确指定了论证的论域和功能的条件下，才能认为说明 1 是精确的；如果扩展或缩小论域的范围，说明 1 会变得模糊起来，而且还会引发出对这种论证是否恰当的问题的争论。

---

① Laudan L. Science and Values. Berkeley：University of California Press，1984：87.

② 马尔切洛·佩拉. 科学之话语. 成素梅，李洪强译. 上海：上海科技教育出版社，2006：113-116.

说明 2：如果在某一特定领域内，具有特定功能的一个科学论证的结论获得支持，支持它获胜的论辩策略系根据科学修辞战略中的实体性因素而建立起来的，那么这个科学论证就是有效的。

正如我们在前面所分析的那样，论辩策略的制定既可以按照科学修辞战略中的实体性因素来确立，也可以完全按照诡辩论或者非理性主义的观点来建立，但要想在论辩中得到有效的认可，凭借诡计、心理以及强权压制是无法做到的，即使获胜也是暂时的，在真理或者理性面前，这样的获胜理由也是无效的。

有效性之后，要讨论的是论证的强度（strength）。佩雷尔曼一针见血地指出，"强度是一个相对的概念。如果一个论证是有说服力的，那么，它之所以有说服力，不是因为它必须说服每一个进行理性思维的人，而是因为在提出该论证的情境中，存在着一种使其结论获胜的辩证策略，还因为它必须说服承认具体因素与该情境相关的进行理性思维的每一个人"①。有关论证强度的作用，我们可以用下面的说明 3 来进行分析。

说明 3：如果在某一特定领域内，一个具有特定功能的科学论证的结论获得支持，支持它获胜的辩证策略系依据了在辩证情境中获得认可的前提，又依据了在该情境中生效的科学修辞战略中的实体性因素的构成，那么，这个论证就是强有力的。

假设有一种辩证情境 S_1 和一种在该情境中起作用的科学修辞战略中的实体性因素 $C_1$②。已知两个论证 A 和 B，如果基于 C_1，存在着可以使 A 获胜的修辞战略，那么，A 是有说服力的，但是，也可能找不到这样的策略；可能还存在着下面的两种修辞策略，一个支持论证 A，另一个支持论证 B，而且没有哪一个论证能够说服对方。如果支持论证 A 的结论在策略上求助了更多的因素，或者说，如果科学共同体认为，论证 A 依赖的因素更重要，那么，论证 A 比论证 B 更有说服力。这正是 20 世纪 50 年代关于大爆炸说和稳态说争论的情形，支持前者的论证恰好比支持后者的论证更有说服力，主要是由于能量守恒定律产生了影响。

但还会发生的情况是，假如发生了从 S_1 到 S_2 的变化，同时，发生了从 C_1 到 C_2 的变化。在这种情况下，因为 C_2 改变了以前的构成，所以，一种论证 A 在 S_2 中的说服力可能会加强，也可能会减弱。例如，当科学共同体于 1856 年改变了对达尔文理论的基本假设（进化论）的看法时，达尔文才同意发表含有 1844 年就提出的自然选择理论的论文。于是，曾经认为是没有说服力的同一论证却在随后得到了加强，这正是下面的说明 4 和说明 5 的要点所在。

① Peralman C H. The Idea of Justice and the Problem of Argument. Petrie J，trans. London：Routledge and Kegan Paul，1963：109.

② 这里，S 表示在特定时刻，科学争论所处状态——科学辩证情境；C 表示在特定情境中起作用的科学修辞战略的实体性因素构成。

说明 4：在特定领域内，具有特定功能的科学论证 A 和系统辩证情境中的论证 B，如果支持 A 的结论的策略所依据的实体性因素要比支持 B 的更多或更重要，那么，论证 A 就比论证 B 更有说服力。

说明 5：如果在辩证情境从 S_1 变化到 S_2 期间，支持科学论证 A 的策略逐渐获胜，或者，它依赖于更多或更重要的因素，那么，A 在辩证情境 S_2 中比在另一个辩证情境 S_1 中更有说服力。

最后要涉及的是论证的功效范围问题。如果一个论证能达到令人信服的效果，那么，要说服或者征服的就不仅仅是论证中的直接对手，还要考虑更多范围的受众的情形——可能只说服了一些人，而没有说服另一些人，或者，被说服了的人数多于未被说服的人数，或者被说服的人数少于未被说服的人数。

说明 6：如果用于支持一个论证的结论而引证的理由属于科学修辞战略中的实体性因素，并且对话者（或听众）I 认为，这些因素在某一特定情境中是最理想的，那么，对于 I 而言，在这个特定情境中的该论证是有效的。

假如个人或群体主张，一个特定的科学说明、预言、实验和技巧等，在被接受之前必须满足精确的必要条件，他们自然会发现，满足这些必要条件的一个论证是最有说服力的。这种说明也是可操作的，因为知道 I 会接受怎样的构成，就能使人们明确地决定，对于 I 来说，一个特定的论证是否有效。说明 6 似乎也解释了为什么一个有效的论证不一定是有说服力的，显然，在这里那些即使满足了有效性的论争，也会因为无法满足说服特定情境中的受众的要求，而最终被认为是无效或者是没有说服力的论证。在此基础上，佩拉提出了为大多数人所能接受的获胜的策略——说明 7。

说明 7：根据支配科学争论的规则，如果 P 从 Q 承认的前提以及科学修辞战略中的实体性因素出发，迫使 Q 要么赞成一个科学论点 T，要么保持沉默，要么从争论中退出，那么，支持该科学论点 T 的策略就达到了使 P 击败 Q 而获胜的目的。

二、科学修辞战略中的程序性因素

与科学修辞战略中的实体性因素负责向辩论提供证据或证词的作用不同，科学辩证法的程序性因素则既要负责在辩论期间引导论辩双方如何进行争论才能形成有效的论证，同时还要负责宣判或裁决争论的获胜或失败，即存在两种适用于科学修辞战略程序性因素的规则——引导争论的规则和裁决争论的规则。[①]

首先，引导争论的规则用于约束对话者之间允许的交流类型，即它们确定了认可的着数和回应着数。佩拉根据科学争论的实践，给出了常见的几种争论引导

① 马尔切洛·佩拉. 科学之话语. 成素梅，李洪强译. 上海：上海科技教育出版社，2006：116-117.

规则，如表 3-1 所示。

表 3-1　几种争论引导规则

着数		回应着数		
（1）	S	（1′）	（1′a）	S
			（1′b）	$\neg S$
			（1′c）	S?
（2）	S / r_1	（2′）	（2′a）	$\neg S / r_1$
			（2′b）	$\neg S / \neg r_1$
			（2′c）	$\neg S / r_1+r_2$
			（2′d）	S' / r_1+r_2
（3）	——S			

佩拉认为，正方拥有表 3-1 中的着数（1），通过说“我支持 S”引起争论。回答（1′）会有三种类型：（1′a）“我承认 S”；（1′b）“我拒绝 S”；（1′c）“我要求有支持 S 的理由”。如果正方提供了所要求的理由着数（2），对话者有四种可使用的对抗措施。第一，他会答复（2′a）：“我否认 S，因为 r_1 是支持非 S 的理由”。在这种情况下，他是对正方的论点与他引证的理由之间的推理关系提出质疑。第二，他会运用（2′b），“因为我拒绝接受 r_1，所以我否认 S”。在这种情况下，他通过否认正方所引证的理由来拒绝接受正方的论点。第三，他会诉诸（2′c），“根据能够补充到你所引证的理由中的另一条理由，我否认 S”。他以这种方式使正方考虑其他的理由，而且，如果在争论中，正方已经承认了这些理由，那么，他要求正方证明自己的主要论点与这些理由相一致。第四，对话者会提出反对（2′d），“我根据能够补充到你所引证的理由中的另一条理由来阐述 S'”。这是一种典型的反击。着数（3）等价于“我放弃 S”，而且，总是认输。如果正方放弃的论点恰好是论证的对象，那么，显然他不得不完全退出争论；如果他修改了论点，那么争论就转向了另一个论点；如果他放弃了从前公认的另一论点（如引证一种理由），那么他必须证明，剩下的理由足以辩护他的主要论点。

由这些规则支配的争论能够持续多长时间呢？直到对话的一方被对方的论证所征服为止。佩拉认为，这恰好是由裁决一场争论的规则决定的。这些规则确定每一方提供的要点并且裁决最终的胜利。从逻辑的观点来看，当 A 驳倒 B 时，就可以宣判在 A 与 B 展开的科学争论中，A 方获胜，或者当 B 确认论点 T，但在随后的争论过程中，B 又不得不接受 $\neg T$（例如，他接受 O 和 $O \rightarrow \neg T$），那么 B 就被击败了，A 方获胜。

尽管通过反驳战略可以实现在逻辑上击败对手的目的，但在实践中，情况并不会如此简单，例如，正方很少只主张一个论点；他很可能赞成的是一组论点，这样，某一点遭到反驳，他还会有足够的回旋余地；另一种情况是，反方也不可能明确地给出他的所有观点，或者反方的观点也许一时难以奏效。因此，佩拉从实用主义的角度出发，根据科学实践又提出了一系列的可能的裁决规则——当 A 与 B 进行争论时，如果出现下面的情形之一，就可以裁决 A 为获胜方：B 没有提供支持其论点的具有公认的重要基础的理由；承担举证责任的 B，将这一责任转嫁给 A；在争论期间，B 没有回答他自己认为相关的问题；B 否认他先前承认、预设的论点，或者说，从他做出的任何一个让步中推出矛盾，而且，他无法解决这种矛盾；B 否认构成科学修辞战略中的共同基础中的任何一个重要因素；B否认他自己接受的假定；使 B 承认与公认的假设相矛盾的一个论点；A 证明，他自己的论点开始于 B 做出的一个让步①。

① 马尔切洛·佩拉. 科学之话语. 成素梅，李洪强译. 上海：上海科技教育出版社，2006：119.

第四章　科学修辞战略的辩证逻辑

在后现代，科学知识社会学以及非理性主义的影响下，科学修辞要么最终走上了费耶阿本德所倡导的非理性之路，直接用“鼓吹宣传”这一词项替换掉修辞，扛起非理性主义的大旗将库恩的“科学革命”进行到底，要么走上了佩拉的辩证法之路，将科学辩证法作为科学修辞的逻辑支撑。

——R. H. 布朗

柏拉图的辩证法是与诡辩论相对的一种取得真理的手段，或者是语词之争中取胜的手段。对于柏拉图而言，辩证法是在任何讨论中弄清楚参与者真正在说什么和想说些什么的艺术，而我的理解是对话和辩证法是同时进行的，大脑参与其中，纠正彼此的错误，就如同两只眼睛比一只眼睛看得更清楚一样。

——L. A. 理查兹

《修辞学》上说，“修辞学是辩证法的对应物”，意即修辞学与辩证法是姐妹艺术，虽不完全相同但非常类似，彼此之间有很多类似的地方，它们都是探索可能性领域的艺术，针对的都是当时尚无定论的问题，前提只能是“意见”而不是确定的知识，也就是在某些人看来是真实可靠的事理，或者是尚未找到客观根据的命题。

——温科学

在科学论辩的语境中，科学修辞与科学辩证法之间的关系就如同实践与理论之间的关系，“好的”科学修辞应该是取自任何一种从辩证法角度所获得的观点，只有以辩证法为先决条件，修辞才有意义，没有辩证法就没有真正的修辞。事实上，正是这种科学修辞战略的辩证逻辑为科学修辞实践提供了一种理性指导或逻辑支撑，从而在修辞的策略性、灵活性和当下性与传统科学理性的客观性、僵硬性和进步性之间形成必要的张力，即在维护科学客观性或理性的前提下，容纳那些科学认识中的社会或心理因素，并使逻辑和理性从先在的高度降低到历史和社会的网络当中，同时把心理、社会和文化等因素从科学的对立面融入到理性的行列之中，最终在不同论域间、不同共同体间及不同语境间建起进行交流、对话和达成共识的平台。

第一节　科学修辞语境中的辩证法

随着时代和社会的发展，特别是科学交流实践的不断扩大，辩证法尤其是科学辩证法的内涵和外延都有了新的变化，这无论如何都是早期雄辩学家以及黑格尔等哲学家所未曾预料到的。“大科学”时代的背景下，从事科学的主体——科学共同体不但要说服其内部成员就该共同体的纲领、目标、任务以及新成果的交流评价达成一致，而且还要面对外部的压力和竞争，形成一致对外的合力，才能在学术的“生存斗争”中幸存下来。而正是在这种新的包括共同体内部的修辞语境和一致对外的论辩语境的实践中，迫切需要一种新的理论来指导。换句话说，只有科学辩证法才能为这种新的科学修辞实践提供有力的逻辑支撑，否则一味地说服修辞或者无意义的争论就等于是科学诡辩论的再现，科学的发展也将永无宁日，再次陷入充满“喧闹”的混乱之中。

一、辩证法的基本内涵

（一）黑格尔之前的辩证法概念

哲学家对辩证法的研究过程——从最早的古希腊哲学中朴素的辩证法思想（包括赫拉克利特自然辩证法、芝诺的概念辩证法以及苏格拉底探索事物“是什么”的对话方法），到近代康德消极的理性辩证法和费希特与谢林对康德辩证法的积极改造，特别是黑格尔对辩证理性的构造，最后到当代佩拉对科学辩证理性的概括，一方面生动地展现出哲学家对辩证法认识的逐步深化，另一方面也充分地体现出辩证法不仅仅是一种“扬弃的方法”，也不仅仅是一种建构哲学体系的方式，它更是一种世间一切事物共同的运动方式或客观规律。换句话说，辩证理性不仅仅体现在对话中出现互相矛盾的意见后的统一，即排除矛盾后的真理显现，更体现在它克服形式逻辑理性与非理性局限性后的辩证理性再造。

第一，赫拉克利特是最早提出辩证法思想特别是自然辩证法思想的古希腊哲学家，也是真正认识到对立面之间的斗争和统一是运动变化根源的第一位哲学家。他不仅强调了火的生生不息，肯定了一切皆流，无物常在，而且还从大量的现象中概括出对立面之间的同一，并觉察到运动变化的根源在于斗争，例如，“相反的力量造成和谐，就像弓与琴一样”“生与死、醒与睡及少与老是同一的”“向上的路和向下的路是同一条”“必须知道战争是普遍的，正义就是斗争，万物都是按照斗争和必然性而生成的”①等，更为经典的是赫拉克利特还提出一个流传千古的命题——“人不能两次踏入同一条河流”。难怪黑格尔会把赫拉克利特盛赞为辩证法的奠基人，黑格尔曾经毫不夸张地说，“没有一个赫拉克利特的命题，我没有纳入我的逻辑学中”②。但赫拉克利特的辩证法思想毕竟还是朴素的、直观的和单纯论断性的，还没有上升到自觉的概念的理性高度，这也为后来的智者对辩证法的完善留下了巨大的空间。

第二，古希腊哲学家芝诺根据亚里士多德《物理学》中的叙述，提出了四个反对存在运动的论证：①“二分法”。运动着的东西在到达目的地之前须先完成行程的一半，而在完成行程的一半后，还需要完成行程的一半的一半……如此分割，乃至无穷，因此它与目的地之间的距离是无限的，永远也达不到目的地。②“阿基里追龟”。阿基里是古希腊跑得最快的英雄，而乌龟则爬得最慢，但芝诺却证明，在赛跑中最快的却永远追不上最慢的，因为追赶者与被追赶者同时开始运动，而追赶者必须首先到达被追赶者的那一点，如此类推，他们之间存在着无限的距离，所以被追赶者必定永远领先。③“飞矢不动”。任何物体都要占有一定的空间，离开自己的空间就意味着失去了它的存在，飞矢通过一段路程的时间可以被分成无数瞬间，在每一瞬间，飞矢都占据着一个与自己大小相同的空间，由于飞矢始终在自己的空间之中，因此它是静止不动的。④“运动场”。有两排物体，大小相同，数目相等，一排从终点排到中间点，另一排从中间点排到起点，当它们以相同的速度作方向相反的运动时，就会在时间上出现矛盾，芝诺认为这可以证明一半的时间等于一倍的时间。芝诺认为，既然承认存在的运动会得出上述四个明显与事实和感觉相矛盾的荒谬结论，那么存在就不能是运动的，只能是静止不动的，这是芝诺得出的第二个结论。③显然，芝诺的这些论证涉及有限与无限、间断与连续、时间与空间的关系和极限等问题，对逻辑学尤其是论辩术的发展起到了积极的推动作用，正因为如此，亚里士多德称赞是芝诺发现了辩证法，黑格尔也把他称作是概念辩证法的创始人。

第三，在古希腊，苏格拉底通过探索事物“是什么”的对话方法，真正开启了辩证法的实用功能。最后得出正确认识，生出自己孕育的真理胎儿。苏格拉底的这种方法，一般被总结为四个环节：反讥（通过反问揭露对方谈话中的矛盾和漏洞）、归纳（通过对答问者具体而片面的意见的否定，一步步导向普遍的、确定的和真实的知识）、诱导（通过启发、比喻等手段帮助对方说出蕴藏在头脑中的思想，进而考察其真伪）和定义（通过对所论德性的共性做出说明，从而获得确定的概念性认识）。

---

① 苗力田. 古希腊哲学. 北京：中国人民大学出版社，1995：41.
② 黑格尔. 哲学史讲演录. 第1卷. 贺麟，王太庆译. 北京：生活·读书·新知三联书店，1956：295.
③ 张志伟. 西方哲学史. 北京：中国人民大学出版社，2002：111.

正如克塞诺芬曾经说过的那样：苏格拉底注意到了“辩证”导源于人们的一种活动，就是聚集在一起讨论问题，按对象的种属加以辨析。因此他认为，每个人都应该下决心掌握这种艺术，从而成为最有才干的人、最能指导别人的人和讨论时见解最深刻的人。总之，苏格拉底的方法论就是通过反讥、归纳、诱导以及定义步步诘问式的反复论证，来追求一种比个别的、特殊的更加真实的存在，柏拉图不仅直接继承和发展了苏格拉底的这种方法，把研究如何提问和如何回答的学问叫做“辩证法”，而且其著作大多是对话体裁写成的，达到了哲学与文学、逻辑与修辞的高度结合，对哲学乃至西方整个教育思想和教育方法都产生了重要的影响，黑格尔更是将这种对话内化于精神之中，将其发展为详尽完善的辩证法体系。

（二）黑格尔的辩证法概念

尽管赫拉克利特的自然辩证法、芝诺的概念辩证法以及苏格拉底探索事物“是什么”的对话方法对黑格尔最终形成辩证法思想体系产生了深刻的影响，但最直接的影响还是来自康德的消极的理性辩证法和费希特与谢林对康德辩证法的积极改造。在其著作《精神现象学》的序言中，黑格尔首先对古代人与近代人的思维方式进行了分析对比。他认为，对于古代人来说，首要的问题是如何从大量的感性经验中概括和抽象出具有普遍性的共相，“古代人的研究是真正的自然意识的教养和形成，古代的研究者通过对他的生活的每一细节都做了详尽的考察，对呈现于其前面的一切事物都做了哲学的思考，才给自己创造了一种渗透于事物之中的普遍性。但对于现代人而言，他能够找到现成的抽象形式；他掌握和吸取了这种形式，可以说只是不加中介地将内在的东西外化出来，并隔离地将普遍的东西（共相）制造出来，而不是从具体事物和现实存在的形形色色之中把内在和普遍的东西产生出来”[①]。

黑格尔把这种固执于思维规定之差别的思维方式称为“知性思维”，而第一个揭示这种知性思维局限性的却是康德，他通过理性辩证法证明了这种思维方式只能运用于现象而不可能把握事物自身。虽然康德的本意是要通过揭示思维的辩证法来说明形而上学不可能成为科学，然而黑格尔却从康德的消极辩证法中看到了使哲学成为科学的一线曙光，在他看来，思维的辩证特性为我们提供了扬弃固定概念、打破它们之间界限和重现事物的整体生命的可能性。因此，黑格尔提出我们现在的任务就是要扬弃那些固定的思想，从而使普遍的东西成为现实的有生气的东西。然而，我们也必须意识到，要使固定的思想取得流动性比将感性存在变成流动的要困难得多，唯一的途径就是辩证的思维：扬弃固定的思维形式，使

① 黑格尔. 精神现象学. 上卷. 贺麟，王玖兴译. 北京：商务印书馆，1979：22.

他们流动起来，克服自己的片面性，再现事物之活生生的生命。[①]

在此基础上，黑格尔又进一步提出，辩证法而不是自然科学方法才是真正的科学方法，因为任何一种科学总是要从某些不证自明的前提或假设出发，都有着这样或那样的局限性，而辩证法则不同，"一方面是方法与内容的不分，另一方面是由它自己来规定自己的节奏"[②]，这两方面可以看作是其辩证法的基本特征。因为，在黑格尔看来，科学方法就是"内容本身，正是内容在自身所具有的、推动内容前进的辩证法，方法不是外在的形式，而是内容的灵魂和概念"[③]。因此，我们的任务就不是去发现一种用来说明事物的方法，而是去发现事物自己运动的内在方式，也就是让事物自己展示自己内在的运动规律，要做到这一点，关键就在于掌握黑格尔的辩证的否定性。

众所周知，近代的科学理性通常是在主、客体之间差别的基础上来寻求两者的统一，但因为主体或者知性思维的局限性，它在要求获得具有确定性、唯一性的科学知识的同时，对否定性的东西、有差别或有矛盾的东西却采取了排斥的态度。这就使得主体在获得事物某一方面规定性或特性的同时，却失去了把握事物的其他方面的特殊性，因为在知性思维看来，事物中所包含着的差别就意味着事物自身的瓦解，换句话说，差别或者矛盾就意味着死亡。但黑格尔却认为，事物的否定性不仅不是事物死亡的因素，相反却是推动事物向前发展的内在动力，是事物生命力和力量的源泉。

黑格尔认为，事物中存在着差别，所以事物之中包含着否定性的因素，这些否定性的东西也同样是肯定性的东西。换句话说，自相矛盾的东西并不会消解为抽象的虚无，而是消解为它的特殊内容的否定，这样的否定并不是全盘的否定，否定的结果是要从否定中产生新的有内容的东西，由于它在否定了先前内容的同时也将其内容以新的形式包含于自身之内，这就使事物发展为更高、更新和更丰富的阶段，黑格尔把这种辩证的否定称为"扬弃"[④]："它既意指保存、保持，又意指停止、终结。"[⑤]因此，我们可以说，黑格尔这里提出的扬弃或辩证的否定包含着三个重要的环节：一是否定，二是在否定中保留那些有价值的东西，三是向更高阶段的飞跃。

黑格尔辩证法的独到之处就在于他在批判吸取他的前辈特别是康德、费希特和谢林的辩证法的基础上，提出了"正"（肯定）、"反"（否定）、"合"（否定之否定）的三段式，并把宇宙万物看作一个由于其内在矛盾而自我运动的过程，从而把真理理解为过程、结果和全体，理解为一个自己完成自己的"圆圈"。而在

---

① 张志伟. 西方哲学史. 北京：中国人民大学出版社，2002：667.
② 黑格尔. 精神现象学. 上卷. 贺麟，王玖兴译. 北京：商务印书馆，1979：39.
③ 黑格尔. 小逻辑. 贺麟译. 北京：商务印书馆，1980：432.
④ 黑格尔. 逻辑学. 上卷. 杨一之译. 北京：商务印书馆，1977：36.
⑤ 黑格尔. 逻辑学. 上卷. 杨一之译. 北京：商务印书馆，1977：98.

此之前，康德虽然在其范畴理论中也利用“正、反、合”的三段式来建立范畴的排列次序，但他的这种三段式还是用表面的类比来表述，只是对公式的外在运用，因此他的这种范畴之间缺乏内在的联系，并没有说明其必然性；接着费希特直接用“正、反、合”来构建其“绝对自我”体系，因为在费希特看来，只有“绝对的自我”才是最高的根据，最高的能动实体；接着，谢林又企图用“正、反、合”的三段式来建立他的客观唯心主义体系，与费希特不同，谢林不再把非我看作是由自我设定的，而是把自然看作是与自我一样的自身具有实在性的东西，在自然的这种创造性活动中包含着两种相互对立的趋向——肯定的趋向和阻碍它的否定的趋向，在谢林看来，这就是自然的两极性，“对立在每一时刻都重新产生，又在每一时刻被消除，对立在每一时刻这样一再产生又一再被消除，必定是一切运动的最终根据”①。尽管谢林被黑格尔称作是近代系统阐释自然辩证法的第一人，但黑格尔也批评他把辩证法形式降格为“无生命的图式”，成为外在于事物的形式主义，夺取了辩证法的“生命和灵魂”。

那么，黑格尔究竟要建立怎样的辩证法形式呢？黑格尔提出，在辩证运动的第一个阶段，即“正”（肯定）的阶段，每一个概念都既是它自身又是别的一个概念，概念是作为潜在的统一体，思维尚未认识到“正”（肯定）概念中包含着对它自身的“反”（否定）特性，认为“反”（否定）是外在的，是与“正”（肯定）无关的东西；第二个阶段是“反”（否定）的阶段，由于“正”（肯定）自身包含着“反”（否定）引起的内在矛盾，因而促使“正”（肯定）转化为自己的对方“反”（否定），在这个阶段，思维只是把“反”（否定）看成是对“正”（肯定）的否定，而没有认识到“反”（否定）同时也是对“正”（肯定）的积极肯定，因此“正”（肯定）与“反”（否定）双方处于相互排斥，相互对立的状态；第三个阶段，即“合”（否定之否定）阶段，这个阶段是“正”（肯定）与“反”（否定）两个方面的结合，思维不再把“反”（否定）看成是“正”（肯定）之外，而是认为“反”（否定）是原先潜在于“正”概念自身中的对立面（规定）的实现，也就是说，思维已经认识到“正”中有“反”，从而把“正”（肯定）和“反”（否定）两个概念结合起来，发展出第三个概念——“合”（否定之否定）阶段，这并不是“正”和“反”的机械相加，而是两者的辩证统一。②

应该说，黑格尔为我们展现出的这个辩证的过程是一个由肤浅到深刻、由不真实到真实和由低到高的漫长的发展过程——认识首先总是从最低级、最抽象的方面开始，认识其内容的直接性、片面性，然后经过一系列的向前发展，使认识不断地提高，才能逐步揭示概念的内在本质，达到对对立面统一的概念的把握；黑格尔甚至还指出，“我们可以在一切种类的对象中，在一切的表象、概念和理

① 谢林. 先验唯心论体系. 梁志学译. 北京：商务印书馆，1977：148.
② 全增嘏. 西方哲学史. 下册. 上海：上海人民出版社，1985：206.

念中发现矛盾，认识矛盾并且认识对象的这种矛盾特殊性就是哲学思考的本质”[①]。把黑格尔的这种辩证法推广于自然界，辩证法“就是承认（发现）自然界的（也包括精神和社会的）一切现象和过程具有矛盾的、相互排斥的和对立的倾向”[②]。与机械论所持的形而上学的方法相比，黑格尔的辩证法具有明显的进步性。

首先，僵死的自然也因辩证法而变得鲜活起来。因为从简单的、机械的观点来看，自然就是简单的，事物自身以及事物与事物之间根本不存在着任何联系和转化的可能，而辩证法则把事物看成是联系的运动过程，是矛盾的存在和发展，因此事物不仅是其自身，而且是同与其相反的、非自身的及否定自我的方面共存的，是依其对立面的存在而存在的，例如，数学中的正数与负数、实数与虚数，物理学中的吸引与排斥、正电与负电、正物质与负物质、实物与场，化学中的化合与分解，生命科学中的生与死、同化与异化、遗传与变异等[③]，自然界大量存在的这种相互作用、相互矛盾的联系，有力地驳斥了以静止、孤立的方式来看问题的机械论，因为辩证法所揭示出的联系是事物内部的联系，是事物活生生的联系，是事物普遍存在的运动发展中的联系。

其次，按照辩证法，每一个合题之上皆可以再盖上下一个，因为每一个合题本身又可以作为正题引出自己的否定即反题。正反题又可以在下一个合题中得到“扬弃”。我们可以用波塞尔的辩证图景（图 4-1）来加以说明。[④]

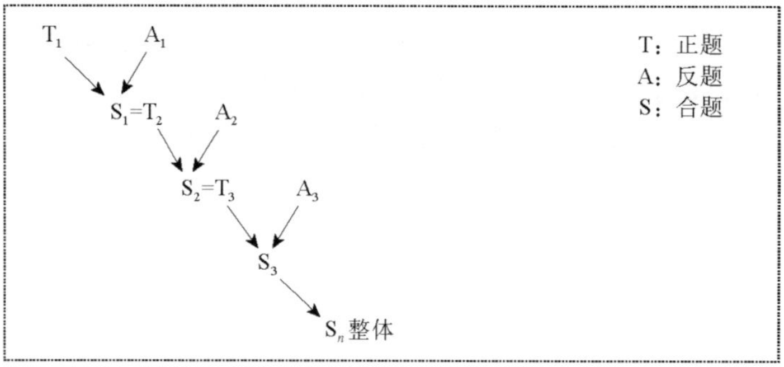

图 4-1　波塞尔的辩证图景

如果我们这里把黑格尔的概念辩证法扩大到陈述辩证法，我们就会发现，在科学认识论中有许多非常符合辩证运动的案例，其中关于光的本性问题的认识就是最为经典的一个案例：

① 黑格尔. 小逻辑. 贺麟译. 北京：商务印书馆，1980：132.

② 列宁. 列宁选集. 第二卷. 中共中央马克思恩格斯列宁斯大林著作编译局译. 北京：人民出版社，1995：556.

③ 李建华. 科学哲学. 北京：中共中央党校出版社，2004：343.

④ 汉斯·波塞尔. 科学：什么是科学. 李文潮译. 上海：上海三联书店，2002：203.

正题：A 是 B；

反题：A 是 $\neg B$；

合题：A 既是 B 又是 $\neg B$。

按照这一简化的公式，波塞尔认为，A 在一方面是 B，在另一方面是 $\neg B$。

光是波；

光是微粒（即不是波）；

（根据观察形式的不同）光是波或是微粒。

这个例子说明，在科学认识论中运用辩证观察不是完全没有道理的，针对于陈述，只有在发展出来的最后一个形式中，辩证法才成为方法论上非常有效的一种手段，这一形式要求我们在思维的过程中不能停留在任何一个陈述上面，而应该在有了一个陈述之后即刻着手寻找其有限性。用辩证法的语言讲，即寻找其否定，以便下一步在更高的层次上得出以否定之否定为形式而出现的合题。

理论上说，辩证法的运动是没有终点的，即辩证运动可以无限延续，但问题是，如果运动没有终点，便无法最终通向可靠的真理[①]。这正是辩证法程序自身带来的困难。面对辩证法的这种困难，康德给出的解决方案是在其“先验辩证法”的框架中引入了“设准理念”的概念，借用这个概念，就可以把那些在经验上，即认识过程中永远无法结束的问题推到底而得出一个结论；为了使合题的不断上升能有个结果，黑格尔还提出了“整体”或者“总体”这个概念：“真理即整体”——如果只有整体才是真实的，那么我们在辩证运动开始时以及过程中便没有同时也不可能把握真理，没有别的途径可走，我们只好着眼于那个作为“理念”存在的整体一步一步地往前走。[②]

在辩证法者看来，“整体”的对立面就是单纯具体的事实与材料，“整体”则是表示事物的本质，因此在对具体的事实与材料的解释中，其本质便“闪闪发光”，辩证的方法盯着一个目的地，这个目的地也可以说是结果，就是“整体”，这一“整体”同时又是现实的本质与综合。因此，为了稳定对绝对真理的要求，就必须将辩证思维之路理解为或者标榜为通向真理之路，这对于辩证法来说，着眼于所谓的“整体”就是必不可少的一招了。[③]

但随即而产生的问题是，如果说加上了这个“整体”，就可以有效避免辩证运动的无限延续以致无法通向可靠真理的弊端，那么究竟这个“整体”是什么？康德为此而给出的“设准理念”以及黑格尔为此而给出的“绝对精神”引领下的“圆圈理性”是否就可以担此重任？

答案显然是否定的。因为康德在其“先验辩证法”的框架中引入了“设准理

① 汉斯·波塞尔. 科学：科学是什么. 李文潮译. 上海：上海三联书店，2002：203.

② 黑格尔. 精神现象学. 上卷. 贺麟，王玖兴译. 北京：商务印书馆，1979：前言.

③ 汉斯·波塞尔. 科学：科学是什么. 李文潮译. 上海：上海三联书店，2002：205.

念”的概念（即四条所谓的知性原理）[①]，试图借用这个概念，就可以把那些在经验上，即认识过程中永远无法结束的问题推到底而得出一个结论，但康德这里试图用所谓的“设准理念”来作为辩证思维的标准的妄想显然是无法获得成功的，因为这无疑为人类的认识过程先验地设置了约束或标准，以“更加完美的形式”重新走上了形而上学的道路，完全割裂了主体与客体、实践与理论、感性认识与理性认识、认识内容与认识的形式，把这些本来是联系起来的东西看成是对立的、僵死的、没有联系的和没有发展的，因而完全歪曲了认识的辩证过程。

那么，黑格尔给出的“绝对精神”引领下的“圆圈理性”是否可以挽救辩证法的命运呢？答案同样也是否定的。黑格尔认为，在追求真理的对话中，辩证法应该将参与对话的人引向真理，因此，为了避免辩证法陷入无限延续的困境从而走向相对主义的泥潭，黑格尔也添加了一个辅助的设想，这就是精神的历史发展应该有个目的，历史的发展是精神的自我意识的发展，发展是个过程，经过几个不同阶段后，精神将达到主体与客体在绝对精神中的统一，这样运动便进入了静止。

与以往形而上学总是企图在最初、最原始的阶段寻求真理，并在某种程度上把它看作是独立于我们之外的现成的存在相比，黑格尔则把真理理解为过程、结果和全体，理解为一个自己完成自己的“圆圈”，而且在这个过程中，越是在后的阶段或环节越具有现实性和真理性，因为它们是前阶段或环节“扬弃”自身的结果，因而克服了自身的缺陷并且保留了合理的因素，而最后的结果就是一个把此前一切阶段和环节都包容于自身之内的整体之大全，即“前进-回溯”[②]的辩证运动。

但黑格尔给出的辩证法解决方案却是建立在唯心主义基础之上的，最终使他否认客观物质世界的辩证发展，把辩证法仅仅局限于精神领域，认为客观物质世界的辩证发展只是其概念辩证法的外化和体现；此外，辩证法的本质就在于承认发展是无始无终、永无止境的，但黑格尔却由于建立其体系的需要，主张在发展的过程中有一个终点，以便使他的体系成为人类的终结，于是宣布他的哲学是绝对真理；最后，黑格尔只承认矛盾存在于有限的事物中，而在无限的、绝对的概念中，在最终实现了绝对精神的最高真实形态中，则一切对立都停止了，矛盾也消失了。这正如在马克思对黑格尔辩证法批判中所指出的那

① 在《纯粹理性批判》一书中，康德提出了四条所谓的知性原理：①“直观的公理”，一切知觉都是延扩的量，它的各部分表象必然先于整体，而使整体表象有其可能；②“观察的预测”，在一切现象中，感觉的对象是实在的东西，都有强弱的量，即是有等级的，这种强弱的等级的量是一个先验的标准，有了这个标准就可以作出相应的先天综合判断；③“经验的类比”，只有通过感官知觉的一种必然联系的意识，经验才有可能；④“一切经验的思维的公准”，这是进行认识的主体领会客观世界所服从的一些条件，也就是认识主体思维客观世界的一些原则，这些原则就是可能性、现实性和必然性。

② 黑格尔. 逻辑学. 上卷. 贺麟，王玖兴译. 北京：商务印书馆，1977：55.

样，“在黑格尔看来，思维过程，即他称为观念而且甚至把它变成独立主体的思维过程，是现实事物的造物主，而现实事物只是思维过程的外在表现”①。因此，也难怪马克思会把黑格尔建立在唯心主义基础上的辩证法称为“头脚倒置”的辩证法。

批判理性主义者波普尔也是从黑格尔为辩证法设置的整体入手来展开对辩证法的批判的。首先，波普尔承认，“简直无可置疑，辩证三段式很好地描述了思想史的某些步骤，特别是观念和理论的某些发展，以及根据这些观念或理论所兴起的社会运动的某些发展”②，而且某些物理学的思想发展也成了支持辩证法的最有利的论据，如光的粒子说最早为波动说取代之后，仍然保留于取代二者的新理论之中。但是，当有些辩证法家提出某些观念或理念（如康德的“设准理念”和黑格尔的“整体理念”等）来试图终结辩证运动时，他们就犯下了大错。因为按照波普尔的试错理论，科学研究不可能不犯下错误，只能在不断清除错误之中前进，而且科学是在竞争中发展的，只有不断地批判才能使科学不断得以完善，而黑格尔却试图通过其“整体”理念的设置来终结辩证法或者说终结人类认识的做法，显然等于窒息了人类的认识。

其次，波普尔指出，我们对辩证法的承认不能过多，一定要当心辩证法家所运用的那些隐喻。一个例子是：辩证法说正题“产生”了它的反题。实则只是我们的批判态度产生了反题，如果缺乏这种态度——情况往往如此——就不会产生反题。同样，我们必须当心，不要以为正题同其反题之间的“斗争”“产生”了合题。斗争是一种理解力，理解力必然可以产生新思想，而人类思想史中却有许多无益的斗争最后一无所获。即使得到了合题，说它“保留”了正题和反题中的最好成分，通常也只是对这一合题的相当粗糙的描述。这种描述即使正确也会引起误解，因为合题除了所“保留”的老观念之外，还总是包含着某种不能归结为早先发展阶段的新概念。换句话说，考虑到这些，辩证法诠释即使可以应用，也很难用它提议的合题由正题和反题中所包含的观念构成这一点来帮助思想发展。这是某些辩证法家自己所强调的，尽管如此，他们几乎总是认定用辩证法作为一种可以帮助他们促进或者至少预见未来的思想发展的方法。

最后，波普尔在其著作《猜想与反驳》中，更是对黑格尔辩证法的“整体”终结给予了一针见血的批判。波普尔指出，黑格尔在唯心主义方面比康德走得更远，因为康德只是提出“心灵整理或排列了世界”，而黑格尔却干脆说，“心灵就是世界”。在波普尔看来，黑格尔正是在这种同一哲学的指导下建立起其庞大的

---

① 马克思，恩格斯. 马克思恩格斯选集. 第二卷. 中共中央马克思恩格斯列宁斯大林著作编译局译. 北京：人民出版社，1995：217.

② 卡尔·波普尔. 猜想与反驳. 傅季重等译. 上海：上海译文出版社，2001：449.

辩证法体系的，其要点有三个：①辩证法与康德的反理性主义相对立，结果重建的理性主义为强化的教条主义所支持；②辩证法由于“理性”“思维规律”等意义不明确的说法而被列为逻辑学；③辩证法适用于“整个世界”的根据是黑格尔的泛逻辑主义和同一哲学。

因此，波普尔得出结论说，“由于这一切，我认为，显然应当十分慎重地使用‘辩证’这个词，也许最好是根本不用这个词，我们可以总是使用更清晰的试错法的术语。只有在不可能产生误解的地方，在我们所面临的理论发展的确是沿着三段路线进行的地方，才可以例外地使用辩证这个词”[①]。应该说，波普尔对辩证法特别是对黑格尔概念辩证法的批判是有见地的，因为他击中了它们的要害。但也同样应该指出的是，波普尔一味强调其所谓的试错法，把人类的认识只是简单地归结为一部错误的历史，其中我们既看不到批判后的理论的升华和继承，也更看不到任何客观性和进步性的身影。因为在他的批判中，错失了实践在其中的作用，也错失了语境在其中的作用。

显然，无论是早期的被称之为论辩术的辩证法，还是后期黑格尔的概念辩证法、波普尔的试错法，尽管都对完善和发展辩证法作出了重要的贡献，但它们共同的缺点，同时也是致命的弱点就是忽视了实践在其中的作用。具体来说，尽管它们包含了比机械论思维更高的对事物内部矛盾性、运动规律性和发展能动性的深刻理解，但它们却都仅仅局限于一个超自然的主观思辨的框架之中，辩证法也最终成为一种先于世界存在的“绝对精神”的逻辑运动；虽然它们是一种高级的思维，但却仍然只是一种主观的思维形式，因此当它们面对辩证法的困难时，都不约而同地会去借助那些所谓的“理念”，最终把辩证法引向唯心主义或相对主义的泥潭之中。

二、科学辩证法的形成

事实上，当马克思和恩格斯把“头脚倒置”的黑格尔的辩证法变成客观合理的唯物辩证法，同时将它建筑在科学实践的基础上时，辩证法从此焕然一新，重新显示出其强大的生命力。因为，首先，思维活动的认识对象是客观存在的物质对象及其客观的运动变化过程，那么思维对客观世界的反映就不应该是主观的臆想和脱离实践的幻想；其次，思维过程的规律性应当与客观事物运动发展的规律性相统一，事物的存在、运动和发展是矛盾的对立统一的过程，那么思维的过程也同样是矛盾的过程、辩证的过程。[②]这正如恩格斯所说的那样，“所谓主观辩证

① 卡尔·波普尔. 猜想与反驳. 傅季重等译. 上海：上海译文出版社，2001：461.
② 李建华. 科学哲学. 北京：中共中央党校出版社，2004：341.

法，即辩证的思维，不过是自然中到处盛行的对立中的运动的反映而已”[①]。最后，面对前面提到的辩证法的无限运动困境完全可以通过实践，特别是科学实践而获得解决。因为辩证思维认识的结果不但是实践的，同时也可以为实践所运用，而且最为重要的是可以通过实践得以检验；因为辩证思维是一种具体的、面对实践事物的思维，而研究和考察事物的解释与成果也是面向实践并服务于实践的，其正确与否、优劣与否、进步与否也是通过实践来评价的，因此“只有实践才能成为辩证思维真理与否的标准，才是辩证思维认识世界所达到程度的决定者”[②]。所以列宁在论述辩证法时，也十分精辟地指出，“必须把人类的全部实践——作为真理的标准，也作为事物同人所需要它的那一点的联系的实际确定者——包括到事物的完整的‘定义’中去”[③]。

最为重要的是，随着时代和社会的发展，特别是科学交流实践的不断扩大，辩证法尤其是科学辩证法的内涵和外延都有了新的变化，这无论如何都是早期雄辩学家以及黑格尔等哲学家所未曾预料到的。

首先，“大科学”时代背景的形成使得科学共同体之间的交流和竞争成为必然。美国物理学家温伯格在 1961 年说，当代科学已发生了巨大的改变，这些变化使科学由“小科学”变成了“大科学”。这种“大科学”主要体现在以下几个方面：①探索自然的主体由先前“单打独斗”的个人英雄转变成为有强大实验室做后盾、受复杂社会建制影响的科学共同体；②随着“大”科学研究复杂性的日益增加，其所需要的物质支持、研究经费等都远非昔日能比，个人的探索越来越受到以上因素的制约；③“大科学”不仅受到了社会物质经济的影响，而且政治、军事等因素也对科学研究起到了重要的作用。

正是这些“大科学”时代的变化，使得多数科学研究在工作目标的确定、实验程序的订立及成果的评价与交流上几乎都是由科学共同体自主来完成的，甚至在某些开发研究中，共同体的目标和任务的确定以及成果的评价在相当大的程度上是由雇主来决定的[④]，难怪库恩会说，“一种范式是也仅仅是一个科学共同体成员所共有的东西。反过来，也正是由于他们掌握了共有的范式才组成了这个科学共同体”[⑤]。惠特莱甚至评价说，科学共同体构成了科学，只有它们生产并证实的东西才是科学知识，科学就是由知识的生产者和消费者组成的一系列松散联结、大体上自治的群体的集合。这样一来，科学共同体成了科学研究中的主角，在共同体的内部不但要说服共同体的成员就共同体的纲领、目标、任务以及新成

① 恩格斯. 自然辩证法. 中共中央马克思恩格斯列宁斯大林著作编译局译. 北京：人民出版社，1971：189.
② 李建华. 科学哲学. 北京：中共中央党校出版社，2004：341.
③ 列宁. 列宁选集. 第四卷. 中共中央马克思恩格斯列宁斯大林著作编译局译. 北京：人民出版社，1995：419.
④ 刘大椿. 科学活动论与互补方法论. 桂林：广西师范大学出版社，2002：467.
⑤ 库恩. 必要的张力. 纪树生译. 福州：福建人民出版社，1981：292.

果的交流评价达成一致，而且面对外部的压力和竞争还要形成一致对外的合力，共同面对学术中的“生存斗争”，正是共同体的内部修辞语境和一致对外的论辩语境为科学辩证法留下了施展其功能的空间。

其次，社会学、后现代主义等对科学研究的渗透，需要在由客观性和相对性构成的科学修辞的语境中，用科学辩证法来权衡其中的轻重和利害。随着科学知识社会学的兴起，越来越多的科学家和哲学家们承认，在科学研究中存在着大量的社会因素，并非纯粹的客观性和理性，应该说许多科学知识社会学者扎根于实验室，密切追踪科学研究的日常活动，把科学放在更广阔的社会背景中去研究，无疑丰富了我们对科学的认识。但某些社会建构论者指出，科学知识就是科学家甚至是政治磋商的结果，换句话说，他们试图用社会因素来取代科学研究的客观性和理性，这显然是我们不能接受的。

再次，后现代中某些极端主义对科学的入侵，试图进一步消解科学客观性和理性，他们认为，“在后现代社会中，科学不仅在理论形态上，而且在实验的经验层次上发生了根本性的变化，因为证据是靠技术手段获得的，而技术手段是靠基金来支持的……当今研究基金的投资人士坚信的唯一目标就是权力。他们收买科学家、技术工程师和工具设备，用来争取加大权利砝码，而不是追求真理”[①]。而且在他们看来，“后现代与现代主要的差别不再是知识与无知之间的差别，而是像资金一样，存在着‘有偿性知识’与‘投资性知识’的区别”[②]。在后现代主义者眼中，没有什么东西是实体性和客观性的东西，占据他们思想的只是“金钱”“权力”“解构”“消解”“差异”“分延”，直到最后的“毁灭”。可见，如果我们承认现在的科学研究要受到社会因素的影响，也承认科学中的客观性和中心地位并非是一劳永逸般的坚固，那么我们就必须要在科学的客观性或理性与社会性或非理性之间保持某种适当的张力，这样我们才能避免重蹈逻辑经验主义失败的覆辙，同时也可以有效避免社会学或后现代主义踏上告别理性的相对主义道路。同样，也正是保持这种张力的需要才使得科学辩证法施展其功能成为必然和必要。

最后，为知识进行合理辩护的需要。致使我们会提出这个理由的主要根源是应对怀疑论的需要。因为我们称为“知识”的那些东西与我们日常的意见和猜想是不一样的——知识主张要求一种特殊的认知地位。一般来说，没有谁能够声称他知道某个东西，除非他能够说他是如何知道那个东西的，例如，假如你不知道一个几何定理是怎么证明出来的，那么，当你声称你知道那个定理时，你就会显得有些荒谬，换句话说，你必须有证据表明你是如何知道那个定理的，即使你的证据有可能是错误的，显然这里涉及了哲学思维的本质——知识主张的辩护问题。[③]

① 利奥塔. 后现代状况：关于知识的报告. 岛子译. 长沙：湖南美术出版社，1996：137.
② 利奥塔. 后现代状况：关于知识的报告. 岛子译. 长沙：湖南美术出版社，1996：38.
③ 许向东. 怀疑论、知识与辩护. 北京：北京大学出版社，2006：7.

因此，在“大科学”时代背景下，研究科学辩证法在包括科学组织、生产、交流、评价以及反驳的科学修辞实践中的作用，无疑具有十分重要的理论价值和现实意义。同时在某种程度上说，也是对马克思唯物辩证法的继承和发展，使其在新的历史条件下、新的科学实践中永葆生机。

第二节　科学修辞与科学辩证法

在论辩语境中，辩证法与修辞学的关系就如同理论与实践的关系，缺少修辞助力的辩证法就是“真空”中的辩证法：因为修辞在这里提供了实现辩证法思考的实践空间和可能，而没有辩证法支撑的修辞就是“怎么都行”的诡辩论；因为辩证法在这里提供了“对自然的高度思索”那样的一种基础，没有这个基础，修辞就没有了依据。因此，在论辩语境中，修辞与辩证法是密不可分的。同样，在科学论辩语境中，失去了科学修辞实践的土壤，科学辩证法不过是“真空”中的空想思考；失去科学辩证法指导的科学修辞也必将迷失方向，并有可能对科学造成危害。

一、论辩语境中的修辞与辩证法

就修辞与辩证法在论辩语境中的关系而言，早在古希腊时期，亚里士多德就在其《修辞学》一书中开门见山地写道：“修辞术是辩证术的对应物”[①]（“修辞学相当于辩证法”[②]，“修辞术是辩证法的对应部分”[③]）。之所以会对两者的关系得出这样的结论，是因为亚里士多德认为，修辞是演讲的艺术，辩证法是逻辑讨论的艺术；修辞的目标是劝说，辩证法的目标是得到知识；修辞努力寻求的是可能的信念，辩证法努力要寻求的是可能的认识。两者尽管有所区别，但修辞与辩证法都是需要话语相互作用的过程，都是解决问题的方法，从某种角度上说，辩证法与修辞的关系就如同理论与实践的关系，理论知识并不存在于理论之中，也不是普遍存在的，它是存在于具体假设之中的，而实践智慧也同样是大脑所具有的、在明智的行动中客观存在的能力，正如自然给人以实践智慧的能力让他可以作为个人存在生存下去一样，人的社会性质也需要他的大众去组织社会实践，人就有了社会的生存性，因此，人也具有了采取明智的社会行动的能力，这里亚里

① 亚里士多德. 修辞学. 罗念生译. 上海：上海人民出版社，2006：19.
② 胡曙中. 美国新修辞学研究. 上海：上海外语教育出版社，1999：83.
③ 亚里士多德. 修辞术·亚历山大修辞学·论诗. 彦一，崔延强译. 北京：中国人民大学出版社，2003：3.

士多德把修辞看作是社会的实践智慧，同时又把辩证法看成是其理论指导，因此，两者是密不可分的，其原因主要有以下几方面。

首先，修辞的局限性需要逻辑的支撑和理论的指导。并非所有的人都赞赏修辞的魅力和力量，柏拉图就认为，修辞是没有资格登上哲学的宝座的，修辞充其量是一种表示个人权力的危险的工具，之所以如此，是因为修辞与事实或道德没有内在的联系，所以它对争论的任何一方都具有同样的作用，即论辩的双方都可以利用它来为自己服务，这就有可能使它成为非道德的武器，暗含着巨大的危害。因此只有完美的哲学家才能去实践这门艺术[①]，然而世俗中难觅完美的人，更难觅完美的哲学家，也更难觅完美的哲学家作出的完美的修辞艺术。

亚里士多德也承认修辞有好坏之分，为了拯救“好的”修辞，免遭“坏的”修辞的践踏（就是说诡辩论的践踏），修辞需要辩证法的逻辑支撑和理论的指导，劝说必须要以事实为前提。换句话说，修辞只是与劝说有关而与事实无关的论辩术，失去修辞理论指导的修辞不过是一种“西塞罗的雄辩术”，失去辩证法逻辑支撑的修辞就可能走向“坏的诡辩术”。正如沃特利指出的那样，“我们绝对不能把西塞罗看成是一位真正的修辞学家，因为他挚爱的是修辞实践而不是修辞理论，以致他长期从事的活动就是要把修辞从严谨的哲学分析中引开，去做离题的演讲，虽然总是有说服力的，并且时常令人感到有趣，但是却对有规则的体系不利，而且还经常使哲学家和实用研究者们都不满意”[②]。

新“亚里士多德”修辞学的倡导者们也认同上述观点。在现实世界中，善是一种有别于真的特点，因为如果缺少了“善”，即使是有技巧的演说家也会利用修辞来达到“坏”的目的，显然他们对修辞也采取了一种怀疑的态度。好的修辞学家可以凭借自己的智慧，并使用修辞的技巧来说服对方，但道德并不是修辞学家的代名词，在历史上很容易就可以找到许多为了主宰判断而使用了诡辩的案例。可见，修辞作为一个劝说的过程是很难成为一种可以免受道德力量干扰的中性工具的。

最为重要的是，修辞过程是通过它的两个基本特征——可供选择的可能性和判断来操作客观性的[③]，这是一个非个人化的多人参与的过程，而且也必然会把多种视角——辩护者的和法官的包括进去。在实际的思考中，即使是辩护者的观点，也要随着他们对所提出论点的接受、摒弃、阐释和研究而发生改变，更不用说法官了，他们都要在众多的选择中做出理性的判断，即使他们都是“善”的化身，道德的力量偶尔也会引导他们时刻做出正确的判断，但“善”或者道德的力

---

① 胡曙中. 美国新修辞学研究. 上海：上海外语教育出版社，1999：83.

② Whately R. Elements of Rhetoric. London：Heineman Educational Books，1989：24.

③ 胡曙中. 美国新修辞学研究. 上海：上海外语教育出版社，1999：93.

量并不能替代真理或者理性成为主宰修辞过程的逻辑支撑和理性指导，因为道德并不等于理性，“善”亦不等于“真”。

其次，辩证法的优势可以弥补修辞上的不足。在亚里士多德看来，和修辞不同，辩证法不需要有先前的知识就能起作用，而且它也不主张用曲折巧妙的方法把一些东西塞进大脑，当取得辩证的一致时，真理就会在真正参加对话的大脑中被发现，从而为那些不完美的人通过这种方法去发现善、更去发现真。此外，亚里士多德在对科学知识和论辩研究的划分中，也明确指出，形式逻辑三段论是以规定的前提开始的，然后得出必需的结论；而修辞和辩证法是为了确立事实而对假设的、经验主义的理由进行研究，并分清对其进行艺术表达的各种可以得到的方法，其中演绎逻辑不能为其提供任何证据，因为提供这种证据是辩证法的任务，那么科学和形式逻辑最终的基础是在辩证法上：逻辑学是与有效性有关，而辩证法是与真实性有关[①]。

认识到这一点的不仅仅是亚里士多德，波普尔在其著作《猜想与反驳》中，也对辩证法做了较为系统的分析，尽管其最终的目的是要将辩证法转变为他的试错法。波普尔认为，辩证法（现代意义的，特别是在黑格尔使用这个术语的意义上的）是这样一种理论，它坚持某些事物，特别是人的思想发展的特征就是所谓辩证三段式：正题、反题、合题。先有某种观念或理论或活动，可称之为“正题”，这一正题往往会生出对立面来，因为像世界上的多数事物一样，它多半只有有限的价值，而且也会有缺点。对立的观念或运动叫做“反题”，因为它直接与前一正题对立。正题与反题之间斗争一直进行到得到某种结果，它在某种意义上超越了正题和反题，因为它认清了二者各自的价值，并试图保持二者的优点，避免二者的局限性。这一结果是第三步，叫做合题。合题一旦达到，又可能转而成为新的辩证三段式的第一步，如果达到的这一合题是片面的或者是难以让人满意的，那么，辩证法就要继续进行下去，因为在这种情况下对立面又会出现，这意味着又可以把这一合题称为产生新的反题的正题了。这样，这种辩证三段式将进到更高水平，在得到第二合题时它就达到了第三级水平了。[②]此外，波普尔也承认，辩证三段式很好地描述了思想史的某些步骤，特别是观念和理论的某些发展，以及根据这些观念或理论所兴起的社会运动的某些发展。

最后，在论辩领域尤其是新修辞学研究中，只有美国著名的修辞学理论学家韦弗（Richard M. Weaver）真正对辩证法的重要性以及辩证法和修辞密不可分的关系给予了充分的认识和正确评价，在其著作《修辞论理学》中，他一针见血地指出，没有辩证法就没有真正的修辞学，好的修辞学总是以辩证法为先决条件

① 胡曙中. 美国新修辞学研究. 上海：上海外语教育出版社，1999：143.
② 卡尔·波普尔. 猜想与反驳. 傅季重等译. 上海：上海译文出版社，2001：448.

的。韦弗这里给出了三点令人信服的理由：第一，没有辩证法就没有真正的修辞学，因为辩证法为关于自然所作出的最佳推断提供了那种基础，没有那种基础，从狭义的角度来看，修辞是没有什么可以起作用的了[①]，显然，韦弗也认识到了失去逻辑支撑的修辞是不可信的、更是不可靠的，而辩证法在这里恰恰可以充当修辞的逻辑支撑和理性指导；第二，辩证法是调查的方法，其目的是为了确立关于有疑问假设的事实，是基于假设之上的"抽象推理"，是通过诸如基本术语、分类、定义、综合以及暴露矛盾的分析过程；第三，"辩证法有一个分支——'选择与回避'恰恰与修辞机制相吻合，一般而论，这是一种涉及政治问题的修辞学，而高于这种修辞的辩证法，将会决定的不是表示肯定术语的应用，而是受到评价或然性支配术语的应用"[②]。

韦弗在这个问题上的杰出贡献还在于他对辩证法所做的具体描述。他把辩证法解释成为论辩中一个可以区分开来的阶段：辩证法是一个阶段，它在理性或构成某一种连贯话域的一组假设方面，对辩证法的界定是令人满意的；因此我们能够说，当一种辩证的立场和与其相反的关系被弄清之后，这种辩证的立场就确立了，而且它就这样被理性而不是被经验主义支持住了。辩证法成功的地方不是在实际性而是在可能性上，修辞要做的就是用任何一种以辩证法为基础的观点表明其与谨慎行为世界之间的关系。[③]

尽管辩证法的功能和优势深深吸引了韦弗，使他不断强调辩证法在论辩中的作用，"总之，辩证法是认识论的，逻辑的，它涉及识别各种分类和了解意义。如果人类的全部目的就是了解，这就足够了，但这提醒了我们，生活的目的是活动而不仅仅是认识"[④]。但韦弗并没有片面强调辩证法，直接用辩证法取代修辞的地位，因为他在强调辩证法的同时，也充分意识到了论辩语境中的辩证法的局限性。

其一，辩证法只能用来处理辩证的而不是实证的术语。实证术语涉及的是客体，可以进行观察、衡量和区分，这种术语的所指是存在于世界上的东西，每个人都可以把这些东西带入知识，例如，"岩石""树木"和"狗"就是实证术语。韦弗认为，涉及这些术语的论辩并不是真正的论辩，因为其争论之点可以通过准确观察和报告去解决。而辩证术语是表示本质与规则的词汇，其意义的取得并不是通过感官的意识，而是一个通过下定义、抽取结论和进行排除与抽象的逻辑过程，例如，"正义""真理"和"善良"就是辩证术语。因此，辩证法的目的就是决定属于"正义"之类的东西，而不是属于"狗"之类的东西，它所涉及的术语

① Weaver R M. The Ethics of Rhetoric. Henry Regnery Co.，1953：17.

② Weaver R M. The Ethics of Rhetoric. Henry Regnery Co.，1953：16.

③ Weaver R M. The Ethics of Rhetoric. Henry Regnery Co.，1953：27-28.

④ Weaver R M. Vision of Order：The Cultural Critics of Our Time. Baton Rouge：Louisana State University Press，1964：64.

关注价值。辩证法中判断价值立场的标准是处于知识的第三层次的理想和真理。如果辩证法家的灵魂“向正确的方向前进，其定义将会与超感觉的东西的真实性相一致”。

其二，辩证法不能感动个体，缺乏使立场与行为取得信奉的能力。可以感动个体或受众的是修辞学，辩证法并没有劝说的能力，一个辩证法家通过辩证法获得的仅仅是“宽宏大量”，但却无法找到一种有效的解决方法去实践这种美德，因为辩证法只是一种抽象中的、斗争后的统一或一致，而非论辩实践中的有效手段。

其三，与纯辩证法有关的问题是它不涉及现实世界，“辩证法了解的是真空中的世界”，换言之，辩证法家的考虑独立于情境的事实之外，与实际没有必然的联系。除此之外，这一过程的发生与辩证法家所处的文化相分离。辩证法家不需要分享这种文化的情感，因而其是孤立的，因为辨别力的获得独立于生物器官对社会的感觉。如果一个辩证法家的情感不忠实于这种文化的习俗与价值，其逻辑便对这种文化创造的任何形式的价值产生不信任，因为他们作出判断仅仅是根据它们是否满足逻辑完善的需要。在韦弗看来，事实的紧迫性将永远不会成为辩证法所关注的话题，只有辩证法而没有修辞的帮助，人类的认识就只能存在于一个真空之中。[①]以苏格拉底为例，他就是一个脱离他所属文化的辩证法家。苏格拉底是一位伟大的辩证法家和论理学教师，但是当他的辩证法冒犯了那种文化时，他便被认为是离经叛道和堕落而受到控诉和处死。因此，韦弗认为，那些相信辩证法本身是实践性的人“属于对社会文化进行颠覆的敌人”。那么，完全相信辩证法就是“一条颠覆社会的捷径”[②]。

因此，韦弗得出结论说，极端的修辞主义和极端的辩证主义都是行不通的，缺少修辞助力的辩证法就是“真空”中的辩证法，而没有辩证法支撑的修辞就是“怎么都行”的诡辩论，所以修辞学与辩证法是密不可分的，两者是实践和理论的关系，为此，韦弗根据亚里士多德有关修辞与辩证法关系的观点，给出了自己的两点理由：

第一个理由，韦弗认为“好”的修辞应该是取自任何一种从辩证法角度所获得的观点。要形成“好”的修辞，必须要有一个扎实的辩证法来作为其坚实的后盾。成功的辩论者要确立的不是现实性，而是可能性，而修辞要做的恰恰是应用辩证法来确立其立场，为其最终的实践找到向导。因为修辞总是围绕着某种价值概念的意识生活的本质，这就决定了在修辞为受众灌输信仰的过程中无法摆脱价

① 温科学. 20世纪西方修辞学理论研究. 北京：中国社会科学出版社，2006：233.

② Weaver R M. Vision of Order：The Cultural Critics of Our Time. Baton Rouge：Louisana State University Press，1964：65.

值的影响，修辞学家常常是“倾向的携带者”，他们对意图绝不是无知的，而是把施行某种强制作为其目的，而且作为修辞者，我们“所有人都是牧师，不管是私下的还是在公众面前的，我们一开口说话便推动其他人以我们的方式观察世界或其中的某一部分，如果我们对真理的基本看法是好的，我们的信息将促使他人采取道德的行动，如果是邪恶的，将会鼓励犯罪。因此，为了避免“坏”的修辞的发生，只有通过辩证法来确立适当的或者“好”的价值，才能形成“好”的修辞。

第二个理由，韦弗认为，尽管辩证法不能感动受众，但修辞却可以通过劝说来指向特定情境中的受众，把对受众特征及情境的考虑因素增加到通过辩证法获得的知识中来，从而打动受众采取行动。因此，在“好”的修辞学者脑中应该装着两件事：一是要有战略性的眼光，尽量安排事物朝着理想的和道德的方向发展；二是要充分考虑受众的特定情境。但问题是尽管修辞可以感动人们朝向理想或者真理，但它也可能是中性的，完全不能感动听众，甚至可以被曲解为卑劣的技巧的应用，用做邪恶的事情，而之所以会产生邪恶的、卑劣的演说者恰恰是因为演说者只讨论了问题的一方面，阻碍了对清楚定义及差异的诚实的实验，未对问题的对立面进行分析，最后只能顺从问题的一方面，在“偏执”和“自私”的价值的影响下走上错误的道路。

综上所述，韦弗在这里把辩证法看作是一种对理解的抽象推理而不是从事现实世界问题的研究。显然，这是对亚里士多德有关修辞与辩证法关系的继承和发展，在韦弗看来，修辞应该通过辩证法来确立其立场，它要求我们相信它，根据它来采取行动。因此，要把两者分开是危险的，因为仅仅是修辞是不具备真理知识的，但孤立的辩证法也无法参与经验世界。只有以辩证法为先决条件，修辞才有意义，没有辩证法就没有真正的修辞学，因为辩证法提供了“对自然的高度思索”那样的一种基础，没有这个基础，修辞就没有了依据。[①]正如韦弗在其代表作《修辞论理学》中指出的那样，“我们许多公众辩论的蹩脚表演就是没有重视这一差异。概括地说，其结果是辩证法家不能理解为什么他的论证没有得分，而修辞学家不理解为什么他的诉求被拒绝为虚伪的。这个问题的答案是，辩证法家没有与现实发生关系，这是人们对品行问题所需要的，而修辞学家没有寻找立场的根据，也许是他太看重雄辩了”[②]。可见，韦弗在修辞学研究中最重要的贡献就在于把理解与行为结合起来，充分肯定了辩证法与修辞之间的根本联系。

---

① 温科学. 20 世纪西方修辞学理论研究. 北京：中国社会科学出版社，2006：236.
② 温科学. 20 世纪西方修辞学理论研究. 北京：中国社会科学出版社，2006：233.

二、科学论辩语境中的科学修辞与科学辩证法

当越来越多的哲学家开始关注科学修辞的地位和走向的时候，意大利当代著名的科学修辞学家佩拉将韦弗关于辩证法与修辞之间的根本联系引入到科学修辞学的研究中，重新为科学修辞找到了逻辑支撑和理性向导——科学辩证法，他认为，“在科学争论中，科学辩证法就是修辞论证的逻辑”，因为“辩证法是改变听众信念的逻辑”[①]。显然，和韦弗的观点一样，佩拉也认为，修辞应该通过辩证法来确立其立场，要求我们相信它，根据它来采取行动；“好”的修辞就应该是取自任何一种从辩证法角度所获得的观点，要形成“好”的修辞，必须要有一个扎实的辩证法来作为其坚实的后盾。

佩拉认为，修辞论证意在诱导对方改变信念，但这并不意味着，只有无法用形式逻辑处理的那些论证，才是修辞论证。所有的论证，只要在修辞意义上使用的话，都是修辞论证。例如，如果 A 相信 q，如果 B 证明，$q \rightarrow r$ 和$\neg r$，那么，B 就能运用演绎逻辑来改变 A 的信念；如果 A 拒绝接受 q（比如说，一个经验假设），如果 B 证明，q 的所有已确定的观察结果 O_1，…，O_n 都为真，那么，B 可以运用归纳逻辑尽力劝说 A 改变这种信念；如果 A 有意使 B 相信 q，那么，B 可以利用概率逻辑尽力使 A 改变他的想法，其方式是，B 向 A 表明，q 不是非常可信的，因为它源自一个错误的或与已接受的知识相矛盾的前提。尽管这些论证是有效的或正确的，但是，它们并不一定就都是“好”的论证。有效的或正确的论证，只有认为它们与所讨论的具体问题密切相关时，而且只有它们一致性地运用逻辑得出其结论时，才是好的论证。例如，表明某一个数学定理的所有应用都得到了证实的一个归纳论证，如果用来证明那个定理，则是不合理的。佩拉认为，既然辩证法与改变信念相关，因此，它也必定与改变信念的正确手段相关，也就是说，与那些手段的正确使用相关，但要保证修辞学的修辞的规范运用，就必须为之贯以逻辑，这恰恰是科学论证中辩证法起作用的地方。

为了确定一个论证的正确逻辑，仅分析其结构是不够的，只有语境才能提供必要的信息。离开论证的语境，把论证看成是受语言表达方式约束的前提与结论的语言排列，那么，这些论证与在一张纸上随机划出的一组线条没有两样。正如如果没有给出背景知识，可能会对这些线条进行许多不同的解读一样，如果没有提供语境，这样的论证同样是多义的。例如，$((p \rightarrow q) \wedge q) \rightarrow p$ 这种形式的论证就是如此。我们究竟应该根据演绎逻辑说它是演绎的和无效的，还是应该根据归纳逻辑说它是归纳的和正确的呢？事实上，只有语境才能为其提供一种答案。如果用这种论证来证明一个命题 p，那么它就是演绎论证，而且，与它相关的是演绎逻辑。如果用这种论证证实一个假设 p，那么它就是归纳论证，而且，其受

① 马尔切洛·佩拉. 科学之话语. 成素梅，李洪强译. 上海科技教育出版社，2006：103.

制于归纳逻辑的规定。因此，具有相同形式的相同论证，如果为了一种意图，它可能是不合理的，而为了另一种意图，它可能是好的。值得注意的是，一个论证如果离开语境，就是多义的，这同样是因为它的形式通常会使人产生误解，而且，凭它自身不能规定用来评价它的逻辑。接着，佩拉为了论证辩证法逻辑在论证中所起的作用，给出了下面的一个例证①：

（1）约翰吸毒成瘾，因为他是穷人，而且，穷人会吸毒成瘾。

假如一位老师想让他的学生明白人们吸毒成瘾的原因，他会给出如下的论证：

（1.1）　（事实上，我们知道）穷人会吸毒成瘾。

约翰是穷人。

（这就是为什么）约翰会吸毒成瘾。

在这一语境中，为了实现这种作用，该论证被看成是对事实的证明或说明，因此，可以通过演绎逻辑来评价它。

现在，假如一位社会学家为了推测是否像约翰那样的人都会吸毒，他来调查吸毒现象，可能运用下列论证：

（1.2）　（显而易见）约翰是穷人。

（总是观察到）穷人吸毒成瘾。

（有理由预言）约翰将会吸毒成瘾。

在这个语境中，我们可以把该论证看成是对一个假设的预测或证实，而且与之相关的逻辑是归纳逻辑。

最后，假如约翰是一位著名的足球运动员，并有一位通过电视演讲或接受采访的政治家想改变听众对我们社会的看法。他可能建构下列论证：

（1.3）　你对约翰为什么会吸毒成瘾感到惊奇吗？

难道你不明白约翰是穷人吗？

在这个社会中，穷人除了吸毒还能做什么呢？

在这个案例中，该论证鼓励人们接受一种观点，或者遵循一定的行动路线，而且，对它的评价不可能建立在它的形式的基础上，只能建立在听众可以接受的其他替代观点的基础上。正如这些事例所表明的那样，一个论证语境提供了对它的分类和评价不可缺少的两类信息：一类是论域，即提出论证的具体情境（如数学、物理、政治等）；另一类是论证的功能，即在给定的论域中，提出论证的特定目的（如证明一个定理、提出一个假设、证实一个理论等）。一旦有了这些要素，就能够把论证分类为：物理说明、逻辑证据、数学证明、提出说明性假说、证实理论，预言事实和事件，按照特定的探索思路或行动路

---

① 马尔切洛·佩拉. 科学之话语. 成素梅，李洪强译. 上海科技教育出版社，2006：106-107.

线提出可行的忠告，等等。一旦确定了这些分类，就能够运用相关的逻辑来评价各种论证。

值得注意的是，按照亚里士多德的观点，通过前提为真的三段论的推导，得到对一个经验科学陈述的证明，因此，只有演绎逻辑与此相关。按照现代科学家和方法学家的观点，它是通过假设-演绎推理，即运用归纳逻辑而获得的。或者，以提出假设为例：按照培根的观点，通过归纳逻辑提出假设；按照假设-演绎论者的观点，这种逻辑并不存在，一旦在心理学的意义上通过发明艺术明确地表达了这种假设，所需要的只是拟真推理逻辑。显然，这里无论是归纳逻辑还是演绎逻辑，根本无法承担起在科学论辩中对上述各种要素进行评价和裁决的重任。

佩拉认为，在一场争论中，辩证法对论辩中的要素以及论辩的双方都会起到不可替代的作用。作为一个事例，要考虑论辩双方的情况：A 是正方，B 是反方。A 想要改变 B 的信念系统。假如 q 是 A 想要增加到 B 系统中的信念。A 可以对 q 提出一个无法用形式逻辑的手段进行处理的论证。在这种情况下，如果 A 的论证遵守支配这场争论的辩证规则，那么它在修辞的意义上是好的论证。另一种更常见的选择是，A 可以根据任何一种形式逻辑，提出一个导致 q 的论证。在这种情况下，A 所要做的工作是，寻找 B 承认的一组原始前提（departure-premises）p 和 B 承认的一个桥接前提（bridge-premise）b，根据以前认同的逻辑，将 p 与 q 联系起来。在这里，如果满足了这些条件，A 的论证在修辞的意义上是好的，而且，如果 A 推理严密，熟悉主题，选择了正确的前提，那么他就是一位出色的辩手。

这组原始前提是 B 在争论中做出的让步。但是，什么是桥接前提呢？用亚里士多德的术语来说，它们是“éndoxa”，即权威人士认为是值得相信的或规范的那些普遍前提。在科学语境中，它们是引导和解决科学争论的因素。例如，假如 A 提出下列演绎论证：

（2.1）　　广义相对论的结果是真的。
　　　　　宇宙进化是广义相对论的一个结果。
　　　　　————————————————
　　　　　宇宙（真的）在进化。

在这里，这个结论是从一个原始前提（“宇宙进化是广义相对论的一个结果”）和一个桥接前提（“广义相对论的结果为真”）得出的，涉及在该论证所属领域内（物理学）广为接受的一个理论。如果 B 对这种桥接前提提出质疑（例如，因为 B 可以反对说，广义相对论还没有在宇宙尺度上得到检验），那么 A 可以求助于一个更普遍的前提（例如，用一个假定来进行反驳）。在这种情况下，A 可以运用如同下列的演绎论证：

（2.2）　　被有效证实的理论具有真的结果。

广义相对论得到了有效的证实。

广义相对论的结果是真的。

另一种选择是，A 可以运用一个不同的论证和依靠一个不同的桥接前提（例如，一个事实）。在这种情况下，可以是如下的论证：

（2.3）　　如果宇宙在进化，那么，一定会有宇宙大爆炸的痕迹。

宇宙背景辐射已经得到了确证。

宇宙在进化（是可能的）。

当然，大多数桥接前提是特定的，而且会随着论域的变化而变化，而其他桥接前提是大多数科学语境中的更普遍和典型的前提。显然，这里如果缺少了由科学辩证法作为逻辑支撑的科学修辞论证，仅仅凭借演绎论证和归纳论证是无法实现有效论证的目的的。幸好，在科学论辩的语境中，科学辩证法可以为由实体性因素和程序性因素构成的科学修辞战略提供逻辑上的支撑，从而弥补了演绎论证和归纳论证在论辩语境中的缺陷和不足，同时也有效地避免了我们的探索滑入非理性主义的窠臼之中。

第三节　科学修辞语境的辩证特性

修辞与辩证法如同姊妹关系，“好的”修辞离不开辩证法的指导和逻辑支撑，同样在科学修辞的语境中，无论是科学修辞的主体，还是科学修辞的语言、科学修辞受众的态度改变和科学修辞的过程，都深刻地体现着它们的辩证特性，从而为“好的”科学修辞奠定了扎实的辩证法基础和前提。

一、科学修辞主体的辩证特性

简单说，修辞的主体就是人。与只能被动适应自然的动物不同，人可以能动地认识世界和改造世界；与动物只具有简单的本能心理不同，作为特殊物种的“人”是理性的动物，是“动物的象征综合体”，即人类是制造象征、运用象征，也是误用象征的动物[①]。最为重要的是，人具有共同的心理基础，这是人制造和使用象征的前提，是人进行沟通和交流的前提，更是人进行言语修辞的前提。

根据心理学理论，人的普遍心理基础包括本能、需要、情感、认知、态度、价值和信仰等因素，它们是人共有的心理，具有同一性，这也是修辞主体间进行劝说、交流、斗争和态度改变的基础。试想象，如果没有这种“修辞主体的同一性”[②]，后时代的人又怎么能接受不同于前时代的世界观或方法论；同时，正是

① 温科学. 20 世纪西方修辞学理论研究. 北京：中国社会科学出版社，2006：152.

② 修辞主体的同一性理论是著名新修辞学家肯尼斯·伯克提出的最主要的新亚里士多德修辞观点之一。

修辞主体的同一性否定了库恩范式转换不可通约性的观点，为之前评述库恩科学修辞思想——范式的选择与劝说——找到了元理论基础。

邓志勇将伯克提出的修辞主体的同一性理论用图 4-2 清楚地概括出来。

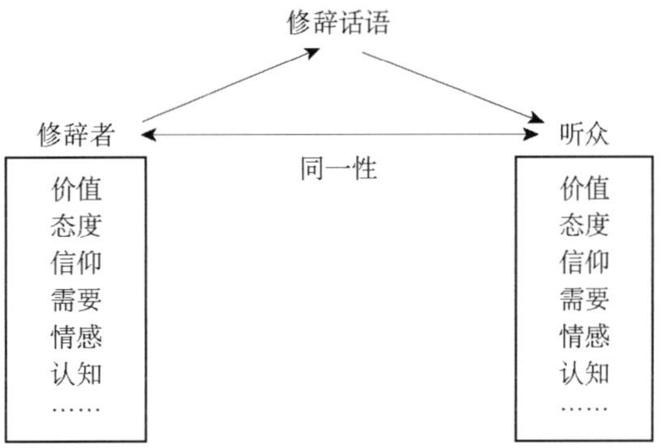

图 4-2 修辞主体的同一性

由图 4-2 可知，修辞者和听众间同一的维度是：价值、态度、需要、信仰、认知和情感等。[①]正如伯克所说："你要说服一个人，只有用他那样的语言说话，使用相同的方法，使你的手势、语调、顺序、形象、态度和思想与他的不无二致，你才能说服他。"[②]在伯克看来，古典修辞学的核心术语是劝说，而新修辞学的核心术语就是"同一"。你要劝说某人，必须与其取得同一，同一既是劝说的起点，又是劝说的目的。

比普适修辞语境中的主体更为复杂的是科学修辞语境中的科学修辞主体，它由原来盛行的单打独斗的个体逐渐转向了当下流行的科学共同体，科学修辞主体的同一性也由普适的修辞个体同一性转向了具有群体性质的同一性—— "共核性"。当下，科学共同体的修辞同一性主要表现在以下两个方面。

其一，科学共同体经过相同的训练而形成共同的学术背景、共同的科学方法论，直至最后形成的具有"共核性"的"世界观"等承诺。按照库恩的理解，"一个科学共同体是由一个科学专业领域中的工作者组成的，他们都经受过近似的教育和专业训练；在这个过程中，他们都钻研过同样的技术文献，并从中获取许多同样的教益"[③]。在共同的学术背景下，科学共同体成员同样也会运用共同的科学方法集合来进行"解题"活动，他们有共同的科学话语，在其中，他们会不加怀疑地使用他们学科基质中的那些"符号概括"，包括那些自然定律、公式和定义。最后，科学共同体形成了"形而上学的范式"，这是共同体的共同信

① 邓志勇. 修辞理论与修辞哲学. 上海：学林出版社，2011：44.
② Burke K. A Rhetoric of Motives. New York：Prince-Hall，1950：20-21.
③ 托马斯·库恩. 科学革命的结构. 金吾伦，胡新和译. 北京：北京大学出版社，2003：159.

念，一种约定，一种目标，从而构成了共同体内部交流的前提以及科学修辞同一性的基础。

其二，科学共同体的修辞同一性表现在共同体间的通约性和交流性。与库恩的观点不同，按照科学修辞学的理论，尽管不同的科学共同体代表着不同的学术派别，拥有着不同的学科基质，同时也秉承着不同的学术传统，使用着不同的方法，甚至是长期针锋相对的两个阵营，但这些并不妨碍他们之间的通约和交流，因为他们之间存在着修辞同一性。其同一性主要体现在以下三个方面：一是共同指向的客观实在，也许相互之间的观点不同，但双方指向或发问-回答的客体具有客观性和实在性，这是双方修辞的客观同一性；二是都必将使用语境，这是不同科学共同体表达和交流的修辞基底，同时也是他们之间通约的方法同一性；三是都向着语境进步观的方向前进，“是不断向着揭示世界真实机理的方向发展的”，“是向着不断逼近真理的方向发展的”[①]，这一点构成了不同科学共同体修辞的目标同一性。

与修辞主体同一性对立的概念是修辞主体的割裂性。如果说修辞主体同一性是修辞得以完成的基础和前提，那么修辞主体的割裂性就是修辞主体进行修辞的必需性和必要性之所在。

按照伯克的修辞动机理论，修辞主体的割裂性主要表现为三个方面：

其一，修辞主体与生俱来的不完整性。

人生来就是相对独立的个体，如果缺乏劳动的协作和语言的沟通，人会始终处于封闭的状态，因此也就缺乏认识和认知世界的原动力。

但人有别于动物之处，就在于人在劳动协作中，具有对语言作出回馈的特质，其中包括语言的形成、语言的组织到最后高级的语言的修辞，从而弥补人自身的局限性。

其二，修辞主体不协调而获视角的特征。

所谓不协调而获视角是“一种看事物的方法同时也是不看事物的方法——把焦点放在物体 A 上就要忽视物体 B”[②]。

其三，修辞主体间的等级秩序与隔阂。

伯克认为，修辞主体间的等级秩序与隔阂也是造成修辞主体割裂性的原因之一。尽管人生来平等，但在社会中，他或她又是社会的人，是一切社会关系的总和。因此，人在社会秩序中也就有了自己的社会定位，人与人之间总处于不同的社会等级秩序中，如将军与士兵的等级关系、大众科学爱好者与院士的等级关系等，从而形成人与人之间的隔阂性。此外，不同社会团体间、不同利益集团间及

---

① 郭贵春，成素梅. 科学哲学的新进展. 北京：科学出版社，2008：20.

② 邓志勇. 修辞理论与修辞哲学. 上海：学林出版社，2011：68. 参见 Burke K. Permanence and Change. New York：New Republic Inc，1935：90.

不同科学共同体间也横向或纵向地形成了壁垒。

而在科学修辞语境中，科学修辞主体的割裂性主要表现为以下两个方面：

其一，科学修辞主体的局限性。

根据观察渗透理论的观点，科学观察主体在科学观察时，无论是在理论上还是实践上都无法做到对客观实在的纯客观观察和描述，偏见和先验认识都会对观察造成影响。特别是在现代物理学领域，当观察涉及微观粒子领域时，人的感官已不能直接观测到微观世界，需要借助测量仪器，但“测量仪器对微观客体的确发生了不可控制和不可忽视的干扰”①。

德国物理学家海森堡首先发现的微观粒子的测不准关系——在原则上，人们不能同时测定微观客体的坐标和动量——也印证了观察主体的不完整性。正如海森堡所言：“在允许把世界区分为主体和客体（观察者和被观察者）从而明确地表述因果律上，量子论开始遇到了困难。”②“我们不能描述这一次和下一次观测间‘发生’的事情。这看起来就像我们已把一个主观论因素引入了这个理论，就像我们想说：所发生的事情依赖于我们观测它的方法，或者依赖于我们观测它这个事实。”③

既然作为科学观测主体的修辞主体具有不协调而获视角的特征，那么我们人可能获得的只是客观实在的某个突出或别致的特征，而非全面的特征。此外，人在后天的培养和训练中逐渐形成了不同的学术背景，“每个人形成了自己的‘术语屏’，它就像有色眼镜或过滤器一样，使人们只看到事物的某个方面而看不到或忽视其他的方面”④。可见，科学修辞主体对于事物或客体的认识或认知总是或多或少带有假象的成分。

正是由于科学修辞主体的观察具有偏见性和先验认识性以及观察过程的干扰性和观察结果的假象性，从而导致了科学修辞主体的割裂性，如果想要形成对客观事物更为接近真理性的认识，如果科学修辞主体要交流得到对方的认识以弥补自身认识上的不足，如果科学修辞主体想要用自己的认识征服对方的认识，如果受到对方对自己观察认识的批评而需要进行反驳的话，那么科学修辞就成了交流、说服、反驳的中介。

其二，科学修辞主体的等级性。

科学修辞主体的等级性主要是根据其在该领域内的声望高低、贡献大小而逐渐形成的“金字塔形”的结构，尽管这种塔形等级结构有助于“科学共同体达成一致的意见，从而避免无政府主义的出现，维持科学体制的正常运行”⑤，但不

① 刘大椿. 科学活动论与互补方法论. 桂林：广西师范大学出版社，2002：45.
② 海森堡. 物理学和哲学. 范岱年译. 北京：商务印书馆，1981：222.
③ 海森堡. 物理学和哲学. 范岱年译. 北京：商务印书馆，1981：18.
④ 邓志勇. 修辞理论与修辞哲学. 上海：学林出版社，2011：69.
⑤ 刘珺珺. 科学中的权威结构. 自然辩证法通讯，1987，(6)：32.

同的层级性——处于塔尖的学术权威和处于塔基的普通科学工作者以及处于他们之间的各层科学主体——也必然会产生科学修辞主体的割裂性——不平等性和不畅通性。

在科学修辞的语境中，科学权威与普通科学工作者或无名小辈之间的修辞力量对比是悬殊的，说服力和效度的强弱是分明的，无论是过往的科学经验还是当下的科学实践都充分地印证了这种科学修辞主体的不平等性和不畅通性。

众所周知，在科学史上，孟德尔历经 8 年时间对 34 种豌豆进行杂交育种而得出遗传定律后，把研究成果寄给了时任欧洲植物协会主席的耐格里，但是，由于他提出的遗传理论表明因子是间断地传给下一代，是一种颗粒性的、不能再分割的遗传单位，与当时盛行的达尔文的进化论观点相矛盾，因此被耐格里讥讽为“经验公式”，而非科学理论。这样，孟德尔的具有划时代意义的遗传定律就被埋没了几十年。谁都无法回避和否认的是，这里正是科学修辞主体的割裂性——不平等性和不畅通性，在很大程度上导致了新思想和新观点一时甚至永远无法冲破权威理论和权威人士的壁垒。

可见，修辞主体间的等级秩序与隔阂使得人们产生使用修辞的动力和动机，用伯克的话来说就是，“如果人与人之间没有隔阂或分离，那么修辞主体就没有必要宣称同一”[①]。具体来说，人与人之间等级的交流、变化、更迭或优化离不开修辞的作用，因为人一旦使用语言就进入了修辞语境中，只有修辞才可以完成交流、说服和反驳的使命，同时也只有修辞才可以担当起消除误会和误解、搭建双方融合桥梁的大任；同样，要冲破集团间或共同体间的壁垒也离不开修辞的助力。由于利益的不同和背景的不同，集团间或共同体间往往趋向于各自为营、故步自封，阻碍社会和科学的进步，除战争或暴力外，只有理性和非理性的修辞才能打破这种僵持和垄断，从而在更高或更趋近于真理的平台上实现对话与合作。

总之，科学修辞主体的辩证特性一方面表现为科学主体具有共同的心理基础，具有追求语境进步观的同一性，这是科学修辞主体间进行劝说、交流、斗争和态度改变的基础；同时科学修辞主体又具有自身的局限性，具有阻断新思想、新发现的等级割裂性，从而赋予了科学修辞主体进行修辞通约、消除隔阂的天然使命。

二、科学修辞语言的辩证特性

从语言学角度看，人一旦使用语言，就被卷入修辞语境中，这是由语言固有的特征所决定的。语言有三个主要的特征或功能：一是符号性，信息得以正确和逻辑地表达和传递；二是语法性，合语法意味着信息可以共享和传承；三是修辞

① Burke K. Language as Symbolic Action. Berkeley：University of California Press，1966：43.

性，承载语言主体的动机和目的。

语言的修辞性又主要表现在语言辩证特性上。伯克认为，语言在本性上是辩证的，“所有符号里面都蕴含着一种双重性，因为我们定义某一事物时必须用其他事物来定义它”①。“每一个术语背后都有一个相反的术语，每一个动机背后也都有一个相反的动机。”②邓志勇教授指出，语言基本上是一个否定的行动，因为事物的名称不是事物的本身，语言的本质要求人们用其他事物来看某个事物，这种辩证不是用某个其他事物来看事物，而是用那个其他事物，即它的语言对应物。譬如，给“苹果”下定义：“苹果”是……水果，在该定义中“水果”不是“苹果”，但反过来说，如果说“苹果”是……“苹果”，就是不正确的定义，因为它掉进了循环论③。

在科学史上，对科学发现的术语的使用同样也彰显了语言的辩证特性。1897年，英国物理学家汤姆逊通过实验证实阴极射线就是由带负电荷的亚原子粒子组成的，从而打破了原子不可分的传统观念。这里，我们不能说“电子”就是……“电子”，这是无效的和没有意义的，但我们可以说“电子”是一种带有负电的亚原子粒子。我们看到，无论是与 1886 年戈尔茨坦发现的阳极射线相对应的阴极射线，还是与带正电相对应的带负电，以及与原子对应的亚原子，语言的辩证特性都在科学术语的建构中起到了不可替代的作用。

甚至在科学理论的建构中，语言的辩证特性也在助推着新理论的产生。与线性和连续性相对应，德国物理学家普朗克于 1900 年提出一个大胆的假设——物体在发射和吸收辐射时能量的变化是不连续的。这一假设显然冲破了经典物理学传统观念的束缚，揭示了自然现象中客观存在的不连续的量子性质，从而使得盛行了几百年的“连续性”和“线性”理论受到了挑战。“不连续性”理论的提出一方面体现了客观实在的对立性，同时也符合了语言的辩证特性。我们不能非理性地大胆说，语言的辩证特性具有和科学实验与科学推理一样的发现功能，但我们却可以非常理性地说，语言的辩证特性对科学发现具有推动和启发作用。

三、科学修辞受众的态度辩证特性

修辞发起者（the initiative）通过修辞话语到达修辞的另一端——修辞受众（audience），从而实现劝说的效果或伯克所指的“同一”。尽管几千年的修辞实践

① 邓志勇. 修辞理论与修辞哲学. 上海：学林出版社，2011：69. 参见 Burke K. A Grammar of Motives. New York：Prince-Hall，1945：33.

② 邓志勇. 修辞理论与修辞哲学. 上海：学林出版社，2011：70. 参见 Burke K. A Grammar of Motives. New York：Prince-Hall，1945：33-34.

③ 邓志勇. 修辞理论与修辞哲学. 上海：学林出版社，2011：70.

表明，修辞受众远非“修辞容器”，受众的力量强大无比①，此外，修辞受众也非一成不变，正如温科学所指出的那样，“今天的受众比起古希腊、古罗马时代集中在广场上、法庭上的公民，或者春秋战国时期圣人的弟子、国君或大臣们来说要复杂得多，今天的听众是流动的、复杂的、分散的又是积极的”②，但是我们依然可以分析出修辞受众态度可能会出现的几种辩证情形：

A：修辞受众完全接受修辞发起者的观点。

B：修辞受众完全反对修辞发起者的观点。

C：修辞受众不完全接受修辞发起者的观点，但修辞受众原有的观点得到加强。

D：修辞受众不完全反对修辞发起者的观点，但修辞受众原有的观点得到削弱。

“修辞的基本作用就是使用词语形成态度引发行动或导致他人采取行动，它植根于语言的基本功能之中，是一种完全实际可行的作用。”③修辞的过程就是论辩劝说的过程，其结局可能是达成共识，也可能是继续对峙，也可能是受众态度得以加强或削弱。可见，无论是修辞受众态度改变与否，还是原有态度加强或削弱，都体现出修辞效果的辩证特性。

在科学实践中，修辞受众的态度变化是一个更为复杂的辩证过程，它有可能是修辞发起者与修辞受众在更高一个层次上融合，如长期对峙的光的粒子学说与光的波动说最后被光的波粒二象性学说融合，同样牛顿的万有引力也将地面上的力学与天体力学统一起来。

但它也有可能是一个漫长的甚至是“好的”修辞也无法解决的，只能期待库恩范式革命来解决——不是靠理性的说明能够改变的，只能靠宗教的狂热宣传来改变。新范式的创立者和拥护者往往是科学共同体中年轻的一代，他们受旧范式的影响不深，对旧范式的信仰不够坚定，容易对它产生怀疑，是科学的进步力量；而老一辈科学家由于长期受旧范式的熏陶，他们中的一些人思想保守，难以放弃旧范式，接受新范式，就像一批忠诚的宗教教徒一样难以放弃旧教义，接受新教义，他们常常是科学革命中的保守力量，如开尔文至死也不愿意接受电磁理论、培利斯塔列至死不接受氧化学说、魏尔肖至死也不接受进化论等。④但“直到最后抗拒者死光以后，整个专业又会在一个单一的新范式内工作了”⑤。

① 温科学. 中西比较修辞论. 北京：中国社会科学出版社，2009：175.
② 温科学. 中西比较修辞论. 北京：中国社会科学出版社，2009：287.
③ 温科学. 20世纪西方修辞学理论研究. 北京：中国社会科学出版社，2006：153.
④ 夏基松，沈斐凤. 西方科学哲学. 南京：南京大学出版社，1987：203.
⑤ 托马斯·库恩. 科学革命的结构. 金吾伦，胡新和译. 北京：北京大学出版社，2003：137.

四、科学修辞过程的辩证特性

修辞的过程并不是从修辞发起者到受众的简单的“单向”过程。尽管修辞过程就是修辞发起者主动试图说服受众改变其原有观点、信念的过程，但修辞受众并非就是能容纳一切的容器，它会作出反应，既可以接受来自修辞发起者的修辞观点和信念，也会拒绝并反抗甚至推翻来自修辞发起者的修辞观点和信念，那么修辞的过程究竟是一个怎样的过程呢？

按照亚里士多德的观点，修辞过程是一个双方论辩的过程、互动的过程，有劝说更有反驳，可以积极主动寻找战机也可以消极被动防守，可以争论不休也可以缄默不语，可以运用实证也可以调用例证，可以是一方压倒性的获胜也可以是双方暂时搁置争议在一定程度上形成和解，也可以在更高层次上进行融合。

首先，科学修辞的过程是论辩一方带有动机的劝说发起，它企图强加于对方自己的观点、认识、信念乃至信仰，然而，受众尽管具有伯克所谓的与修辞主动发起者“同一性”的基础，尽管也具有布斯所谓的“倾听”修辞的可能性，但受众同时也具有自己的分裂性和个体性，因此受众也会进行“反劝说”，从而形成反驳的过程。于是，劝说与反驳形成了一个互动的修辞过程。

其次，科学修辞的过程是一个语境化过程而非一个程序化的过程，是论辩双方根据当下的情形做出的灵活多变的战术和战略的过程。其中，哪一方都可以首先发起攻击，对方可以应战也可以防守；可以诉诸理性力量，也可以诉诸人格和情感等非理性力量；可以使用“忒克墨里翁”（Tekmerion），也可以使用“恩梯墨玛”（Enthymema）①；战争既是双方对抗证据实证度的平台，又是双方较量理由效度的辩论场。

最后，科学修辞的过程是一个长期不断深化的再语境过程。修辞的结局可能是一次殊死的搏斗和较量，即所谓绝对真理与谬误的斗争，其中一方获得永久“判决性的”胜利。但大多数语境下，修辞的结局是一方获得暂时性的胜利，或双方达成某种程度上的共识，因为双方都在一定程度上拥有真理的成分。但无论怎样，在修辞过程中论辩双方都获得了来自对方的肯定与否定，无论是自身的还是来自对方的否定之否定，其本身都有了新的完善和提升，新的更高和更深刻的科学语境形成。

当我们回顾那次物理学史上持续时间最长、论战最为激烈的有关光的本性的修辞论辩时，就会发现修辞的过程就是一个长期不断深化的再语境过程，无论是

① 亚理士多德. 修辞学. 罗念生译. 上海：上海人民出版社，2005：21-27. 注：“忒克墨里翁”是指确实的、驳不倒的证据；“恩梯墨玛”是指修辞式推论，它的前提属于人类行动范围的“或然的”事，因此其证明和结论都是“或然式的”。

自古希腊时期就流行起来的光的"微粒说"，还是17世纪异军突起的格里马第经过小孔实验发现明暗条纹而提出光是一种类似于水波的"波动说"，在长期的论辩交锋中，都在不断完善着自己的理论的同时批判着对方的理论，每一次交锋的胜利都是暂时性的胜利，甚至连高兴都没来得及就被对方拉下马来，最令人难以置信但却符合科学修辞内在机制的语境结局是，爱因斯坦提出的光的波粒二象性最终将两者统一起来。

综上所述，正是科学修辞语境中的辩证特性——修辞主体的辩证特性、修辞语境中的语言辩证特性、修辞受众态度的辩证特性和修辞形式的辩证特性——决定了修辞本身的辩证特性。难怪早在古希腊时期，就有了"好的"修辞与"坏的"修辞之分以及现今突显出的"强"修辞与"弱"修辞的对立。但在科学领域，如何发现那些"好的"科学修辞的内在机制，同时规避那些"坏的"修辞的影响，以及如何在"强"修辞与"弱"修辞之间找到最适宜的张力和效度，是当今科学哲学面临的困境之一，而正确认识和理解科学修辞语境中的辩证特性无疑将为此困境的解决提供认识论上的指导和方法论上的启迪。

第四节　科学修辞战略的辩证图景

在科学论辩的语境中，如果我们考虑把科学辩证法，而不是方法，看作科学修辞战略的逻辑，那么就会改变科学的整个图景，因为对话者将在科学探索中起到根本性的作用。由于这种作用，科学变成了由两个不同科学共同体和自然组成的科学论辩语境。

一、科学辩证模型

在科学论辩的语境中，其成员通常包括一组科学共同体 C_1、自然界 N，以及另一组科学共同体 C_2。在这场争论游戏中，C_1 首先提出一个得到观察或实验结果 O 支持的疑问、问题或假设 h_1，宣布游戏开始；N 提供证据 e；C_2 提出 h_2，与 h_1 及其 e 进行讨论，随后，在 C_1 与 C_2 之间，根据科学修辞战略中的因素 F（既包括我们前面分析过的实体性因素，也包括那些程序性因素）展开了一场争论 D。当 C_1 与 C_2 对可接受的解决方案达成共识时，竞争才会结束。这种解决方案我们可以用图 4-3 来表示[①]。

① 马尔切洛·佩拉. 科学之话语. 成素梅，李洪强译. 上海科技教育出版社，2006：128.

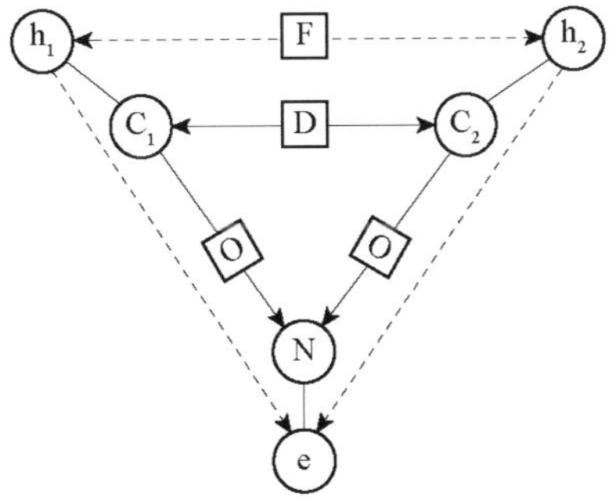

图 4-3　科学辩证模型

在这个科学的辩证模型中，真正起作用的是对话者之间的争论，即反驳和劝说的辩证技巧。从根本上说，这正是柏拉图所倡导的从各种意见的交流中产生的辩证知识，因为柏拉图坚信，只有通过这一程序我们才能获得知识或者至少使对方进入知识的领域。伽达默尔也强调说，与分析方法以及诠释理论一样，通过辩证法我们亦获得了对真理的普遍陈述，因为正是在对话中才出现了相互矛盾的意见，这些意见碰击时就会要求达到新的统一。

与佩拉提出的这个科学辩证模型殊途同归的是道格拉斯·沃尔顿提出的新论辩模型。在沃尔顿的新论辩术中，强调把“对话”概念应用于日常论证，其论证也并没有仅仅局限于演绎论证和归纳论证，而是更多地关注那些似真推理的日常论证。在此基础上，沃尔顿进一步把日常的语言实践划分为六种类型：①说服型对话（在其语境下，论辩的每一方都试图说服另一方接受己方的观点，沃尔顿认为，在其中，每一位对话参与者都被看作是一个具有承诺集的主体：随着双方接受一个命题或否定一个命题，这些命题就相应地注入承诺或被剔除）；②寻求信息型对话（一方从另一方那里得到相关信息，以解决某个问题或执行某种任务，这种对话类型是合作型的，并且是非对称性的，即并不是双方公平对等的一问一答，而是正方只能通过询问反方得到信息，反方则通过回答的方式提供相关的信息）；③谈判型对话（双方为了达成一个满意的交易、实现各自的利益，而对某些商品或利益进行讨价还价，而且在其中承诺具有实践性质，意味着准备执行某一行动，甚至在其中为了有利于双方最终达成交易，也可以使用威胁等非理性手段）；④审议型对话（对话双方提出解决一个实际问题的几种途径，然后共同协商权衡以确定最终应该如何解决，这是一种合作型的对话，同时也是对称性的对话，在其中每一方都会提出实践推理，而另一方则利用批判性问题来质疑和检验它）；⑤雄辩型对话（对话双方几乎完全是敌对的，他们各自都会使用最强有力包括人身攻击论证、稻草人论证以及煽情论证在内的论证去攻击对方，目标就是一个，那就是在论辩中战胜对方）；⑥探究型对话（在这种对话类型中，论证是从真假确定的前提出发，双方合作在同一个方向上向前努力，最终得到某个结论，期间不允许循环论证和收回承诺，即探究型对话具有累积性质，一旦一个命题被确定为真，则在此后的对话中它一定保持为真）①，并认为在实际的语言交际中，常常是几种对话类型的混合，之间还可以相互联系和相互转换——沃尔顿提出的“论辩转移”。

最为重要的是，当利用沃尔顿的新论辩术对科学研究的过程进行分析时，从整体上看，科学研究的过程就会首先呈现出一种混合话语（mixed discourse）的特点，其整体语境既是说服型对话，又是探究型对话。②其原因一方面是在科学研究的过程中，往往是不同的科学共同体从对某一个问题或现象提出各种不同的假说开始自己的论证的，因此科学的探究过程既是证明和辩护自己假说的过程，又是劝说对方放弃相竞争假说的过程；另一方面，在辩护和劝说的过程中，也是完善和丰富自己假说的过程，最终也将有助于科学的整个探究过程，因此科学家所从事的科学研究就既属于探究型的对话，又属于说服型的对话。具体来说，在科学研究的过程中，无论是在科学研究的初始阶段（尤其是在“大科学”背景下，不同科学共同体共同参与下的科学研究），还是在科学的结束阶段（科学成果的公布阶段）都会涉及这种论辩的语境——探究型语境和说服型语境。

中山大学梁庆寅在论文中指出，在科学研究的初始阶段，不同派别的科学家们会针对一个问题或一种现象提出各种相互竞争的假说，随后展开为己方假说辩护的过程；而在科学的结束阶段，即科研成果的公布阶段，科学家们为了使更多的人知道他们的工作，就会展示他们的论证——从确证的前提一步步得出最终的结论，把整个证明其假说的探究过程完整地展示给大众。在此基础上，梁庆寅给出了从前提到最终科学结论的完整图示（图 4-4）③。

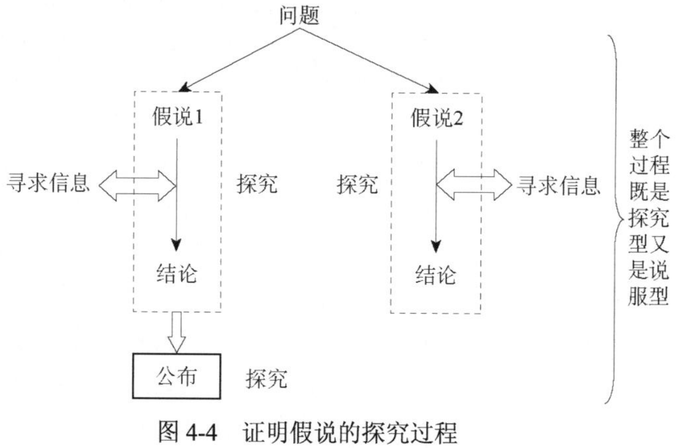

图 4-4　证明假说的探究过程

① 梁庆寅，江龙. 论辩术的新发展及其对科学论证的贡献［J］. 哲学研究，2007，(6)：87-88.
② 梁庆寅，江龙. 论辩术的新发展及其对科学论证的贡献［J］. 哲学研究，2007，(6)：89.
③ 梁庆寅，江龙. 论辩术的新发展及其对科学论证的贡献［J］. 哲学研究，2007，(6)：90.

应该说，梁庆寅在这里给出的科学论辩的模型与佩拉所提出的模型具有异曲同工之处。首先，这一模型也较好地符合了科学实践发展的新特点——“大科学”时代背景下，科学研究呈现出不同科学共同体共同参与下的竞争语境；其次，这一模型动态地考察了整个科学研究的过程，指出科学研究的过程是一种混合话语，其整体语境既是说服型对话，又是探究型对话，这就较好地考虑到了科学论证的复杂性和科学语境的混合性。因此，尽管梁庆寅在这里提出的科学论辩模型还存在一些值得进一步研究和商榷的地方①，但无论怎样，其新颖性、实战性、实用性和借鉴性仍然是毋庸置疑的。

二、科学的方法论模型及非理性模型

然而，并非所有人都赞同这种科学的辩证模型，近代科学那些创始人以及逻辑经验主义者就会首先站出来反对。他们会说，科学的目的应该是“征服活生生的自然界，而不是去征服论证中的对手”②；“只有基于意见和教条的科学，才会去利用辩证法，因为运用辩证法的目标是下令对命题达成共识，而不是掌握事物的本性”③。在这些科学创始人的头脑中，科学的图景应该而且只能是有两名选手参加的游戏，在其中根本没有修辞和辩证法的地位。在这种传统科学的图景中，其中的一名参与者和上面的科学辩证模型一样，也是自然界（N），另一名选手是科学探索精神（I），但与上面的科学辩证模型不同的是，这里的科学探索精神仅仅是由一个科学家（科学初期有效和流行的）或者至多是一组意见和志向一致的科学家团体而形成的，而没有任何论证中的对手。I 通过观察和实验向 N

① 梁庆寅和江龙在《哲学研究》2007 年第 6 期上发表的《论辩术的新发展及其对科学论证的贡献》一文，一方面有力地印证了笔者论文的观点，应该说是与之交相辉映、殊途同归的一条新进路，但另一方面，我们也认为他们提出的部分观点是值得进一步研究和商榷的：首先，该论文对于核心词“dialectic”的认识存在模糊性，将其简单地处理成“论辩术”，模糊性一是没有区分修辞（rhetoric）与辩证（dialectic），将其混为一谈，殊不知早在亚里士多德时期，就对此做出了明确区分，指出修辞是一种劝说的艺术，而辩证法则是话语劝说的逻辑；模糊性二在于论辩术是国内哲学界、语言学界倾向于描述那些缺乏理论支撑的略带雄辩或诡辩色彩的争论时使用的词语，显然使用“论辩术”一词缺乏一定的理论性、科学性和学科性。其次，该论文利用沃尔顿的新论辩术对科学研究的过程进行分析，进而得出了科学研究其整体语境既是说服型对话，又是探究型对话的结论，显然也存在着一定的简单性和片面性：一是原文仅仅对科学的初始阶段和结束阶段做了考察，而忽视了两者之间最为重要的，也是最为复杂的科学攻关阶段；二是在科学的初始阶段，也不仅仅是不同科学共同体围绕着一个问题或现象提出各自不同假说的阶段，在“大科学”时代背景下，它更包括取得那些项目的申报、资金的审批等一系列必需也是必要的支持；此外，在科学研究的过程中，不同科学共同体更会为了己方的观点而展开旷日持久的并会利用包括任何理性或非理性的手段的论证，这其中就会涉及除说服型和探究之外的其他类型的对话模式，如寻求信息型对话、谈判型对话、审议型对话、雄辩型对话。因此，尽管在该论文中他们也指出科学中的论证语境是一种特征复杂的语境，不应该只把它简单地等同于某一种对话类型，也在分析科学的初始阶段时注意到了会涉及寻求信息型的对话，为此还做了一定的修补，但该论文最终还是指出科学研究其整体语境既是说服型对话，又是探究性对话的结论，显然这是缺乏全面性的结论，因为按照其依据的元理论——沃尔顿的话语理论，六种对话类型显然是并列的，而非内涵和交叉的，因此我们可以认同的仅仅是科学论证的过程是一种混合话语的观点，而科学研究其整体语境既是说服型，又是探究型的观点是值得进一步研究和商榷的，除非说服型的话语或探究性的话语有广阔的内涵和外延。尽管该论文中存在一些值得商榷的地方，但并不妨碍我们借鉴它。

②③ Perelman C H. The Realm of Rhetoric. Klubach W，trans. Notre Dame：University of Nortre Dame Press，1982：43.

提问，而 N 则通过数据和结果来提供答案。在比赛的过程中，I 不断地获得了 N 的内在本质。而这种比赛会在何时结束，则需要根据一些规则来确定。这些规则就是方法 M 的任务，方法支配着连接 I 与 N 的程序所需要的规则，因此，科学方法论是维系科学理性与逻辑必然性的重要因素，我们可以用图 4-5 来表示传统科学的这一图景，科学哲学家通常把这种图景称为“上帝之眼”。

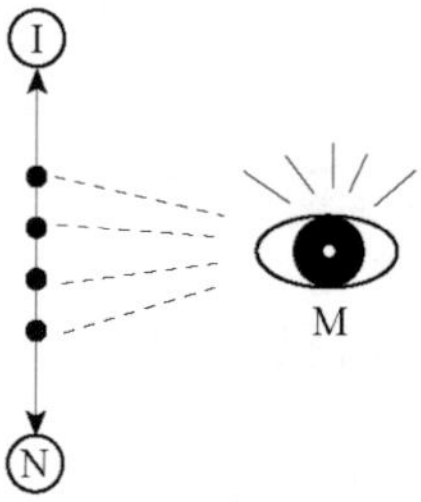

图 4-5　科学方法论模型

在图 4-5 中，方法论起到眼睛的作用；方法论以其特有的优势，把真理和错误准确地揭示出来。笛卡儿认为，“如果我们要去探求事物之真理，我们就需要有某种方法”[①]，这样一来，如果你不辞辛苦地遵循这种方法的规则的话，“你就绝不会把错误的东西理解为正确的东西”[②]。例如，演绎主义或者归纳主义者在这里一定会坚信，通过他们的方法论完全就可以判断，什么是好的观察、合理的推理、严格的检验及真正的证实等，也可以判断一个理论是否比另一个理论更好，一个研究纲领是进步的还是退步的，一个传统是否比另一个传统更可取等。在这一图景中，我们还应注意到，其中一名选手——自然——是被动的，他只能被迫地给出“是”或“否”的回答，而方法却扮演着仲裁者和法官的角色。显然，在这一由方法论形成的科学图景中，是严格禁止修辞和辩证法的，正如笛卡儿所指出的那样，“如果方法说明了如何正确运用获取知识所需要的仅有的两种活动，即直觉和演绎，那么它就是完备的，而对于其他思维活动来说，尽管辩证法宣称它恰好有助于理解所论及的活动，但是它却是无用的，或者更确切地说，应该把它们看成是一种实际的障碍”[③]。

但正如我们在本书的第一章所指出的那样，方法论也是无法担当起支撑科学大厦的重任的，因为方法论的那些假设——自然界会根据观察与实验提供证据、与理论相关的证据是独立于那些理论的中性证据、证据是对我们的认知主张唯一有效的检验、把证据与认知主张联系在一起的程序和该程序所隐含的方法论规则是普遍的，都随着科学及科学哲学的发展一个接着一个地被放弃掉了，因为现代

① Descartes R. Rules for the Direction of the Mind. Cambridge：Cambridge University Press，1985：78.
② Descartes R. Rules for the Direction of the Mind. Cambridge：Cambridge University Press，1985：85.
③ Descartes R. Rules for the Direction of the Mind. Cambridge：Cambridge University Press，1985：86.

科学和逻辑学的发展表明，根本不存在中性的证据，更为普遍的是，证据负载理论的情况；也根本不存在从证据通向认知主张的发现逻辑；不可能把理论还原为它们的经验基础，经验也不足以充分地决定理论；最后，也根本不存在任何普遍适用的方法。这些问题的暴露使得由方法论支撑的传统科学哲学彻底瓦解。

在历史主义、非理性主义以及社会学的影响下，科学哲学走向了另一条更令人无法容忍的进路——反方法论的非理性进路。在这种图景中，游戏的正确性即科学理性已经完全消失，剩下的只有两名参与者：一方是自然界，另一方是探索精神。不同的是，自然界的声音（经验基础）更加微弱，已经被那些个人兴趣、爱好或偏执以及社会诸因素组成的探索精神的大声吼叫声（库恩的“范式”转换、费耶阿本德的“怎么都行”和拉卡托斯的“暴民心理学”）所淹没。我们可以用图 4-6 来表示非理性主义的这种模型。

图 4-6　科学的非理性模型

这种非理性的科学图景不仅排除了作为仲裁者的方法论的严格控制，从而使科学理性彻底消失，而且更为重要的是，也不存在论证中对手的牵制——来自论辩另一方的质问、反对以及辩证后的认识上的飞跃。至此，在科学的探索中已没有了任何约束和限制。从根本意义上看，非理性主义的科学观不过是从问题的一个极端，走向了更加难以令人接受的另一个极端。

三、科学辩证模型优势比较

与方法论模型和反方法论模型不同，佩拉这里所提出的科学辩证模型的特点或者优点主要体现在以下几个方面：

首先，尽管在这种辩证模型中少了一位主角（即方法），但却又多了一名参与者（即科学共同体）。这里，我们并不是要把科学共同体看成是方法论的替代者，来充当科学探索中的仲裁者或监督者，因为它在这场科学游戏中仅仅是参与者。然而，没有了比赛中的仲裁者，却并不会导致像反方法论模型那样的不幸后果，因为 C_1 与 C_2 之间关于对 N 的解决方案的争论，受到了科学修辞战略中的构成性因素 F 的调节与约束，科学家通过基于这些构成性因素的争论，对自然界的正确回答达成共识。形成这种共识意味着，既不是被动地倾听（或解读），也不是根据个人或社会兴趣进行编造，更确切地说，这意味着寻找最有效的观点（认知陈述）来反驳批评，同时这并不意味着，只要在对话或解释问题上达成共识即可，因为如果这种共识没有考虑到通过科学修辞战略中的构成性因素 F 的约束，那么它根本没有任何价值。因此，当那些科学创始人批评经院哲学家忽视了这种约束时，他们是对的，因为忽视其中的约束就等于语言上的单纯修饰、舌战，甚至是有害的诡辩，但是，当他们把这种经院哲学的错误归咎于修辞学鼻祖——亚里士多德的时候，却是不正确的。因为，亚里士多德曾经多次指出，没有经验，就根本没有自然科学，而且也曾对那些忘记了这种重要原理的人进行过批评。在亚里士多德看来，根据“对一个问题从两个方面进行思考的能力”（通过辩证法）反驳竞争者的论点，以及针对“一个问题的对立面”（通过修辞）运用劝说手段，不同于只对现有观点所进行的口头讨论，因为这包含了对问题本身所有特有的论点和异议的批评分析。

其次，辩证模型在改变科学形象的同时，也赋予哲学家以新的责任。在由两名参与者参加的游戏中，科学是具有牢固基础的知识，科学哲学的任务是，确立把 I 提出的认知陈述 h 与 N 提供的经验证据 e 联系起来的逻辑关系。例如，通过计算确证度 c（h，e）以及确立支配决定 h 和 e 的规则；又如，通过对演绎逻辑增加一个“方法论补充”，或者一个“归纳逻辑的方法论”。当由两名参与者参加的游戏退化时，h-e 的联系成为无关紧要的，人们所得到的是“没有经验的科学”，哲学家充其量成为一名人类学家或者社会学家；而在由三名参与者参加的游戏中，科学总是强调对先前知识的转换，科学哲学的任务是分析这种转换的动力。在这里，最终的 h 既不是来源于 e，也不是强加于 e；它是与共同体或共同体公认的知识提出的其他假设展开选择性竞争的结果[①]。

可见，科学的辩证模型尽管为我们提供的科学实践的形象也许不如方法论模型的形象那么严格，也不如反方法论模型的形象那么灵活，但它却比这两者更为现实、也更富有张力，因为它既不会重蹈方法论模型四面楚歌的覆辙，也不会走上反方法论模型告别理性的道路，它为我们提供的是一种介于封闭的形式逻辑体系和开放的怀疑主义视野之间的中间战略。

---

① 马尔切洛·佩拉. 科学之话语. 成素梅，李洪强译. 上海：上海科技教育出版社，2006：129.

第五章　科学修辞战略的基本类型

如果从实用主义角度来分析历史上的那些科学争论，就会发现那些争论中最为动人的一个特征——进行论辩所使用的语言战略，即一种巧妙设计好去说服别人的元语言学的修辞形式。

——约翰·齐曼

致力于提高语言质量和提高共享符号能力的修辞学乃是科学之皇后。

——韦恩·布斯

在科学实践中，科学修辞战略的具体运用充分展示了科学修辞在科学领域中的灵活性、实用性和必要性。通过对科学修辞基本类型的分类和分析，我们发现，在科学修辞战略的语境中，即使是最为激烈的科学争论也应被看作是发生于一个多元的论辩语境中。在这个多元的论辩语境中，存在着一种关于基本原则的默契；在这个语境中，持不同意见者及他们的活动会得到系统的宽容；在这个语境中，甚至是最为激进、最为固执的观点也不会被随意地驱除；在这种语境下，那些相左的视角不是相互排斥的，而是同一硬币的两面，最终会达成共识。

第一节　科学修辞战略的宏观分类及设计

总的来说，在科学争论或科学论辩的语境中，主要存在四种宏观类型的科学修辞战略——共有性战略、认识论战略、发明战略和语言战略，它们共同致力于修辞战略的理性重建，使分析对象成为一种具有劝导性的网状集合，从而再造了一个理性与非理性可以相互交流的公共空间——以修辞为基底的语境空间。

一、科学修辞的四大宏观战略

科学史上的每一次争论，无论是地质学上有关岩石的“火成说”与“水成说”的争论、有关地壳成因的“突变论”与“渐变论”的争论及“固定论”与

“活动论”的争论，还是物理学上对热的本性的“运动说”与“热质说”的争论、对光的本性的“微粒说”与“波动说”的争论及爱因斯坦与玻尔围绕量子力学理论的特征和基本概念的解释问题而展开的论战，都促进该学科的完善、发展和繁荣。可见，在自然科学的发展中出现各种不同学术观点的争论，不仅是正常的，而且是有益的。从某种角度上，科学争论的激烈正是科学繁荣、学术兴旺的象征，同时也说明科学争论既是解决科学认识矛盾的一种主要方法和途径，也是那些新思想、新方法和新理论冲破阻力展示新生力量的有效平台。

首先，如果从实用主义角度来分析这些争论，就会发现科学争论中最为动人的一个特征——进行论辩所使用的语言战略，即一种巧妙设计好去说服别人的元语言学的修辞形式[①]，因为除了用他们的文化语言以外，科学家还能用什么来彼此清晰地表达和交流思想呢？“文体和内容是与科学知识紧密相连的，正如没有任何一种交流实践可以独立于其表征模式一样，也不存在着一种语言在逻辑上是清晰的，同时又是修辞无涉的。”[②]这充分说明修辞与理性的维度在很大程度上是同时存在的，而且合理性会要求科学家和哲学家以有利于说服受众的术语和方式来表征其论证和推理。

其次，如前所述，“大科学”时代的形成使得科学共同体之间的交流和竞争成为必然。具体来讲，从科学理论的生成、交流和评价，到科学理论的竞争和优选，再到科学成果和进步的确证和分享，无不涉及争论或论辩，即在共同体的内部不但要说服共同体的成员就共同体的纲领、目标、任务以及新成果的交流评价达成一致，因为即使“在像高能物理学这样的‘大科学’中，在研究者的发现披露之前，批评性的交互作用主要发生在研究团体的内部”[③]，而且面对外部的压力和竞争还要形成一致对外的合力，共同面对学术中的“生存斗争”。可见，正是这种共同体的内部修辞语境和一致对外的论辩语境为科学修辞战略的实施留下了空间。简言之，科学争论的语境给了修辞战略得以发挥的土壤，科学修辞战略的发挥也促成和完善了科学的论辩。

事实上，从目前修辞学宏观发展的角度看，在科学争论或科学论辩的语境中，主要存在四种基本类型的修辞战略。①共有性战略：侧重将研究的焦点集中于科学的共同特征，把修辞的概念突出为特定情境的和演讲的方面，从而从方法论的层面上强化了科学语境的分析意义和作用；②认识论战略：侧重将研究的焦点集中放在后实证主义框架中被改变了的科学认识论地位，并把修辞的概念突出为“给理由”的活动，突出科学的论证行为，从而在非形式化的层面上深化了科学活动的理性功能及其可推论性的特征；③发明战略：强调把研究的焦点集中于

① 约翰·齐曼. 真科学. 曾国屏等译. 上海：上海科技教育出版社，2002：307.
② Toulmin S. Science and the Many Faces of Rhetoric. Pittsburgh：University of Pittsburgh Press，1998：7.
③ 约翰·齐曼. 真科学. 曾国屏等译. 上海：上海科技教育出版社，2008：300.

科学知识生产的可推论性的层面上，并把修辞的概念突出为社会地建构理智知识主张的发明系统，从而强化了科学发明的劝导性和创造性；④语言战略：侧重将研究的焦点置于指出有意义的科学论述，使论述成为劝导性、境遇性、演讲性和有理由性的统一，将修辞的概念突出为分析战略或分析方法，使它们在不同的论域之间构成由此达彼的桥梁，以便可使一种科学论述过渡为另一种科学论述，从而强化了科学的发明和科学论述的构造是科学修辞最基本的功能①。其中，语言战略是与本书最为密切相关的一种宏观修辞战略，因此我们有必要对其进行更详细的考察与分析。

二、科学修辞语言战略

科学修辞语言战略是修辞与生俱来的传统战略，因为语言的“天然”特质赋予了科学修辞语言战略两大特性——功能性和丰富性。其中，科学修辞语言战略的功能性表现为科学理论的发明功能、表征功能、说明功能、评价功能和交流功能，而科学修辞语言战略的丰富性表现为语言修辞手法的多样性，如不胜枚举的类比、隐喻、排比、加重、顶真、拟人和借代等修辞手法。

（一）科学修辞语言的基本框架

科学修辞语言战略②是随着科学哲学的语言学转向而逐渐显现出来的。如果把全部科学知识作为一个语言系统来看，那么，无论是科学知识的表达，还是科学知识的传播与交流都是离不开语言学中的修辞功能的发挥；从语言主体和科学主体的角度来说，人又主要是通过语言来改变态度和诱发行动的，对于人，修辞环境是永恒的，人一旦运用语言，就不可避免地进入修辞的语境当中③；从修辞语言的特点来说，修辞语言具有灵活性、战略性、表达性和效果性等特点，而逻辑语言则恰恰相反，刚性、无目的性（无功利性）、表征性和推导性是逻辑语言的特点，我们无法想象脱离修辞语境的科学语言如何仅仅通过逻辑语言来表达其基本主张，更不用说是扩大其影响效果了。显然，科学同样并不是超修辞的领域，任何科学都要经历“实在→理论→理论表达→理论表达修辞”这样一条道路，我们可以用图 5-1 来表现科学修辞的语言战略特点和过程。

① 郭贵春. 语境与后现代科学哲学的发展. 北京：科学出版社，2002：39.

② 早在古希腊时期，亚里士多德就对修辞的本性和功能作出明确的规定：修辞的逻辑性即修辞论证或劝说理论，修辞的语言性即主要表现为语言的隐喻学说，修辞的实践性即演讲和写作等的修辞训练和应用，这正是科学修辞语言战略最早的存在理由和依据。郭守夫. 古希腊语言哲学思想. 科学技术哲学研究，2009，(5)：42.

③ Burke K. The Philosophy of Literary Form：Studies in Symbolic Action. Berkeley：University of California，1973：75.

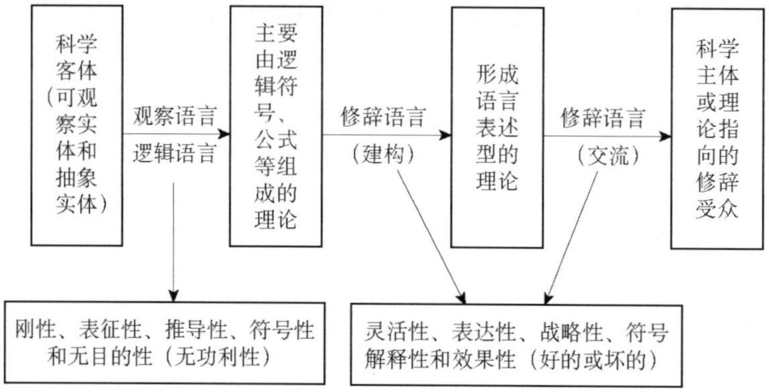

图 5-1　科学修辞语言战略特点和过程

郭贵春认为，科学修辞语言战略主要包括对科学语言所进行的语形、语义和语用三个层次上的修辞分析①：一是对科学语言进行语形修辞，即用修辞手段去重建科学语言和知识系统，用经过修辞过的图像语言、符号语言和模拟语言把科学术语和理论符号、形式和结构等更加清楚明白地表述和展现出来，从而更加形象和具体地解释出科学语言符号之间的逻辑关联。它是对逻辑分析方法和修辞分析方法的综合运用，所要达到的目标也是科学语言在逻辑和修辞双重意义上的完美性。二是对科学语言进行语义修辞。它在科学语词、科学语句和科学理论三个层面上进行，通过修辞手段确定词项和语句等表达式以及整个语言系统的意义性条件和授义方式，即创造性地赋予意义，符号化地为我们命名、摹写和定义经验提供了理由，并且使这些经验变得有意义，它同时能够成为词语与对象、理论与实在、抽象与具体及感念与系统相一致的中介，减弱滥用科学语言、歪曲概念指称和修改理论意义的形而上学的弊端。三是对科学语言的语用修辞。上述两者生成的只是局限于特定境遇中的语义理解，这可以成为科学修辞的基础，但却不能保证有效地调动修辞受众的经验库存，激活修辞创造，因此也就不能形成科学修辞者与修辞受众的交往联系，不利于科学理论有理由性和可接受性的确立，科学语言语用修辞的实质就在于超越语形与语义修辞的权威和职能，为科学语言提供有意义的功能解释的可能性，并促使科学语言和理论的产生由内在向外在、由主体到受众及由个体到共同体的转化，对什么样的语用使科学符号和理论变得有意义这一问题作出解答。

而在这种科学修辞语言战略的框架中，又包括一整套丰富和灵活的、富有美感和节奏的语言技巧，例如，类比或模型、隐喻及文学（美辞、情感）语境论等纯语言技巧，这是由修辞学本身所具有的语言特性——有效和有说服力地运用、表达和舒展语言的功能——所决定的，而且在科学实践中，它们不仅仅是单纯的

① 郭贵春. 科学实在论的方法论辩护. 北京：科学出版社，2004：155.

修辞手段，而是科学理论的实质内容，作为内涵与理解的源泉，它们与明确的文字描述和符号描述具有同等的地位[①]。

（二）科学修辞语言战略的基本类型

1. 类比修辞

类比[②]是科学修辞语言战略中最常见的一种语言修辞手法或技巧，它是根据两类对象在某些方面的类似或同一，推断它们在其他方面上也可能类似或同一的推理方法，但由于类比扬弃了未知的（或不甚清楚的）中间环节，是从一事物径自推出彼事物的判断，因此这种方法在逻辑上总是或然性的，对其的争议性也是自然的。

巴达洛夫在《类比方法的本质和启发作用》一文中指出，类比方法就是通过研究模型、模型与原型之间的关系而得到关于原型的一定知识的。这其中最关键之处在于，主体通过创造或选择一个系统，简化地复现了对于给定认识目的来说是被研究对象的本质的方面，而这个系统同被研究对象处于一种替代、相似或同构的关系中，以至于对这个系统的研究成为获得关于这个对象的知识的一种间接方式，当人们利用系统 A 时，A 并不同原型 B 发生物质的相互作用，而是简化地从某些方面、某种构成上复现原型[③]。正如康德所说的那样，每当理智缺乏可靠论证的思路的时候，类比这一方法总能指引我们前进。在科学史上，更不乏利用类比而取得科学突破的案例。

开普勒在提出自己的行星运动理论时就发现，哥白尼的日心说理论虽然正确，但其同心圆式的宇宙模型却与当时的天文观测不一致。为了解决这一问题，开普勒主要是依靠两个类比，即大地测量法与天体运动测量法的类比以及行星运动轨道与几何曲线的类比[④]，最后得出结论：所有的行星分别在大小不同的椭圆轨道上运动，在同样的时间内，行星向径在其轨道平面上扫过的面积相等。同

① 约翰·齐曼. 真科学. 曾国屏等译. 上海：上海科技教育出版社，2008：181-182.

② 对于类比方法的归类问题，方法论学家们是存在争议的，传统意义上的方法论学家把类比归到归纳方法中，但也有越来越多的方法论学家和新修辞学的代表则把类比归到修辞学的范畴之内，他们给出的理由是：①类比最早是文学创造中的一种写作修辞手法；②类比方法的使用更需要人为的比较、建构和语言战略的实施，这正如刘大椿在《科学活动论与互补方法论》中所指出的那样，同样运用类比方法，有的推论可能是对的，有的可能就是错的，有的可靠性大一些，有的则小一些，类比的结果可能很肤浅，也可能很深刻，但无论其结论正确与否，其可靠程度大小如何，都不能由类比推论自身来确定，相反地，它更多取决于建构类比的主体的水平、战略设计的好坏等主观因素；③类比方法的使用既需要借助原有的知识，又不能囿于原有的知识，这样才有希望帮助人们从旧的知识领域中脱颖而出，过渡到新的知识领域，在此过程中，类比方法如果得到辩证法的指导，就会发挥更大的作用，正如恩格斯所说的那样，只有辩证法才能为自然界中发生的过程，为自然界中普遍联系，为从一个研究领域到另一个研究领域的过渡提供类比，并从而提供说明方法，因此，如果按照亚里士多德在《修辞学》中的话说，类比推理所表示的并不是某一规定性从一个个别的情形到另一种情形的直接转移，而是通过全称或然判断而间接表现出来的推移，因而不能作为一种必然的知识形式，而只是一种演讲术所运用的说服和劝导的手法或技巧。

③ 巴达洛夫. 类比方法的本质和启发作用. 周昌忠译. 世界科学，1983，（7）：52.

④ 李小博. 科学修辞学研究. 山西大学博士学位论文，2004：33.

样，哈维在构建血液循环理论的时候，也广泛地使用了类比，在其著作的开篇致辞中，他首先就把心脏对于生命的中心作用与小宇宙中的太阳和王国中的国王进行了类比，他说，“动物的心脏是它们生命的根本，是其体内一切事物的主宰，是它们的小宇宙的太阳，所有的生长依赖于心脏，力量来源于心脏。而国王，是他的王国的根本，他周围世界的太阳，共和国的心脏，所有力量和天惠的源泉”[①]。接着，哈维在阐述其关键的血液循环理论时，多次成功地运用类比来形象地表达其同时代人难以接受的理论，例如，哈维在论证心室和心房的两种运动时就十分精辟地运用了三个类比——“心室和心房的两种运动，以一种和谐而有节奏的方式连续发生，两者协调一致，但其中一种运动更为明显，尤其是在温血动物中，它运动得快一些，其机制如同在一部机器中，尽管其中一个轮子驱动了另外一个，但所有轮子都在同时运动；或者可以用枪炮的设计为例来说明，扳机扳动，火石撞击钢板，射出火花，火药点燃后火焰蔓延到枪膛，产生爆炸，推动弹丸，子弹于是射出——其速度之快以至于全部动作在眨眼间就可以完成；在吞咽的过程中，也是同样的机理：舌根抬起，口腔体积压缩变小，食物或饮品被推挤到咽门，喉管肌肉收缩关闭管腔，会厌和咽靠自身的肌肉打开管腔，好像一个充盈的囊泡一样，立起后，管口张大，这样，满口的食物在横纹肌的作用下被压下，再由纵纹肌传到远处。”[②]显然，哈维通过这三个形象的类比最终要说明的是，心脏的运动和活动就如同吞咽动作，将血液由静脉传到动脉，为此，哈维再一次运用“马饮水”的类比来加以说明，“在马饮水时，随着喉的每一次运动，水被摄入后传到胃，每次运动都伴有一种声音并产生可听到、触摸到的一次搏动；心脏的每次运动也是这样，当定量的血液由静脉传到动脉时，可在胸腔内听到产生的搏动的声音”[③]。

可见，哈维通过与可见的或者易观察的现象类比，轻松地论证了自己的观点，显然，类比修辞在这里发挥了关键性的作用，特别是在被研究对象无法直接观察到的时候，具有联系、联想、启发、假设、解释和模拟功能的类比无疑为科学家提供了一种可借鉴的方法：科学家可以借助被研究对象与其他事物之间的相似或相关，把自己思考的内容明晰生动起来；或者通过类比模型再现思想或抽象实体。

在科学史上，通过运用类比修辞而取得科学成就的案例不胜枚举，其中，最为经典的是在本书第二章中论述过的案例——达尔文通过利用一个人们更为了解的和已经接受了的人工选择来类比提出他的自然选择理论。达尔文为了增加自然选择的价值，使其超越简单的猜测层面，以使他的对话者更容易接受自然选择理论，必须找到有利于其理论的一些支持。达尔文首先想到的恰恰是类比论证，因

① 威廉·哈维. 心血运动论. 凌大好译. 陕西：陕西人民出版社，2005：1.
② 威廉·哈维. 心血运动论. 凌大好译. 陕西：陕西人民出版社，2005：35-36.
③ 威廉·哈维. 心血运动论. 凌大好译. 陕西：陕西人民出版社，2005：36.

为这里只有类比论证可以超越逻辑论证上的局限性，在相似或相关的 A 和 B 两事物间搭建起联系的桥梁。可见，在论证自然选择证据不足时，达尔文并未因此退缩，而是选择了通过可观察的或可控制的人工选择与尚缺乏证据支持的自然选择之间的类比论证来为自己的进化论思想提供理由上的支持。

总之，类比修辞是指其中一事物 A 的特性或规律性已为人们所认识，而另一与之相似或相关的事物 B 则是不易观察的或未被人们所掌握的，但通过 A 和 B 之间的相似性或相关性能获得有关 B 的某些特征或某些规律性。我们可以用图 5-2 来表示这种方法。

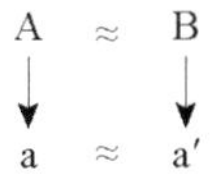

图 5-2　类比修辞

同时，类比修辞的意义也在于：通过寻求 A 和 B 之间的相似性或相关性，并发挥修辞类比所具有的联系、联想、启发、假设、解释和模拟功能，最终在科学认识上形成思维上的跃迁——获得有关 B 的某些特征或某些规律性，保证科学研究沿着明确道路的发展。也许，正如康德所说，每当理智缺乏可靠论证的思路时，类比这种方法往往能指引我们前进。

2. 隐喻①

与试图通过获得存在于两者之间相似或相关关系的类比相比，隐喻则是一种浓缩了的类比，或是罗姆哈特称之为的“头脑概念化”②。隐喻之所以在西方的语言传统中受到了极大的重视，是因为它能够表现事物的本质，能够连接起现象和本体两个不相干的王国，同时也是因为它的运作与人类的思维功能是相似的，“世界的建构”在很大程度上就是隐喻运用的结果③。英国著名修辞理论学家 L. A. 理查兹在其著作《修辞哲学》中也指出，“一切语言基本上都是隐喻的，隐喻是通过抽象来发生作用的”④。

与众不同的是，理查兹并不同意传统的隐喻观点——认为隐喻的运用是一种

① 在与当代著名科学隐喻大师玛丽·海西的访谈中，她一方面明确指出，“一切语言都是隐喻的”，但又提出，“政治上的修辞技巧并不仅仅意在使事物更加清楚和有说服力，修辞学可能牵涉到某种特殊的背景和意图。至于科学修辞学，我认为就是科学家试图把他们非常复杂深奥的理论向一般公众做出描述，因此给出一些独特的概念和论证，正如电视节目一样进行一些简单化的工作，使一般公众有接受的可能。但是，我认为这种修辞学和科学本身是不同的东西”（郭贵春，成素梅. 科学哲学的新趋势. 北京：科学出版社，2010：237.）。可见，这里出现了矛盾之处，但我们依然按照亚里士多德的传统将隐喻纳入科学修辞的范畴之中，因为既然类比是修辞的方法之一，而隐喻又是浓缩后的类比，那么科学隐喻就是科学修辞方法之一。

② Rummelhant D E. Metaphor and Thought. Cambridge：Cambridge University Press，1981：89.

③ Richards L A. The Philosophy of Rhetoric. New York：Oxford University Press，1965：65.

④ Richards L A. The Philosophy of Rhetoric. New York：Oxford University Press，1965：65.

天赋，一些人具有而另一些人则不具有，而且是不能传授的；同时，他也不同意亚里士多德所认为的隐喻在语言中运用是特殊的、例外的东西，是对正常运作模式的一种偏离。一般认为，以理查兹为代表的新修辞学派，已不仅仅把隐喻看成是在演说或文章中产生文体效果的修辞格或是语言中的装饰品，而是把隐喻定义成把一个所指意义用于指一组与特别的方式相关联的事物，以便能够发现另一组事物中相似的关系。理查兹以“骆驼是沙漠之舟”为例对此加以说明，他认为，骆驼不会航行，船也没有四条腿，但这恰恰是抽象和隐喻的要点：船在海上航行的特点被抽象出来，连接到骆驼在沙漠上的行走，并忽视了船的其他特点。这里我们清楚地看到，隐喻的过程就是从一个所指意义中借用一种特点，把它连接到另一个所指意义上，在这一过程中，我们已经无意识地运用了排列、分类、比较和抽象①等原理。

此外，理查兹还对隐喻中的“本体”和“喻体”进行了系统分析，他提出：隐喻中的“本体”和“喻体”这两个术语已被广泛地使用，“本体”是指隐喻中所隐含的意旨或主题，“喻体”是传达隐含意旨的方式或与本体类似的东西，“隐喻”就是由这两个部分组成的整体，例如，在“太阳是一个红色的气球”这个隐喻中，本体就是太阳，喻体就是气球，把红色和圆形的特征赋予了太阳。但理查兹在这里也提出警告说，隐喻在运作中并不仅仅靠相似或者本体与喻体的一致，隐喻也一样会通过不相似或不一致发生作用。在喻体发生作用的过程中，我们当然考虑其与本体在一些方面上的相似之处，但也要考虑到不同之处，例如，在太阳与气球的隐喻中，气球使读者注意到气球与太阳的相似之处，但也含蓄地告诉我们对这种相似性不要太认真，不要忽视了差异性，我们决不能只注意到了两者的相似性，就想当然地认为太阳的内部也含有空气，而且还可以拿一根别针使它爆炸。

显然，理查兹在对隐喻的积极意义进行分析的同时，也看到了隐喻所潜在的“危险”。我们用图 5-3 来表示隐喻的本质。

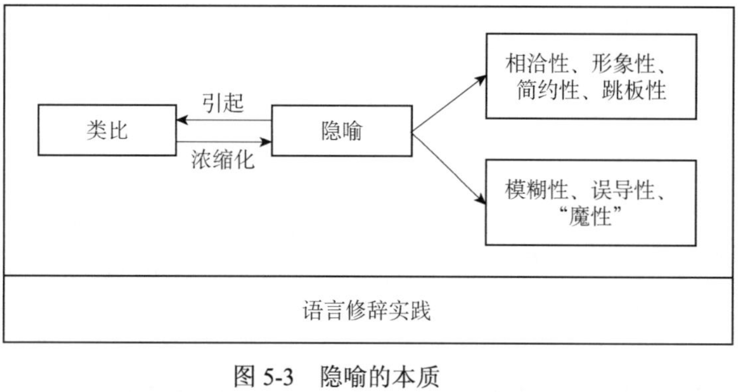

图 5-3　隐喻的本质

① 温科学. 20 世纪西方修辞学理论研究. 北京：中国社会科学出版社，2006：145.

如图 5-3 所示，作为有理由的劝说修辞实践中的两种方法或技巧，无论是类比还是隐喻都为我们提供了一条利用事物之间相似性或相关性来探知或理解未知事物特性的进路。隐喻首先引起更为细致的类比，接着浓缩化后的类比又形成隐喻①，而隐喻又具有自身显著的特点，一方面是"迷人的"相洽性、形象性、简约性和跳板性，而另一方面又是"潜在的"模糊性、误导性和"魔性"：①相洽性是与自洽性相对的一个概念，是指由隐喻连接起来的 A 事物和 B 事物之间相似性的可能性、恰当性和匹配性，例如，我们可以说"太阳是一个红色的气球"，但我们说"太阳是一个黑色的叉子"就是缺乏相洽性的隐喻；②形象性是隐喻最为"迷人"的特点之一，它借助"喻体"的某一特性，通常是"喻体"的外在形象或某一强大功能，来表现难以观察的或抽象的"本体"，例如，哈维把其理论研究的心脏看成是水泵，显然哈维这里使用的水泵隐喻就是借助了水泵的泵水功能；天文学家们用创造出的"蟹状云"来形象的喻指银河系中的某一强大的射电源；③简约性是指通过隐喻（尤其是那些把抽象概念视为具体事物的隐喻、把晦涩的专业术语转化为通俗易懂的术语的隐喻）的使用使那些复杂、繁乱和晦涩的认识或理解变得简单、明晰和易于理解，例如，医学上曾经把一种中枢神经类的兴奋剂学名定为甲基苯内胺，又名甲基安非他明或去氧麻黄碱，后来医学上又根据其外形和特性将其隐喻为冰毒②；④跳板性是隐喻最显著也是最富争议性的特点，隐喻的使用意在构建起不同语域之间的通约，搭建起所予以映射、判据与猜想、常规与假设之间的桥梁，从而超越了一维的字面意义和单纯的经验判据，消解了稳态的指称理论与僵化的逻辑桥梁，摆脱了严格因果决定论的逻辑限制与束缚。③

与隐喻的这些优点形成鲜明对比的是，隐喻的"危险性"特点也是早已为人们所熟知的，其中，模糊性和误导性就是指有些隐喻在借助那些熟知的、有形的和具体的事物来表达那些抽象的、无形的和难以定义的概念的时候难以克服的弱性。因为在使用隐喻的时候，主观性的作用较为明显，例如，"太阳是一个红色的气球"这个隐喻，两者的对等性和可靠性是值得怀疑的，尽管我们可以在其中清楚无误地认识到气球的特性，但我们却无法清楚地根据这个隐喻了解到太阳的全部特性，而且我们甚至会因为这个隐喻而错误地形成对太阳的认识；此外，当肉身体验或通过这种体验获得的知识发生变化时，无论是具体概念，还是抽象概念所依赖的语境都发生了变化④，对概念的理解是否需要调整，隐喻是否需要转移等都是需要考虑的因素，例如，"气球"遇冷收缩，遇热膨胀，那"太阳"具有这样的性质吗？"太阳还是一个红色的气球吗？"隐喻的"魔性"是由一些反

① Black M. Models and Metaphor. New York：Cornel University Press，1962：37.
② 朱永生，董宏乐. 科技语篇中的词汇隐喻、语法隐喻及其互补性. 山东外语教学，2001，(4)：45.
③ 郭贵春. 科学实在论的方法论辩护. 北京：科学出版社，2004：187.
④ 阎莉. 整体论视域中的科学模型观. 北京：科学出版社，2008：213.

对隐喻的批评家们提出的，他们从科学史上失败的隐喻事例出发，认为隐喻易造成与实体的“偏离”效果，甚至会干扰和误导科学的研究，理由很简单，无论是类比还是隐喻都无法提供可靠的可遵循的逻辑通道，毕竟它们都是直接飞跃彼此事物的差异的方法，其哲学或逻辑学的“危险性”也是不容忽视的。

尽管隐喻自身存在着一定的弱性，但其“迷人性”也是让人难以抗拒的。当我们立足于科学领域来审视科学中的隐喻的时候，我们也会发现，科学史中充满了把科学隐喻作为发现新事实和提出新概念的重要工具的事例，甚至最伟大的科学家也认为，运用科学隐喻对科学思想的发展是至关重要的[①]。事实上，科学之所以离不开隐喻，一方面是因为传统科学理性的局限性需要通过隐喻修辞的实施来对其进行弥补，另一方面则是由科学隐喻所独具的“迷人”方法论功能所决定的，如图 5-4 所示。

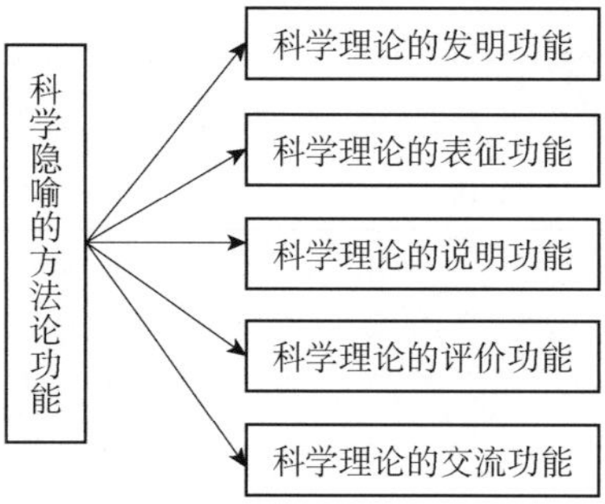

图 5-4　科学隐喻的方法论功能

首先，为了解决传统科学理性困境（包括我们在第一章所分析的认识论困境和方法论困境），需要科学家在科学研究中，在传统理性与新兴崛起的语言、文化、社会和心理等非理性因素之间保持必要的思维张力；科学理论纯粹逻辑符号的干涩性、抽象性和晦涩性需要借助一定的表达性、形象性和解释性来实现最终的交流性——在不同共同体之间、不同学科之间、不同语域之间和不同语境之间重新构建起新的可通约、可翻译和可交流的平台，并在某种程度上使“库恩损失”问题得以解决。而科学隐喻恰恰具有交流和评价的功能，一方面，科学共同体成员会使用共同约定的科学隐喻语言来进行交流和会意，同时也会使用便于理解的科学隐喻语言来对外公布其新的还难以用逻辑语言或逻辑公式来表达的新发现或新成果；另一方面，一个内嵌隐喻的科学陈述至少表达了两种不同的语义：经验地被描述的状态和隐喻假设的意向状态，其中隐喻假设的意向状态本身就存在着各种语境要素的相互作用，这些相互作用决定了选择评价的可能趋向[②]，是

① 牛顿-史密斯. 科学哲学指南. 成素梅，殷杰译. 上海：上海科技教育出版社，2006：334.
② 郭贵春. 科学实在论的方法论辩护. 北京：科学出版社，2004：186.

一个陈述的命题态度与评价主体的心理过程的统一。

其次，在科学活动中，科学家使用隐喻并不是完全处于审美的情趣，也并不是完全为了修辞的需要，相反主要是为了理论上的创新，因为隐喻意义更多地含有“建构出”的创造性因素，而不仅仅是对所指称对象的一种匹配。隐喻中的意义发明是先于指称的，同时隐喻意义对个体说明的超越，在不同语境中有效地实现了意义的交换，这正表明了隐喻所具有的人际间的规则性。隐喻的科学功能正是在这个意义创造空间中，在语形和语用的张力中，展示其创造性意义的丰富性和独特魅力①。无论是科学隐喻对于那些尚未给定完备的解释和证实对象所给予的引导性，还是新颖的科学隐喻给那些传统科学所带来的革命性，都充分地展示出科学隐喻所具有的科学理论的发明功能。

最后，作为“前科学”的直觉与科学经验的概念化之间、科学的“前理论”和“替代理论”之间由此及彼的桥梁，科学隐喻的表征功能主要体现在下面两方面：本体论上的隐喻和空间上的隐喻。其中，前者允许我们指称某种特定的测量对象，从而扩张了人们的经验，并据以构成理论表征的基础，如夸克、基因等就属于这种隐喻；而后者提供的特定语言，用以表征物理特性的关联和变化，如将“状态”看作是“容器”等就是这种隐喻。可见，科学隐喻已经成为科学形式化表征系统的必要补充，也正是在这种不断表征世界的过程中，它为我们提供着有关世界的新信息和新情况②。科学实践也充分印证了科学隐喻所具有的科学表征功能，在科学研究的初级阶段，科学家往往尚未彻底搞清楚被研究客体的本性，对客体的认识也仅仅是模糊的、混沌的，根本无法用精确的、逻辑的语言来表达当下的认识，只能借助具有形象功能的语言来表现或表征当下这一可能存在但却尚未确定的被研究客体。

综上所述，与类比一样，隐喻同样具有跳板性——隐喻的使用意在构建起不同语域之间的通约，搭建起所予与映射、判据与猜想及常规与假设之间的桥梁，搭建起严格的逻辑推理与灵活的语言表达之间的通达；与类比一样，隐喻的使用同样也会不断地导致新的假设和新的洞察，每当理智缺乏可靠论证的思路时，隐喻的使用往往能指引我们的认识继续前进，最终形成具有认知思维特征的隐喻认识——通过参照熟知的、有形的和具体的事物来认识、思维、经验和处理那些无形的、难以定义的概念，形成一个不同概念之间相互关联的认知方式③；无论是抽象的科学理论还是难以把握的科学概念都不能通过形式逻辑的“文字”媒介得到传播，只能借助自然语言的力量得以实现，但同时自然语言又都是隐喻的，科学共同体费尽心血建立了复杂明确的共同语言，而他们最大的贡献仅仅在于保证

① 郭贵春. 科学实在论的方法论辩护. 北京：科学出版社，2004：183.
② 郭贵春. 科学实在论的方法论辩护. 北京：科学出版社，2004：184.
③ 李小博. 科学修辞学研究. 山西大学博士学位论文，2004：28.

了内嵌于他们所做的特有分类和模型中的隐喻都是不含糊的而且是可相互理解的①。

可见，科学研究同样也是离不开隐喻的②。我们无法想象缺失了隐喻修辞后科学理论、科学概念以及抽象的科学实体会变得怎样难以让人接受和难以让人理解，也无法想象一旦隐喻从科学领域消失，如没有了“场”、没有了夸克、没有了 DNA 模型等，科学世界变得何等的枯燥和呆板，也许那些科学主体当下的初级认识也会丧失殆尽。

3. 文学美辞效果

我们最后要提到的第三种科学修辞语言战略是通过纯语言文学手段来实现的，其中包括通过那些美辞的使用、美学理论的运用，以及文稿文字的重复、加重、斜体来使科学理论和观点在交流和评价效果上的缩小或放大，最终实现作者意图的突现或回避。正如科学社会学家默顿所言，“科学家在撰写公开发表的著作时，都采用了将能够赢得有鉴别力的科学同行们赞同的典型方式。其中有些的确把注意力集中放在了作为说服性文献的科学文本上；也有人关注把意义模糊的实验室观察结果转变为没有问题的科学文本；还有些人则关注的是科学中口头和书写形式的论述的模式；最后，还有些人注重分析科学论文及其科学读者的变化”③。

从语言学角度看，修辞说到底就是通过运用语言表达的规律、技巧来实现提高语言表达效果的美辞劝说艺术，修辞的语言目标也当然重在追求语言表达上的“信”（语言载体信息的可信度）、“达”（表达与交流的顺畅）和“雅”（美辞语言所带来的语言表达的境界享受），其中“美的”或者“雅的”效果正是科学修辞语言战略中一项重要的表达技巧。

必须指出的是，我们这里提出的“美辞”概念，并不简单的是那些“华丽”的辞藻和华而不实的“修饰”，而是一整套致力于提高语言表达效果和境界的包括语音学、词汇学和语法学等学科在内的语言加工过程中全部体现出来的技巧和规律的概括。其中，有的表达明晰、生动和形象，而有的表达则体现出更难达到的美——平白、流畅和朴素；有的表达符合美的整齐、匀称、比例、节奏及和谐等原理，而有的表达则符合“杂多与统一”的美的原则。此外，为了突出观点，作者还会使用文字表达的技巧，包括文字的加重、加点或斜体，也会使用文字上的重复、顶真及递进等来加强语气，从而增强语言的表达力和说服力。可见，这些语言修辞表达技巧的使用，充分体现了修辞在语言表达中的张力——长与短、

① Hesse M. Revolutions and Reconstructions in the Philosophy of Science. Bloomington：Indiana University Press，1980：56.

② White R M. The Structure of Metaphor. Cambridge：Blackwell Publishers，1996：169.

③ R. K. 默顿. 科学社会学. 鲁旭东，林聚任译. 北京：商务印书馆，2003：xxxiv-xxxv.

断与续、整与散、静与动、繁与简、常与变、虚和实、抽象与具体、省略与反复、直言与曲说、平易与奇警及直觉与通感等[①]，从语言学角度看，这些正是修辞所独特具有的美辞功能和效果。

当我们审视科学语境或科学文本时，美辞的运用也是必不可少和不可替代的效果表达技巧。下面我们来考察几段经典的科学文本中美辞运用的范例：

范例 1：在哈维《心血运动论》一书的文本表达中，运用文字表达技巧最多的就是形象比喻的美辞手法，每当哈维要描述肉眼无法看到的理论实体和经验实体的时候，他就会在其后面给出一个形象的比喻，一方面是达到我们前面所提到过的类比或隐喻的效果，另一方面，也无形中增加了文本表达的效果。

“与其功能相应，心脏是生命之起源，人体内微宇宙的太阳，或命名为人体世界的太阳”[②]；“心房也并不像一般人所认为的那样，只是作为血液的源泉和贮藏处，因为除了作为容器，心房的搏动就没有作用吗？不是的。心房是血液最先的驱动器，特别是右心房，就像曾经说过的，它是‘第一个生最后一个死’的，它的搏动有助于血液输入心室，再通过心室不断地收缩，使运动着的血液更容易更有力地输出心室。就如一个击球员，如果他在球弹回时击球，要比只是随手把球扔出去要有力得多，也会击得远得多。另外，与一般的看法相反，心脏或其他任何东西，并不能自己膨胀或扩大，而且在扩张时将血液吸入腔中，除非像一块海绵，一开始被压缩下去，随后又恢复到正常的状态”[③]。

范例 2：在达尔文《物种起源》一书中，使用最多的美辞手法就是通过文字加点的技巧，来突出作者的观点，最终使那些哪怕是最谨小慎微的细节也得以放大化和加重化，使那些哪怕是多么难以言表的理论也得以清楚化和具体化，使那些哪怕是多么晦涩、多么易被他人误解的观点也得以明朗化和准确化。

“我们可以比喻说，自然选择在世界上每日每时都在仔细检查着最细微的变异，把最坏的排斥掉，把好的保存下来加以积累；无论什么时候，无论什么地方，只要有机会，它就静静地、极其缓慢地进行工作，把各种生物同有机的和无机的生活条件的关系加以改进。”[④]

“我相信没有人会怀疑这些玉米变种是属于不同物种的；重要的是要注意这样育成的杂种植物本身是完全能育的……”

“当一个物种的黄色变种与另一物种的黄色变种和白色变种杂交时，同色变种之间的杂交比异色变种之间的杂交能产生更多的种子。”[⑤]

范例 3：语气上的自问和反问、语气上的递进和渐强、文字上的重复和回文

---

① 腾慧群. 语法修辞关系新论. 哈尔滨：黑龙江人民出版社，2006：128.

② 威廉·哈维. 心血运动论. 凌大好译. 西安：陕西人民出版社，2005：55.

③ 威廉·哈维. 心血运动论. 凌大好译. 西安：陕西人民出版社，2005：100-101.

④ 达尔文. 物种起源. 周建人等译. 北京：商务印书馆，2002：98-99.

⑤ 达尔文. 物种起源. 周建人等译. 北京：商务印书馆，2002：342-343.

也是科学家劝说和论辩的常用技巧。

“我们所看到的在人类手里发生巨大作用的选择原理，能够应用于自然界吗？我想我们将看到，它是能够极其有效地发生作用的。……我们既然看到有用于人类的变异，无疑是有用的，那么，在广大而复杂的生存斗争中，有利于生物本身的变异，难道在许多世代的历程中就不会发生吗？如果会发生，那么个体具有任何的优越的性质，无论怎样细微，将有较好的机会以生存繁殖，我们对这件事还有疑问吗？”①

“在许多情况下，我们非常无知，以至于不能断言，身体的一部分或一个器官对于物种的健康而言是非常不重要的，也不能断言，在其结构上的改变是无法通过自然选择的手段缓慢地积累而成的。在许多其他情况下，这些改变与已获得的任何好的变异无关，可能是变异规律的直接后果，或者可能是成长的直接后果。但是，正如我们可以确信的那样，在新的生存条件下，为了保持该物种的优势，即使是这样的结构，也经常会不断加以利用，甚至会得到进一步的改变。”②

“选择的过程虽然是缓慢的，如果力量薄弱的人类尚能在人工选择方面有所作为的话，那么，在很长的时间里，通过自然力量的选择，即通过最适者的生存，我觉得生物的变异量是没有止境的，一切生物彼此之间以及它们的物理的生活条件之间互相适应的美妙而复杂的关系，也是没有止境的。”③

事实上，我们根本无法想象缺少了这些美辞表达的科学文本会有多么枯燥和呆板，也根本无法想象只有逻辑符号和公式充斥着的科学文本会有多么晦涩和刚性，唯一能想象的结果只有一个——也许，只有元作者能独享其失去交流和表达功能的“真空中的”科学孤本。这正如罗姆·哈瑞所言，即使是那些用因果语言写出的文本也“一定不是作为一个独立存在的框架，即意义 / 规则框架的可选择物被说明的，而是作为一个用来把某种权威的气氛赋予这个报告的修辞装置而被说明的。因为实际的研究方法包括被试在这些叙述上作注释，‘实验者’以这些叙述呈现它们，它也可能包括一个被试者找到正确的词描述自己，等等。……他们当作因果律所呈现的不是别的，正是话语惯例。他们不由自主地成了叙述家”④。

4. 术语选择

1）标新立异的术语

这是一个有关新的概念、现象或假说如何使用或借用术语来命名的问题。米德勒指出，“那些标新立异的术语所代表的其实是些很普通的概念，但却通常用

① 达尔文. 物种起源. 谢蕴贞译. 北京：商务印书馆，2007：65-66.
② Darwin C. The Origin of Species. London：JOHN MURRY，1971：190.
③ Darwin C. The Origin of Species. London：JOHN MURRY，1971：123-124.
④ 罗姆·哈瑞. 认知科学哲学导论. 魏屹东译. 上海：上海科技教育出版社，2006：169.

一些与众不同的术语来标示”[①]，其目的就在于“使他们的问题显得新颖，从而也使他们提出的解决办法显得有新意、有创见”[②]。在科学领域，那些标新立异的科学术语一方面借助了科学修辞发明功能、说明功能和表达功能——恰当、形象和直观地描述和表达了所承载的科学信息内容；另一方面，标新立异的科学术语也借用了科学修辞交流功能——最大限度地在受众群体中引起关注和轰动效应，“老词新用”的价值就在于此。

举例来说，美国《科学新闻》刊文评选出迄今为止影响科学界的十大“超级”术语：超音速（supersonic）、超我（superego）、超对称性（supersymmetry）、超弦（superstring）、超叠加（superposition）、超大陆（supercontinent）、超导（superconductivity）、超流态（superfluidity）、超级计算机（supercomputer）、超新星（supernova）。[③]这些“超级”术语的共同特征都是在那些传统“老词”前加上一个“超”（super）字，从而使那些“老词”焕发了生机，具有了新意，引发了人们极大的关注。其中，超音速最初用于表示频率高得人耳听不到的声音，现在这个意思用 ultrasonic（超声的）来表达，而恩斯特·马赫于 1887 年建构的“超音速”这一科学术语现在专指在特定介质中发射体的飞行速度快于音速的情况；“超我”是西格蒙德·弗洛伊德于 20 世纪初提出的概念，最初是指某种类似于道德观念的东西，即阻止你内心的“兽性”产生冲动的东西。如今“超我”一词更多地被用来形容科学家提出的那些超人类意识的假说；1912～1915 年，德国气象学家魏格纳确立了“超大陆”的概念，设想它是一块由地球上现存的所有大陆组成的巨大陆地，显然这是对传统大陆板块学说的拓展和延伸；1911 年，卡末林·昂内斯发现水银在冷却到接近绝对零度时会失去电阻，从而将其命名为“超导”，它是传统导体在常温下不具备的特征，“超导”的确立引发了人们极大的关注，由此开辟了新的研究领域；同样，20 世纪 30 年代，基森和合作者观察到液态氦在冷却至绝对温标 217 度以下时显示出异常的流动性，包括穿越微小关隘的能力，之后卡皮察进行了实验并通过发表在《自然》杂志的一篇简短论文报告了自己的分析，他在文中创造了“超流体”一词来描述处于超冷状态的氦，赋予了传统“流体”新的特征和新的含义。

2）晦涩难懂的术语

在科学上或哲学上，经常会碰到那些晦涩难懂的术语，在米德勒看来，大多数情况下，是其创建者和使用者有意而为，其目的在于“获得对批评的免疫

---

① 米勒德·艾利克森. 后现代主义的承诺与危险. 叶丽贤，苏欲晓译. 北京：北京大学出版社，2006：266.

② 米勒德·艾利克森. 后现代主义的承诺与危险. 叶丽贤，苏欲晓译. 北京：北京大学出版社，2006：266-267.

③ 美国《科学新闻》：十大“超级”科学术语. http：//news.xinhuanet.com/cankao/2013-10/26/c_132832759.htm［2013-10-26］.

力”[①]，在本方哲学阵营或科学共同体内部因为拥有共同的范式，可以通过解释来化解内部的分歧和困惑，但在面对与之针锋相对的阵营或“门外汉”时，晦涩难懂的术语就如同壁垒一样，使对手无法与之交流和论辩，他们的逻辑是，既然对方无法理解我们的基本术语，那么针对我们的批评也是无效的。

这样一来，晦涩难懂的术语带来了修辞正反两方面的效果。一方面，它可以像盾牌那样保护新生的、尚缺乏证据和理由支持的理论使其免受对手或外行的攻击，例如，在近代科学史上，众多科学家曾经使用过的“以太”术语，尽管当时没有哪一位科学家验证过它的存在，但它却成了当时科学家们每每碰到困境时不得不求助的术语；但另一方面，它也可以像屏障一样阻断论辩双方平等交流的通道，从而阻碍了科学思想的进步和深化，毕竟表达顺畅、条理清晰和解释充分是一切行文通行的标准，任何的概念、术语要想获得更广泛的赞同，就必须符合这一标准。面对这一两难的境地，究竟怎样的术语选择才是科学修辞语言战略所要实现的目标？尽管在复杂的科学实践中，无法通过具体的标准来确定术语选择的过程，毕竟术语的选择是一个发明的过程，没有哪一种方法能直接导致“好的”术语的创造，但至少科学术语的选择要满足下面两点基本的要求：

（1）恰当性——“名实相符”。与其他领域中术语选择不同，恰当性是任何科学术语必须要满足的基本要求，尽管科学术语很难做到与所描述的客体或理论完全准确的一一对应，但至少所选择的科学术语必须是最大限度地符合科学事实并在逻辑上具有自洽性的恰当用语。因此，失去了恰当性特征，科学术语的选择就失去了意义和价值。

（2）动机性——“建构意图”。与其他领域中术语选择相同，修辞动机性是科学术语建构和设计过程中最显著的特征，在某种程度上说，术语的建构过程就是一个修辞动机设计和体现的过程。因此，一个成功的科学术语必然带有至少一个动机，如发明或建构出的科学术语是意在形象直观还是抽象玄妙，是意在新颖还是晦涩，是意在低调回避还是全城轰动？

在满足上述两个基本要求的基础上，经过科学修辞语言战略建构或发明出来的科学术语带有明显的“科学修辞”特征和价值。

（1）科学术语的修辞语境性是众多理性因素和非理性因素的整合、提炼和生成，具有开放性、包容性和动态性的语境特点。任何一个科学术语都是根据当时的主客观条件建构出来的，但随着时间的推移和实践的发展，科学术语的内涵及外延也必然会发生改变，因此必须要保持科学术语的开放性和动态性，僵化的、封闭的科学术语是没有生命力的。

（2）科学术语的修辞指称性，从表面上看，科学术语是知识的浓缩，简洁明

---

① 米勒德·艾利克森. 后现代主义的承诺与危险. 叶丽贤，苏欲晓译. 北京：北京大学出版社，2006：269.

了和形象生动的科学术语却蕴含了大量已知和未知、浮现和潜在的知识信息；但深层次来说，科学术语归根到底就是普通语词经修辞浓缩化后的精华——修辞建构，尽管它不是对理论实体的一一表征和摹写，但它却是对理论实体的抽象概括，是实体客观性和主体主观性在尽可能大的程度上的统一。换句话说，实在的表达和确定依赖于修辞语言的建构，修辞的建构又为超越实在表征性提供了指称性。因此，可以说，一门成熟的科学有着成熟的科学术语；同时，成熟科学中的术语又是有指称的，这也正是普特南所坚持的科学实在论三原则中的第一条原则。

（3）科学术语的修辞认知性，使用科学修辞语言战略的“根本目的在于使语言的意义和指称在特定的语境中发生扩张、收缩、引申和转移，从而恰当地表达特定的心理意向”①。而科学术语之所以可以成为引领或催生新知识的增长点，就是因为科学术语具有修辞认知性：一方面，科学术语的内涵具有建构性、丰富性和可受批评性的修辞特点，为知识的增长敞开了大门；另一方面，科学术语的外延也具有扩张性、发展性和接受性的修辞特点，为接受或建构反对意见或对立实体奠定了基础。

（4）科学术语的修辞社会性，新颖或形象的科学术语如同“重磅炸弹”一样，不仅会在科学共同体内部，而且会在更广泛的社会范围引起人们的关注，例如，上面提到的十大“超级”术语，它们都极大地引起了政府、社会成员的关注，以至带来的结果是更浓厚的好奇和兴趣，更为重要的是引来了更雄厚的资金支持。例如，“超级计算机”科学术语提出之后，美国政府立即给予了高度的重视，给予了最大限度的科学政策和科研资金的支持，由此开启了一个新的时代——信息时代；相反，晦涩或玄妙的科学术语则如同盾牌一样，使术语指称下的实在“获得对批评的免疫力”，意在保护那些新生的、尚缺乏充分证据和理由支持的理论或实体，使其免受对手或外行的攻击。

三、科学修辞战略的设计与实施

科学修辞战略的实现与科学修辞主体的目标、知识、设计空间以及包括受众在内的外部环境密不可分，它们共同构成了科学修辞战略设计的结构，这是一个完整的利用修辞操作逻辑和修辞再语境化对科学论辩进行分析的系统结构，是一个相适应和相反馈的联结过程，其中对象的反馈性与理论的对象性的统一，决定着操作上的适当性，没有对象性，信念预测和反馈就失去了与听众的现实联结；而无反馈，则影响着策略的设计和计划的实施。由此可见，修辞战略设计是在给定修辞逻辑的构造空间和修辞目标的可能趋向的基础上所进行的系统设计，我们

① 郭贵春. 科学实在论的方法论辩护. 北京：科学出版社，2004：62-63.

可以用图 5-5 来表示。①

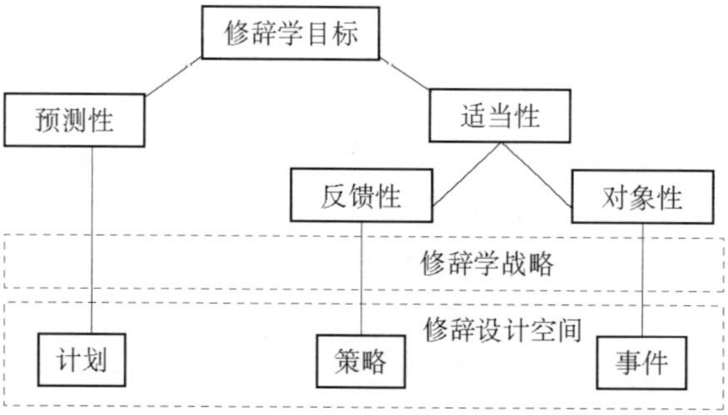

图 5-5　修辞战略设计

郭贵春认为，科学修辞战略的实施不仅会涉及战略的设计，而且还会涉及修辞主体和修辞环境。因为修辞主体的不同将直接导致修辞战略实施的力度和效果，修辞环境的不同也将直接关涉修辞战略实施的范围和广度。我们可以用图 5-6 来表示两者之间的互动作用。②

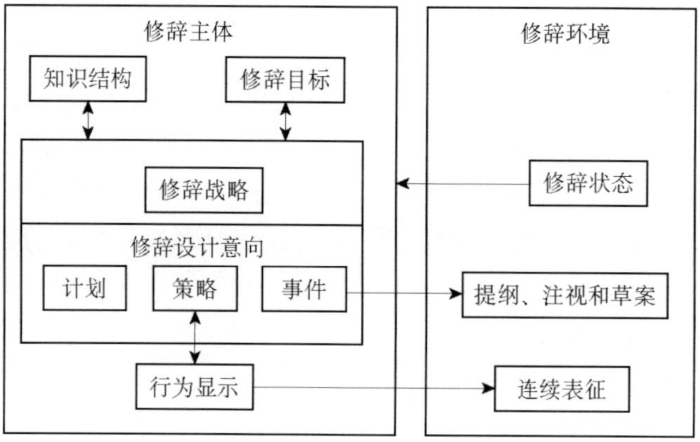

图 5-6　修辞主体与修辞环境的互动

从图 5-6 中，我们可以看出，科学修辞战略过程的实施同时也是修辞主体和环境活动的过程，这表明科学修辞学主体的知识结构及其所设定的修辞学目标与修辞战略是一种双向互动的关系，即修辞主体的特征和目标直接对修辞战略起到了规定性和约束性的作用，同时科学修辞学战略的现实性和局限性也对修辞主体的知识结构和目标的设定提出了要求。另外，修辞主体与环境的活动作用也暗示了在以逻辑理性为核心的方法论所不能解决难题的地方，科学修辞学具有它不可

①② 郭贵春. 语境与后现代科学哲学的发展. 北京：科学出版社，2002：38.

替代的作用[①]，尤其是在形式化系统中出现的不清晰性、不完备性和不一致性的问题，导致了修辞论证的开始、修辞战略意向的设计。

在科学实践中，科学修辞战略设计按照事前是否有预谋可以分为两种类型：应对型设计和预谋型设计。科学修辞战略应对型设计强调劝说方或反驳方没有更多准备，只是利用修辞武器被迫地应对对手的出击而不做更多的还击，其战略思想是“兵来将挡，水来土掩”；科学修辞战略预谋型设计则事先有了更多的准备，他们或者会主动出击、或者会直接攻击对手得以依存的根基（包括对手得以成立的事实、理论和权威论证等），这种战略的杀伤力是不言而喻的，其战略思想是“主动出击，置敌于死地”。我们可以用图 5-7 来加以说明。

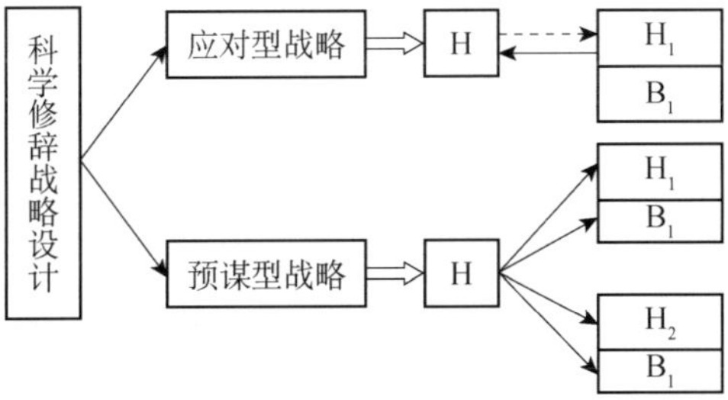

图 5-7　科学修辞战略设计

如图 5-7 所示，与应对型战略不同，预谋性战略不仅会主动出击打击对手，而且还会直接攻击对手的根基，从而使对手失去支撑，使其堡垒不攻自破。在科学实践中，达尔文的科学修辞论证为此做了经典的教科书式的诠释。

事实上，达尔文进化论的说服力不仅仅是解释他个人思想传统中的问题，而且还要针对当时存在着的两股阻力——神创论和浪漫派的历史进化论加以成功地反驳，其战略就是直接攻击这两股阻力的根基，因为“将它们的根基拆毁”[②]，无异于使它们失去了再进行抵抗的能力，弹尽粮绝的后方是不足以支撑它们再进行战斗的，其结局只能是束手待毙。

具体来说，亚里士多德传统的最佳论据就是对适应的解释以及生物与环境的天衣无缝的“配合”，这种立场的根据是神的设计和目的，而达尔文却以不同的解释取代了这个立场，他说目的是假的，不过是外貌而已，而应是物竞天择的结果，显然，“达尔文不单是解释生物适应的问题，而且还将对手摧毁掉，并将对手用作证明神的目的的最终原因，变成了牛顿式的物理性的后果”[③]。

另一股阻力来自浪漫派提倡的历史性的进化论——一种先存的非物质性的原始模型，它指引进化的程序，其哲学注重心灵的世界。而达尔文将浪漫学派的生

① 郭贵春. 语境与后现代科学哲学的发展. 北京：科学出版社，2002：38.
② 兰西·佩尔斯，理查士·撒士顿. 科学的灵魂. 潘柏滔译. 南昌：江西人民出版社，2006：126.
③ Gillispie N C. The Edge of Objectivity. Berkeley：University of California Press，1985：317.

物学观点取代，将原始模型转换为原始祖宗，例如，将所有脊椎动物的原始模型变成它们的一个同源祖宗，因此，原始模型不再是思想界非物质的理念，而是大自然历史中存在过的生物。[①]正如罗素所言，“在达尔文之后的世界中，生物种类不再是神所设立原始模型的彰显，而是历史上的一个同源祖宗所遗传而来的结果”[②]。

显然，达尔文这里使用了应对型和预谋型两种科学修辞战略，其战略思想不仅仅是回击思想劲敌的言论，而且还通过直接攻击对手理论的根基使其失去再抗衡的能力，同时还以自己的一套理论取代它们，最终“使他们的立场变为多余的——而且是不科学化的”[③]。

尽管我们根据科学修辞实践的发展，给出了科学论辩语境中的四种宏观上的科学修辞战略以及其实施的框架和过程，但从科学争论或科学论辩的历史和实践来看，情况并非如此简单。因为在科学的论辩实践中，有些争论是短暂而易于解决的，而另一些争论则延续了几个世纪；有些争论是关于普遍真理的，而另一些争论是关于特定观察的；一些争论是关于边缘现象的可信性的，而另一些争论则关于重要理论的运用范围等；而且，在争论时科学家不仅会直接援引那些普遍的元科学原理——客观性、经验性和逻辑一致性等，同时还会诉诸包括推断、类比、隐喻、权威和情感等纯语言的修辞手段。此外，论辩双方甚至还会使用如同游戏或战争中的各种战略来证明己方的论点并驳倒对方的论点。可见，科学修辞战略不仅仅是一种具有宏观指导意义的战略，更是一种具有实战意义、灵活多变的具体的科学修辞战略。

第二节　科学修辞战略的微观分类

事实上，无论在怎样复杂的修辞关涉的科学论辩语境中，我们总会发现，科学论辩会呈现出一种由事实、理论和前提假设等实体性要素组成的网络，这一网络构成了论辩双方利用基本科学修辞战略进行科学争论的基本语境；同时也总会呈现出一种总体性的“贝叶斯修辞”[④]战略——论辩的每一方都会想方设法通过那些灵活多变的权宜性科学修辞战略来提出论据，以提高自己理论的可信性，同

---

① 兰西·佩尔斯，理查士·撒士顿. 科学的灵魂. 潘柏滔译. 南昌：江西人民出版社，2006：126-127.

② Russell B. Form and Function. London：George Allen and Unwin，1920：309.

③ 兰西·佩尔斯，理查士·撒士顿. 科学的灵魂. 潘柏滔译. 南昌：江西人民出版社，2006：127.

④ 约翰·齐曼. 真科学. 曾国屏等译. 上海：上海科技教育出版社，2002：307. 注：按照齐曼的观点，在总体性的“贝叶斯修辞”战略中，许多的论据尽管不一定是“欺诈的”（dishonest），但却是似是而非的。就像律师和政客一样，科学家在争辩中会“慢慢摆脱困境”，退入专门的技术细节，夸大他们同行的意见，将其作为对可疑命题先前解释的良好确证。但是，科学推理与其他形式的论断不同，因为它根本上是贝叶斯式的。在大多数情况下，举例来说，进攻比防御更有力量。这就是为什么科学家经常努力搜寻反对他们不同意见的假说的微小证据，而不是作出更大努力以获得证实他们自己观点的证据。尽管贝叶斯逻辑不能对“驳倒”和“确证”作出原则上的任何区分，但这种不对称（asymmetry）在科学争论的实践修辞中却是非常明显的。

时降低对方理论的可信性，最终实现说服和驳倒对方的目的。下面，我们将对科学史上那些较为成熟的、经典的六种基本科学修辞战略和两种“权宜性”科学修辞战略进行系统考察和案例分析，意在表明科学修辞战略的构思设计、实施意图、传统价值和效果体现。

一、六种基本的科学修辞战略

（一）为前提或假设进行辩护的战略

从根本意义上看，没有假设，任何科学探索都是不可能的。任何准备深入探究自然现象的人必须要对这些现象的情况有一个初步的概念，用康德的术语来说，就像是“在对自然的调查研究中我们所依赖的判断格言——一种先天的判断”。然而，这些假设恰恰也是论辩中最薄弱和最易受到攻击的地方，因为命题所依据的那些假设大多是抽象的并且是无法得到证实的假设，如果这时仍用传统逻辑证明来为这些科学假设的初始条件进行证明的话，必然导致“无穷倒退”的逻辑悖论甚至产生极端的怀疑论。

为前提或假设进行辩护的战略是科学论辩中最早使用也是最频繁使用的一种修辞战略。早在古希腊时期，亚里士多德就注意到修辞可以很好地解决上面提到的问题。他采取的策略是，如果一个前提受到怀疑，就必须说服对话者先承认它，至少是在一段时期内是这样的，一旦目的实现了，那么他们就会很乐意地接受这一前提。这种修辞论证是建立在谚语“分娩之痛很快就会被忘掉的”的基础上的。亚里士多德也正是通过这种修辞战略来为其三段论的大前提来源问题进行辩护的。

众所周知，波普尔已经对猜测或假设的重要性进行了系统阐述，他指出，根本不存在着纯粹经验上的发现，科学发现的过程总是包含着先于事实的经验上的假设。法国著名生物学家、遗传学家莫诺在为假设进行辩护时，明确指出，在科学发现的要素中，或许最重要的是一个他称之为主观仿真的过程，依靠这个过程，我们可以主观地模仿我们周围的事情，基本上说，这就是一种预期的态度。当一个科学家对一个认定的现象感兴趣的时候，他所做的只是力图主观仿造现象的情形，以达到内心表述的外在形式。在和物理学家们包括那些高度抽象的理论物理学家讨论的过程中，他们告诉我们，在理论尚缺乏证据或事实的情况下，他们或多或少都会把自己比作电子或粒子，并且问，假如我是粒子，我会干什么。

而且，莫诺还以自己在生物学上的研究为案例来为这种假设性的主观仿真过程进行辩护，他指出，“大约在 10 年前，我已对在细胞新陈代谢中起一种特殊调节作用的某些酶的特性发生了兴趣。在第一次尝试分析这些调节作用的机制时，我们已有的文献资料对此很难做出解释……因此，我们只能试图通过提出另一种新的解释来解释这一特性，于是我们指出，调节相互作用具有非重叠的不同位点，所以调节有赖于作为一个整体的酶分子的构象转化，这似乎是一个非常可能而又合理的猜测，但我们当时不得不承认用任何简单或系统的实验都很难确证或否定这个猜测，尤其是否定这个猜测更加困难一筹……而只能期待而后的实验来对其进行经验”①。

事实上，在科学探索尤其是科学发现的初期，那些新奇的构想、往往都是源自科学家个人的突发奇想，根本无法找到其逻辑根据，也无法在当下找到事实的支持，也无法得到实验上的验证。例如，德国化学家凯库勒关于苯环结构的构想就是在梦中形成的，沃森的 DNA 双螺旋结构也是在缺乏证据和实验验证的情况下提出的，如果他们不对其进行有效的说明、解释和辩护，其假设要想生存下来显然是困难的；相反，通过他们的语言修辞表达，那些最初带有假设性质的新思想、新方法和新理论最终被纳入他们的范式中，为其最终的胜利赢得宝贵的时间。为前提或假设进行辩护的战略，最大的效果或目的就在于最大限度地消解对这些初始条件或基本前提的怀疑，以期赢得进一步发展和证实自己新生力量的时间，这无疑将有助于保护那些新生的、暂时无法得到经验和事实证实的新理论，避免其在残酷的科学争论展开之前就提前夭折。

（二）经验事实优先性战略

在科学论辩的语境中，论辩双方要想守住己方的阵地，最先也是最典型要诉诸的手段就是借助于科学事实（甚至包括那些低层次的经验规律）。毫无疑问，事实是一个关键性的辩论支持，那些具有压倒性优势的经验证据，或无可辩驳的逻辑，终将超越合理的怀疑，以某种方式形成定局，这也正是科学修辞区别于诡辩术的关键之所在，再雄辩的修辞劝说，如果没有事实这一实体性要素作为支撑或基底，也是无法实现其“有理由”的论证功能的，正如伽利略所说的那样，在科学的论辩场上，“一千个德谟斯泰尼和一千个亚里士多德会被任何一个获得了自然的普通人打发到一边”②。拉图尔甚至将事实的地位绝对化了，他认为，“一旦我们从关于自然的争论走向自然本身，所有这些修辞学的花朵，所有你所描述的那些安置在实验室的巧妙装置，所有这一切都将被拆除……自然直接说话，事实就是事实。一切都结束了。再也没什么可加、没什么可减了”③。

这里所使用的基本论辩战略是经验事实优先性战略：如果 T_1 所基于的基本事实比 T_2 所基于的事实更有说服力、更有权威性、也更得到了普遍的承认，那

① 陈如松. 世界名人论辩技巧赏析：科学巨匠的论辩格调. 当代世界出版社，2007：198-200.
② 布鲁诺·拉图尔. 科学在行动. 刘文旋，郑开译. 北京：东方出版社，2005：158.
③ 布鲁诺·拉图尔. 科学在行动. 刘文旋，郑开译. 北京：东方出版社，2005：168.

么由此得出的理论 T_1 就比 T_2 更具优先性；如果 T_1 预言 O，T_2 预言 $\neg O$，那么，如果实际情况正好与 O 相一致，而且认为，得到 O 的条件与假设是理所当然的，这样就证实了 T_1；如果 T_1 说明了更多的事实，那么，T_1 比 T_2 更可取；如果 T_1 解决了更多的实际问题，那么，T_1 比 T_2 更可取；如果 T_1 说明了对 T_2 来说是反常的事实，T_1 比 T_2 更可取等。

例如，拉卡托斯为此也做过十分精辟的概括和解释，他认为新理论可以在争论中战胜旧理论，要具备以下几个特征："新理论（T′）比旧理论（T）具有更多的经验内容；新理论（T′）能够解释旧理论（T）原先的成功，或在新理论（T′）的内容中包含了旧理论（T）的不可反驳的内容；新理论（T′）多于旧理论（T）的经验内容得到了观察和实验的确证。"[①]"譬如，爱因斯坦相对论之所以比牛顿理论进步，是因为它不仅解释了牛顿理论所解释的每一件事情，而且还能在一定范围内解释一些已知的反常。此外，它还预言了光线非直线传播等，并且有一些得到了确证。"[②]

又如，哥白尼的理论建议：行星该像地球，金星该显示出位相，宇宙必然比先前所认为的要大得多。结果，在他死后六十年，望远镜突然显示了月球上的山脉，金星的位相以及一大群先前没有注意到的恒星，这些观察为这个新理论召来了大批的信徒，特别是在非天文学家中间。这正如伽利略在其著作《关于托勒密和哥白尼两个世界体系的对话》中十分精妙地运用观察事实来批判亚里士多德的天体不变说时所说的一样，他指出，"在我们的时代，的确有些新的事情和新观察到的现象，如果亚里士多德现在还活着的话，我敢说他一定会改变自己的看法。这一点我们从他自己的哲学论述方式上，也会很容易推论出来。因为他在书上说天不变等，是由于没有人看见天上产生新东西，也没有看见什么旧东西消失，言下之意，他好像在告诉我们，如果他看见了这类事情，他就会作出相反的结论，他这样把感觉经验放在自然理性之上是很对的。如果他不重视感觉经验，他就不会根据没有人看见过天有变化而推断天不变了。而现在，多亏有了望远镜，我已经能够使天体比离亚里士多德近三四十倍，因此辨别出天体上的许多事情，都是亚里士多德所没有看见的，别的不谈，单是这些太阳上的黑子就是他绝对看不到的事实，所以我们要比亚里士多德更有把握地对待天体和太阳"[③]。

此外，在波动光学的例子中，使科学家改宗的一个主要因素甚至更戏剧化。当菲涅耳证实了圆盘形阴影中心确有一白点存在时，法国对波动理论的抗拒可以说顷刻之间就完全冰释了。可见，只要新理论能够预言旧理论流行时完全没有料

① Lakatos I. The Methodology of Scientific Research Programmes. Cambridge，New York：Cambridge University Press，1978：32.

② Lakatos I. The Methodology of Scientific Research Programmes. Cambridge，New York：Cambridge University Press，1978：39.

③ 陈如松. 世界名人论辩技巧赏析：科学巨匠的论辩格调. 北京. 当代世界出版社，2007：196.

想过的现象，而且预言在随后得到了经验事实的证实，那么新理论就成为极具说服力的论证。①

尽管与事实相一致是科学的基本价值，经验事实优先性战略也是科学论辩中最基本、最有效的战略，但如果论辩双方都提出有利于自己立场的科学事实，那么辩论就会发生变化，就会借助于论辩语境中的其他实体性要素。正如万德勒所言，哲学并不会满足于"事实胜于雄辩"，我们还需要对各种重要的反对意见作出逻辑上的辩驳。②

（三）理论权衡战略

当所考虑的事实不充分时，或者因为事实太少，而不把事实看成是检验的唯一依据时，论辩双方就会把目光投向其他战略类型的优点上。与事实一样，理论也是科学论辩的重要因素，毕竟理性的力量就是最好的修辞手段，它可以表明某一全新的认知命题是如何有效地从一个已得到很好证实同时又是广为接受的解释性理论中获得的。当然，其有效程度就取决于两者间的联结。比如说，某一特定的论点"来源于"某一理论，或者它是与某一理论"相兼容"的一个论点，或者说，它是"基于"某一理论的论点。

这时就要用到第二种基本论辩战略——理论权衡战略：当经验权衡是相等的或有争议时，就会运用这种战略，其目的在于表明理论与事实之间的关系，理论的内在性质以及它的外在关系。例如，如果 T_1 运用了较少的辅助假设，那么 T_1 比 T_2 更可取；如果 T_1 与其他公认的理论相一致，而 T_2 并非如此，那么 T_1 比 T_2 更可取；T_1 与某些基本原理相一致，那么 T_1 比 T_2 更可取等。

在科学史上，有关现代宇宙学的争论很久以前就有两个相互竞争的学说——稳态说和大爆炸说。这两个学说一直争执不下，直到贝尔实验室的两位研究者在晴朗的一天，出于完全不同的理由，仔细核查天空，意外地碰到了一个事实（宇宙背景辐射），反对第一个学说而支持第二个学说才有了关键的证据，从那天起，宇宙论学家开始愉快地接受了宇宙大爆炸说。

为了能够更加深入地考察这两个相互竞争的学说，我们在仍然缺乏重要的经验证据的情况下——估计是 20 世纪 50 年代末——同时对这两个学说进行描绘。稳态说（T_s）和大爆炸说（T_b）都说明了一定的事实和天文学规律，但是，两者都有缺点。尤其是，T_s 违背了能量守恒定律，因为它要求事物不断地无中生有；它没有场方程式（至少在邦迪和戈尔德的最初版本中是如此），而且，没有说明宇宙为什么会膨胀；它没有明确地提供认为宇宙处于稳定期的界限，即这些界限是否会向着每一个可能的边界延伸，或者说，这些界限是否在邻近的星系内保持

① 托马斯·库恩. 科学革命的结构. 金吾伦，胡新和译. 北京：北京大学出版社，2003：139.

② 泽诺. 哲学中的语言学. 万德勒，陈嘉映译. 北京：华夏出版社，2003：13.

不变；最后，它无法对像氦元素丰度过高之类的现象给出令人满意的说明。另外，T_b 则不能说明星系的表面年龄的差异，而且与恒星中的重元素的合成相互矛盾。

这里，稳态说（T_s）要求事物不断创生的过程违反了能量守恒原理，同时也由于缺少场的方程式而与广义相对论相冲突，而大爆炸说（T_b）却与能量守恒原理和广义相对论相一致。众所周知，能量守恒原理在过去的 60 年里，经受住了所有物理学革命的考验，除非提出最有说服力的理由，否则大多数物理学家是不会接受稳态说（T_s）的。

在这场论辩中，宇宙学上的“观察和计算”显然没有给出充分而有说服力的根据，来决定哪一种学说更优越，或者，决定哪一种学说所起的作用更合理，因为这两种学说的经验优势和劣势，或多或少是均等的。这时，必须找到某些其他的根据，大多数情况下，科学家就会用到理论权衡的战略——例如，既然 T_s 与 O（例如，不可观察的无中生有的新物质）相冲突，与 L（如能量守恒定律）相冲突，以及与 T（如广义相对论）相冲突；既然 O 的确是这种情况，L 是有充分根据的，T 得到了普遍的接受，同意科学追求的目标是实现外部的一致性（理论与事实相一致）和内部的一致性（理论与自身以及已公认的知识相一致）；而且 T_b 说明了 O，不与 L 或 T 相矛盾，那么，从 T_s 转换到 T_b 所达成的共识就是令人信服的，也是很自然的，“就像如果我们信任了父亲，那么也就会信任他的儿子的道理是一样的”①。

（四）传统价值优先性战略

根据亚里士多德的理论以及修辞学的传统，常规就像是“储存箱”，在科学的辩论中，常规经常会充当在不同价值间进行优先选择的原则。其中，最普遍的常规之一就是传统，按照这一常规，那些经常并且会成功地加以重复的东西则会优先于新事物而被选择，用詹姆士的话来说，“常规或常识的思想就是一贯胜利”②。此外，在不同价值间进行优先选择时，还会出现其他的一些常规，如充分性常规（经验上的充分性优先于简单的优雅性）、一致性常规（理论的内部与外部一致性优先于不一致性）、简单性常规（简单性优先于复杂性）以及美学性常规（和谐之美优先于杂乱无常）等。

范·弗拉森也注意到了这一点，他指出，对经验上等价的理论之间进行选择，并不只涉及理论上的信仰，还包括认识论上的维度和实用的维度，其中简单性、“统一性”等都是真正的优点，它们也提供了接受这个而非另一个的理由，也是实用的特点，它们反映了我们对科学的希望，而非世界本身的样子。但

① 马尔切洛·佩拉. 科学之话语. 成素梅，李洪强译. 上海：上海科技教育出版社，2006：92.

② 威廉·詹姆士. 实用主义. 陈羽纶等译. 北京：商务印书馆，1997：94.

范·弗拉森也同时强调，简单性和统一性都是不可以提高真理之可能性的优点，或者说没有理由认为它们能够提高真理之可能性，但科学的合理性和科学实践的合理性[①]使得科学家们有理由相信它们可以作为理论选择的重要依据。

科学史研究者普遍认为，近代科学的开端，哥白尼的日心说之所以能取代托勒密的地心说，其中一个重要的原因就是日心说比地心说简单得多。地心说为了从地球静止的观点来解释天层的表现运动，在每一个天体上都加上了三个圆或圆的体系，哥白尼认为，这类圆使宇宙体系不必要地复杂化了。他假定地球在其本身的轴上每天自转一周，并每年环绕太阳一周，从而把那些圆都废除掉了。哥白尼就是这样把托勒密体系用以解释天层表现运动的烦琐的圆从 80 个左右减少为 48 个。这个体系是他在《天体运动论》中提出来的。

哥白尼的门徒莱蒂克斯在谈到地球绕日运动时说："因为这些造钟者都很谨慎地避免在钟的机件里加进一个多余的轮子，或者只要稍微改变一下另一个轮子的位置，其机能就可以发挥得更好。"哥白尼所做的，恰恰是为用圆周和匀速运动解释天体表现运动的问题提供了最简单的答案，同时也是科学争论中简单性优先于复杂性的最好例证。[②]

此外，美学上优选价值考虑也是科学家梦寐追求的价值目标之一。事实上，科学家并不仅仅是因为有用才去研究自然的，他们研究自然更重要的是从中要得到快乐，而快乐的来源是自然之美，若自然不美，也许就不值得有那么多科学家不懈地去追求其中的和谐秩序和内在韵律。众所周知，爱因斯坦是现代科学家中具有唯美主义倾向的代表人物，著名的天体物理学家邦迪就曾明确指出，"当我提出一个自以为有道理的设想时，爱因斯坦并不与我争辩，而只是说，'啊，多么丑！'只要觉得一个方程是丑的，他就对之完全失去兴趣，并且不能理解为什么还有人在上面花费那么多的时间。他深信，美是探究理论物理学中重要结构的一个指导原则"[③]。显然，爱因斯坦已不仅仅是把美学当作一种简单的价值取向，而是将其看作理论取舍的一个必要条件，认为在众多的理论中就应该选择最美者。事实上，科学家在理论的发现过程中，一方面在不懈地追求着真理，另一方面也在感受着新的发现和新的理论所带给他们的美的感受；同时，人们在接受和评价科学理论时，也会像欣赏艺术品一样欣赏新的科学发现和科学理论中所体现出的和谐之美。

（五）反驳（refutation）战略

从逻辑学看，"反驳"就是"确定某一论题或论证不能成立的思维过程"[④]。

---

① 牛顿-史密斯. 科学哲学指南. 成素梅，殷杰译. 上海：上海科技教育出版社，2006：425.

② 刘大椿. 科学活动论与互补方法论. 广西：广西师范大学出版社，2002：124.

③ Bondi H B. Rival Cosmological Theories. New York: Oxford University Press，1960：15.

④ 金炳华. 哲学大辞典. 上海：上海辞书出版社，2007：405.

可以反驳对方的论题，也可以反驳对方的论据或论证方式。与论证不同，修辞中的反驳战略不是论证己方观点的正确性，而是意在攻击对方的论证或者回击对方的批评；论证的作用在于“探究真理、阐明真理”，而反驳的作用在于“揭露错误、驳斥谬误”①。

一般而言，反驳战略分为直接反驳和间接反驳两种。其中，直接反驳就是用事实或更高级和更可靠的理论直接确定对方论题、论据的错误性或论证方式的不合法性。最常见的直接反驳方法有三种：

（1）提出与被反驳论题或论据相矛盾的事实或权威理论，来确定其虚假性；

（2）使用归谬法，即通过被反驳论题或论据引出荒谬的结论或者与公认理论相矛盾的结论，从而达到反驳对方论证的目的；

（3）直接反驳对方的论证方式，“指明从对方的论据推不出来其所要证明的论题，在对方的证明过程中所运用的推理形式是违反了逻辑规则的”②。

而间接反驳是一种迂回反驳的战略，也许直接反驳存在证据或理由上的障碍，所以采取间接的反驳方式，即先树立一个与被反驳论题相对立或相矛盾的论题，论证其为真，然后根据矛盾律，确定被反驳论题为假。

从推理的形式看，反驳又包括演绎反驳（deductive refutation）和归纳反驳（inductive refutation）两种方式：演绎反驳是指通过己方的一般原理或对方的一般原理推出一系列的个别性推论或命题，指出己方个别性推论的正确性或者对方个别性推论的荒谬性的反驳方式；而归纳反驳是通过个别符合事实的特殊来直接反驳对方具有普遍意义的命题。

作为论证的一种特殊形式，无论是直接反驳还是间接反驳，也无论是采取演绎反驳还是归纳反驳的推理形式，要使其有效合法，也都必须遵守论证的规则，“正确论证的必要条件，如论题必须明确，论题应当保持同一，不能转移和偷换论题；而论据应当是已经确定为真的判断，论据的真实性不能依赖于论题真实性来证明；论证方式必须保证能由论据正确地推出论题，引入的非基本论据应由基本论据合乎逻辑地推导出来”③。

此外，在修辞的专属王国内，亚里士多德也给出了四种反驳的方式：攻击对方的修辞推论、指出相反的说法、提出相似的说法和利用名人的判断。

（1）攻击对方的修辞推论：“例如，如果对方的修辞式推论论证爱情是好东西，我们可以提出两种异议，每一种欲望都是坏东西，或者没有坏的爱情，就不会有‘考诺斯爱情’这句谚语。”④

（2）指出相反的说法：“例如，如果对方的修辞推论是，一个好人对他的每

① 金炳华. 哲学大辞典. 上海：上海辞书出版社，2007：405.
② 金炳华. 哲学大辞典. 上海：上海辞书出版社，2007：406.
③ 金炳华. 哲学大辞典. 上海：上海辞书出版社，2007：406.
④ 亚里士多德. 修辞学.罗念生译. 上海:上海人民出版社，2005：154.

个朋友做好事；我们可以提出异议：一个坏人并不对他的每个朋友做坏事。”①

（3）提出相似的说法：“例如，如果对方的修辞推论是，受害者永远怀恨，我们可以这样提出异议：受惠者并不永远爱戴。”②

（4）利用名人的判断：“例如，如果对方的修辞推论是，对喝醉了的罪犯应该原谅；我们可以这样提出异议：那么庇塔科斯就不值得称赞了，否则他就不会制定严惩因喝醉酒而犯罪的人的法律。”③

逻辑学中的反驳和亚里士多德的修辞学中的反驳也构成了科学修辞论证中基本有效的反驳方式，成为论证双方提出异议、驳倒对方的主要手段和战略，在科学史上更是不乏这样的案例，甚至有些科学家“有意识和有目的”将争论与反驳设置为自己理论和思想的展示方式。

例如，在伽利略《关于两个世界体系的对话》一书中，有三个主要的人物：萨尔维亚蒂、萨格雷多和辛普利西奥，其中萨尔维亚蒂和萨格雷多是伽利略的老朋友，而辛普利西奥则是伽利略争论对手的综合体。而伽利略正是通过修辞与反驳的写作方式完成了三个人物在四天之内进行的一系列对话：“先通过辛普利西奥之口提出其对手的观点，再增加一些其对手不曾想到内容，然后以有力的论证、嘲讽的语言推翻对手的论断。”④

辛普利西奥在谈到太阳、月亮与恒星的常识时，争辩说：“这些天体除了被安排来为地球服务之外，并无其他用处，除了保持光和运动之外也没有其他性质。”⑤

萨格雷多立刻反驳道：“这是什么？你能肯定，自然产生出如此之多的完美高贵、永恒不朽的天体，仅仅是为了服务这个多变衰退的地球吗？只是为了侍奉一个肮脏沉沦的宇宙废物吗？”⑥

萨格雷多进一步诘问反驳说：“我不明白，按您所言，太阳和月亮对地球的作用，与把大理石雕像送到新娘床上并指望他们能结合生育有何不同”⑦。

在近 500 页的《对话》中，伽利略之所以采用这种修辞的写作方法，一方面是借别人之口进行争辩和反驳有助于保全自己使其免受宗教势力的迫害，赫尔曼也认为，“伽利略把辛普利西奥描述成一个狂热的蠢材，然而辛普利西奥的言行越是可笑，伽利略的真实目的便越是暴露无遗……也许正是这种对胜利的渴望，使他觉得让辛普利西奥来做教会的代言人是一个既解气又不招来危险的好办法……”；另一方面伽利略“也是迫不得已：伽利略本想直接讨论托勒密和哥白

①②③ 亚里士多德. 修辞学.罗念生译. 上海：上海人民出版社，2005：154.

④⑤⑥⑦ 哈尔· 赫尔曼. 真实地带：十大科学争论. 赵乐静译. 上海：上海科学技术出版社，2001：16.

尼体系的宇宙学问题，但他却发现很难做到这点，因为托勒密的理论本身就是一个复杂的混合体，是一个包含科学、哲学和宗教的完整体系……显然，伽利略在进入宇宙体系讨论之前，不得不艰难地捣毁原有的信仰大厦。一块砖又一块砖，一个观念又一个观念，虽然笨拙，但却有效”[①]。伽利略这里正是通过步步为营的反驳和反攻实现了驳斥对方观点和树立己方观点的目的。

又如，争论一方：牛顿的“绝对时空观”及其“超距作用”的存在。

反驳的另一方：笛卡儿提出的物质的唯一属性——广延性。

笛卡儿的反驳论证：笛卡儿首先采取直接反驳的方式，提出与被反驳论题或论据相矛盾的事实，来确定其虚假性。他认为“绝对时空观”及其“超距作用”根本不存在。在此基础上，笛卡儿又采取演绎反驳的论证方式，从物体运动的原因是物体互相作用而造成的压力和碰撞，一切运动都是空间位移的机械运动这一普遍原理出发，又推出了三个基本运动规律和七条碰撞规则，其中一条运动定律指出，惯性运动是直线运动，而非伽利略的圆周运动。

再如，争论一方：德国化学家施塔尔于1703年提出的“燃素说”，基本观点包括：火是由无数细小而活泼的微粒构成的物质实体，这种火既能与其他元素结合成化合物，又能单独游离存在，大量游离的火微粒聚集在一起形成明显的火焰；这种火微粒就是燃素，它充斥于自然界；一切与燃烧有关的化学变化都可以归结为物体吸收或释放燃素的过程。由于“燃素说”成功地解释了当时的许多化学现象，并在一定程度上解答了生产实践和化学实验中提出的若干理论问题，因此很快成为当时盛行的理论。

反驳的另一方：1777年，法国化学家拉瓦锡提出了“氧化学说”：物质只有在有氧气存在的时候才会燃烧，燃烧时放出光和热；空气是由不同的成分组成的，物质在空气中燃烧时要吸收空气中的氧气，因而重量增加，增加的重量等于所吸收的重量。

拉瓦锡这里采取的反驳的方式就是归纳反驳，不管“燃素说”先前有多么的成功、多么的广为科学家接受，只要抓住了对方的一个反例就足以推翻对方的整个理论。事实上，在拉瓦锡提出“氧化学说”之前，他重复做了大量的燃烧实验，并受到普利斯特氧气实验的启发，认识到燃烧时并没有燃素参加反应，而是空气中的氧参加反应的结果，仅仅是这一点就足以推翻“燃素说”了，尽管它是当时盛行的理论，也广为当时的化学家们所接受，但拉瓦锡的一个归纳反驳——氧气实验就将“燃素说”击败。

可见，归纳反驳是最富效率的一种反驳方式，不管对方为了自己的论点作出了多么严密的论证，也不管对方的理论先前得到了多少次成功的检验，反驳一方

① 哈尔·赫尔曼. 真实地带：十大科学争论. 赵乐静译. 上海：上海科学技术出版社，2001：16-17.

只需找到一个符合事实的特殊情况就可以实现反驳的目的，尽管这种反驳的充分决定性有待考证，但它确实有高效的反驳，难怪波普尔会那样地推崇他所谓的证伪原则。

又再如，争论一方：尽管面对哈维的实验事实，血液循环理论的反对者法国医生吉·利奥郎由于担心哈维的理论会摧毁放血治疗法，而拒绝接受哈维的理论。

反驳的另一方：面对利奥郎的无理反对，哈维采取了亚里士多德提出的相似反驳战略，他反驳说："有谁在品酒之前就相信甜酒或新品酒比水好喝？又有谁能通过争论就说服一个盲人相信太阳的明媚和星星的璀璨？血液循环理论也是如此……"①

（六）权威论证战略

简单说，权威论证就是向那些"地位更高和为数众多的盟友求助的举动"②，可以说，权威论证是科学修辞战略中最古老、最直接、最常用和最有征服力的一种战略。一旦论辩一方使用权威论证，例如，引用权威理论，那么他置对手的境地是——我的观点、理论是符合本领域权威、核心原理、定律或法则的，而你的观点则与之相悖，那么你反对的就不仅仅是我的理论了，而是反对的我们论题相关的权威、核心原理、定律或法则，那么除非你能够推翻这些金科玉律，否则你的反对或立场就是无效的或没有说服力的；又如，论辩一方借用权威期刊、权威数据、权威学术机构、权威人士、权威官员及权威论辩场外人士，那么论辩就从"此先生变成了众先生"③，引用权威论证的一方一下子从孤军奋战的战士转变成为有大批援军支持的军团，对方也一下子感到了势单力薄，修辞的力量在这里体现得淋漓尽致，如拉图尔所言，"修辞的力量就在于使异议者感到孤单"④。

权威论证案例

姜萍在《修辞学视野中的转基因技术争论研究》一文中系统翔实地分析了科学修辞权威论证战略在现代科技领域特别是在中国当下科技领域内的作用。她指出，在 2009 年，我国农业部批准了两种转基因抗虫水稻和一种植酸梅转基因玉米的生产运用安全证书，"我国成为首个批准主粮转基因种植的国家"，就此产生的转基因食品的安全问题引起了广泛的关注和争议，争论的一方是 10 名院士，建议推进转基因产业化发展；另一方是百名学者致信全国人大，要求停止转基因主粮商业化生产。争论双方都力求寻求各种修辞资源、手段为自己辩护，这些辩护资源，无论是物还是人，都借辩护者之口从不同角度揭示了转基因主粮商业

---

① 乔尔· 利维. 科学争论. 张雷等译. 长沙：湖南科学技术出版社，2011：85.
②③ 布鲁诺·拉图尔. 科学在行动. 刘文旋，郑开译. 北京：东方出版社，2005：51.
④ 布鲁诺·拉图尔. 科学在行动. 刘文旋，郑开译. 北京：东方出版社，2005：73.

化应用可能带来的巨大效益或潜在风险[1]。

当论辩双方进入论辩场，首先要审查的就是双方资格的合法性，如果缺乏资格的权威性，论证的力度就会大大削弱；其次，如果双方都没有更有力的实物或实证的现实证据的话，双方最有可能诉诸的就是权威论证了，因为在当前世界范围内，并不存在着现实的、直接的或被时间和实践验证了的经验和理论证据可以表明转基因主粮就是安全的或是不安全的，这就为权威论证战略留下了充足的施展空间。

事实上，在这场引发国民关注的关于转基因主粮是否可以产业化的论辩中，双方主要运用了以下五种权威论证。

1. 参与论辩的主体资格的合法性、权威性

在论辩开始阶段，反转方首先会受到的最多的攻击就是身份的合法性和权威性，因为主要由人文学者组成的反转方阵营在主要由自然科学家组成的挺转方阵营看来，根本就是些“门外汉”，这些人文学者的主张或观点由于缺乏相关的知识背景和理论素养，因此都是“一些外行人说的外行话，表达的激进主张而已”[2]。正如华中农业大学教授、国家重大科技专项“抗虫转基因水稻新品种培育”项目负责人林拥军所说：“有些人很顽固，很难说通，包括一些官员，接触了很多网上负面的东西，根深蒂固，也要给他们做科普，不厌其烦地解释给他们听。我觉得真正的专家，在研究方向内的事情才敢说话，我虽然学分子生物学，但是是搞水稻的，让我说玉米的事我就不是专家，可现在有些搞经济、历史或军事的人都敢说转基因是怎么回事儿，这是既不严肃也不科学的一个态度。”[3]

显然，在论辩的初始阶段，大多数反转方由于资格上的权威性较弱而处于甘拜下风的境地。“有条理的怀疑主义”[4]在这里承担了正式的论战的“看门人”的角色。

2. 诉诸权威理论

然而，反转方当然不会就此善罢甘休，毕竟修辞的武器不只有一件。换句话说，修辞的魅力和麻烦就在于此。反转方马上拿出最有说服力的武器——权威理论论证。反转方指出，“转基因技术是对自然生命形式的肆意篡改，违背了自然规律。从理论上讲，转基因进入食物链的出发点就是错误的，是非自然的，虽然

---

① 姜萍. 修辞学视野中的转基因技术争论研究. 科学技术哲学研究，2011，(6)：96.

② 姜萍. 修辞学视野中的转基因技术争论研究. 科学技术哲学研究，2011，(6)：97.

③ 转基因大米正做猕猴喂养实验专家自己连吃14年. http：//www. wuxitaiyuan.cn/NewsCenter/ n1578.html [2013-10-21].

④ 约翰·齐曼. 真科学. 曾国屏等译. 上海：上海科技教育出版社，2008：299.

基因交流在自然界是客观存在的，但大都发生在同种或同属的物种之间。而跨种间的基因交流，在理论上讲是零概率事件。这种任意篡改自然生命形式的行为在道德上是成问题的，在科学上也是违背生物进化规律的，人类的肆意妄为必将会在未来遭受到大自然的惩罚”①。

而挺转方也不甘示弱，他们根据现有的理论，指出“转基因技术与传统育种技术没有本质区别，都是品种改良的重要手段，在原理和追求的目标等方面是一脉相承的，甚至在所交流的遗传信息内容上，转基因技术实际上更清楚、更明确”②。中国科学院植物研究所研究员蒋高明介绍，转基因水稻是在水稻中引入抗虫基因，使得水稻能分泌一种 BT 毒蛋白物质，虫子食用后会被毒死，因而能够产生防虫效果；林拥军也指出，转基因技术本身不存在安全不安全的问题，只是一个技术，是中性的。

这是论辩的关键阶段，因为双方都拿出了“致命武器”，双方的论辩转化为切题、扣题的有效论证，双方的较量也已经演化成有理论支持的证据的较量。从科学修辞的角度看，反转方在这一次的交锋中取得了上风，因为他们根据的是生物学领域中最权威、最核心的理论——生物进化规律，它取得的效果是，除非你能证明该权威理论错误，否则你所依据的现行理论的论证效力就弱于它，毕竟尽管有几年或几十年实践支持的现行理论无法与该领域盛行几百年的权威理论相比。

3. 借助权威人士

- 挺转方：

时任华中农业大学生命科学技术学院院长、作物遗传改良国家重点实验室主任的张启发，是支持主粮转基因的代表人士。2009 年，张启发领衔的华中农业大学研究团队获得农业部颁发的两张转基因水稻安全证书，是中国至今仅有的两张。同时，张启发还提到海外有 49 位专家专门写信给国家高层，建议推动转基因农作物产业化，据了解“得到非常正面积极的回应”。国内 61 位两院院士也就此向国家领导人上书进言。张启发表示，这次措辞急迫，分析国际国内形势，认为推进转基因水稻产业化已到刻不容缓的地步，否则就会误国。

此外，华中农业大学教授、国家重大科技专项“抗虫转基因水稻新品种培育”项目负责人林拥军和中国农业大学食品科学和营养工程学院副院长黄昆仑也在实验阶段形成了挺转方的“权威人士”。

- 反转方：

环境保护部生物多样性研究首席专家薛达元告诉《国际先驱导报》，由于水

①② 姜萍. 修辞学视野中的转基因技术争论研究. 科学技术哲学研究，2011，(6)：97.

稻是主粮，世界各国都比较慎重，“转基因的大豆、玉米、棉花有商业化种植的，但是转基因水稻，还没有哪个国家进行商业化种植”①。

中国人民大学农业与农村发展学院副院长郑风田提出质疑说：“如果在全球还远未达到共识的情况下，我们贸然去进行转基因水稻大面积的商业化种植，这种‘敢为天下先’是不是也太超前了？”②

中国科学院植物研究所研究员蒋高明介绍，转基因水稻是在水稻中引入抗虫基因，使得水稻能分泌一种 BT 毒蛋白物质，虫子食用后会被毒死，因而能够产生防虫效果。但蒋高明也发出同样的质疑：“水稻是人类的主粮，昆虫无法下口，人类长期食用难道就没有害处吗？”③

更为关键的是，反转方这次得到了水稻专家袁隆平的支持，袁隆平说，“我个人认为，政府应该特别慎重批准转基因植物商业化。科学家不能完全预知对生物进行转基因改造有可能导致何种突变，而对环境和人造成危害。虽然实验非常成熟，但其对人类可能造成的影响，或许要在未来几代人后才显现”④。

众所周知，科学组织机构虽不是等级森严的机构，但不同等级的科学家的影响力和说服力是不同的，例如，圈内的不知名的人士怎么能与顶级专家相抗衡？这就是权威人士的论证力量，虽然不能形成理性上的有效论证，但却可以形成非理性上的有力论证，从而压制对手，也可以在影响力上覆盖对手。这正如拉图尔所言，“你如果反对 1 名院士、10 名院士或是 20 名院士，那么他们背后有更多的部门、机构和院士的立场需要你去说服、争辩。到头来你会发现，你反对的不再仅仅是 1 名院士、10 名院士或是 20 名院士，而是几十名、上百名乃至上千名的一个强大的精英科学家群体的立场”⑤。

因此，争取到更多更有影响力的权威人士的支持似乎成了这次转基因论辩双方花费精力最多、所造声势最大的主战场，双方谁都不愿意失去这块阵地，你去争取教授、院士，我就去搬出专家、海外“兵团”，因为一旦失去了权威人士的支持，在现今社会中就意味着话语权的丢失，即使所持观点再有说服力也很难获得平等对话的入场券。

在这一回合的交锋中，挺转方和反转方势均力敌，双方均搬出了足够分量的权威人士，难分高下，由此形成对峙之势。

4. 援引权威数据

在修辞论辩进入到焦灼状态时，尽管论辩双方都使出了浑身解数，不断地

①②③④ 转基因水稻安全性遭质疑 袁隆平称不能预知危害. http://scitech. people.com.cn/GB/10915922.html ［2010-2-3］.

⑤ 姜萍. 修辞学视野中的转基因技术争论研究. 科学技术哲学研究，2011，(6)：99.

“给理由”试图说服对方，但都无果，那么论辩双方就会提出进一步的引证——“你怀疑我写的东西，让我演示给你看”①，于是论辩双方就会转向求助各自的权威实验数据，因为在缺少或难以进行充分实践检验的条件下，双方就会顺其自然地去援引权威实验室中的数据，从而形成“权威实验理由”，弥补实践上的缺憾。

众所周知，挺转方和反转方就主粮是否可以借助转基因技术而获得大面积商业化种植而展开的论战，其关键之处在于无法或不可能通过充分实践（实践的安全性要求之所在）进行检验，毕竟小规模的试验与大规模的种植实践在时间上、空间上和操作上是无法比较的，因此，双方此时最有效的“修辞武器”就是去援引更多、更权威的实验数据来获得更有说服力的证据理由。

● 挺转方：

张启发指出，中国目前批准商业化生产的转基因作物有延长贮藏期的番茄、抗虫棉、抗病毒甜椒、花色改变的牵牛花、抗病毒木瓜，这些在拿到安全证书后都已顺利投产，唯独对水稻提高门槛，无法开展品种审定，也就拿不到上市所需的生产许可证和经营许可证。②这样的修辞论证逻辑属于类推，既然属于同类别的 A、B、C、D、E 等已经获得了权威数据的支持，那么同类别的 F 为什么就不能获得认可？

更为主要的是，挺转方获得了试验阶段上的数据支持，极大地增强了挺转方的说服力：

中国农业大学食品科学和营养工程学院副院长黄昆仑透露，的确是农业部托他们进行转基因大米动物喂养试验的。黄昆仑说：“猪、猕猴胃肠道消化过程与人极为相似，其生理性和杂食性与人也很相似，采用他们做试验能更大程度反映出人类食用转基因大米的安全性。”据悉，这次试验时间是 90 天。中国农业大学副教授车会莲表示，90 天从毒理学来讲，可以看作是较长时间喂养，实验结果显示，在 90 天的喂养时间内，试验用猪没有中毒或者死亡现象，皮毛顺滑，行动灵活，饮食正常，生长发育状况良好。最后，黄昆仑得出结论说：“这说明在这个时期内，转基因大米和非转基因大米喂养的小型猪在影响方面、安全方面是一样的。”③

此外，林拥军也进行了实验证实，他对白鼠做了 90 天的喂养实验，还做了三代繁殖实验，结论都显示食用转基因大米与普通大米并无差别。林拥军还表示，食品与药品不同，上市前无需做人体实验，但他自己从 1999 年来已连续 14 年吃转基因大米，至今身体无恙。

---

① 布鲁诺・拉图尔. 科学在行动. 刘文旋，郑开译. 北京：东方出版社，2005：106.

② 商西. 转基因大米做猕猴喂养实验. 京华时报，2013-10-21（5）.

③ 农业部回应转基因大米动物试验：旨在科研. 北京青年报，2013-10-26（3）.

● 反转方：

反转方在援引权威数据上更不甘示弱：

首先，反转方列举了近年来由转基因作物引发的安全性事件。2001 年的“墨西哥玉米基因污染事件”、2002 年的“转基因玉米混进美国大豆事件”和 2006 年的“转基因大马哈鱼逃逸事件”。2007 年，法国科学家证实，世界最大的种子公司美国孟山都公司出产的一种转基因玉米对人体肝脏和肾脏具有毒性；2008 年，美国科学家也证实了长时间喂食转基因玉米的小白鼠免疫系统会受到损害，该研究成果发表在同年《农业与食品化学》杂志上；2009 年 12 月 22 日，法国生物技术委员会最终宣布，转基因玉米“弊大于利”。

其次，反转方也通过援引权威实验数据形成了强大的反驳理由：

“绿色和平组织”食品与农业项目主任方立峰通过广泛搜集并且观察相关的实际案例，提出那些得出有关转基因作物可以减少农药用量的结论还为时尚早。以转基因抗虫棉为例，在刚推广的头几年，对棉铃虫确实有效果。但好景不长，去年就有媒体报道，江苏推广转基因棉的第 5 年，棉铃虫虽然被基本控制，但盲蝽象、烟粉虱、红蜘蛛和蚜虫等刺吸式“小害虫”集中大爆发，“小虫成大灾”，用药量反而猛增。此外，方立峰还认为，从棉花的例子看，转基因作物的产量并不比非转基因的高，遇到灾害天气时，产量反而更低。①

最后，反转方通过反驳挺转方援引的权威数据，削弱了对手的可信度。反转方指出，转基因水稻的潜在风险短期内可能看不出来，需要长期观察。90 天乃至更长的几十年时间仍然不足以打消人们对转基因技术的顾虑：①环境顾虑，转基因污染、增殖、扩散及其清除途径上的不确定性；②生物学进化论上的顾虑，转基因对生命结构改变后的连锁反应上的不确定性；③食品安全顾虑，转基因导致食物链“潜在风险”上的不确定性，毕竟 90 天的小规模试验期对于地球生命的几十亿年的进化史而言在时间上、空间上都是微不足道的。

显然在这一阶段，反转方的反驳是成功的，既通过援引实验室中的数据获得了权威数据上的支持，还通过列举挺转方的反面案件以及质疑对方援引的权威实验数据中的弱点，从而使论战一下子变得有利于反转方，迫使挺转方去寻求其他的救兵。

5. 搬来社会救兵，包括政府官员和场外人士

● 挺转方：

挺转方由于在论辩场上无法完全说服反转方，最后只能转向求助论辩场外的

① 转基因水稻安全性引发质疑，最迟 5 年走上餐桌. 北京青年报，2010-2-2（5）.

力量，多次“巧妙地”把判定论辩胜负的审判之剑交给了政府官员。

面对科学论辩的窘境，挺转方代表张启发提出，“转基因产业化的决策依靠民意不是聪明的做法，应按照国家的法规办，按程序走，如果法规不对就修改，正如球赛谁输谁赢由裁判说了算，而不应该看哪一方支持者多”①。他并进一步指责转基因水稻产业化最大的阻力在于政府无决策，即正是政府的不作为导致了转基因水稻无法产业化。

按照科学修辞的合法和有效的论辩机制，这显然是非法的、无效的修辞，如果在科学论辩中无法通过更有说服力的论证击败对手，而转向求助论辩以外的力量来干预论辩甚至直接压制对手的话，这就相当于是自己放弃了论辩——败走于麦城。

● 反转方：

反转方从一开始就获得了最大范围的社会支持，牢牢抓住了民意所向。正如反转方中的民间代表人士崔永元所说的那样，“转基因新技术涉及方方面面，每个人都有发言权，我去日本时就看到日本政府公开表示转基因农作物被承认前需要听取各位国民的意见，鼓励民众参与投票，并在做鉴定的同时公开向全社会征集消费者的意见和建议”。“虽然你们懂得转基因，但并不懂得社会的全部，这个世界除了自然科学还有人文科学。”②

综上案例分析，尽管我们还不能明确说这场修辞论辩结束了，因为留下的争议需要今后实践进一步地检验，但无论如何，它给我们的启示是值得深思的。在科学论辩的语境中，特别是在当下的“大科学”时代背景下，科学修辞中的权威论证是科学家们有意或无意、主动或被迫使用的经常性的论证战略之一。

但权威论证与其他的科学修辞战略一样，也具有两面性，其负面性也不容忽视，我们将在科学修辞战略的局限性一章中详细论述。

通过对上面六种基本科学修辞战略的分析，我们可以得出下面的结论——在科学论辩的语境中，一个理论 T 在理性上是可接受的，当且仅当，它得到了有效论证的支持，或者说，支持理论 T 的论证比支持理论 T′的论证更有说服力。按照齐曼的观点，这里的有效论证是指，科学家们为了最大范围地达成共识，即在有争论的研究结论的可接受性上达成“合理的一致”，而进行的富有效率、富有成果或富有战略的论证，在其中，科学共同体通过他们的竞争，可以在许多事实和理论上达成有效的共识，但有时科学说明又必然是解释学的，也就是说，它的意义必须通过主体际性来确立，并能通过移情作用——他们对人类的境况的共同体验和理解——被研究共同体的成员所分享，共同体成员感到他们共享的不是

① 张启发：转基因水稻产业化的决策不应依靠民意. http://club.china.com/data/thread/1011/2765/00/87/9_1.html［2013-10-21］.

② 崔永元：虽然科学家懂得转基因 但并不懂得社会的全部，京华时报，2013-10-21（5）.

某种教条，而是一个范式，即他们所相信的在生产可靠知识的过程中非常有效的一整套认识实践[①]，显然在这一整套认识实践中，上面我们所提出的六种科学修辞战略——为前提或假设进行辩护的战略、经验事实优先战略、理论权衡战略、传统价值优先性战略、反驳战略和权威论证战略——是进行科学有效论证，也是科学共同体达成共识最常用、最实用、最有效和最基本的“真实战略”。

二、两种权宜性的科学修辞战略

为了实现总体性的“贝叶斯修辞”战略，论辩双方不仅会使用上面提到的基本论辩战略，而且还会根据其当下所处的条件、背景来灵活地使用各种权宜性修辞战略，所谓“权宜性”科学修辞战略是指那些非常态、非正规的科学修辞战略，它只在特定的语境中有效，语境一旦发生改变，“权宜性”科学修辞战略随之失效，它仅仅是科学家为应对复杂局面或境遇而发明的特定战略，不具有普遍性而只具有当下性。

1. 得到或失去结果的战略

得到或失去结果的战略实质就是一种“诱惑”战略，其核心思想是，只有当人们根据下列建议支持一个理论或假设时，这种战略才会起作用。这种建议是，如果不选择这个理论或假设，就得不到所希望的某些结果；或者说，如果不接受这个理论，那么将会失去所承诺的某些结果。举例来说，一种新的研究思路，会揭示出新的、以前从未预料到的可能性；或者说，如果不采取特定的方式，那么将会失去现在认为是已经得到的知识；或者说，如果不提出一个特定的理论，或者，不作出一个特定的假设，那么就无法整理或说明某些相关的事实。

举例来说，哈维在《心血运动论》一书的结尾就使用这种修辞战略，同时这也是他惯用的略带有挑衅性的修辞战略，他常常向那些反对者们提出挑战，让他们在不借助血液循环理论观点的情况下，去解释由他的理论所做出的对解剖结构和生理现象的描述，“所有这些现象，以及许多其他现象，凡是在解剖过程中被记载下来的，如果认真地估量一下，似乎就能很清楚地说明和完全证实这本书所讨论过的真理，同时可以抗衡人们习以为常的见解，因为用其他方式很难解释我们所看到的各种心脏、器官及血管的结构、分布和用途”[②]。

达尔文提供了运用这种战略的又一个范例。在《物种起源》的第 14 章（“概述与结论”）中，他用几页的篇幅专门讨论了“支持该理论的特殊事实和论证”，他运用了“我们看到”“我们能够看到”“我们能够理解”“我们会很容易地理解”

① 约翰·齐曼. 真科学. 曾国屏等译. 上海：上海科技教育出版社，2002：313.
② 威廉·哈维. 心血运动论. 凌大好译. 西安：陕西人民出版社，2005：107.

“我们不需要奇迹”等相同的表达多达 37 次；运用了“事实是奇怪的”“不可说明的”“完全无法说明的”[①]之类的短语至少有 9 次，其目的在于表明，如果人们接受自然选择的理论，那么大量的事实就能得以说明，而如果选择物种不变的理论，许多事情依然是神秘的。

此外，进化论阵营中的主角赫胥黎也是利用这种战略来为进化论进行辩护的，他告诉我们：《物种起源》的出版，对于当时的科学家，好像黑暗中的一道闪电。我们不愿意相信这种或那种空想，而要抓住可以和事实对照、经过考验正确无误的明白确定的概念，《物种起源》把我们所需要的工作假设给予了我们。不但如此，它还有一个极大的用处，那就是它使我们脱离了一个进退两难的处境：“你不愿意承认上帝创造世界的假设，可是你又能提出什么学说，让任何慎思的人都能接受呢？”[②]接着，赫胥黎又补充说，“1857 年我不能回答这个问题，也不相信有什么人能够回答这个问题，但在一年后，我们就会责怪自己居然会被这样的问题难倒，真是太愚蠢了”[③]。

2. 保全性战略

自然科学上的学术争论，无论是科学本质上的分歧，还是涉及世界观和方法论的争论，都属于纯学术的问题，只能通过学术上的自由讨论和科学实践来解决，如果采用简单粗暴的方法和利用科学外部的力量，如皇权和宗教力量的干预，往往会危害科学的发展。

众所周知，在文艺复兴之后，意大利曾迎来科学繁荣的局面，一度成为世界科学活动的中心。但自 1633 年罗马宗教裁判所对伽利略进行审讯和人身监禁之后，意大利的科学活动很快衰落下去，以致在长达三百年的时期里，没有再出现重要的科学家。此外，1829 年，18 岁的青年数学家伽罗瓦将自己关于群论的研究论文递交给法国科学院，然而数学权威柯西和傅里叶都把这份重要论文丢失了。1831 年年初，伽罗瓦又将其论文交给著名数学家泊松，再次遭到否决和指责。直到 1846 年，伽罗瓦的论文才得到发表，但伽罗瓦早已死去十多年了。1884 年，瑞典化学家阿累尼乌斯提出了在化学发展中具有革命性意义的电离学说，却也被当时的化学权威们斥责为“胡说八道”“奇谈怪论”“纯粹是空想”。

事实上，科学的推理——以达尔文的自然选择作证——无论如何是合乎逻辑的，它往往得花费多年的时间来克服科学界本身的惰性，在它形成大多数正常心智的人之思想的基本因素以前，可能还需要更长的时期[④]，同时面对科学史上屡见不鲜的皇权或宗教对真理进行干预和压制的情形以及高级权威对新理论和新思

① 达尔文. 物种起源. 周建人等译. 北京：商务印书馆，2002：476-497.

②③ W. C. 丹皮尔. 科学史及其与哲学和宗教的关系. 李珩译. 桂林：广西师范大学出版社，2001：268.

④ 卡尔·皮尔逊. 科学的规范. 李醒民译. 北京：华夏出版社，2003：55.

想鄙视和漠视的态度。科学家们越来越认识到，与其长时间的受埋没、受压制或漠视，不如采取某种策略，来绕过或借助它们的力量，从而保全自己的理论和切身的利益。

事实上，迫于当时的时代背景和盛行理论权威的压力，许多新学说、新思想或新理论的主张者们有时不得不使用保全性战略，从而使他们的新思想获得共同体或世俗认可的“入场券”，例如，他们会借用当时盛行权威的影响来为其新思想提供依据，尽管有时这种权威正是新思想所要批判和推翻的对象；他们也会求助皇权甚至是宗教的力量，一方面有可能得到经费上的支持，另一方面希望一旦得到了皇权或宗教的支持，其新思想就有可能成为其册封下的“正统”思想。

众所周知，哈维的理论在当时受到了强烈的反对，尤其是来自欧洲大陆的反对，为此，哈维不仅利用皇权力量来保全自己的新理论，而且还借助当时盛行的理论权威，哪怕是去借助那些其理论正要反对的理论权威，来为自己的理论进行辩护。

首先，哈维在《心血运动论》一书的开篇致辞中，就明确要将本书献给：

最杰出最无畏的君主——查尔斯，他是大不列颠、法兰西和爱尔兰的国王，真正信仰的捍卫者：动物的心脏是它们生命的根本，是其体内一切事物的主宰，是它们的小宇宙的太阳，所有的生长依赖于心脏，力量来源于心脏。而国王，是他的王国的根本，他周围世界的太阳，共和国的心脏，所有力量和天惠的源泉。按照当今习俗，我冒昧地将我这篇关于心脏运动的文章献给您，因为人类所从事的一切事情几乎都是以人类楷模——国王——为典范的，而国王的很多行为是遵循心脏运作模式的。因此，心脏的知识对于一个君主来说并非没有用处，就如同是在领悟君主职能的一种神圣模式，何况人们是常常将平凡小事与伟大的事情相对比的。这里，最英名的君主，您凌驾于人类之巅，故可以立即直观到作为人体内动力源泉的心脏——您至高无上权力的象征。因此，我热切地恳求您，杰出的国王，用您一贯的宽厚和慈祥接受我这篇关于心脏的新论文；您，时代的新曙光，也正是这个时代的心脏；富于美德和仁爱的国王啊，我们愉悦于您带给英格兰的一切幸福和我们生活中的全部快乐。”（落款居然是）“您忠实的奴仆——威廉·哈维。①

如此伟大的科学巨匠之所以会写出如此“卑微”的致辞，其原因是不难理解的，同时也是世人皆知的，因为哈维要想在事业上获得进展或成功，得到英国皇家的支持是哈维当时首先要做的事情，在当时能够获得皇室的资助或批准就如同今天科学项目获得了国家或政府的支持。众所周知，哈维曾经先后做过詹姆斯一世和查理一世的御医，并自始至终与皇室保持着密切的联系，查理一世甚至将皇

① 威廉·哈维. 心血运动论. 凌大好译. 西安：陕西人民出版社，2005：1-2.

家公园的鹿提供给哈维进行科学实验。

其次，诉诸高级权威。这既包括哈维为了使其理论获得认可，而“委曲求全”般地“讨好”当时的学术权威——皇家医学院院长——阿尔杰，另外，哈维为了保持理论在某些方面上的连续性和稳定性，又不得不诉诸那些古老的权威，如亚里士多德和盖伦（尽管盖伦理论恰恰就是哈维所要推翻的理论，但哈维仍然用盖伦理论中的某些观点来佐证和延续着某些“正统”的思想）。

例如，在哈维的《心血运动论》的第二篇致辞中，为了征得当时学术权威的认可和支持，他写道：

最敬爱的朋友，皇家医学院德高望重的院长——阿尔杰医生及其他博学的医生和最可敬的同仁们：

在我的解剖学演讲中，我已经多次向你们，我博学的朋友们，阐明了我关于心脏运动及其功能的新观点；在九年的时间里，你们已经亲眼看到了这些观点多次被实验所证实，在各种论证中被阐明，并且经历了最博学、技巧最娴熟的解剖学家们的质疑而站稳了脚跟，我最后不得不屈从于众多的要求和恳求，发表这篇论文并向大众陈述我的观点以供探讨。……由于这本书独自提出了血液运动的新途径，截然不同于古时及几个世纪以来许多学者圣贤的观点，我非常担心当我把我的著作在国内外公开发表时，会被指责为狂妄放肆。但是，当我首先将这一观点向你们提及，在你们面前通过演示实验证实了这些结论，回答了你们的疑问和反对意见，并且得到我们杰出院长的支持的时候，我便不再有这种恐惧了。因为我的挚友曾经提醒我说，如果我能够在你们面前和我们以众多知名学者而著称的医学院中成功地证明我的观点，就用不着过分担忧了……相信那些热爱真理的真正的哲学家，也不会狭隘地认为古人传下来的艺术和科学就一定是完美无瑕的、没有一点可被后人雕琢的余地；他们也不会将自己的信仰固守在他人的行为准则上而束缚了自身的自由，以至于不相信自己做出的正确结论。①

在《心血运动论》一书中，哈维还多次借用盖伦等传统观点来佐证或延续他自己的观点，例如，在第七章中，哈维通过诉诸盖伦理论来支持科伦坡最近提出的高级理论——血液从静脉经过肺，再经过心脏的心房和心室到达大动脉，他写道：“但对那些只相信权威的观点的人来说，我用盖伦本人说过的话来证实我的观点，即：血液不仅由肺动脉输送到肺静脉，然后进入心脏的左心室，并由此进入全身的动脉，而且这一过程受心脏永不停息的搏动和肺部呼吸运动的影响。”②

最后，在哈维写给约翰·里奥兰（John Riolan）（是一位解剖学家，一直以来都在致力于通过将部分血液循环加入盖伦体系来回避哈维的证据和论证）的第一篇有关血液循环的解剖专题性论文的小册子中，他自诩地说道，他自己的理论

① 威廉·哈维. 心血运动论. 凌大好译. 西安：陕西人民出版社，2005：3-4.
② 威廉·哈维. 心血运动论. 凌大好译. 西安：陕西人民出版社，2005：48-49.

可以更好地证实那些古代的医学理论，“血液循环的理论并不会动摇，相反却会更好地证实古代医学理论；尽管这与内科医生致力于的生理学以及他们对自然主体的思辨背道而驰，同时也有悖于有关心脏、肺以及其他内脏的用途和功能的解剖性认识”①。

尽管哈维一再强调：“要从解剖而不是从书本，也不是从哲学家的角度，而是要从自然的构造来学习和传授解剖学”②，但他这里却通过求助皇权和诉诸权威这种保全性战略来为其理论进行辩护，是否有悖于他的初衷呢？这一情形正如哈维所说的那样，“对于流动的（从静脉经过心脏和肺最后进入动脉）血液的数量和来源问题仍然需要说明的是，这是全新和从未听说的理论，以至于我不仅害怕自己受到来自那些出于嫉妒而给予的伤害，而且更害怕成为大多数人类的敌人，但我相信真理、热爱真理，相信一旦真理的种子播撒下去，就会生根发芽，最终影响全人类”③。可见，哈维的内心一方面充满了对真理追求的热情，但另一方面也充满了对当时所处环境的担忧和顾忌，换句话说，为了使其新理论获得权威和世人的认可，他不得不去适应他所处的时代语境，也不得不去迎奉那些当权者和学术权威。事实上，这种保全性战略不仅没有任何缺乏诚意之处，相反只要这种在强权下探索真理的社会环境依然存在④，即使那些十分注重经验的正统科学家们也会采取这种明哲保身的权宜性战略。

尽管权宜性的科学修辞战略在特定的语境中起到了不可磨灭的作用，它保护或保卫了孱弱的新生理论，为后来证据进一步地搜集以及理由进一步地增强赢得了时间和机会，但不可否认的是，权宜性的科学修辞战略并不是传统意义上的修辞战略，或多或少地带有“诡辩”的成分，因而饱受争议。此外，权宜性的科学修辞战略一旦脱离了当时特定语境，就失去了价值，特别是保全性战略非常容易导致某一方去借助皇权、神权以及政治的力量来压制另一方的境遇，最终造成对科学的损害。

---

① Toulmin S. Science and the Many Faces of Rhetoric. Pittsburgh：University of Pittsburgh Press，1978：27.

② Cohen I B. Studies on William Harvey. New York：Arno Press，1989：204.

③ W. C. 丹皮尔. 科学史及其与哲学和宗教的关系. 李珩译. 桂林：广西师范大学出版社，2001：278.

④ 颜青山. 科学是什么. 长沙：湖南科学技术出版社，2001：98.

第六章 科学修辞战略与科学争论

科学文化是论证（argumentation）的制度化语境。科学共同体是一个好争论的领域（agonistic field），研究者围绕彼此结论的意义进行唇枪舌剑的争论。

——约翰·齐曼

尽管修辞在历史上饱受争议和藐视，但它却是一门相当迷人的学科，而且，当争论剧烈到开始变得具有科学的学术性和需要专门的技术手段时，这门学科甚至还变得相当主要。

——布鲁诺·拉图尔

科学修辞战略与科学争论的关系如同“鱼和水”的关系。一方面，科学修辞战略离不开科学争论，科学争论是科学修辞战略实施的主战场，正是科学争论孕育和催生了大量的科学修辞战略，在其中，科学修辞的劝说、批判、反驳和发明等基本功能得以最大限度地发挥。换句话说，离开了科学争论，科学修辞战略也将失去活力、动力和价值。另一方面，科学争论也离不开科学修辞战略，正是科学修辞战略为其提供了争论的修辞方法和争论的修辞机制，离开了科学修辞战略的科学争论也将转化为科学诡辩或科学吵闹。因此，植根于科学争论的实践（包括哈维与盖伦的抗衡、光的本性争论和大陆漂移学说遭拒三个案例），来挖掘提炼出那些经典的科学修辞战略，就成了研究科学修辞战略的重点。

第一节 科学争论的修辞语境

科学争论具有语境性特征，其中修辞语境又是科学争论中最显著、最核心的语境之一。修辞语境为科学争论提供了争论的修辞方法和争论的修辞机制，缺少了修辞语境的科学争论将转化为无休止的科学吵闹。

一、科学争论与科学修辞

科学争论就其本质而言，“是科学知识集合生产的一个整体的组成部分，是关于概念、方法、解释和应用的分歧，是科学真正的生命线和科学发展中最重要的创造因素之一”[①]。这一概括分别从两个层次对科学争论进行了阐述，即科学争论的内涵与外延以及科学争论对于科学发展的推动作用，而科学修辞在其中的作用也主要是体现和渗透在这两个方面。

首先，齐曼认为，“科学知识正如观察或思考的结果一样，同样是争论的产物”[②]。换句话说，科学争论可以产生或生产科学知识，无论是科学家自身思想的斗争，还是科学共同体内部以及科学共同体之间的争论都是可能产生新思想、新观点和新理论的源泉。与纯粹的理性思辨和实验观察不同，科学争论不是单一方法的运用，更不单单是言语的斗争或话语的论辩。从方法论的角度看，科学争论的实质在某种程度上说是科学争论的修辞双方将各自证据转化为适宜论辩场的可比较的语境理由（contextual reasons）的过程，即论辩双方较量理由效度和说服力度的过程，其内涵“不仅涉及经验描述、理论假说和方法论选择等科学认识论的因素，也涉及科学家个人素质、制度压力、政治影响和经济驱动等非科学认识论的因素，科学争论不仅包括逻辑系统、语言框架和理论选择等方面的冲突，而且包含背景信仰、价值取向等方面的冲突”[③]。

其次，在大众看来，科学发展的历程是从无知愚昧走向有知有序的平坦的方法论进程，但事实上，科学的发展却充满了混乱、矛盾和争议，它们成了引发科学争论的导火索。一旦科学争论发生，就会形成争论各方的修辞推理格局，意在通过科学论辩场实现征服对手或达成共识的目的，其结局要么是争论一方凭借无效论辩的外力——宗教的或政治的手段暂时压制争论对手；要么是按照有效论辩的规则出牌较量。较量的结果可能是争论的一方凭借综合优势或某一突出优势而胜出，但争论中的劝说与反驳也使其有了更深刻的修补和完善；要么是论辩双方的融合，在一个新的更高平台上达成共识，它源于两个争论的个体，但却不是两个个体的简单相加，它是一个创新体，一个更完善体。正是这些不断出现的科学争论催生和孵化着新观点、新思想、新方法和新理论，在此意义上，科学争论就是科学真正的生命线，“推动了科学理性的进步”[④]。

可见，可以毫不夸大地说，一部科学发展的历史就是一部科学争论的历史，也是一部人类不断追求真理、战胜谬误的历史，是思想和理论在其中不断进化和深化的历史。

---

① 郭贵春. 科学争论及其意义. 自然辩证法通讯，1991，(3)：22.
② 约翰·齐曼. 真科学. 曾国屏等译. 上海：上海科技教育出版社，2008：301.
③ 李小博. 科学修辞学研究. 北京：科学出版社，2010：74.
④ 郭贵春. 科学争论及其意义. 自然辩证法通讯，1991，(3)：26.

正是科学争论的重要性及意义促使科学史家和科学哲学家对它的研究不断地深入：他们有从科学争论的内在机制入手进行研究的，也有针对科学争论的案例分析进行研究的，也有从外部因素入手对科学争论进行研究的，但从科学修辞角度来研究科学争论则是当今科学哲学发展的新趋势和新动向，它为科学争论的研究开创了一条全新的研究进路，从而可以深入科学争论的过程，探究科学争论中表现出的修辞特征——以劝说与反驳为特征的科学修辞语境、争论双方较量理由效度和说服力度的过程以及科学争论的修辞裁决。

二、科学争论的修辞特征

如果从认识论的角度看，把科学争论的实质或全部就看成是科学修辞，这未免有些牵强，因为尽管科学争论的发起、形式、过程和解决完全与科学修辞吻合，但是科学争论涉及的面更为广阔和深入。如果从方法论的角度来看，说科学争论就是科学修辞，则非常贴切，因为科学争论的有效性和合法性是由科学修辞来保证的，科学争论的有效武器就是科学修辞，正如拉图尔所言，“尽管修辞在历史上饱受争议和藐视，但它却是一门相当迷人的学科，而且，当争论剧烈到开始变得具有科学的学术性和需要专门的技术手段时，这门学科甚至还变得相当主要”①。

试想，科学争论离开了科学修辞，如何保证科学争论的有效性？在科学史上无数著名的科学争论中，有哪一方不是竭尽所有科学修辞的利器向对方堡垒发起冲击的？甚至从狭义的角度看，科学修辞“研究那些科学家如何劝说或劝阻其他科学家或受众接受关于自然知识的策略以及研究科学家在知识的建构中如何解决争论的机制”②。

与世俗的争论和法庭的辩论不同，科学争论中的修辞表现出以下三个特性：

（1）科学争论是以劝说和反驳为特征的科学修辞语境。

（2）科学争论的过程是科学修辞双方将各自证据转化为适宜论辩场的可比较的语境理由的过程，是论辩双方较量理由效度和说服力度的过程。

（3）科学争论的解决或暂时性中止需要借助科学修辞的裁决。

（一）科学争论的修辞语境场

从认识论上看，科学争论就是论辩双方进行劝说与反驳的科学修辞语境。尽管科学争论总是由带有动机的争论一方首先发起劝说，并企图将自己的观

---

① 布鲁诺·拉图尔. 科学在行动. 刘文旋，郑开译. 北京：东方出版社，2005：49.

② Harris R A. Landmark Essays on Rhetoric of Science：Case Studies. New Jersey：Lawrence Erlbaum Associates Publishers，1997：XII.

点、认识、信念乃至信仰强加于对方，同时，尽管受众具有伯克所谓的与修辞主动发起者“同一性”[①]的基础和布斯所谓的“倾听”[②]修辞的可能性，但科学争论的另一方同时也具有自己的分裂性和个体性，因此科学争论的另一方也会进行“反劝说”，从而形成反驳，由此，劝说与反驳构成了科学争论的基本修辞语境。

从方法论上看，科学争论是一个修辞方法较量的语境场，是论辩双方根据当下的情形制定并实施的灵活多变而非程序化的战术和战略。其中，哪一方都可以首先发起攻击，对方可以应战也可以防守；可以诉诸理性力量，也可以诉诸人格和情感等非理性的力量；可以使用“忒克墨里翁”，也可以使用“恩梯墨玛”[③]；战争既是双方对抗证据实证度的平台，又是双方较量理由效度的辩论场。

在科学争论中，科学修辞负责形成从单方的演示证明（demonstration）到双方对峙的论辩场（argumentation field）的转换，负责审查科学争论对峙主体的合法性资格（身份的合法性、学术背景的合法性、学科相关的合法性和论题相关的合法性），赋予双方公平申诉和反驳的权利，比较争论双方证明（proof）、证据（evidence）和理由（reason）的效度及说服力度，科学修辞的姊妹——科学辩证法在这一论证王国中起到了关键性的作用：正题、反题与合题的辩证机制正好派上了用场，它们约束论辩双方切题而不偏题，促进双方走向主题而不是跑题，限定双方可以动用证据和证明来为己方提供理由从而征服对手的行为，但决不支持利用无证据手段或非理性理由来出牌狡辩，科学辩证法会直接中止这样的狡辩，因为它“跑题”了，科学争论也就失去了合法性和有效性[④]。我们这里可以尝试以图式的方式来表达科学争论的修辞语境：

如图 6-1 所示，科学争论发端于争论双方就某一问题、观点、认识或客体的意见不合，从而形成争论各方的修辞推理格局，意在通过科学论辩场实现征服对手或达成共识的目的，在其中，争论的主体会各自根据已掌握的必然性证据和或然性证据形成论辩的理由，较量的过程就是论辩双方将各自证据转化为适宜论辩场的可比较的语境理由的过程。因此，在科学争论中，衡量和比较证据与理由的效度就成了科学修辞实现的关键。

---

① Burke K. A Rhetoric of Motives. New York：Prince-Hall，1950：20.

② 韦恩·布斯. 修辞的复兴. 穆雷等译. 南京：译林出版社，2009：5.

③ 亚理斯多德. 修辞学. 罗念生译. 上海：上海人民出版社，2005：21 / 27.

④ 尽管在双方的论辩中没有可循的固定方法和程序，但在论辩中却一直存在一定的制约规则，这是双方默许的论辩规则，其中一方违反就会被视为无效论证或非法论证。按照《哲学大辞典》的解释，所谓“论证的规则”就是正确论证必须遵守的规范和准则，是正确论证的必需条件：包括论题的规则、论据的规则和论证方式的规则。论题的规则有：论题必须明确，论题应当保持同一，不能转移和偷换论题。论据的规则有：论据应当是已经确知为真的判断，论据的真实性不能依赖论题的真实性来证明。论证方式的规则有：由论据必须能正确地推出论题，引入的非基本论据应由基本论据合乎逻辑地推导出来。（金炳华. 哲学大辞典. 上海：上海辞书出版社，2007：406.）

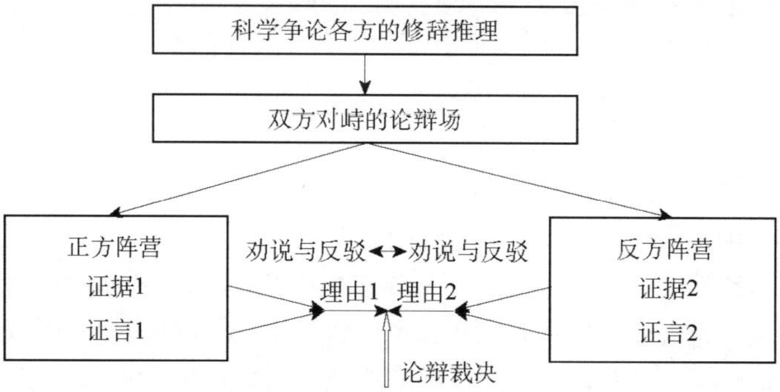

图 6-1　科学争论的修辞语境

（二）科学争论的修辞效度

在科学争论各方进入论辩场后，首先要亮出各自已经掌握的证据，并将其转化为劝说和反驳对方的修辞语境理由，这里，理由的说服力——科学争论的修辞效度——成了对峙双方征服对手可比较的唯一尺度，但科学证据的不确定性和科学理由的不充分性最终导致了科学修辞效度只有强弱之分而无确定值大小之分。

1. 修辞论证的理论渊源

按照亚里士多德的观点，“通过证据（proof）实施的劝说，都必须采用例证法（example）和修辞式三段论（enthymeme）而不采用别的方法来证明，以求产生说服力”[①]。

其中，修辞式三段论（罗念生先生将其翻译为“恩梯墨玛”）构成了修辞论证的实质。与演绎逻辑的三段论不同，修辞式三段论的前提“是属于人类行动范围的或然的事，所以根据这种前提推出来的证明是或然性的。‘证明式’推论（即科学的推论）推出来的证明就做‘证明’（即‘科学的证明’，亦即用三段论推出来的真实可靠的演绎式证明），而修辞推论推出来的证明叫做‘或然性证明’”[②]。

具体来说，演绎逻辑的三段论是从真实可靠的具有普遍意义的前提出发，并遵循严格的过程而得出的必然结论，例如：

大前提：是人都一定会死

小前提：苏格拉底是人

结论：苏格拉底必死

而修辞式三段论则是从或然性或概率性的前提出发，推论的程序也不那么严格，有时甚至缺少其中的一项或两项，因为前提可能已为受众所熟知，得出的推

① Aristotle. Rhetoric. Roberts W R，trans. New York：Random House，Inc. 1954：26.

② 亚理斯多德. 修辞学. 罗念生译. 上海：上海人民出版社，2005：21.

论也是“多半会发生的事，但不是某些人所说的，漫无限制”[①]，例如：

大前提：所有科学家的思想都是真理

小前提：约翰是科学家

结论：约翰的思想就是真理

值得说明的是，修辞三段论的或然性并不是修辞论证的弱点，相反它恰恰是修辞论证的特点和优点，因为“修辞的力量就在于它是一种适合处理实际问题的偶然性和不确定性的方法”[②]。毕竟，追求必然真理的过程就是由无数力求解决偶然性和不确定事件的小探究组成的，因此缺少修辞论证的世界必然是直线和机械的世界。既然修辞三段论的论证具有或然性，那么由它形成的证据也具有或然性，其说服效力也非百分之百而仅仅具有概率性。

为了加强修辞论证的说服力，亚里士多德提出，例证法也是产生说服力的主要方法，“很明显，修辞术享有这两种好处，有的演说富于例证，有的演说富于修辞式推论……依靠例证的演说说服力并不差”[③]。

与沿着演绎路线的修辞三段论论证不同，例证法试图达到的说服的效果是通过更高的部分来影响较低的部分，正如亚里士多德在《修辞学》一书中所言，“例子与它所要证明的事的关系，不是部分与全体的关系，不是全体与部分的关系，也不是全体与全体的关系，而是部分与部分的关系、同类与同类的关系，但其中一个比另一个更著名”[④]。在此基础上，亚里士多德给出了唯一的修辞例证法的例子：

修辞例证法：

待证明的结论：要证明的狄俄倪西俄斯要求给他一个卫队，是他企图成为独裁君主的证据。

过往或更高权威的例证：从前，当庇士特拉妥有这个企图的时候，他曾经要求给他一个卫队，他获得了一个卫队后就成了独裁君主。

叠加例证：梅加腊的忒阿革涅斯也是这样干的。

例证外延：所有人所共知的别的独裁君主都可以用来作为证明狄俄倪西俄斯的企图的例证。

例证补充性说明：尽管这人要求给他一个卫队的理由我们还不清楚。[⑤]

这里出现分歧的是，例证法究竟是否是一种归纳？

尽管温科学教授把例证法看成是“沿着归纳的路线推进（从特殊到一般）”[⑥]，

---

① 亚理斯多德. 修辞学. 罗念生译. 上海：上海人民出版社，2005：25.
② 温科学. 中西比较修辞论. 北京：中国社会科学出版社，2009：316.
③ 亚理斯多德. 修辞学. 罗念生译. 上海：上海人民出版社，2005：24.
④ 亚理斯多德. 修辞学. 罗念生译. 上海：上海人民出版社，2005：25-26.
⑤ 亚理斯多德. 修辞学. 罗念生译. 上海：上海人民出版社，2005：26.
⑥ 温科学. 中西比较修辞论. 北京：中国社会科学出版社，2009：255.

同时，《哲学大辞典》中也注明“例证是一种归纳”[①]；尽管按照《朗文当代高级英语辞典》对 example 一词的解释，example：a specific fact，idea，person，or thing that is used to explain or support a general idea，例证就是从个别（specific）到一般（general）的过程，但是，正如亚里士多德所指出的那样，例子与它所要证明的事的关系不是部分与全体的关系，不是全体与部分的关系，也不是全体与全体的关系，而是部分与部分的关系、同类与同类的关系，而且亚里士多德在这里提出的例证法是在修辞语境中提出的例证法，意在说明例证法在修辞论证中的说服力，从而达到支持论辩的某一方的目的，而归纳推理中的例证是意在通过无数的个别试图证明一般性的结论。

尽管亚里士多德在《修辞学》一书中并没有对例证法的内涵和外延加以明确的说明，但通过对其有限篇幅的考察，可知修辞学中的例证法与归纳推理中的一一列举或枚举的例证法有着明显的区别与联系。

首先，修辞学中的例证法试图要证明或推翻的不是一个一般性命题，而是一个较低层次的命题，它通过较高层次的权威例子或较多的过往例子增强论辩的说服力，从而实现其目的；而归纳推理中的例证法则是试图通过无数个别的例子来证明一个具有普遍意义的命题。

其次，两者都存在着“致命的”缺点或特点。如前所述，面对休谟的问题——关于“归纳的逻辑问题”和“归纳的心理问题”，归纳推理至今都无法解决。同样，修辞推理中的例证法也存在着自身难以克服的弱点——较高层次的权威例子或较多的过往例子是否会压制或泯灭新生的个案。亚里士多德也看到了这种修辞推理的弱点，于是在例证法的最后，他补充说道，“尽管这人要求给他一个卫队的理由我们还不清楚”。

那么，亚里士多德这里提出的修辞推理的例证法究竟是指什么？按照亚里士多德的解释，它就是通过一个更著名的例子来证明或反驳一个新生或较低层次的例子，这个例子可以是一个具体的事实（a specific fact）、一个具体的思想（a specific idea）、一个具体的人（a specific person）或一个具体的物（a specific thing）。它们都可以成为呈堂的证据、说服对方的理由，和修辞三段论一样，证据和理由成了下一步说服或驳倒受众的关键。

2. 证据的探究

事实上，早在古希腊时期，亚里士多德在其著作《修辞学》中，就对一般修辞语境中的证据进行了研究，他认为，“证据（semerion）分为两种，第一种和它要证明的论点的关系，有如个别和一般的关系；第二种和它所要证明的论点的

① 金炳华. 哲学大辞典. 上海：上海辞书出版社，2007：458.

关系，有如一般与个别的关系。有必然性的证据叫作‘忒克墨里翁’；没必然性的证据没有名称”①。

此外，《朗文当代高级英语辞典》也对证据进行了明确说明：

（1）Proof：a way of showing that something is true；facts，information，documents，etc. that prove something 证明，证据（广义上的证明事物为真的方法）；a test made of correctness of a calculation in mathematics（专指数学上的验证）。

（2）Evidence：something，such as a fact，sign，or object that gives proof or reasons to believe or agree with something（广义上的证据，是指可以给出使人相信某事物或同意某事物的证明或理由，如事实证据、迹象证据或实物证据）；the answers given in a court of law（专指法庭上的证词）。

（3）Testimony：a formal statement that something is true，as made by a witness in a court 法庭上证人的证词。

而构成科学争论的证据成分则更为复杂，其中包括事实证据、逻辑证据、迹象证据、证词证据和以上证据的综合体。然而，无论哪一种科学证据在今天的科学实践看来都不能以确定大小的效度击败对手，因为观察渗透理论、逻辑理论的不充分性以及证词的不可靠性都决定了科学证据的不充分决定性。

同样，哈克也提出，科学证据要成为证据，必须得到保证，不同的证据担保程度也不同，担保度越高，证据的质量越高，任何担保都包含不同比例的经验成分和非经验成分，不同的科学证据在论辩场中有不同的辩护力和说服力。之所以造成科学证据的不充分性，哈克提出了几点原因，“首先，担保是历史性的，即某个证据的担保度会随时间而变化；其次，担保是个人性的，即某个证据往往是他人提出来的、由其诚实性保证的；最后，担保又是社会性的，即被某个科学共同体接受的证据是由他们集体保证的，存在一些社会制度来规范这种保证”②。

可见，科学证据既以客观世界为基础，又依赖于不同证据的相互关联；既是经验的，又是认识的；既是还原论的，也是整体论的；既是认识论的，也是方法论的。因此，要想使科学证据在科学争论中发挥劝说与反驳的作用，就必须将其转化为可比较的语境理由。

3. 理由的探究

理由是表明科学从一种标准到另一种标准，从一个理论到另一个理论，从一个假说到另一个假说，从一个范式转向另一个范式的连接合理性的说明、解释和

① 亚理斯多德. 修辞学. 罗念生译. 上海：上海人民出版社，2005：25.

② 刘永谋. “中道”与审度：苏珊·哈克论科学. 科学技术哲学，2010，（5）：14.

根据，它是论辩场中的语境理由，换句话说，不管是必然性的证据还是或然性的证据，要想在论辩场中形成说服力和效度，就需要转化为使受众相信的语境理由，它是与论辩主题相关的说明、解释和根据，是具有可信度和效度的可比性说明、解释和根据。

夏佩尔为了不使科学哲学陷入相对主义的泥潭，提出了“理由”的概念，并将其建立在科学信念的基础上——在科学当时所取得的认识成果的基础上，“但它往往不是这些认识成果的直接体现，而是通过科学思维对这些认识成果加工改造而形成的，它既包括理论、假设、定律和原理，也包括观察、实验的结果和事实等作为背景的科学信念”[①]。但夏佩尔也指出，并非所有的科学信念都可以作为科学上的理由，要成为真正的科学上的理由，就要满足下面三个条件：

（1）它被证明是成功的；

（2）对它没有具体的怀疑理由；

（3）它与具体的域相关。[②]

夏佩尔的“理由”观最大的优越性就在于它确保了科学上的进步的相关性、客观性和理由性，避免了走向科学的预设主义。而其缺点也是明显的：首先，那些暂时未被证明是成功的“好”的理由就会被抛弃；其次，要做到针对它没有任何具体的怀疑无疑是很难办到的；最后，夏佩尔的“理由”观仅仅局限于单一的“信息域”内，但却忘记了科学论辩语境，毕竟理由的目的在于说服对方，理由的实质就是论辩双方各持“理由”的选择或较量。

事实上，理由既包括那些由事实、纯粹逻辑和数学算式构成的理性理由，同时也包括那些基于理性的非理性理由，这些理由来自具体的、历史的、社会的和文本的肯定性证据或否定性证据，尽管它们经过了科学修辞和辩证法的理性审查和过滤，但其说服力和论证力相对于理性理由是弱的。最为复杂的是，还存在着第三种理由，用库恩的话来说，它是个“理性非常强的有意识的”[③]的理由——“客观因素和主观因素的混合”[④]，因为有些理由是很难甚至是不容用二分法将其彻底分开的，理论与观察的不可分、理论的不充分性和经验的不充分性都决定了这种理由的存在性和不可分性。

我们可以用图 6-2、表 6-1 来表示科学论证中理由的表达和科学争论的修辞效度：

① 李建华. 科学哲学. 北京：中共中央党校出版社，2004：299.
② 达德利·夏佩尔. 理由与求知. 褚平，周文彰译. 上海：上海译文出版社，2001：295.
③ T. 库恩. 必要的张力. 纪树生译. 福州：福建人民出版社，1981：134.
④ T. 库恩. 必要的张力. 纪树生译. 福州：福建人民出版社，1981：234.

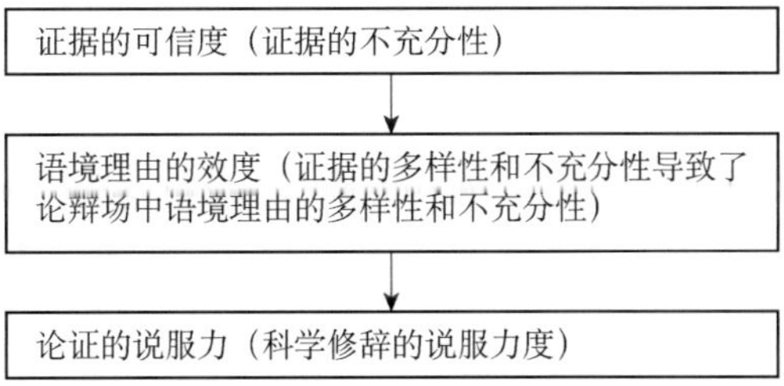

图 6-2 科学论证中的理由表达层级

表 6-1 科学争论的修辞效度

证据	理由	说服力
事实证据	理性理由	强
逻辑证据	理性理由	强
迹象证据	基于理性的非理性理由	偏强
证词证据（个人、非相关共同体和社会的信念）	无理性支撑的非理性理由	弱
以上证据的综合体	基于理性的混合性理由	强

这里提出的说服力强弱并非是绝对的，因为在科学实践中，即使在当下无法提出充分证据的理论，如迹象证据，有时也战胜了论辩场中的拥有强说服力的对手。

但科学修辞在论辩场中可以保证的是，如果一方在当下根本没有提出任何基于理性理由的理论，仅凭借个人、非相关共同体和社会的信念在论辩场中提出了证词证据——无理性支撑的非理性理由，就妄图战胜对手，这是不容许的，非理性的、不合法的，“科学已经认识到这样的理由在科学或求知的事业中不起作用”[①]，换句话说，这样的理由就是夏佩尔指出的“像魔鬼可能在欺骗我的一般的或哲学的理由，而非那些具体的怀疑理由”[②]。科学修辞机制会自然宣布这种辩护理由无效。

（三）科学争论的修辞裁决

科学修辞负责裁决科学争论，并形成开放和发展而非封闭和停滞的判决。与日常争论不同，科学争论一般而言不会出现像日常争论那样的无休止的、无理性的喧嚣或争吵，因为在科学论辩中，科学的成功性和进步性要求结束科学争论，那些具有压倒优势的经验证据理由，或无可辩驳的逻辑理由，终将超越合理的怀

① 达德利·夏佩尔. 理由与求知. 褚平，周文彰译. 上海：上海译文出版社，2001：294.
② 达德利·夏佩尔. 理由与求知. 褚平，周文彰译. 上海：上海译文出版社，2001：294-295.

疑，以某种方式形成定局，论辩双方也因此会努力寻求结束科学争论的战略。科学实践表明，当 A 与 B 进行科学争论时，如果出现下面的情形之一，就可以在科学修辞语境中裁决 A 为暂时性的优势方或获胜方：

（1）B 没有提供支持其论点的具有公认的重要基础的理由；

（2）B 得出的推论或作出的预测未得到经验或实验的验证；

（3）承担举证责任的 B，黔驴技穷将这一责任转嫁给 A；

（4）在争论期间，B 始终回避回答他自己认为相关的问题；

（5）B 否认他先前承认、预设的论点，或者说，从他做出的任何一个让步中推出矛盾，而且，他无法解决这种自洽性矛盾；

（6）在与 A 的理性理由（经验性和逻辑性）较量中难分高下，但 A 还具有其他优越性，如简单性、美学价值等。

举例来说，如果论辩一方从一开始或在争论过程中就提出一个认知陈述，或者反对一个公认的陈述，那么举证的责任就由他来承担。下面的无知论证提供了转移举证责任的一个事例，例如，“如果你无法证明 P 是真（假）的，那么，P 就是假（真）的”。邦迪提出的赞成理想宇宙学原理的论证表明，如果不接受这个原理，那么，宇宙学就成为“比我所想要对付的更加困难的一个学科”，或者说，宇宙学“不再是一门科学”，邦迪的论证尽管并没有违反理想的宇宙学原理这个规则，因为该论证的意图不是断定这样一个原理是真的，但他却将举证的责任转嫁给了论辩的对方，因此邦迪的这种无知论证在论辩中是毫无说服力的，而且使自己陷入困境之中。

又如，批评稳态说的一个典型措施是，该学说与某些公认的事实、定律和价值，尤其是能量守恒原理相矛盾，然后声称，由于这些因素构成了论辩双方共同认可的论辩基础，因此，除非稳态说可以推翻这条已经“凝固”的铁律，否则稳态说就应该偃旗息鼓，从论辩中撤走。显然，如果支持理论 T_1 的构成 c_1 获得普遍认可，而支持理论 T_2 的构成 c_2 却受到严重地指责或与公认的准则发生了冲突，那么 T_2 的支持者就会发现自己处于严重的困难之中。

同样，郭贵春也提出过四种可能出现的科学争论的结局：“合理论证性结局，即争论达到一个被普遍接受的立场和观点，而与其对立的竞争性观点被淘汰或否定，如日心说与地心说的争论结局；一致性结局，即争论双方通过互补融合，形成一个可共同接受并且各得其所的新理论，如粒子说与波动说的争论结局；程序性结局，争论由于某种权威的外在干涉或控制而形式地、暂时地停止，但真正的、内在的争论仍然潜在地存在着，如李森科事件；自然死亡性结局，争论一方的学术带头人由于死亡而自然地导致了争论的逐渐终结，如拉马克的‘进化论’与居维叶的‘激变论’之间的争论就是由于他们的相继死亡而终结的。”[①]

显然，在这四种科学争论的结局中，第一种和第二种符合科学修辞的有效裁决，因为在科学修辞语境中，科学争论有效和合法的结局不外乎有三种情形：其一，论辩双方无法达成共识，对峙将无限期地拖延下去，期待更有说服力的证据和理由的出现；其二，论辩双方中的一方凭借某一项或者综合性的优势证据和理由压倒对方，成为今后盛行的观点或理论；其三，论辩双方的观点或理论经过互补融合，形成了双方的综合体或创新体。

而上面提到的第三种和第四种科学争论的结局则不符合科学修辞的有效裁决，因为有效和合法制衡科学争论的并不应该是这些外在因素而应该是科学修辞的内在机制，它会警惕这种非法入侵，从而宣称这些结局是不合法的和无效的。

在科学史上，1695 年惠更斯去世，“波动说群龙无首，惊恐万状，溃不成军……波动说被迫转入地下，在长达整整一个世纪的时间里都抬不起头来。然而，它却仍然没有被消灭，惠更斯等人所做的开创性工作使得它仍然具有顽强的生命力，默默潜伏着以待东山再起的那天”[②]。可见，尽管外力或意外可能会暂时性地中止或压制科学争论，但真理最终会突破重围，历经洗礼重新走向论辩场。

需要指出的是，科学修辞是一个长期不断深化的再语境过程。科学争论的修辞结局可能是一次殊死的搏斗和较量，即所谓真理与谬误的斗争，其中一方获得永久“判决性”的胜利，但大多数语境下，修辞的结局是一方获得暂时性的胜利，或双方达成某种程度上的共识，因为双方都在一定程度上拥有真理的成分。

科学史也印证了科学争论的再语境过程。当我们回顾那次物理学史上持续时间最长、论战最为激烈的有关光的本性的论辩时，我们就会发现，无论是自古希腊时期就流行起来的光的“微粒说”，还是 17 世纪异军突起的格里马第经过小孔实验发现明暗条纹而提出光是一种类似于水波的“波动说”，在长期的论辩交锋中，它们都在不断地完善着自己的理论的同时批判着对方的理论，每一次交锋的胜利都是暂时性的胜利，甚至连高兴都没来得及就被对方拉下马来，最令人难以置信但却符合科学修辞内在机制的语境结局是，爱因斯坦关于光的波粒二象性的一次大融合。

综上所述，在科学争论的修辞语境中，论辩双方都获得了来自对方的肯定与否定，无论是自身的还是来自对方的否定之否定，其本身都有了新的完善和提升，新的更高和更深刻的科学语境形成。这是一种论辩后的理性重建，科学修辞的前后既存在着相继的连续性，同时又是一种新的论辩超越——前后相继的理论、假说或者科学观都包含着一定程度的真理成分，只是后者揭示出了更深刻、

① 郭贵春. 科学争论及其意义. 自然辩证法通讯，1991，(3)：28.
② 曹天元. 上帝掷骰子吗：量子物理学史话. 沈阳：辽宁教育出版社，2011：14.

更全面和更逼近真理的世界结构和机理。

同时，这种论辩重建不会像库恩那样单纯地强调心理的“格式塔”转换而置科学的客观性和进步性于不顾，也不会像逻辑经验主义那样彻底拒斥主观的、心理的、社会的和语言的作用，而“是不断向着揭示世界真实机理的方向发展的”，“是向着不断逼近真理的方向发展的”[①]重建过程。

第二节　科学争论中的科学修辞战略

纵观科学史，它是一部充满着科学争论的历史，而每一次科学争论又是以劝说、批判、反驳和发明等为基本特征的争论，因此，在某种程度上说，它是一部科学史又是一部科学修辞战略的历史。通过对科学史上那些经典的科学争论的案例式研究，深度细致地挖掘提炼出“好的”以及“坏的”科学修辞战略，一方面意在印证科学家当时实施科学修辞战略的必要性和适时性，另一方面意在为今后的科学实践和科学哲学的发展提供可参考的研究思路。

一、哈维与盖伦的抗衡

在哈维之前，医学界盛行长达 1500 年的权威理论是由希腊神医盖伦提出的学说：“血液是食物在肝脏内变成的，然后就和‘天然元气’混合，得到富于营养的性质。一部分血液经过静脉管流入身体各部，并经过同一条道路再流回心脏，像潮汐那样涨落不已。其余的血液，经过隔膜中不可见的细管由心脏的右边流到左边，在那里和肺吸来的空气相混合。靠了心脏的热力，它带上了‘生命元气’；这种较高级的血液又通过动脉管在身体的各部分涨落，从而使各种器官能够发挥它们的生活功能。在大脑中，这种活力血液生出‘动物元气’。动物元气是纯粹的，不和血液混合的，它能沿着神经流动，促成运动和人体各种高级功能的实现。”[②]

（一）支持盖伦元气学说的证据理由

（1）事实性证据：盖伦也曾经对动物和一些人体进行了解剖，也在活动物体上进行过实验，据此考察了心脏的作用，并且对脊髓进行了研究。[③]（萨尔顿认为，这是古代最值得注意的两个实验之一。）

（2）理论性证据：盖伦将之前的希腊解剖学知识和医学知识加以系统化，并

① 郭贵春，成素梅. 科学哲学的新进展. 北京：科学出版社，2008：20.
② 丹皮尔. 科学史及其与哲学和宗教的关系. 李珩译. 桂林：广西师范大学出版社，2001：56-57.
③ 丹皮尔. 科学史及其与哲学和宗教的关系. 李珩译. 桂林：广西师范大学出版社，2001：56.

且将一些分裂的医学学派统一起来[①]，即通过综合和分析的方法，形成了系统化、理论化的知识。

可见，如果把盖伦的医学学说简单地看成是完全没有事实和理论依据的诡辩之说或无稽之谈，显然有悖于科学史。同时，正是因为它具有事实性证据和理论性证据，形成了科学修辞的理由，才会在那么长的时间里让对手折服、让受众信服。丹皮尔也提出了类似的观点，他认为，“盖伦所以享有盛名并影响医学界达 1500 年之久，并不是由于他的真正伟大的观察和实验，也不是由于他的医术高明，而是由于他用论证方法从这些观点中十分微妙地推出一些教条，并且权威地加以阐释”[②]。

（3）哲学上的证据：尽管盖伦的学说具有一定的事实和理论依据，但他身处的时代最终决定了他不得不给其学说寻求符合时代背景的哲学依据。他认为，“一切都是上帝决定的，人体的构造也是上帝为了一个可理解的目的形成的”[③]“他的有神论的心理态度既能吸引基督教徒，又能吸引伊斯兰教徒，这也是他的影响巨大而持久的一部分原因。”[④]

如同习惯和教条的桎梏一样，在长达 1500 的时间里，盖伦的元气学说形成了强大的权威论证效应，他“惊人而巧妙的”[⑤]成功大部分应归功于他的科学修辞的理由，一部分也正如丹皮尔所提到的，应归功于他在哲学上寻求的庇护。尽管盖伦理论在后人看来距真理还相距甚远，但除非后人提出更有说服力的论证，能在事实上、在理论上和在哲学上全面超越盖伦理论，否则就只能按照他的规矩来行事，因为一旦强大的权威论证效应形成，就很难通过一个局部的冲突或一个细节上的突破冲垮对手千年营造的阵营。

（二）哈维的心血运动论

1. 铺垫

在哈维提出心血运动论之前，比利时医学家、解剖学家维萨留斯于 1543 年出版了其著作《人体的构造》。在其中，他论述了骨骼、肌肉、神经、腹部和胸部内脏以及大脑的结构，同时也介绍了自己的活体解剖方法，甚至纠正了解剖学上 200 多处的错误，“特别是纠正了盖伦关于人体两个心室间的中隔是多孔的，血液可以从右心室通过中隔流入左心室的观点”[⑥]。

尽管维萨留斯的观点并没有遵循盖伦的传统学说，而是以他在自己亲手解剖的过程中所看到的和所能表现出的现象为依据，但他“在大体上还是接受了盖伦

①②③④　丹皮尔. 科学史及其与哲学和宗教的关系. 李珩译. 桂林：广西师范大学出版社，2001：56.
⑤　丹皮尔. 科学史及其与哲学和宗教的关系. 李珩译. 桂林：广西师范大学出版社，2001：57.
⑥　张家治，刑润川. 科学技术史简明教程. 北京：科学出版社，1988：74.

的生理学”[①]，“在内容上也保留了一些传统的观点，例如认为食物在腹腔内烹调，呼吸使血液冷却等”[②]。

如前所述，尽管维萨留斯提出了 200 多处对盖伦理论的质疑，但这还不足以击败强大的对手，在保守派和宗教神学的反对和攻击声中，他只能销声匿迹。1544 年，萨维留斯放弃了原有的研究工作，去担任查理五世的御医了。

真理的火种并不会就此而被扑灭，又一位伟大的先行者——西班牙医生塞尔维特把人体血液运动的研究向前推进了一大步。在其著作《基督教的复兴》中，他阐述了血液的肺循环即小循环学说，为发现人体的大循环打下了基础。

但守旧派并没有给塞尔维特更多登场阐释其科学修辞的机会，而是直接动用非法手段将他和他的著作一同烧死于日内瓦。这是无效和非法的，它不是科学修辞而是粗暴的政治迫害或宗教势力的压迫，尽管它会暂时性地中止科学争论，但却并不能彻底湮没真理火种的重生，一场更猛烈的大火随之而来。

2. 哈维心血运动论的提出

人体的血液循环理论最后是由英国的解剖学家哈维创立的。值得注意的是，哈维不但非常注重观察实验，而且更注重观察实验的效果和说服力，他调整实验的对象，选用了易于观察的冷血动物进行活体解剖实验，由于它们的心脏跳动较慢，从而可以清楚地观察到血液流动的方向。

在实验的基础上，哈维还进行了定量分析，他通过实验分析得出，“目前发现，在半个小时内，心脏可能已跳动了 1000 次，在有些情况下甚至是 2000 次、3000 次或 4000 次。心脏射出血液的特拉姆数与搏动的次数相乘，我们因此得到 1000 个半盎司，1000 个三特拉姆，或相同方式成倍增加的血液量”[③]。哈维这里要证明的是，人是不可能这样迅速地制造出这么多血来的，只能是有一定量的血液在体内做循环运动。

在此基础上，哈维提出了三个著名的论点：“第一，通过心脏的活动，血液永不间断地由腔静脉被运往动脉，其流量之大仅靠消化不足以补充，因此血液必须快速地通过心脏这一器官；第二，血液在动脉搏动作用下被运往身体的各个部位，如同一条连续、平稳和永不间断的溪流，且流量远远大于体内仅供营养之需求，或者说大于整个流体所能提供的量；第三，静脉以同样方式不断由身体各部位将血液运回心脏。”[④]

这样一来，哈维形成了科学修辞的基本的、理性的证据理由。

① 丹皮尔. 科学史及其与哲学和宗教的关系. 李珩译. 桂林：广西师范大学出版社，2001：114.
② 张家治，刑润川. 科学技术史简明教程. 北京：科学出版社，1988：73-74.
③ 威廉·哈维. 心血运动论. 凌大好译. 西安：陕西人民出版社，2005：58.
④ 威廉·哈维. 心血运动论. 凌大好译. 西安：陕西人民出版社，2005：57.

1）事实性证据

与前人不同，哈维在阐述其观点的同时，“并没有借助什么天然元气、生命元气和血气，而是把循环问题看作一个生理机制问题”[①]。因此，哈维明确说，“我相信一旦我陈述了这些论点，有人会不由自主地赞同我的观点，因为事实对每个人来说都是清楚明了的”。在一定程度上说，哈维这里所得出的每一个观点或结论都建立在实验的基础上，而实验是事实的关键和基础，同时也是己方立脚的基石和推翻对手的王牌。

2）哲学上的依据

（1）认识论上。哈维所阐述的三个观点的认识都是源于实验或实践而非先验的推理，完全摆脱了中世纪以来由经院哲学倡导的抽象、空洞的上帝出发点和借助原点的纯粹逻辑推理认识的束缚，高高举起了认识来源于实践的大旗，把科学认识“放到了观察和实验的正确道路上来”[②]。

此外，在当时实验条件不充分的情况下，哈维也提出了一些预言性认识，留待以后的实验来证实，这一方面纠正了那种出现困难就不得不去借助上帝之手的惯性认识，同时也为日后的待续研究埋下了伏笔，一旦预言性认识被实验证实，哈维理论的可信度将极大增强。例如，哈维预言，动脉血流入全身肌肉，肌肉里的血再流入静脉，那么在动、静脉血管的末端一定有某种细微的血管连接着，从而使得血液得以循环，这个预言被后来意大利的解剖学家马尔比基发现的毛细血管所证实。

（2）方法论上。丹皮尔把哈维的成功归结到他的方法上，他认为，“哈维达到这个重要的观念，不是靠思辨，也不是靠先验的推理，而是靠一系列步骤，每一步骤又都是根据利用解剖方法对心脏所进行的观察，或者如他自己所说的，根据‘反复的活体解剖’”[③]。哈维自己也始终恪守着由实验推出结论的方法论，在其著作《心血运动论》中，为了说服信众，他是这样表达的，“到目前为止，我们的第一个论点已通过计算、实践和解剖实验等途径被证实……”[④]；“第二论断对每个人来说可能都是比较清楚的。在这我引用一些实验，从这些实验中可明显地看到……”[⑤]；“现在，通过在静脉管道中发现的瓣膜，通过这些瓣膜的作用，通过可以观察的实验，其他还存在争论的论点就可以完全清楚了”[⑥]。

此外，如前所述，哈维不仅把观察和实验看成其观点的基石，而且在实验中使用了定量分析的方法，为建立科学的生理学奠定了坚实的数据证据。

最后，在选择实验受体的方法上，哈维挑选了那些活体的冷血动物，易于观

---

①②③　丹皮尔. 科学史及其与哲学和宗教的关系. 李珩译. 桂林：广西师范大学出版社，2001：116.

④　威廉·哈维. 心血运动论. 凌大好译. 西安：陕西人民出版社，2005：62.

⑥　威廉·哈维. 心血运动论. 凌大好译. 西安：陕西人民出版社，2005：76.

⑤　威廉·哈维. 心血运动论. 凌大好译. 西安：陕西人民出版社，2005：65.

察且效果明显。

（3）时代背景的支持。与维萨留斯出版其著作《人体的构造》以及哥白尼出版其著作《天体运行论》的 1543 年不同，哈维完成心血运动论的理论是在 1616 年，而出版《心血运动论》却是在 1628 年。这 85 年的时间已使时代发生了深刻的变化，如果说 1543 年是维萨留斯和哥白尼向中世纪宗教神学发出挑战的开端，那么 85 年后，哈维的心血运动论则是自然科学全面展开推翻宗教神学统治的长矛之一。因为在此期间，欧洲文艺复兴已经全面展开，在天文学和力学上已经发生了深刻的变化，例如，1600 年布鲁诺为捍卫哥白尼的日心说而献身，1609 年伽利略已经制作望远镜对月球进行了观测，1619 年开普勒出版了《宇宙的和谐》，提出了行星运动三定律，而培根在此期间与经院哲学进行了斗争，积极倡导科学的方法，已经成为英国唯物主义和实验科学的始祖，等等。这一切都为哈维理论的成功筑好了创新的时代大背景。

面对千年的惯性——在哈维之前，人们已经早已习惯了亚里士多德、希波克拉底、皮特拉米和盖伦的学说，它们长期禁锢着大众的思想，即使偶尔出现一些与这些观点不一致的看法，也立即会被认为是与教义相冲突的异端——哈维只有在事实上、理论上和哲学上形成更强大、更综合的科学修辞力量才能击败盛行已久的盖伦学说。这一次，哈维已经在事实上、理论上和哲学上形成了看起来足够强大的优势，但实际的情形远非如此简单。

事实上，仅仅凭借这些科学修辞的“硬”理由就想即刻制服对手未免太轻敌了，对手并不会束手就擒，盖伦学说的守旧派还会做垂死的挣扎，他们手中也有进行科学修辞的权利，他们也可以进行反驳和攻击，他们也同样可以找到哈维理论的弱点，毕竟新生的理论总会有不完善的地方。

3. 哈维心血运动论的质疑与捍卫

1）质疑

最先批评哈维的是一位名叫詹姆斯·普里姆罗斯的年轻医生，“他企图通过攻击当下最轰动的新理论而成名。1630 年，普里姆罗斯在《运用和评论》一书中讽刺哈维的理论只不过是一阵试图推翻传统医学理论的流行风……他在没有任何实验和根据的情况下攻击哈维的血液循环理论，甚至挖苦哈维的支持者听信哈维的话就像听从神的话一样”①。这显然不是合法有效的科学修辞，而是非理性的人身攻击，对于科学争论而言，它非但无效，因为它毫无理性的证据理由支撑，而且有时还会对科学争论的一方造成政治上、信仰上或人身上的迫害，因此，自亚里士多德的修辞传统起，就十分警惕人身攻击论证的入侵，它不仅败坏

① 乔尔·利维. 科学争论. 张雷等译. 长沙：湖南科学技术出版社，2011：83-84.

了修辞和科学修辞的名声，而且在科学史上也不乏那些利用人身攻击论证导致科学研究流产的案例。

在哈维提出其心血运动理论后，遭遇到的最大挑战是无法通过实验和观察证明血液是靠毛细血管从动脉流到静脉的。1636 年，德国阿尔特多夫大学的医学教授卡斯帕·霍夫曼就认为，血液循环会导致“旧血”留回到胆汁，“在他看来，哈维测试心脏输出血液功能的举动是‘明知不可为而为之’”[①]。同样，哈维最大的对手是法国医生吉·里奥郎，他是传统医学的坚定捍卫者，他拒绝相信实验和观察，担心哈维的血液循环理论会摧毁当时的一种主要治疗方式——放血治疗法。他的顽固如同库恩描述的科学革命的过程，也许只能等到这些顽固的守旧派全部死光后新理论才能完全战胜旧理论。

尽管人们在 1660 年观察到“毛细血管”的真实存在，从而印证了哈维当时的预言，但在此期间，预言的真实性一直都是哈维理论的硬伤。

2）捍卫

为了避免重蹈维萨留斯和塞尔维特的覆辙，哈维在形成优势性的“硬”科学修辞理由的基础上，进一步寻求“软”的科学修辞理由，为其理论的最终被证实和胜利赢得宝贵的机会和时间。

（1）科学修辞战略 1（strategy of rhetoric of science，SRS）——保全性（preservation）战略。

正如在前面章节中所阐述的那样，迫于时代背景的压力，许多新学说、新思想或新理论的主张者们有时不得不使用保全性战略，从而使他们的新思想获得共同体或世俗认可的“入场券”，例如，他们会求助皇权甚至是宗教的力量，也会不辞辛劳地游说得到政府的支持，这样一方面有可能得到经费上的支持，另一方面一旦得到了皇权或宗教的支持，新思想就有可能成为其册封下的“正统”思想，从而得到外力的庇护，免受对手的攻击。尽管这一科学修辞战略具有双面性，但在科学史中绝不乏使用保全性战略的案例。

如前所述，哈维在《心血运动论》一书的开篇致辞中，就首先明确要将本书献给“最杰出最无畏的君主——查尔斯……您忠实的奴仆——威廉·哈维”[②]。在今天看来，如此伟大的科学巨匠之所以会写出如此“卑微”的致辞，简直无法让人理解，可又有谁能理解哈维在当时的语境下，尽管已经取得了强大的科学修辞“硬”理由，也只能委曲求全从而保全其新生的理论，如若不然，很可能像孟德尔的遗传定律那样被埋没几十年甚至更久，也不是没有可能的是，他会像布鲁诺和塞尔维特那样被烧死。但“明智”的哈维选择了保全性战略，为其新理论最终战胜盖伦学说赢得了宝贵的机会和时间，也为自己的研究赢得了足够的经费

① 乔尔·利维. 科学争论. 张雷等译. 长沙：湖南科学技术出版社，2011：84-85.

② 威廉·哈维. 心血运动论. 凌大好译. 西安：陕西人民出版社，2005：1-2.

保障。

（2）科学修辞战略 2——权威论证（ad verecundiam）战略。

自亚里士多德起，权威论证就一直是修辞学的传统论证方式之一。其论证方式为：

A 是关于 P 的可靠权威；

A 肯定 P；

所以，P 是正确的。

权威论证的优势在于①节约科研成本，那些成熟和成功的理论可以直接拿来为我所用，人们没有更多的精力和金钱去事事亲历求证；②引用或借助权威，增强己方论证的说服力，一方面，可以表示引用方的观点是符合当下盛行理论的，另一方面，如果对方想反驳引用方的观点，就首先要反驳引用方所引用的权威理论，这大大增加了对手反驳的难度；③寻求高级权威的认可，一旦更高级的权威认可新理论，其他对手的反驳就会迎刃而解。

（3）科学修辞战略 3——保守性（conservative）战略。

保守性战略是哈维使用过的最为精妙的一种战略，它主要是指在实验数据取值上的一种战略——在当时的实验条件下，实验者针对某一受体的特征实验得出了一系列的由小到大的数据 D_1，D_2，…，D_n，此时，只需取最为保守的最小值 D_1 就可以满足其要得出结论的要求，或只需取较小的值 D_x 就可以满足计算简化的要求，同时这样的取值并不影响结论的正确性和有效性。这里所采取的修辞战略就是保守性战略，“许多科学实践就是由为了加强（或减弱）特定观察或假说可信性的欲望而激发的”[①]。

任何阅读哈维《论心脏和血液的运动》的读者都会对哈维的智慧、非凡的技巧以及他带入解剖学的新方法产生深刻的印象，同时也会对他细微的观察、对待解剖和生物命题的公正以及在研究动物心脏和血液运动注重测量和计算的方法产生深刻的印象。但在这一著作出版前，哈维花费了九年多的时间来完善他的理论，不断做演讲来宣传其理论，不断向朋友和同事来演示这一理论以及答复来自他们的反对。基尔郭尔把针对哈维的反对概括为下面的四个方面[②]：

第一，哈维完全低估了人类心输出量（cardiac output）。对于哈维的心跳重量估算，基尔郭尔是这样评价的，对于心脏输出量（心跳重量）的测量是一个非常困难的问题，甚至在今天，如果在测量中采取不同的方法仍然会得到不同的结果，而且所得到结果的取值范围仍然较大。但是，哈维当时得到的数字却只有今天我们所使用的最低估计值的 1 / 18。那么他究竟是如何得到像这样存在较大偏

---

① 约翰·齐曼. 真科学. 曾国屏等译. 上海：上海科技教育出版社，2008：299.

② Kilgour F. William Harvey's use of the quantitative method. Yale Journal of Biology and Medicine，1994，(25)：410-421.

差的数字，而且还能够将其成功地运用于证明像这样重大的发现的呢？

第二，哈维对绵羊心跳重量的完全低估。当然，人们会原谅哈维没有得到人的心脏输出量（心跳重量）的准确估计之过，但是在他测量绵羊的心脏输出量（心跳重量）时，他也一样得到了较差的结果。如果他当时真的切断了绵羊的大动脉，并称出一分钟内泵出的血液重量，同时也测出了那一分钟内心跳的次数，那么他本可以得到绵羊体内的心脏输出量（心跳重量）的较为合理准确的数字，但他却从未进行过这种显而易见的实验。

第三，成人平均脉搏率（每分钟 72 次），但哈维总是将其低估为每分钟 33 次，这只相当于实际平均脉搏率的一半左右，尽管他也得到了一些其他的数据，但他一般还是在使用这一数字。我们无法解释这种错误，而且他为什么会犯下如此低级的错误一直以来都被视为一个谜。

第四，哈维荒唐地低估了血液循环的速率。哈维有两个估计数字——心脏输出量（心跳重量）为 3.9 克，脉搏率为每分钟 33 次，其中，哈维血液循环（心脏输出量）的速率只相当于今天我们可接受的最低值的 1/36。

梅西指出，尽管基尔郭尔通过数据的核对指出，哈维当时在论证其理论时使用了一些不准确的数字，但这些对哈维的指责却没有多大的影响力，“相反倒是基尔郭尔对于哈维修辞战略的令人惋惜的忽视，才最终导致了他甚至把十分肤浅的东西增添到了他的指责之中”[①]。

尽管哈维使用了所谓的“完全不准确”的数据，但哈维仍然用他“错误的”计算，证明了他的主要观点：“第一，通过心脏的活动，血液被永不间断地由腔静脉运往动脉，其流量之大仅靠消化不足以补充，因此血液必须快速地通过心脏；第二，血液在动脉搏动作用下被运到身体的各个部位，如同一条连续、平稳和永不间断的溪流，且流量远远大于体内仅供营养之需求，或者说大于整个流体所提供的量；第三，静脉以同样方式不断由身体各部位将血液运回心脏。”[②]显然，一个人摄入的食物是根本无法持续产生像这样大数量的血液的，这对于盖伦的认识如同致命的一击，甚至基尔郭尔这样的批评家在后期也不得不承认，哈维成功地证明了他的主要的观点，“轻松和巧妙”地使盖伦的心脏和血液学说完全破产。那么，哈维的“轻松和巧妙”[③]之处除了我们前面提到的他超人的智慧和对实验方法的注重，就是他有意识或无意识地对修辞战略的成功运用。

---

① Massey G J. Rhetoric and Rationality in William Harvey's De Motu Cordis. Los Angeles：University of Southern California Press，1998：22.

② 威廉·哈维. 心血运动论. 凌大好译. 西安：陕西人民出版社，2005：57.

③ 在多个关于哈维血液循环理论的评价中（如，凌大好译《心血运动论》中的《全书导读》部分；颜青山著的《科学是什么》第 170 页中对哈维的评价），如我们会看到对于哈维实验方法他们都加上了“巧妙的”这一词语，那么究竟哈维实验中的巧妙之处在哪里？这正是我们要从科学修辞战略进路给出的一种回答。

首先，哈维在当时敏锐地意识到了他所处的修辞语境，并对此进行了积极的适应和应对。他预料到他提出的新理论将遭遇到那些长期得到保护的理论、习惯、传统和保守主义的尖锐反对，更清楚地认识到他的这一全新理论所要面对的修辞环境——强大的皇权统治和根深蒂固的权威理论的影响，因此，在其著作《心血液运动论》的开篇，哈维采取了我们前面讲到的科学保全性战略，首先给当时最高的皇权象征和学术的权威象征分别写了两篇致辞以期获得他们的同意或认可，哪怕只是“默许”。从这两篇致辞中，我们可以看出哈维当时的态度——为了追求真理，哈维也不得不委曲求全去迎合当权者们，而从效果上看，哈维所采取的这种灵活应对修辞环境的战略，显然为他和他的理论创造了十分宽松的环境，尽管当时也存在着种种批评和质疑，但与达尔文的《物种起源》和伽利略的《关于两个世界体系的对话》所受到的血腥式的批评和打压相比，这显然是不足为奇的，同时正是这种优厚的待遇为哈维赢得了宝贵的九年时间来答复那些批评和完善其理论；此外，哈维为了佐证自己的理论或保持理论在某些方面上的连续性和稳定性，也不得不诉诸那些古老的权威，如亚里士多德传统的医学观点，甚至是他本人正致力于要推翻的理论——盖伦理论。

其次，哈维对他的修辞受众的条件进行了充分和细致的考虑。他在计算血液流动时，通常使用的是一种半个小时的时间段。正如与他同时代的人已经意识到的那样，盖伦早已使用了一种半小时的时间段。在《心血运动论》一书的简介中，哈维不辞辛劳地反驳了动脉中只含有空气的学说，“盖伦的实验、动脉切开术和创口的实验都证实，只有血液存在于动脉中，因为像盖伦那样在不止一个部位切开一条动脉时，全身的血液会在半小时（甚至）不到半小时内流干”[①]。显然，盖伦已经使得哈维别无选择，因此，哈维只有通过选择一种半小时的时间段来计算血液的流量，才能向早已习惯这一时间段的 17 世纪的受众表达他的思想。

最为重要的是，哈维在计算用于决定半小时的心输出量的时候，使用了一组精心选择的假设或带有假说性质的数值来表示人和动物的搏动率（pulse rate）。正如基尔郭尔所提到的那样，哈维在《心血运动论》第九章中使用的最低的搏动率是每分钟 33 次的搏动。如果四舍五入的话，哈维的通常实践——每分钟 33 次的搏动就可以换算为每半小时 1000 次的搏动，这对于那些不习惯于定量推理的内科医生而言就简化了半小时心输出量的计算。的确，在《心血运动论》第九章中，哈维根据四种不同的搏动率——最低搏动率每分钟 33 次以及其他的三种搏动率——分别是最低量的两倍量、三倍量和四倍量，明确给出了半小时心输出量的计算。换句话说，哈维使用的搏动率分别是每半小时 1000 次、2000 次、3000

① 威廉·哈维. 心血运动论. 凌大好译. 西安：陕西人民出版社，2005：10.

次和 4000 次[①]（如果四舍五入的话），从而简化了半小时心输出的计算。接着，哈维继续通过将假定的心搏重量与假定在一个半小时内的心跳次数相乘，从而计算出带有假说性的心输出量，再计算出下面的半小时心输出量的部分列单，“如果将心脏射出血液的特拉姆数与搏动的次数相乘，我们就会得到 1000 个半盎司，1000 个三特拉姆，或以相同方式成倍增加的血液量”[②]。哈维这里所得出的 1000 个半盎司数值毫无疑问是源自每分钟 33 次心跳的搏动率，即每半小时 1000 次心跳。

显然，哈维在这里使用的修辞战略是为了证明即使是对心搏量和搏动率的最为保守性估计所产生的血液的流量也会大得足以超过由盖伦理论得出的数量。这正如哈维所说的那样，“但是，应当指出的是，不可能在半小时完成全部循环过程，也许要一小时，甚至一天才能完成；但无论怎样，它仍然可以表明，在其作用下，将会有更多的血流经心脏，要么可以超过由全部摄取食物提供的血液，要么也可以超过在同一时刻静脉中所含的血液量”[③]。换句话说，哈维要声称的是，即使他已经使用了的心搏重量和搏动率的数值，最终产生了小的让人觉得荒唐的人类心输出量——大约是我们今天所接受数值的 1／36——但他仍然能够形成一个将盖伦理论推翻的无可辩驳的案例。因为即使是这样一个较小的血液流量对于盖伦理论而言也是难以应付的数量。而且在取整数无害的时候，哈维的确采取了取整数的方法，在把每分钟 33 次搏动率转化为每半小时的搏动率的时候，哈维用 1000 次取代了 990 次，但并没有任何迹象表明哈维在这种语境中由于取整数而犯下了数学上的大错，相反却极大地简化了计算。

同时，哈维也充分意识到了人与动物搏动率和心输出量的可变性，并且意识到了它们所取决的众多因素，接着哈维再次通过使用保守性战略来反对盖伦理论的观点，“我了解得十分清楚并要在这里公之于众的是，血液在某些时刻流量较大，而另一些时刻则较小，一个循环的完成也时快时慢，受个体的体质、年龄、外界和体内的环境条件，或如睡眠、休息、食物、体育锻炼及心境等自然和非自然因素的影响，但实际上，即使只有最可能小的血液量在每次搏动时通过心脏和肺，也会有大大超出食物摄入所能提供的流体量进入动脉管和全身各部；简言之，血液运动的维持除了循环运动的方式之外别无选择”[④]。显然，保守性修辞战略起到了关键性作用，其说服力是任何论证无法比拟的——甚至“最可能小的血液量”就足以“大大超过”，这样利用最小值就可以轻松推翻盖伦理论的战略显然应该是哈维有意识设计的，因为凭借当时已相当精确的测量挂表，哈维完全有可能得出更接近实际的数据。但我们可以试想，如果哈维采用更为实际性的数据，就意味着在人体内的血液需要在一到两分钟内的时间完成一次循环（今天，

①② 威廉·哈维. 心血运动论. 凌大好译. 西安：陕西人民出版社，2005：58.
③④ 威廉·哈维. 心血运动论. 凌大好译. 西安：陕西人民出版社，2005：59.

我们知道的是在一位普通成年人休息时全部血液供给是在大约一分钟内完成循环的)、一个普通人一生由心脏泵出的血液几乎足以填满一个大的足球场以及一旦解剖开一条动脉或静脉，所有的血液将在一分钟左右从身体中排尽，这一时间间隔远比盖伦的半小时更短，这些事实甚至在今天对于那些受过教育的人来说也是难以接受的，更不用说哈维同时代的人了。

综上所述，哈维为了削弱其竞争对手——盖伦体系的可信度，迫使他使用那些有关搏动率和心搏重量的保守性数值，尽管可供他选择的数值多达 48 种[①]，但是每分钟 33 次的搏动率却是唯一可能的数值，因为对于搏动率而言，这种可能数值既要求是保守性的，同时还必须具有像前面所提到的可以简化半小时心输出量计算的优点，同时哈维之所以不得不选择每分钟 33 次的搏动率作为其阐明理论的最低的搏动率，也是考虑到了他的听众和他所处的修辞语境，试想如果哈维当时使用的是第二慢搏动率（每分钟 66 次的搏动率）作为人类血液流动计算的最低量——这毫无疑问是更接近于他所相信的平均成年人的搏动率，那么他也许就会在反对盖伦的理论时缺乏说服力，因为他要建构的是一种无可辩驳的案例。

哈维的修辞战略在于向世人表明，甚至是那些极为保守的关于搏动率和心搏重量的假设所导致的血液流动量也会大得足以推翻盖伦的理论。由哈维使用的搏动率和心搏重量的数值也许并不是选择用来满足它们的准确性，而是为了明显的保守性策略，因为哈维当时敏锐地意识到了那些极为保守的有关搏动率和心搏重量的假设可以在某些方面比那些更为准确和更为现实性的数值更能满足他的目的[②]。

（4）科学修辞战略 4——语言（language）战略。

如前所述，哈维在构建血液循环理论的过程中，使用最多的科学修辞语言战略就是类比隐喻。他意在通过与可见的或者易观察的现象类比，轻松地论证自己的观点，特别是在被研究对象无法直接观察到的时候，具有联系、联想、启发、假设、解释和模拟功能的类比无疑成为哈维把自己的思考内容明晰生动地表达出来的助力。

在其著作的开篇致辞中，哈维首先就把心脏对于生命的中心作用与小宇宙中的太阳和王国中的国王进行了类比。接着，在阐述其关键的血液循环理论时，哈维多次成功地运用类比来形象地表达其同时代人难以接受的理论，如在论证心室和心房的两种运动时就十分精辟地运用了三个类比——“心室和心房的两种运动……其机制如同在一部机器中，尽管其中一个轮子驱动了另外一个，但所有轮子都同时运动；或者可以用枪炮的设计为例来说明……；在吞咽的过程中……好

① Kilgour F. William Harvey's use of the quantitative method. Yale Journal of Biology and Medicine，1954，(25)：411.

② Woodger J H. An Analysis of Harvey's De Motu Cordis et Sanguinis. Reprinted in Cohen，from Biology and Language，1952：78.

像一个充盈的囊泡一样……”[①]

3）哈维心血运动论的胜利

这样一来，哈维不仅把自己的理论建立在强大的科学修辞的硬理由基础上，而且丰富的科学修辞战略也使得哈维的理论在论辩场中应付自如，因此，在《心血运动论》出版后，“盖伦的生理学立刻就显得过时了”[②]。

此外，预言一次又一次地被证实，无疑增加了哈维《心血运动论》的可信度，使之逐步成了无可辩驳的学说，盖伦的元气说及其捍卫者们不得不缴械投降，因为他们已经找不出任何的科学修辞理由与之抗衡，无论是事实上的、理论上的还是哲学上的理由。

二、光的本性争论

（一）光的粒子阵营

早在古希腊时期，人们就对光形成了朴素的认识，当时人们总是倾向于把光看成是一种非常细小的粒子流，因为它一方面很好地解释了许多直观的现象，如光的直线传播和反射；另一方面光的粒子说也符合了当时的认识论背景——元素说。

但光的粒子说也碰到一些困难，例如，在点亮光源之前，这些粒子隐藏在何处，它们的数量究竟是否会无限多，两束光碰撞的时候并没有相互弹开等。

对于光的粒子阵营来说，1672 年是其树立起大旗的时间。在那一年，牛顿提出了发射论，认为光是由微粒构成的，并在 1704 年出版了其巨著《光学》，从粒子的角度解释了薄膜透光、牛顿环以及衍射实验中发现的种种现象，得到了当时较多人的认可，在 19 世纪前，微粒说一直占据了统治地位。

（二）光的波动阵营

中世纪之后，人们开始怀疑，既然声音是一种波，为什么光就不能够是一种波呢？17 世纪初，笛卡儿在其《方法论》中首先提出了这种可能性；1655 年，意大利物理学家格里马第首先发现了衍射现象，他认为，光并不完全走直线，当遇到障碍物时就沿着障碍物的边角而弯曲，而且影子的边缘往往带上色彩，因此，他设想光是一种能够作波浪式动作的流体；1665 年，英国物理学家胡克在其著作《显微术》中，提出光是一种振动；最后，荷兰物理学家惠更斯继承了胡克的学说，认为光是一种在以太中传播的纵波，并运用精密的数学论证，成功地

① 威廉·哈维. 心血运动论. 凌大好译. 西安：陕西人民出版社，2005：35-36.
② 丹皮尔. 科学史及其与哲学和宗教的关系. 李珩译. 桂林：广西师范大学出版社，2001：115.

证明和推导了光的反射和折射定律，成了波动阵营中的主帅。

（三）第一回合交锋

从科学史看，光的粒子说在直线传播和反射折射问题上有其优势，而光的波动说却在解释光的衍射问题上有其优势，两个阵营在开始阶段各自沿着自己的轨迹发展，相安无事，然而导致历史上“第一次波粒战争”爆发的导火索是玻意耳在 1663 年提出的一个理论：我们看到的各种颜色，其实并不是物体本身的属性，而是光照上去才产生的效果。这个论调本身并没有关系到微粒和波动什么事，但却引起了对颜色属性的激烈争论。①

1. 胡克权威的形成

作为当时英国皇家学会会员的罗伯特·胡克在重复了格里马第实验，仔细观察了光在肥皂泡里映射出的色彩以及光通过薄云母片而产生的光芒后，也认为颜色的不同是由光波的频率的不同而引起的，于是胡克在 1665 年出版的《显微术》一书中明确地支持波动说，“波动说也由于这位大将的加入，似乎在一时占了上风”②。

2. 牛顿的挑战

1672 年，牛顿通过棱镜色散实验得出白色光是由七彩光混合而成的结论，并把光的复合和分解比喻成不同颜色微粒的混合和分开。当牛顿把文章交给一个三人评审会审阅时，胡克对此观点进行了尖锐的批判。胡克声称，“牛顿论文中正确的部分（也就是色彩的复合）是窃取了他 1665 年的思想，而牛顿原创的微粒说则是不值一提的，仅仅是假说而已”③。“作为当时光学和仪器方面独一无二的权威，胡克显然没有把牛顿这个毛头小伙放在眼里，他后来承认说，自己只花了三四个小时来阅读牛顿的文章。”当时还在微粒说和波动说之间左右摇摆的牛顿，也最终倒向了微粒说，“这究竟是因为报复心理，还是科学精神，今天已经无法得知了，想来两方面因素都有吧”④。

3. 惠更斯大旗的树立

具有数学理论基础的荷兰物理学家惠更斯继承了胡克的认为光是一种在以太中传播的纵波的理想，并运用精密的数学论证，成功地证明和推导了光的反射和折射定律，成了波动阵营中的主帅。此外，惠更斯明确反对光的微粒说，在其著

①② 曹天元. 上帝掷骰子吗：量子物理学史话. 沈阳：辽宁教育出版社，2011：10.

③ 曹天元. 上帝掷骰子吗：量子物理学史话. 沈阳：辽宁教育出版社，2011：11.

④ 曹天元. 上帝掷骰子吗：量子物理学史话. 沈阳：辽宁教育出版社，2011：12.

作《论光》中，他提出质疑说，如果光是微粒组成的，那么光线彼此交叉时就会相互碰撞而引起光线方向的改变，而现实生活中却观察不到这种现象，其思想也标志着波动说到达了一个阶段性的顶峰。

4. 牛顿微粒说的完胜

然而，“不幸的是，波动方面暂时的得势看来注定要成为昙花一现的泡沫，因为在他们的对手那里站着一个光芒四射的伟大人物：艾萨克·牛顿先生。这位科学巨人——不管他出于什么理由——已经决定要给波动说的军队以毫不留情的致命打击。牛顿对胡克恨之入骨，只要胡克还在皇家学会一天，他就基本不去那里开会。胡克终于在 1703 年众叛亲离地死去了——所有人都松了一口气。这也为牛顿不久之后顺理成章地当选为皇家学会主席铺平了道路，之后他用铁腕手段统治这个协会达 24 年之久”[①]。

胡克死后的第二年，也就是 1704 年，牛顿出版了其又一部划时代的巨著《光学》，在之后的 100 年内，它都被奉为不可动摇的金科玉律。在《光学》一书中，牛顿从光的粒子本性出发，解释了薄膜透光、牛顿环以及从衍射实验中发现的种种现象，并从波动对手那里借用了一些概念如振动、周期引入其微粒论，从而很好地解释了牛顿环的难题，更有甚者，牛顿将微粒说和他的力学体系统一起来，于是这个理论顿时出现无与伦比的力量[②]，“单凭光学上的成就，牛顿就已经可以成为科学上的头等人物了”[③]。事实上，牛顿当时的显赫地位已不仅仅是皇家学会的主席，他还是国会议员和造币局局长。而对立的波动阵营，斗士们却相继倒下：1695 年，惠更斯去世，之后，胡克也于 1703 年去世，当时再也无人能挑起波动的大旗。“第一次波粒战争就这样以波动的惨败而告终，战争的结果是微粒说牢牢占据了物理界的主流，波动说被迫转入地下，在长达整整一个世纪的时间里都抬不起头来。”[④]

回顾第一次波粒战争，我们至少可以在其中找出三种使用科学修辞战略的痕迹：

1）科学修辞战略 1——实验（experimental）战略

在科学争论中，定量实验的说服力极其强大，因为通过实验获得的数据及数据间的恒定联系是不以个人意志为转移的客观实在，只要实验条件相同，就一定会得出相同的实验结果。双方论辩时，一旦有一方通过实验得出恒定的结果或结论，它就形成了其立论基础，而另一方则立刻显得软弱无力，只能败下阵来。

具体来说，胡克是在重复了格里马第有关光的衍射实验的基础上，才提出了

① 曹天元. 上帝掷骰子吗：量子物理学史话. 沈阳：辽宁教育出版社，2011：13.
② 曹天元. 上帝掷骰子吗：量子物理学史话. 沈阳：辽宁教育出版社，2011：13-14.
③ 丹皮尔. 科学史及其与哲学和宗教的关系. 李珩译. 桂林：广西师范大学出版社，2001：155.
④ 曹天元. 上帝掷骰子吗：量子物理学史话. 沈阳：辽宁教育出版社，2011：14.

自己的波动理论；惠更斯则更进一步，他运用精密的数学论证，成功地证明和推导了光的反射和折射定律，为光的波动理论找到了恒定的数学联系，这使得对手无可辩驳；同样，牛顿也将自己的立论基础建立在实验的基础上，牛顿通过棱镜色散实验，得出白色光是由七彩光混合而成的结论，并把光的复合和分解比喻成不同颜色微粒的混合和分开等。

然而，在双方的角斗场中，仅仅依靠实验战略是不够的，特别是在双方都有各自的实验立论依据的情况下，其他的科学修辞战略就会派上用场。

2）科学修辞战略 2——权势（authority）战略

与前面提到的权威论证不同，权势战略完全是非理性的修辞战略，尽管无理性但在实践中却可以起到暂时压制对方的作用。在波粒战争的第一次交锋中，我们看到，无论是波动阵营中的胡克，还是粒子阵营中牛顿，都毫不犹豫地借助了当时自己所处的特殊地位——英国皇家学会中的身份，特别是牛顿不仅拥有学术上的绝对权威，而且还拥有政治上的地位——国会议员和造币局局长。从科学修辞实践的效果看，他们所使用权势战略，确实都起到了暂时性地压倒对手的作用。

3）科学修辞战略 3——置疑提解（seek solutions to interrogatives）战略

众所周知，牛顿一系列闪耀着启发性光辉的思想，是用“疑问”的形式写在他的《光学》著作中的。之所以用提问的方式把它说了出来，是因为牛顿当时感到缺乏实验证明，对这些问题的回答“尚不感到满意的缘故”[①]。这一科学修辞战略是一种自我解释性的战略，如果对手给不出更加权威的解释或者无法攻破我的解释，那么我的解释至少在现阶段是更合理的解释，这一战略尽管有些“霸权”的味道，但却是抢占先机、占领高地的策略。

例如，在光线的本性问题上，牛顿提出质疑并自解道，“光线是否是发光物质发射出来的很小的物体？因为这样一些物体能直线穿过均匀媒质而不会弯到影子区域里去，这是光线的本性”[②]。

同样，牛顿在用微粒说解释光的反射、折射和色散等现象时，也毫不迟疑地使用了设问质疑、自解排外的科学修辞战略。

例如，牛顿提出，光为什么会反射呢？他自解道，弹性小球射在弹性壁上会反射回来，光是弹性微粒所组成的，当然也会发生反射；光为什么会发生折射呢？主要是光微粒和介质之间存在着一种吸引力，例如，光线从玻璃中走出来进入真空……光为什么会有色散现象呢？因为白光是由大小不同的微粒所组成的，

① 高之栋. 自然科学史讲话. 西安：陕西科学技术出版社，1986：183.

② 牛顿著，塞耶编. 牛顿自然哲学著作选. 上海外国自然科学哲学著作编译组译. 上海：上海人民出版社，1974：186.

红色光是由一些较大的微粒所组成的，紫色光……[①]

（四）第二回合交锋

如前所述，光的波动说在巨人牛顿的压制下一直沉寂了百年，牛顿摒斥的理由主要有两个：一是光的波动说不能解释物影，因为在牛顿看来，如果光是波动的话，光波也会像声波一样，会绕过阻碍物；第二，冰洲石的双折射现象说明光线在不同的边上有不同的性质，而在传播方向上颤动的光波不能有这样的差异。然而，托马斯·扬和菲涅耳对光的波动说赋予了近代形式，从而克服了这两个困难。[②]

1. 光波动说的复活

最先点燃第二次波粒战争导火索的是英国著名物理学家托马斯·杨，他首先从反对权威论证的角度出发，提出“尽管我仰慕牛顿的大名，但我并不因此非得认为他是百无一失的。我遗憾地看到他也会弄错，而他的权威有时也许甚至阻碍了科学的进步”[③]。

接着，托马斯·杨又从科学解释的角度出发，对牛顿的理论进行了驳斥。托马斯·杨自我设问并解释说，为什么由两个石块相互摩擦而产生的微粒和太阳发射出的光微粒的传播速度是一样的呢？运用微粒说来解释比用波动说来解释要困难得多，因为按照波动说的理论，一切振动，一经弹性体的传播，总是以同一速度进行的。

如果说上面的两个驳斥还略显稚嫩的话，那么托马斯·杨进行的下面一个完全可以载入史册的实验战略就彻底扭转了波动学说被动的局面。

光的双缝干涉实验：把一个点光源放在开了两个狭缝的第一个屏幕前，光就会在后面的第二个屏上出现明暗相间的光带，其中，亮带是与双缝的距离相差整数个相位的地方的光波相互加强的结果，而暗带是与双缝的距离相差半整数个相位的地方的光波相互抵消的结果。最为重要的是，理论计算出的明暗条纹距离和实验实际测量值完全吻合，这使得光的波动说在沉寂百年之后再度崛起。

在此基础上，托马斯·杨利用光的干涉性质，成功地解释了牛顿本人当时没有解释了的牛顿环现象——牛顿环中的亮环相当于光波的彼此加强，暗环相当于光波的彼此抵消。

2. 光微粒说的抵抗

尽管托马斯·杨的双缝干涉实验取得了巨大的成功，但微粒说权威和权势的

① 高之栋. 自然科学史讲话. 西安：陕西科学技术出版社，1986：182.
② 丹皮尔. 科学史及其与哲学和宗教的关系. 李珩译. 桂林：广西师范大学出版社，2001：213.
③ 梅森. 自然科学史. 上海：上海人民出版社，1977：441-442.

力量太大了——在“光的微粒大军仍然一统天下的年代，波动的士兵们衣衫褴褛，缺少后援，只能靠游击战来引起人们对它的注意。托马斯·杨的论文在一开始受尽了权威们的嘲笑和讽刺，被攻击为‘荒唐’和‘不合逻辑’，近 20 年间竟然无人问津。托马斯·杨为了反驳专门撰写论文，然而却无处发表，只好印成小册子，但是据说发行后只卖出了一本”①。

3. 光的波动说全面收复失地

在光的微粒说的压制下，光的波动说这次并没有放弃而是以更猛烈的炮火向对方的阵地发起了攻击。

首先，1821 年，菲涅耳用横波理论——光是一种横波，一种振子做相对传播方向垂直运动的波，而非胡克以来一直认为的光是一种纵波——成功地解释了 1809 年马吕斯发现的偏振现象。

其次，1850 年，法国科学家傅科在通过其“傅科摆”实验准确测出光在真空中的速度之后，又测出了水中光速，发现这个值只是真空中速度的 3／4，这一结果等于宣判了微粒说的死刑，因为按照微粒说的理论，光在水中的速度应该比真空中的光速要快，而根据波动理论，这个速度则应该比真空中慢。

4. 麦克斯韦为光的波动说锦上添花

英国物理学家麦克斯韦于 1856 年、1861 年和 1865 年发表了三篇关于电磁理论的论文，预言光其实只是电磁波的一种，而且赫兹于 1887 年用实验予以了证实，“波动说突然发现，它已经不仅仅是光领域的统治者，而是整个电磁王国的最高司令官”②。

波动说终于在 100 多年后革命成功，推翻了微粒王朝，登上了物理学统治地位的宝座，第二次波粒战争宣告结束。在第二次波粒战争中，波动说之所以能够力挽狂澜扭转战局面，与其成功地运用以下几种科学修辞战略是分不开的：

1）科学修辞战略 1——挑战权威（a challenge to authority）战略

众所周知，在科学争论中，论证一方往往会引用权威论证来寻求对己方的更高支持，而论证另一方则可以通过直接挑战对方援引的权威（其中包括那些权威理论和权威人士）来实现击败对手的目的，尽管难度更大，但却有效；尽管引用权威是允许的和合法的，但必须承认权威论证有时也是可错的，有时甚至会阻碍科学的进步，不存在任何可以保证权威论证可靠性的逻辑。托马斯·杨正是利用了这一科学修辞战略来反对牛顿的权威，他深信“吾爱吾师，吾更爱真理”的信条。

---

① 曹天元. 上帝掷骰子吗：量子物理学史话. 沈阳：辽宁教育出版社，2011：18-19.
② 曹天元. 上帝掷骰子吗：量子物理学史话. 沈阳：辽宁教育出版社，2011：21.

2）科学修辞战略 2——科学解释（hermeneutics of science）战略

作为科学修辞战略的一种重要的语境分析方法，科学解释意在实验印证前的预释和实验印证后的推释，即在未得到科学实验印证前，先根据已有的理论对某一科学现象作出合理的解释，以期后来的实验检验，托马斯·杨正是在双缝干涉实验前按照波动的基本理论对光的传播速度是一样的现象进行解释的；在理论经过实验印证后，再将该理论推广解释其他的科学现象，由此增加该理论的成功性，即“科学解释语境的转化功能主要就是在科学发展和科学成果运用的活动中表现出来的”[①]，托马斯·杨也正是在双缝干涉实验后运用光的干涉性质，成功地解释了牛顿本人当时没有解释了的牛顿环现象。

3）科学修辞战略 3——累加（accumulated）战略

从某种程度上说，在这次波粒交锋中，起决定性因素的就是一次又一次可以载入史册的实验的累加战略，也许一次的实验事实或数据不足以说明问题，那么多次的、不同角度的实验结果都指向所要证明的理论，这就逐渐形成了累积效应，最终汇成了足够强大的劝说或范式转换的心理信念。例如，在托马斯·杨的双缝干涉实验面前，微粒说并没有彻底低头而是继续负隅顽抗，但当波动说利用横波理论成功地解释了 1809 年马吕斯发现的偏振现象之后，特别是在对光速的测定和赫兹对麦克斯韦提出光是电磁波的理论验证之后，微粒说再也无力反抗，因为在经过多次而非一次的打击之后，微粒说的科学共同体内部已经分裂到绝大多数要缴械或皈依的程度。

4）科学修辞战略 4——判决性（decisive judgment）战略

尽管要在科学史中找到一个一劳永逸的永久性的判决性实验很难，但却可以找到若干阶段性的判决性实验。如前所述，科学修辞战略的本性要求科学争论不能像“市井吵闹”那样无休止、无规则和无制衡地争论下去，而是像法庭辩论那样最终达成一定的共识或裁决，但法庭辩论的裁决会依据人为制定的法律条文来进行裁决，而科学争论的有效裁决只能依据科学争论的辩证机制。在这次波粒交锋中之所以能形成有效的判决性裁决，是因为它完全符合了科学修辞的裁决战略——科学争论双方依据不同的理论基础，在相同的实验域发生矛盾，只期待实验结果宣判。因此，当 1850 年，傅科通过实验准确测出光在真空中的速度之后，又测出了水中光速，发现这个值只是真空中速度的 3/4 时，这一结果与牛顿按照微粒说所推出的预测相反，而符合波动说的结论，这就形成了有效的判决，因为双方先前都已经承认了共指期待的实验结果的裁决，要么失败，要么胜利，别无退路。

---

① 郭贵春. 隐喻、修辞与科学解释. 北京：科学出版社，2007：129.

（五）第三回合交锋：最后的决战——殊途同归

事实上，关于光的本性的争论并没有结束。光电效应的发现致使光的波动理论再次陷入被动的局面，那么这一次结局会如何呢？

1. 光微粒说的复活

1）光电效应

1889～1902 年，赫兹的助手勒纳德在利用各种频率的光照射钠汞合金时，发现了光电效应具有许多波动理论无法解释的基本规律，例如，对于特定金属而言，能不能打出电子，由光的频率说了算，而能打出多少电子则由光的强度说了算，如频率高的光（紫外线）就能够打出能量较高的电子，而频率低的光（红光）则一个电子也打不出来，这显然与经典的波动理论得出的结论相反，因为按照光的波动理论，波的强度就是它的能量，如果增加光波的强度，就相当于增加了它的能量，可是为什么对于红光来说，再强烈的光线都无法打击出一个电子来呢？“麦克斯韦的电磁理论在光电上显得一头雾水，它不断地揉着自己的眼睛，却总是啼笑皆非地发现实验结果和自己的预言正好相反。”①

2）康普顿效应

1922～1923 年，美国实验物理学家康普顿在研究 X 射线被自由电子散射的时候，发现散射出来的 X 射线的一部分和原来的入射射线的波长相同，而另一部分却比原来的入射射线的波长要长。康普顿引入光量子的假设，把 X 射线看作是 hv 的光子束的集合，那一部分波长变长的射线就是由于光子和电子碰撞所引起的，光子不但有能量而且还有冲量，当它与电子碰撞时，便将自己的能量交换一部分给电子，这样，光子的能量就会下降，那么根据公式 $E=hv$，E 下降就会导致 v 下降，频率变小，波长就会变大。更为重要的是，在粒子的基础上推导出的波长变化与散射角的关系式和实验结果完全吻合。

第三次波粒战争全面爆发了，卷土重来的微粒军团装备了最先进的武器：光电效应和康普顿效应，这两门大炮威力无穷，令波动守军难以抵挡，节节败退。②

2. 光的波动说的抵抗

然而，权威的惯性是强大的，同时也是可怕的。面对光电效应的难题和康普顿效应的实证，历经百年发展起来的近乎完美的波动王国怎么肯轻言失败，他们试图修补、试图解释以及试图将其纳入到完美的麦克斯韦方程组中，他们发现虽

---

① 曹天元. 上帝掷骰子吗：量子物理学史话. 沈阳：辽宁教育出版社，2011：54.

② 曹天元. 上帝掷骰子吗：量子物理学史话. 沈阳：辽宁教育出版社，2011：62.

然光电效应和康普顿效应充分显示出了光的粒子特性，但对于光量子理论的验证仍然涉及波动学说有关频率和波长的概念，仍然须要借助光的干涉现象来实现；此外，光的波动王国中的诸多立国之本——光的干涉及衍射实验、泊松亮斑的存在、完美的麦克斯韦方程、光速和电磁波的速度等——仍然没有动摇。

战争很快陷入僵持，双方都屯兵于自己得心应手的阵地之内，谁也无力去占领对方的地盘。光子一陷入干涉的沼泽，便显得笨拙而无法自拔；光波一进入光电的丛林，也变得迷茫而不知所措。粒子还是波？在人类文明达到高峰的 20 世纪，人类却对宇宙中最古老的现象束手无策。[①]

3. 波粒战争的胶着

整个波粒战争的转折和决战时刻出现在 1924 年，当时法国物理学家德布罗意向巴黎大学提交了他的博士论文。在其论文中，德布罗意提出每一个微粒都伴随着一定的波，而每个波都与一个或许多个微粒的运动联系着，因此，电子再也不能被认为是简单的电的微粒，而应当把波同电子联系起来。事实上，德布罗意这里提出的波既不是光波，也不是电磁波，而是其所谓的物质波，后人为了纪念他，也称其为“德布罗意波”，德布罗意还推导出了德布罗意波长公式。

在博士的答辩会上，并不是所有的人都相信他，“证据，我们需要证据”。“如果电子是一个波，那么就让我们看到它是一个波的样子，把它的衍射实验作出来给我们看，把干涉图纹放在我们的眼前。”德布罗意有礼貌地回敬道：“是的，先生们，我会给你们看到证据的。我预言，电子在通过一个小孔或者晶体的时候，会像光波那样产生一个可观测的衍射现象。”[②]但在当时，德布罗意由于缺乏实验上的证实而未能说服评委，大多数物理学家仍然相信德布罗意波只是一个方便的理论假设，而非一个确定的物理事实。

1927 年，美国科学家戴维森和 J. J. 汤姆逊的儿子 G. P. 汤姆逊在剑桥大学通过实验证明了德布罗意的理论，他们让一束被加速了的电子射向晶体，结果得到了电子的衍射图像，而且其图像符合光波的衍射图像，并从衍射环的直径计算出了电子的波长，与德布罗意公式 $\lambda=h/mv$ 所给出的波长完全一致，这就从实验上证实了德布罗意提出的大胆假设——“电子是波。”

刚刚还在康普顿战役中受挫的波动一方，终于可以在“电子居然是波”的事实面前扬眉吐气一下，双方手中都有了硬气十足的底牌，但同时也都有自己无法克服的弱点，双方的论战进入胶着状态，此时费耶阿本德的“鼓吹宣传”派上了用场。

（1）波动大军：《波动日报》率先发表社论，宣称自己取得了决定性的胜

① 曹天元. 上帝掷骰子吗：量子物理学史话. 沈阳：辽宁教育出版社，2011：63.
② 曹天元. 上帝掷骰子吗：量子物理学史话. 沈阳：辽宁教育出版社，2011：91.

利，它的标题气势磅礴："微粒的反叛势力终将遭遇到他们应有的可耻结局——电子的下场就是证明。"①

波动的领导人甚至在各地发表了极具煽动性的演讲，不单再次声称自己在电磁领域拥有绝对的合法主权，而且更进一步要求统治原子和电子，乃至整个物理学，他们的理由是："既然德布罗意已经证明了，所有的物质其实都是物质波，那么微粒伪政权又有什么资格盘踞在不属于它的土地上？一切所谓的'粒子'，都只是波的假象，而微粒学说只有一个归宿——历史的垃圾桶！"②

（2）微粒阵营：《微粒新闻》的记者采访了德布罗意，结果德布罗意说，当今的辐射物理被分成粒子和波两种观点，这两种观点应当以某种方式统一，而不是始终尖锐对立——这不利于理论的发展前景……德布罗意并没有明确地偏向波动一方。

于是，微粒的将士们开始反唇相讥道："看呐，波动在光的问题上败得狼狈不堪，现在狗急跳墙，开始胡话连篇了。电子是个波？多可笑的论调！难道宇宙万物不都是由原子核和电子组成的吗？这么说来，桌子是波，椅子也是波，地球也是波，你和我都是波了？可怜的波动到底知不知道它自己在说些什么？"③

矛盾似乎非但没有得到解决反而愈加激化，经过了整整三个世纪的波粒之争，结果无非是一方的暂时获胜，另一方的暂时蛰伏，并没有出现永久的获胜方，换句话说，双方并非是真理与谬误之间的较量，问题的解决需要另辟蹊径。

4. 波粒战争的决战——殊途同归

如上所述，在经典物理学里，波和粒子一直被认为是相互排斥的两个概念，例如，一个经典粒子的行为就像一颗子弹，它可以定域，可以散射，有时会碰撞发生能量交换并遵守能量和动量守恒定律，但此时它并不表现出光的波动特性——干涉和衍射；而经典波动认为，光就像水波，它会表现出衍射和干涉的图样，而且它的能量在空间和时间上是连续地扩展的。

而接下来的现代物理学微观初期发展也表现出了波粒的矛盾性，玻尔的跃迁，原子的光谱和海森堡的矩阵方程都强调了电子的粒子性和不连续性的一面，但薛定谔的方程却着重于电子的波动性和连续性。就在波粒战争处于最后的进退维谷的境地的时刻，爱因斯坦的光量子理论和玻尔的"互补原理"给出了解决方案。

按照爱因斯坦的光量子理论和玻尔的"互补原理"，经典波动和经典粒子的

① 曹天元. 上帝掷骰子吗：量子物理学史话. 沈阳：辽宁教育出版社，2011：93.

②③ 曹天元. 上帝掷骰子吗：量子物理学史话. 沈阳：辽宁教育出版社，2011：94.

概念都是不适当地描述了两者中的一种现象：当考虑传播时，二者的行为都像经典波；当考虑能量交换时，二者的行为都像经典粒子。[①]同时，玻尔的互补原理又表明粒子性和波动性彼此互相补充，两者都是需要的，但却不能同时被观测到。

如此说来，电子既是粒子也是波，波和粒子在同一时刻是互斥的，但它们在一个更高层次上又是统一的；电子的表现形式取决于对它的观察方式，假如我们采用任其自然的观测方式，让它不受干扰地在空间传播，这时候，电子的波动一面就占了上风，于是它会以某种方式同时穿过两道狭缝，自身与自身发生干涉，其波函数 ψ 会按照严格的干涉图形花样发展。但是，当它撞上感应屏的一刹那，观测方式方式发生了变化，电子突然和某种实物产生了交互作用——我们现在试图探测电子的实际位置了！于是，突然间，粒子性接管了一切，这个电子凝聚成了一点，按照 ψ 的概率随机地出现在屏幕的某个地方。[②]

谁会想到，波粒战争的结局居然会是殊途同归——粒子和波竟然是不可分割的一个整体，即光具有波粒二象性，对于统计的平均现象，光表现出波动性；而对于瞬间的涨落现象，光又会表现出粒子性。巧合的是，海森堡的矩阵力学和薛定谔波动方程在数学上也是等价的，这无疑又从定量的角度上印证了光的波粒二象性，两路大军最终殊途同归，汇成了现代物理学的基础——量子力学。

在波粒的最后决战阶段，论战双方均使出了浑身解数，应接不暇的科学修辞战都派上了用场，这里我们尽可能找寻使用过的科学修辞战略的痕迹：

1）科学修辞战略 1——实验战略

和前几次的波粒交锋一样，科学修辞中的实验战略依然构成了论战双方较量的主要武器，正如《牛津哲学辞典》对实验的解释那样："实验是事实的关键，通过实验观察才能确认或推翻对手的理论或推测。"[③]

在这次决战中，微粒军团装备了最先进的武器：得到实验验证的光电效应和康普顿效应；但波动阵营既具有传统上未被动摇过的经典实验例证——光的干涉及衍射实验、泊松亮斑的存在、完美的麦克斯韦方程、光速和电磁波的速度等，同时还通过实验证明了德布罗意假设的"电子是波"的理论。

双方都持有可以克敌制胜的利器，但又都存在着难以克服的弱点，和日常游戏或比赛不同，科学论战无法通过数点数的方法裁定某一方获胜，这是由科学本性和科学修辞的内在本质所决定的，因此，科学论战必将继续下去，借助其他的科学修辞战略来结束论战，因为科学争论又不同于无休止的市井吵闹，它必然会以某种定局结束。

---

① 保罗·蒂普勒. 近代物理学基础及其运用.《近代物理基础及其应用》翻译组译. 上海：上海科学技术出版社，1981：222.

② 曹天元. 上帝掷骰子吗：量子物理学史话. 沈阳：辽宁教育出版社，2011：166.

③ 乔尔· 利维. 科学争论. 张雷等译. 长沙：湖南科学技术出版社，2011：86.

2）科学修辞战略 2——鼓吹宣传（propaganda）战略

与上面提到的理性的科学修辞战略——实验战略不同，科学修辞中的鼓吹宣传战略则完全属于非理性的手段，尽管其对于论战的本质问题不起根本性的作用，有时甚至还会起到有害的作用，但在双方势均力敌的僵持状态下，双方又都会毫不吝啬地使用鼓吹宣传的手段，其目的在于造势，压倒对方的火力，从而赢得更多的支持，因此论战双方从来都不会忽视这一非理性的手段。但值得一提的是，科学上的鼓吹宣传往往还是建立在理性的基础上的，否则最后就会演变为科学上的诡计甚至是人身攻击。

我们看到，在这次波粒的最后交战中，无论是波动阵营还是粒子大军，无论是其主帅还是其将士们，无论是通过传统的书信和演讲还是通过现代的报纸期刊（如《波动日报》《微粒新闻》）等媒体，他们都不遗余力地进行鼓吹宣传，都试图在势头上压倒对方，以期为己方得到喘息发展的机会或者未来更大的获胜几率。

3）科学修辞战略 3——辩证法战略

在科学争论的实践中，我们会碰到许多真理与谬误的斗争，但更多的情况是论战双方均包含着部分的真理，这样一来，论证的结局就不是“你死我活”的绝对斗争，相反则会出现一方的暂时获胜和另一方的暂时蛰伏，或者是经过长期的争论双方达成共识，走向融合。但需要指出的是，这里的共识并非双方观点的简单相加或你对我也对的共存局面，而是像本书在第三章中提到的那样，是两者的辩证统一，是一个由肤浅到深刻、由部分真实到拟真的漫长的发展过程。按照波塞尔对辩证法的理解，我们就可以清楚地看到，在有关光的本性问题的争论中，科学修辞的辩证法战略是如何在其中发挥作用的，波塞尔提出科学修辞中的辩证法战略的基本逻辑是：

正题：A 是 B；

反题：A 是 $\neg B$；

合题：A 既是 B 又是 $\neg B$。

按照这一简化的公式，波塞尔认为，A 在一方面是 B，在另一方面是 $\neg B$。

光是波；

光是微粒（即不是波）；

（根据观察形式的不同）光既是波又是粒子。

事实上，在当时的语境中，并不是所有的科学家都认识到了自然界普遍存在的辩证统一性，也并不是所有的科学家都会有意识地使用科学辩证法战略，从而使思维上的认识更接近于具有辩证特征的自然客体本性，但科学修辞战略的逻辑——辩证法，会内在地驱使论战一方的思维或论战双方的思维按照科学辩证法战略的逻辑走向真理之路。

举例来说，在波粒论战的最后阶段，出现的突破口就是德布罗意自身思维的无意识的转变。在接受《微粒新闻》记者的采访时，德布罗意说，当今的辐射物理被分成粒子和波两种观点，这两种观点应当以某种方式统一，而不是始终尖锐地对立——这不利于理论的发展前景，他甚至以一种和事老的姿态提到，自己和哥哥从来都把X射线看成是一种粒子和波的混合体。①

尽管我们在现今还不能有十足的理由去断定，有关光的本性之争最后殊途同归走向融合的结局就是按照辩证法的内在要求或者就是科学家有意识使用辩证法战略的结局，但这里我们挖掘出科学修辞的辩证法战略的价值就在于当科学出现矛盾或不同科学共同体出现分歧的时候，科学还有一条可供选择的路径，这是一条对前思考的启发，也是对后科学的启迪。

三、大陆漂移学说遭拒的科学修辞机制

（一）大陆固定论

1847年，美国地质学家丹纳从地壳冷缩的观点出发，在其《地球由火成熔融状态冷却的地质效果的一般评述》和《地球冷缩的地质结果》两篇论文中，完整地提出了大陆固定论——地球最初处于熔融状态，后来逐渐冷凝收缩形成“地槽”，地槽接受沉积物，后经褶皱断裂、岩浆作用和变质作用逐渐形成山脉；大陆和海洋的形状在最早期就在很大程度上被固定下来了。

1883年，俄国地质学家卡尔宾斯基在研究俄罗斯平原古生代沉积岩时，发现有一种地块在古生代没有经过什么大的变化，是一块稳定的地块，他将其命名为“地台”。

1900年，法国地质学奥格把这两个分别提出的概念统一起来，把那些活动强烈的地带称为“地槽”，这是形成山脉的地带；而那些地球上比较稳定的地带则是“地台”，这是地壳上古老的平原、高原地带，地壳的变化趋向是由活动转向稳定，即由地槽转向地台。

简言之，大陆固定论的基本观点就是只承认地壳有升降，而不承认地壳有水平运动。由于大陆固定论在当时能够解释一些地质现象，如高山、平原以及深海的形成，从而也就成了当时盛行的权威理论。

（二）大陆漂移学说

1. 前魏格纳观点

在15～16世纪地理大发现期间，就有许多探险家已经发现大西洋两岸海岸

① 曹天元. 上帝掷骰子吗：量子物理学史话. 沈阳：辽宁教育出版社，2011：94.

线形状的特殊性；1602 年，培根在《新工具》中就曾经指出，非洲西部和南美洲东部海岸线是如此吻合，不大可能是偶然的巧合；1800 年，德国科学家洪堡提出，大西洋过去只不过是一个巨大的河谷，后来才发展为海洋；1858 年，法国地质学家斯奈德·佩利格里尼在其著作《地球形成及其奥秘》中，描述了大西洋两块大陆正好能拼接在一起的情形，并且第一次提出了两幅图用以说明它们分离前后的情况。①

2. 魏格纳观点

（1）魏格纳的证据：德国气象学家魏格纳在对格陵兰岛等地进行多次考察的基础上发现，大西洋两岸的两个大陆——南美洲和非洲的海岸线轮廓是如此的对应和吻合，就像一张被撕开的报纸，完全可以拼接起来；大西洋两岸的古生物群落具有相似性和亲缘性，如大西洋两岸生活着很多种类相同的蚯蚓等；“巴西和非洲之间以前曾存在陆地通道这个古生物结论”②。

（2）魏格纳的结论：基于上面的事实，魏格纳于 1915 年在《海陆的起源》一书中系统阐述了其大陆漂移学说的结论。魏格纳认为，在石炭纪后期（距今二三亿年前），现在的地球上的所有大陆连为一体，构成一个原始大陆；在它的周围是一片海洋，称为泛大洋，后来，这个原始大陆瓦解分离了，美洲离开了欧洲，非洲向西漂移，中间就形成了大西洋；非洲有一半脱离了亚洲，在向西漂移的过程中，它的南端沿顺时针方向略略扭动，与印度次大陆分离，中间就形成印度洋；南极洲、澳大利亚也与亚洲分离，固定在它们现在的位置。③同时，魏格纳认为，地球上的山脉也是大陆漂移的产物，当大陆移动时，前缘如果受到阻力就可以发生褶皱，就像船头产生的波浪一样，美洲西部的落基山和安第斯山脉就是这样形成的，可见“这一学说提出了大陆有分有合，海洋有生有灭的全新观点”④。

3. 魏格纳大陆漂移学说的成功

首先，魏格纳的大陆漂移学说成功地解释了过去“陆桥学说”所引证的那些证据，但他又从根本上抛弃了“陆桥学说”而用大陆漂移来解释，同时还成功地解释了“陆桥学说”无法解释的问题，例如，在南美洲西海岸附近有一个胡安-费尔南德斯岛，这个岛上的植物与离它最近的智利的植物很少有共同之处，可是这个岛上的植物却和火地岛、南极洲、新西兰以及南太平洋中的许多岛屿上的植

① 张家治，刑润川. 科学技术史简明教程. 北京：科学出版社，1988：103-104.
② 哈尔·赫尔曼. 真实地带：十大科学争论. 赵乐静译. 上海：上海科学技术出版社，2001：169.
③ 王士平. 科学的争论. 北京：科学出版社，1998：142.
④ 张家治，刑润川. 科学技术史简明教程. 北京：科学出版社，1988：273.

物有亲缘关系。其次，魏格纳的大陆漂移学说也成功地解释了南半球的古冰川之谜：当时，在非洲、澳洲、南美洲和印度半岛相继发现了石炭-二叠纪的冰川遗迹。很多学者都认为，这些冰川是靠近古南极才形成的，但是难以找到一个恰当的古南极点，从而让这么多大陆上的冰川遗迹都位于古南纬 70° 线以内。魏格纳给出的解释是，这些大陆在地质史上曾经是完整的一块，位于古南极附近的范围内，发育了的冰川在这以后的地质岁月中逐渐分离，不断漂移直到它们现在的位置。[①]

4. 大陆漂移学说遭拒的科学修辞战略

尽管大陆漂移学说提出了大陆有分有合，海洋有生有灭的全新观点，并且成功地解决了一些地质学上的难题，但这一学说并没有立即流行起来，而是遭到一片质疑之声，因为“当时绝大多数正统科学家认为，大陆漂移学说耸人听闻，缺乏根据”[②]。

1）科学修辞战略 1——质疑（querying）战略

科学争论是开放的更是公平的，它赋予争论双方同等的权利和机会，一方可以提出自己的观点，而另一方也有权对此进行质疑，它有时是合理的质疑，有时却是无理的质疑；质疑战略主要来自那些因循守旧的权威人士，他们或者为了权威和既得利益而提出质疑，或者出于追求真理的目的而提出质疑。针对魏格纳的质疑主要可以分为以下三种：

首先，质疑之声来自那些守旧派的无理反对。他们虽然拿不出有力的证据，但他们却可以进行无理的言语质疑，例如，他们宣称“如果大家相信了魏格纳的假说，我们就得把过去 70 年学到的东西统统忘掉而重新开始”；1922 年，菲利普·雷克提出质疑说，“不去追求真理却在鼓吹新观点，对所有与他观点相悖的事实和论证他都熟视无睹”，雷克激烈地抨击了魏格纳企图通过将各个大陆海岸线拼凑起来成为泛大陆的举动：“把板块的形状扭曲一下再去拼凑何其容易！”实际上，真正的契合应该是大陆架，而这些东西在地图上根本就显示不出来。1 年后，G. W. 蓝普洛夫把魏格纳的理论描述为“在任何一个论点上都脆弱不堪”。R. D. 欧德汉姆则认为“任何看重维持自己清醒的学术头脑的人再怎么冒险也不会有这样的想法”[③]。

其次，是对魏格纳研究地质科学身份合法性的质疑。反对者提出质疑说，“魏格纳是一位天文学家和气象学家，是地球科学的门外汉。事实上，就连他身

① 王士平. 科学的争论. 北京：科学出版社，1998：144.
② 哈尔·赫尔曼. 真实地带：十大科学争论. 赵乐静译. 上海：上海科学技术出版社，2001：162.
③ 乔尔·利维. 科学争论. 张雷等译. 长沙：湖南科学技术出版社，2011：14.

为著名气象学家的岳父也批评魏格纳异想天开，并劝他不要贸然脱离自己的专业领域而误入歧途”①。

最后，最有力的质疑来自英国剑桥大学的地球物理学家哈罗德·杰弗里斯，他把矛头指向了魏格纳学说的软肋——大陆漂移的动力问题。魏格纳曾设想大陆漂移的原动力有两种力量：其一来自地球自转所产生的离心力的水平分力，它使漂移的大陆向赤道移动；其二是太阳和月亮对地球产生的天体引潮力，该力使大陆发生横向漂移。但杰弗里斯定量计算的结果表明，这种离心力对地壳所产生的剪切力只有 4000 达因 / 厘米^2，它所产生的应变率只有 0.8×10^{-27} / 秒，地壳移动 1 弧度需要 30 亿年；离极力和天体引潮力仅仅是大陆移动和造山运动所需要力量的百万分之一。因此，用它无法解释大陆的大尺度漂移，连魏格纳本人也意识到，“大陆漂移的‘牛顿’尚未出现”②。

2）科学修辞战略 2——寻求把柄（giving a handle）战略

这是一种直截了当的、“粗暴”而“原始的”修辞战略，尽管显得有些不理智，但它却以犀利之剑刺向对方的要害；这一战略撇开双方的纠缠，绕开争论的焦点，避谈己方的弱点，置对方论证的优势于不顾，矛头直接指向了对方论证最薄弱的环节或证据和理由尚不充分的阵地。杰弗里斯这里使用的科学修辞战略就是寻求把柄的战略，他抛开了魏格纳大陆漂移学说的优势和成功，直接把矛头指向魏格纳学说的最薄弱的环节，限于当时的科技发展水平，魏格纳也力不从心，无力辩驳，大陆漂移学说至此陷入困境——“大陆漂移学说在解释各种具体问题时生气勃勃，而谈到大陆漂移的动力学时，却软弱无力；若搞不清楚现象产生的原因，恐怕它也难以进入近代科学行列。”③到了 1959 年，杰弗里斯在他《地球》一书中写道：“它定量不够，定性不当，我们所要了解的，它什么也没有说明”，他完全否定了大陆漂移学说。④

3）科学修辞战略 3——仲裁（arbitration）战略

1926 年，在美国纽约举行的首届大陆漂移学说讨论会上，14 位主要发言人对此学说有 5 人赞成、2 人有保留的支持、7 人反对。在大会结束总结时，会议主席认为，尽管大陆漂移学说资料不足，某些论点不肯定，但总的来说，不能说它毫无根据，而且它在解释古生物分布和大西洋两岸地质对比等方面比其他学说似乎更可取。至于大陆漂移说没能涉及地球早期历史，则是地质学共同的缺陷，因为大家都缺少地史早期的资料，那时有无大陆漂移，允许以后进一步讨论。⑤

但会议上的批评意见大多来自理论界的权威人士，因此使得大陆漂移学说的发展步履艰难，特别是 1930 年魏格纳不幸逝世，大陆漂移学说陷入“群龙无

① 哈尔·赫尔曼. 真实地带：十大科学争论. 赵乐静译. 上海：上海科学技术出版社，2001：163.
②③ 王士平. 科学的争论. 北京：科学出版社，1998：144.
④⑤ 王士平. 科学的争论. 北京：科学出版社，1998：145.

首”的境地，科学争论也因此而画上了一个暂时的句号。这种科学争论的修辞裁决显然是暂时性的中止，并非是盖棺定论式的判决性裁决，因为这里只是人为的投票表决式的“法庭仲裁”或“总统选举”，缺乏有效度的证据和有说服力的理由，必然为以后争论的重燃埋下火种。

5. 大陆漂移学说的复兴

如前所述，科学争论会因一方的失败或死亡而形成科学争论的暂时性定局，但这并不意味着科学争论的胜利方就可以永远一劳永逸和高枕无忧了，真理的火焰随时会重新燃烧起来，也许还会转败为胜。

随着科学技术的发展，20 世纪 60 年代，海洋地质学有了新的发现：全球裂谷系、海底热流异常和海底磁条带，特别是地质学家在探测海洋洋底的古地磁时发现，沿大洋中脊的两侧，古地磁的强弱倒转很有规律地呈对称分布。从这一意外的发现中可以分析出，大洋中脊不断喷出岩浆，这些岩浆在向两侧流去并冷却的过程中，受到当时地磁场的作用而磁化，磁化方向随地磁场的转向而转向，岩浆不断喷出，海底地壳被挤向两侧，这就形成了两侧对称的古地磁分布；随着地质年龄测定技术的进步，另一条有利于魏格纳学说的线索也逐渐被发现，洋底岩石的年龄全都没有超过两亿年的，这使得传统理论的卫士们大感震惊，因为按照传统地质理论，海底和大陆是在同一时间形成的，如果大陆或板块没有上下和水平的运动是不会出现这么大的时间差异的。进一步的研究还表明，大陆地壳与大海洋壳的构成材料差别很大；大海洋壳比大陆洋壳薄得多；大陆地壳与大海洋壳下都是密度较大的材料。

在此基础上，美国地质学家赫斯和狄兹分别于 1961 年和 1962 年各自独立提出海底扩张说，并为解决大陆漂移学说的动力源问题找到一个有说服力的证据性理由——在地幔对流（地壳与地核之间一个厚厚的中间层）及其所引起的海底扩张作用下，各个大陆犹如置身于传送带上一般缓慢移动，正如赫斯所说的那样，“引起大陆漂移的动力不是来自洋壳受到的某些外力，实际上，大陆是被载于地幔之上并随着洋脊溢出的熔岩引起的海底横向扩张而运动的”①；1967～1968 年，美国的勒比雄和摩根以及英国的麦肯齐三位年轻学者共同提出了板块构造说，他们发现，从地壳历史看，数亿年内大陆漂移和海底扩张使大陆在水平方向上移动了数千公里，地球的基本构造单元是板块，板块的边界分布着全球主要的地震带、火山带、造山带、海沟和断裂带，这一学说在探讨山脉和高原成因、地震活动、矿带分布、古气候状况和生物演化等方面起到了主要的指导和预测作用。

---

① 哈尔·赫尔曼. 真实地带：十大科学争论. 赵乐静译. 上海：上海科学技术出版社，2001：177-178.

这一系列的新的地质发现和新理论的提出都为魏格纳的大陆漂移学说提供了复兴的直接和间接的证据，“经过近半世纪的磨难，‘大陆漂移学说’又以‘海底扩张说’和‘板块构造学说’的形式复活了”[①]，这三个学说最终构成了地球科学革命的三部曲，开创了人类对地球认识的新阶段。

可见，一个新思想的产生、成长、完善到成熟可能是一个顺利的过程，但更有可能的是一个曲折的过程，与之伴生伴长的是科学修辞的过程，它可以保护和完善新思想，同时也可以压制甚至摧毁新思想，这是由科学修辞的两面性所决定的。

① 王士平. 科学的争论. 北京：科学出版社，1998：147.

第七章　科学修辞战略的积极意义

科学修辞是一种通过克服形式体系的限制找到思辨哲学和科学的第一前提的元逻辑。

——T. B. 法罗

不应该把修辞看作是传递真理的方法，应把它看作是产生真理的过程。因此，人类运用修辞的过程就是知识产生的过程，是创造知识（knowledge-building）的过程。

——鞠玉梅

科学修辞战略在“科学发现、科学论述和科学争论中都发挥了重要的认识论作用。

——郭贵春

科学修辞的方法论视角给科学研究带来的洞察力是历史学、社会学、哲学、人类学以及解释分析学所无法捕捉到的，即其他科学研究进路在其中是模糊的空间，科学修辞方法却可以使其“明朗化”。

——亨利·克里普斯

作为介于封闭的形式逻辑主义和开放的相对主义视野之间的一种中间战略，科学修辞战略的积极意义是显而易见的：在科学认识论上，通过科学修辞战略的理性重建，使人类对客观世界的认识成为一个理性和非理性交织、融合的认识过程；从广义来说，科学修辞战略最重要的方法论意义在于科学共同体可以借助修辞方法在最大范围内、最大限度上达成共识，即在有争论的研究结论的可接受性上达成“合理的一致”，同时，科学修辞战略的方法论又具体体现在包括劝说、批评或批判、反驳、科学交流及科学文献写作在内的五个方面。正是科学修辞语境中的辩证理性科学观在认识论上和方法论上具有的比较性优势，使得科学修辞学战略成了新世纪科学哲学发展的一支重要力量。

第一节　科学修辞战略的认识论和方法论意义

通过对前一章中的九种具体科学修辞战略的分析，我们清楚地认识到，科学修辞战略作为介于封闭的形式逻辑主义和开放的相对主义视野之间的一种中间战略，无论是在科学实践中，还是在科学哲学的指导意义上，其积极意义都是无可辩驳的，它在一定程度上既深化了科学认识论，同时也丰富了科学方法论；也正是科学修辞战略的认识论地位和方法论地位才成就了科学修辞立足、复兴和发展的希望，毕竟人类对真理的认识是一个由众多或然性的意见、观点、理论和思想趋向于或逼近于必然性认识的过程。

一、修辞的认知性与知识的产生

这里首先要澄清的是认知的概念，因为对于认知的研究存在两种不同的路径：一条是心理学上的认知（cognitive）路径，主要研究大脑思维的意识过程、概念的形成等；另一条是哲学上的认识论（epistemic）路径，主要研究知识产生的前提和基础。而本文所涉及的修辞的认知性主要是探究修辞与知识产生的关系问题，因此是哲学认识论上的认知问题。

“修辞具有天然认知性”[①]是由修辞本身所具有的特性所决定的：

（1）修辞的本质在于劝说、交流和表达，是自身和双方新思维、新语言和新知识的再语境和再创造。

从普遍意义上说，“修辞环境是恒久存在的，只要有人存在的地方，就有修辞的发生”[②]。换句话说，人一旦运用语言就不可避免地被卷入修辞的语境中，所运用的修辞语言可以是自己说服自己的思维语言，可以是精心设计过的带有动机和目的的劝说和交流语言，也可以是被动的静以“聆听”的心灵语言。但无论哪种修辞语言都是对客观世界的客体或规律的再语境和再创造，它不是一对一的映射和反映，而是几种认识或意见的自我头脑内的或是压倒对手的斗争或超越；同样，它也不是单纯的理性或非理性修辞语言，而是基于客观世界的理性的判断性语言或推理性语言，修辞语言在于设计、在于创造，其结果可能产生知识，也可能产生谬误，但不能因为修辞认知性具有可错性而将其拒之于真理大门之外，“因而，不应该把修辞看作是传递真理的方法，应把它看作是产生真理的过程。因此，人类运用修辞的过程就是知识产生的过程，是创造知识

① 鞠玉梅. 社会认知修辞学：理论与实践. 北京：外语教学与研究出版社，2011：26.

② 鞠玉梅. 社会认知修辞学：理论与实践. 北京：外语教学与研究出版社，2011：140.

的过程”[①]。

（2）隐喻修辞是一个建构和创造虚拟实在的思维实验，是一种喻化思维和形象化知识的建构；同时，隐喻修辞也是一种“把握世界本真结构的认识论和方法论工具，是语言学演化过程与人类思维演化过程的统一，当代认知科学的最新研究成果证明，语言学的演化与人类思维的演化过程在相当大的程度上是由隐喻化的过程所推动的”[②]。

从隐喻生成知识的本质看，隐喻的使用意在构建起不同语域之间的通约，搭建起所予与映射、判据与猜想、常规与假设之间的桥梁，搭建起严格的逻辑推理与灵活的语言表达之间的通达；从隐喻生成知识的过程看，隐喻为我们提供了一条利用事物之间相似性或相关性来探知或理解未知事物特性的进路，它首先引起更为细致的类比，接着浓缩化后的类比又形成新的隐喻，这一过程是思维不断抽象、拟比和升华的创新过程；从隐喻的结果看，隐喻的使用往往能指引我们的认识继续前进，最终形成具有认知思维特征的隐喻认识——通过参照熟知的、有形的及具体的事物来认识、思维、经验和处理那些无形的、难以定义的概念，形成一个不同概念之间、不同语言之间及不同知识之间的相互关联的拟比认知。

（3）修辞的过程又是一个思维自辩或与对方论辩的过程，论辩产生知识，完善真理，塑造真理，这是修辞自产生以来得以“安身立命”之本。

在对待修辞的态度上，从古希腊时期就有了两种截然不同的态度。其中，持反对态度的哲学家们认为，修辞具有主观性、易错性和欺骗性等天然弱点，修辞就是语言的巫术，是花言巧语，是精心设计的骗局；持反对态度的自然科学家们强调，科学需要探索和研究的是自然，而非论证中的对手，将修辞引入科学领域势必造成对理性的侵害和对非理性的误用。

然而，修辞的发展历经兴起、衰落，再到今天的复兴，而非衰落后消失，最根本的原因在于它的论辩逻辑，论辩产生知识是不争的事实，是哲学家和科学家最无可反驳的事实。如前面章节所述，从形式上看，论辩是修辞主体的思维自辩或与对手的争辩；从逻辑上看，论辩是正方观点与反方观点的交锋；从结果上看，可以是修辞主体的自辩后的自明和提升，可以是论辩一方说服另一方的修辞胜利（在说服对手的过程中，获胜一方的观点因其修辞设计和对手的反驳也得到完善和提高），也可以是对峙双方观点的融合，它不是简单的知识相加，而是新知识的产生和创建。因此，无论从哪个角度来审视修辞论辩都无法将其挡在知识生成的大门之外。

修辞具有的天然认知性决定了它具有生成知识或真理的可能性和条件性，这

① 鞠玉梅. 社会认知修辞学：理论与实践. 北京：外语教学与研究出版社，2011：141.

② 郭贵春. 隐喻、修辞与科学解释. 北京：科学出版社，2007：26.

也为科学修辞战略的认识论地位找到了理论渊源。

二、科学修辞战略的认识论意义

从本质上说，科学修辞战略的认识论地位是由科学修辞的本性所决定的。其一，科学修辞具有辩证性，其中既包括修辞主体的辩证性，也包括修辞客体和修辞方法的辩证性，从而为深化人类认识和解决理论间矛盾提供研究进路；其二，科学修辞具有语境性——历史性、社会性、话语性和文本性，在科学修辞语境中，理性认识和非理性认识有了对话和融合的平台，再语境后修辞实践又将检验这次修辞认识的效果，如此往复，认识不断深化；其三，科学修辞具有多面性——认知性、批判性和反驳性，它为科学研究拓展了多维度思考和认识的空间，在其中，科学修辞给科学研究带来的洞察力是历史学、社会学、哲学、人类学以及解释分析学所无法捕捉到的，即其他科学研究进路在其中是模糊的空间，科学修辞学却可以使其“明朗化”。

从目的上说，科学修辞战略的认识论意义在于通过科学修辞的理性重建，使科学领域内的分析对象成为一种具有劝导性的网状集合，从而再造了一个理性与非理性可以相互交流的公共空间——以科学修辞为基底的语境空间，只有在这个语境中，一切知觉、联想、想象或理想构造的思维方式才有可能实现，而且那些在语义、语形以及语用上的矛盾和不协调的层面才有可能得到科学修辞的补充和修正，从而强化特定理论的统一性和一致性，进而对客观实在的认识也成为一个理性和非理性交织的认识过程，一个具有内在说服力的理性和理由共同发挥作用的过程，一个不仅是经验的、逻辑的，也是主体间性的过程，最终使得那些新思想、新学说和新理论通过修辞战略被纳入到他们的范式中，以至于一个夸克看起来几乎和一个高尔夫球一样真实，一段DNA序列看起来也比一个电话号码更有意义。①

从实用功能上看，随着人类对客观世界认识的深入，尤其是在推进到微观和宇观领域时，认识客体就成为主体无法直接触及的彼岸世界，中介成为使科学认识得以可能的一个永久性的基本前提，这就使得科学理论对客体的描述既不是简单的完全复制，也不是随意的自由想象，而是内在的建构性的复制过程。②由此，也引发出了关于理论实体的本体性、“经验适当性”等问题的实在论和反实在论间的激烈争论。为此，普特南提出了逼真实在论来解决这些问题，但由于其理论的预设性和“逼真”概念的模糊性，它最终成为反实在论批评的靶子。但是，如果我们从当代包含修辞论证的语境实在论出发，就既可以克服传统实在论存在的弊端，又可以有力地回击反实在论的批评。因为，在一定的语境中，理论

---

① 约翰·齐曼. 真科学. 曾国屏等译. 上海：上海科技教育出版社，2002：311.

② 成素梅. 量子测量的解释语境与实在论. 山西大学博士学位论文，2003：145-146.

对世界的描述是一种整体性的模型化的描述，当理论描述的可能世界与真实世界具有一致性时，我们有理由把可能世界描绘的机理理解成真实世界的机理，这时，可能世界中假设的理论实体也就自然而然地成为真实世界中存在的实体，从而在特定的语境中拥有了本体论地位。这也就是在科学史上，科学家没有把“燃素”作为实体，而却把电子、光子和基因等理论实体理解成为具有本体性的理由之所在。[①]可见，这些“指称存在”就是以科学修辞为语境基底的理性存在，它们既具有充分的科学理性的抽象性，又具有强烈的修辞分析的劝导性，从而把受众卷入一个“有理由”的环境，或者导入一个可接受特定叙述的交流情境[②]，最终实现科学的“合理性”与修辞的“有理性”的有机统一。

从范围上看，科学修辞战略在“科学发现、科学论述和科学争论中都发挥了重要的认识论作用”[③]。因为我们这里追求的科学修辞战略一方面坚持认识论是整个自然科学事业中不可或缺的部分，另一方面也承认科学知识具有历史性和社会性的特征，主张科学认识的过程不仅包括发现和证实，也包括科学共同体内部的修辞语境和一致对外的论辩语境。因此，在科学探索过程中，那些科学知识和科学理论的发明、组织、论述、建构和阐释也理应具有认识论上的地位，这主要是由科学修辞战略在认识论上具有的三个不可替代的创造知识的优势所决定的：“①可以通过建立特殊个体事件与一般抽象原则之间的关联而创造一种‘逻辑性’知识；②通过建立特定经验与公共范畴之间的关联而创造一种‘社会性’知识；③通过建立预设前提与先验原理之间的关联而创造一种‘推理性’知识。”[④]

可见，科学修辞战略的认识论意义一方面是由科学修辞战略本身所具有的批判性研究人类知识的本质特征所决定的；另一方面，“只有通过修辞战略的实施，科学才能成为生活的一种社会因素，科学论述由于具有了修辞因素才获得了其有效性”[⑤]。因此，科学修辞登上认识论舞台也就是一种必然了。[⑥]

三、科学修辞战略的方法论意义

首先，从宏观上看，有适当构成的、辩证理性指导下的科学修辞战略为我们提供的是一种介于封闭的形式逻辑体系和开放的怀疑主义视野之间的中间战略，并在主体与客体、理论与经验、逻辑和历史、理性因素与非理性因素之间搭建起了平等对话和融合的平台，为挽救传统科学理性困境、解决理性和非理性之间的矛盾提供了一种可选择的进路。

① 郭贵春，成素梅. 当代科学实在论的困境与出路. 中国社会科学，2002，(2)：49.
② 郭贵春. 语境与后现代科学哲学的发展. 北京：科学出版社，2002：40.
③ 郭贵春. 科学实在论的方法论辩护. 北京：科学出版社，2004：145.
④ 郭贵春. 科学实在论的方法论辩护. 北京：科学出版社，2004：145-147.
⑤ Jost W，Hyde M. Rhetoric and Hermeneutics in Our Time. New Haven：Yale University Press，1997：318.
⑥ 郭贵春. 科学实在论的方法论辩护. 北京：科学出版社，2004：147.

其次，由于科学修辞方法的渗透，科学理论的确证过程已不是单纯的发现和解释、归纳和演绎的传统逻辑方法，它还包括那些包含激发和唤起在内的修辞方法；确证的途径也从观察或三段论式的逻辑经验方法转向包括劝导在内的由实体性因素和程序性因素共同组成的辩证方法。事实上，科学修辞战略最重要的方法论意义在于科学共同体可以最大范围地达成共识，即在有争论的研究结论的可接受性上达成“合理的一致”。

再次，不同学科间、不同共同体间、不同论域间和不同背景下的“不可比较”或“不可翻译”问题一直是困扰科学哲学家的难题。这正是库恩为我们留下的难题——由于科学标准的不同、概念的变迁和世界观的差异（要么一成不变，要么整个转变）[①]导致了不同学科间、不同共同体间、不同论域间和不同背景下的理解和交流融合上的困难和不可能。而科学修辞战略通过罗蒂的“再语境化”思想，再造了一个以修辞为基底的交流空间，在其中，一切知觉、联想、想象或理想构造的思维方式得到了实现，那些规则叙述的语义矛盾和不协调的层面，也得到了修辞学的补充和修正；同时，逻辑和理性被从它们绝对的先在的高度降低到历史和社会的语境网络当中，而心理和文化则从科学的对立面，融入了理性的行列中。

最后，从方法实践上看，科学修辞方法的多样性丰富了方法论宝库，它一方面为科学修辞实践提供了多种可供选择的方案，另一方面也为科学研究的解题带来了多样化的进路。但科学修辞方法又具有范围性和限定性，它不是无限扩张的普适方法，更不是有章可循、有律可遵的定量化的程式方法。事实上，正如亚里士多德对修辞学的统摄范围规定的那样，修辞方法起作用的范围就在取得或然性知识的过程中，在此过程中，主要存在以下五种科学修辞方法。

（一）劝说法（techniques of persuasion）

自古以来，修辞学的核心就是劝说，在广义修辞学中，修辞就是一门劝说艺术（art of persuasion），而在科学修辞语境中，劝说更是一种论证方法（way of argumentation），即通过聚合传统证明和话语论辩两方面的力量形成更为强大的劝说合力，从而使对手信服，接受劝说方的观点或理论。在合法的科学修辞语境中，双方都有平等的劝说机会和权力，双方按照科学修辞论辩的程序，通过展示证据、数据、依据和事实等理性因素以及诉诸社会、历史和文本等非理性因素来形成劝说的气场和语境，随后比较双方论证的力度、信度和效度就成了劝说是否成功的关键，这显然与人们对科学修辞劝说的误解是不同的，因为在劝说的过程中，仅仅凭借诉诸情感、诉诸权威的作用和世俗语言的技巧或仅仅凭借无法比较

① Kuhn T. Structure of Scientific Revolution. 2nd ed. Chicago：The University of Chicago Press，1970：148-150.

和通约的形式逻辑推理就想获得劝说的成功是不可能的或是无效的。我们尝试用图 7-1 来表示科学修辞的劝说过程。

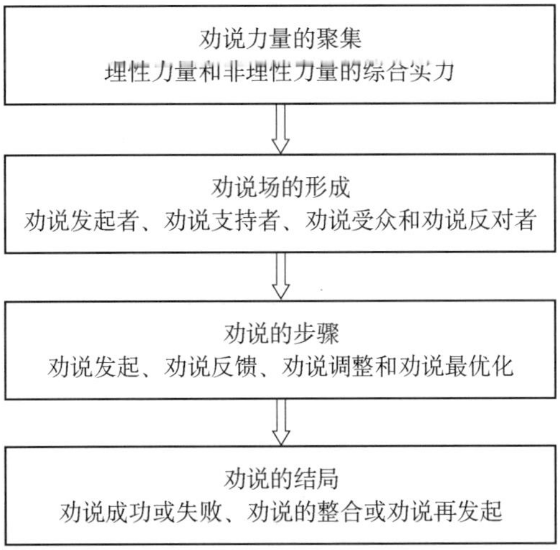

图 7-1　科学修辞的劝说过程

如图 7-1 所示，科学修辞语境中的劝说方法是一种有机的劝导网络，是一种情感、权威及话语等非理性因素和证据、数据、依据、逻辑及事实等理性因素的综合性的运用；是劝说发起者、劝说支持者、劝说受众和劝说反对者众多主体共同卷入的双向或多向的互动过程；是劝说发起、劝说反馈、劝说调整和劝说最优化的不断深入和调试的优选过程；是劝说成功后收拾残局、打扫战场、缴获被说服方武器及丰富和完善劝说方思想的喜悦结局，但也有可能是劝说失败后心有不甘而重新组织和聚集劝说力量的劝说再发起的过程。

简言之，劝说就是灵活与程序、语言与逻辑、艺术和方法及人性和智性的完美结合。但值得注意的是，尽管劝说方法是修辞和科学修辞中的核心方法，但并不能由此狭隘地得出结论说修辞和科学修辞就仅仅是劝说方法，因为如果失去了修辞王国中的其他方法的支持，劝说方法就转变成了“雄辩”，甚至是“诡辩”，从而失去了存在的价值。

（二）批评或批判（critique）

与世俗语言中尖酸刻薄的批评不同，与文学评论中指点江山的批评不同，同时也与时事评论中针砭时弊的批评不同，修辞学中的批评或批判方法不仅是一种论辩中批判自身思维和批判对方理论的工具，而且更是“一种宽厚开放、充满人性的艺术，是良好判断和高雅情趣的产物。它以公正地识辨出作者的真正优点为目标，使我们既能充分欣赏作品的美妙之处，又不至于陷入盲目，将缺陷也当作长处膜拜”[①]。

尽管在修辞或科学修辞的论辩语境中很难找出有章可循的批评或批判的方法论程序，但荷兰学者埃墨伦和格鲁登道斯特仍然理想化地提出了十条“批判性讨论规则”：①各方不得阻碍他方表达观点或对观点存疑；②如果观点存疑方提出要求，观点表达方有义务对该观点提出辩护；③任何一方在批判某个观点时应该确定该观点是对方提出的；④为了捍卫某观点而提出的论点必须与该观点相关；⑤任何一方不得将并非对方心存的某个意思当作对方略去不表的前提强加给对方，也不得否认自己确实用了某个略去不表的前提；⑥任何一方不得将他方尚未接受的某个前提当作论辩起点，也不得反对他方将普遍接受的观点作为论辩起点；⑦对有争议观点的辩护必须在一个正确选用的恰当的论辩框架内进行，否则辩护就不能被认为是完整的；⑧论辩中使用的论据应该在逻辑上站得住脚，而且能够通过将其暗含前提明确表达出来加以验证；⑨观点表达方如果未能成功地捍卫该观点就应该放弃它，观点存疑方在对方成功地捍卫该观点之后就不应该再继续坚持怀疑态度；⑩任何一方都不得使用含糊模棱的表达方式，都应该尽量细致准确地解读对方的表达。[②]

应当说埃墨伦和格鲁登道斯特提出的这十条“批判性讨论规则”是经过细致、完整地考察而提炼出的规范，它们为有效、平等和合法的批判或科学批判建构了框架、树立了规范和规定了界限。尽管在真实的科学论辩中我们很难找到完全与其相符合的语境，但其意义在于提倡不同观点可以在相关社会、文化、智力传统认可的“框架”内自由表达和交换——也就是实现有序而充分的互动，并且以消除分歧作为论辩的最终目标。

由于批评或批判方法是科学修辞的基本语境，所以本书在此也试图给出科学批判中的五条基本原则或规范。

1. 平等性原则

平等性原则在批判的科学修辞语境中尤为重要，因为一旦失去了对等的地位，科学修辞的语境随之消失，批判就失去了意义，或变成审判，或变成暴力。尽管科学主体存在等级性，但科学主体一旦卷入批判的科学修辞语境就迫使双方必须站在对等的平台上进行修辞批判而非站在失衡的被告席和审判席上。

2. 合法性原则

在科学修辞的批判语境中，合法性的核心就是相关性原则。它既包括批评主体的合法性，尽管它不要求科学批评主体地位完全对等但至少要求批评主体的学

① 刘亚猛. 西方修辞学史. 北京：外语教学与研究出版社，2008：266-267.
② 刘亚猛. 西方修辞学史. 北京：外语教学与研究出版社，2008：310-311.

术背景与主题具有相关性，同时也包括批判起码应遵守的那些公允的或是默许的批判程序和结局裁定。

3. 有效性原则

在科学修辞的批判语境中，批判的有效性取决于对思想、观点或理论的批判效度、精度、力度和信度，而那些针对科学主体的尖酸刻薄的话语批评、蓄谋的诡计陷阱以及仗势的压人之举等都会被视为无效的批判。

4. 胜利性原则

在科学修辞的批判语境中，尽管无法穷尽列出所有的批判成功或胜利的原则，但仍然存在一些明显的公认的“暂时性”的胜利性原则：①批判方或被批判方的科学主体的合法性或在科学批判程序上的合法性受到怀疑，违背了科学的相关性和论辩的程序性，那么另一方就轻易获得了胜利，除非再组织起有效合法的辩护；②批判方指出了对方理论的致命弱点——违背了基本科学事实和基本科学原理，违背了更高或更基础的理论；③批判方找出了对方的逻辑漏洞——现有的论据无法逻辑必然地推导出结论，但又无法给出合理解释；④批判方证实了对方理论证据上的不可靠性或不充分性；⑤批判方拿出了更有说服力、更有效度或更有信度的论证，在批判性的论辩中使对手信服，从而使其放弃已有理论；⑥如果出现批判方和被批判方长期对峙，论证力量旗鼓相当，此时诉诸传统的更高级的权威论证就会起到决定性作用，它会宣布该诉诸方获胜，除非对方能拿出更有说服力的批判。

5. 求同存异性原则

在修辞或科学修辞语境中，批判方与被批判方的角色是相对的，批判方可以转换为被批判方，同样被批判方也可以转换为批判方，这是修辞语境赋予双方的平等权利。现代修辞学和科学实践的发展为科学修辞的批判增添了新的更高层次上的批判性原则——求同存异性原则，即所谓“元修辞”（metarhetoric）或“求同修辞”（rhetorology）。

与传统的科学修辞批判方法的功能不同，新科学修辞批判方法并不单单着眼于科学论辩的求胜，而是立足于更开阔的空间，以更包容的态度去“聆听”对方和“审美”对方，而不是立足于“征服”或“消灭”对方。特别是在“大科学”时代背景下，科学理论的发展越来越呈现出综合性和语境性的特点，因此很难再用传统意义上的论辩批判方法去劝说或反驳从而征服对方，必须另辟蹊径，开创新的科学修辞领域，运用新的科学修辞批判方法来实现理论和知识的完善和发展。

从内容和程序上看，“求同存异”的批判方法首先要求批判方或被批判方懂得“聆听”的价值，仔细和耐心地倾听对方的劝说；其次，在“聆听”的基础上去“审美”而不是急于去反驳，是去欣赏对方的长处和优点而不是去揭示或抨击对方的短处和缺点；最后，在更高层次上，双方或多方通过寻求并挖掘埋藏于双方或多方争议之下的契合点，从而实现“求同”的最终目的。正如布斯所言，“比起到底是A先生还是B先生在某场论辩中获胜，求同修辞学家更关心的是这二位共有的假定及论证结构”①，因为一旦找到了对立双方的共同点就可以为下一步在更高层次上求同存异和达成共识奠定基础。

与传统科学修辞方法——类比和隐喻、诉诸权威或先例及提供证据等相比，新修辞实践中的“求同存异”批判方法既不会像那些怀疑主义者那样，认为所有知识都是似是而非的，争议将会永无止境，达成共识是不可能的；也不会像那些固执主义者那样，坚信一切知识上的争议都可以通过逻辑和事实上确证而得以解决，而求同修辞的方法进路则基于人类的共有价值和智性基础，将那些多元思想在其平台上重新进行审视和整合，最终达成“螺旋式上升”②的理解。显然，“求同存异”的批判方法为避免真理的多元论和一元论提供了一条可供选择的方法论进路。

（三）反驳（refutation）

作为科学论辩的基本修辞方法，反驳与批评或批判有着不同的方法论目的。科学修辞语境中的批评或批判方法意在指出对方在论辩中的无效、非法或弱效来赢得胜利，或者意在通过批判性地审美对方以期达成共识，最终目标在于己方观点或双方观点的完善和发展。但科学修辞语境中的反驳方法则不同，它完全是为了观点或理论的生存而战。面对对方的诘问、责难和挑战，如何反驳就成了关键。

1. 传统的反驳方法

如前面章节所述，与论证不同，科学修辞中的反驳方法不是要论证己方观点的正确性，而是意在攻击对方的论证或者回击对方的批评，换句话说，反驳的作用在于“揭露错误、驳斥谬误”。按照传统方法论的观点，最常见的反驳方法有四种。

（1）矛盾对立面错误法：提出与被反驳论题或论据相矛盾的事实或权威理论，间接来确定其虚假性；

（2）归谬法：通过被反驳论题或论据引出荒谬的结论或者与公认理论相矛盾

① 韦恩·布斯. 修辞的复兴. 穆雷等译. 南京：译林出版社，2009：336-337.
② 韦恩·布斯. 修辞的复兴. 穆雷等译. 南京：译林出版社，2009：339.

的结论，从而达到间接反驳对方论证的目的；

（3）直接反驳对方的论证方式：指出在对方的证明过程中所运用的推理形式违反了逻辑规则；

（4）归纳反驳：通过个别符合事实的特殊来直接反驳对方具有普遍意义的命题。

2. 布斯的倾听法（listening-rhetoric）

在新修辞学实践中，布斯的倾听法独树一帜，同时也为科学修辞带来了新的发展契机，因为在新的科学实践中，我们越来越多地看到的是科学论辩双方求同存异而非一方彻底征服或消灭对方的情形，这是由当下我们所处的“大科学”时代背景下科学发展的特点——综合性、复杂性和语境性所决定的。因此，当面对对方的批判时，并不是应激而急于反驳，而是“决定在倾听对手论证的同时，说服对手也倾听自己的意见，每一方都试图思考另一方提出的论证。双方妥协并不是由于机智或友善，双方不仅追求胜利，而且追求一种新的现实，一种对事实的新共识”[①]。

面对批判，不是按照亚里士多德传统的反驳方法去迎面辩护甚至绝地反击，但也不是坐以待毙，而是去倾听对方的观点，审美对方的长处，并劝说对方也安静下来倾听自己的观点，期待对方发现自己的优点，最终找到双方或多方的共同基础或价值。这是一种“此时无声胜有声”和“四两拨千斤”的反驳之道，“让我们谦逊地回归到我们自己的智性倾向和智性实践上”，从而克服我们的“天真幼稚、易受同化、心胸狭隘、目光短浅和性情急躁”[②]等人性弱点。因此，倾听法是一种高层次和高境界的反驳方法，为避免无止境“喧嚣和吵闹”和无意义“争论和论辩”提供了一个全新的解决方案，同时也是现今科学实践达成共识或“求同存异”的前提基础。

（四）科学交流（communication of science）

从背景上看，自 20 世纪末以来，无论是普通人际交流还是科学交流都发生了转变——“双向互动式的商讨一步步挤占了单向独动式的说服在西方话语实践中原来享有的独尊地位……带有平等含义的‘对话’（dialogue）和‘会话’（conversation）上升为常用的关键词；带交互含义的‘交流’（communication）一词被许多人用于替换难免带有传统单向含义包袱的‘修辞’，而作为整个领域的名称；不无消极被动意味的‘受众’（audience）也在很多情况下被强调平等地

① 韦恩·布斯. 修辞的复兴. 穆雷等译. 南京：译林出版社，2009：5.
② 韦恩·布斯. 修辞的复兴. 穆雷等译. 南京：译林出版社，2009：5-6.

位和双向互动模式的‘对谈者’（interlocutor）一词所取代。”①交流地位的突显无疑也提升了科学修辞语境中交流方法的重要性。

就方法特质而言，科学修辞中的交流方法并非是一种刻板的方法，也更非社会交往中的交流和交换，它是一种双向互动的机制，是科学家们沟通思想、通约概念、交流评价、听取意见、表达观点、公平论辩、博采众长、完善发展、搁置争议和达成共识的一条通路。就交流范围而言，科学修辞的交流不仅包括科学共同体内部成员之间的交流，而且也包括科学共同体之间的交流以及科学共同体与外界社会的交流。就交流的内容和形式而言，科学交流既包括那些传统意义上的思想、经验和成果交流会议，也包括现代意义上的媒体和网络上的资源交流。

就本质和目的而言，科学交流就是在平等性、交互性和共识性基础上实现科学共同体内部成员之间、科学共同体之间以及科学共同体与外界之间的共赢。与世俗交流不同，科学交流的主体存在着差异性和分裂性，而科学交流正是致力于构建矛盾对立双方或多方平等交互思想的桥梁；同时，与传统的论辩修辞不同，交流修辞方法并不试图说服对方或征服对手，其目的在于通过交互实现双方或多方的共赢，争议可以搁置，共识力促达成。这正如巴赫金所言，“一般意义上的‘修辞争议’着眼于‘赢得胜利，而不是接近真理’。然而这种争议只是‘最低级的修辞’。在‘层次更高’的修辞中，人们可以就‘所有在具体时空范围内能够找到答案的问题’达成一致意见。高层次修辞意识到言辞只生存于‘对话域’（dialogue sphere），如果在对话互动中，‘摧毁’了对方也就等于摧毁了这一共同的‘对话域’，从而剥夺了言辞本身的生存空间”②。

哈贝马斯也表达了同样的观点，他将交流的过程看成是“赎救”（redeeming）——核实和改进的过程，它是通过下列步骤完成的：“和宣认者处于平等地位的共同行动者如果对他的宣认不提出异议，这些宣认的确当性就获得主体间的确认。如果后者对他的任何一个宣认提出质疑、诘问甚至驳斥，宣认者应该提供必要的说明、解释、伦理和证明，表明自己的宣认是有依据的。如此往复来回，直到宣认者通过解释和论证消除共同行动者的所有疑问，或者在没办法做到这一点的时候对自己的话语作出必要的修正，使之在共同行动者面前站得住脚。通过轮流对彼此的宣认作出批评和回应，社会行动者最终达成充分的相互理解和一致意见。”③

（五）科学文献写作（literature writing of science）

如何写出合规范、合语法，同时又合修辞的科学文献是每一位科学思想表达

① 刘亚猛. 西方修辞学史. 北京：外语教学与研究出版社，2008：301.
② 刘亚猛. 西方修辞学史. 北京：外语教学与研究出版社，2008：304-305.
③ 刘亚猛. 西方修辞学史. 北京：外语教学与研究出版社，2008：307.

者无法回避的一个问题。难怪自古希腊起，逻辑、文法和修辞就成了必修的三门课程。科学修辞方法在科学文献中的运用可直接增强科学文献的信度、达度和雅度。试想如果剔除掉科学文献中的所有科学修辞方法和技巧，剩下的将仅仅是干涩的逻辑符号推理和公式运算，根本无法做到通达和可信，更不用说美雅了。事实上，一旦科学文献中使用了自然语言或日常语言就会被卷入科学修辞语境，如果科学思想的表达者要做到信、达和雅，就必然要在科学文献中使用科学修辞的写作方法或技巧。下面是几种常见的科学修辞写作方法。

1. 引证法（citation）

从修辞传统上看，“旁征博引”一直都是人们广为推崇的方法。在科学文献中，它是一种通过引用经典科学权威的言论、科学原理和尽人皆知的常理等作为论据来直接证明论点的论证方法，是“引”与“证”的统一，即“引”的目的在于“证”，在于增强科学文献的说服力和可靠性，而“非为读者开列参考书单，也不是为了显示作者‘博览群书’，更不是为东拼西凑甚至抄袭剽窃打掩护”[①]。正如拉图尔所言，“一篇没有引证的论文就像一个无人跟随的孩子，深夜孤独地行走在他一无所知的大城市里，他会走失、会碰到任何可能发生的事情”[②]。

就科学文献中的引证方法而言，主要存在三种引证方法：其一，通过引用更高级的权威观点（包括那些经典学说、著作或权威人士）来支持己方原创性的论点的方法，其引证说服力较弱，因为如前所述，权威论证是易受到攻击的论证，一方面，引证的权威 A（authority）的可靠性有待在当下语境中考证；另一方面，引证连接的两端权威 A 和 V（view）之间的关联性和紧密性也有待考察，因为没有任何逻辑通道能够足以证明 A 正确，V 就必然正确。其二，通过引入更基础、更具有普遍接受性的概念、理论和方法来作为己方的论据，这种引证方法说服力较强，因为这意在表明己方的论点或是论据来源于更基础、更具有普遍接受性的概念、理论和方法，是它们的推论或至少是推定，除非对方能证明它们是错误的，否则就必须接受由这些更基础、更普遍具有接受性的概念、理论和方法导出的论点或论据。其三，引证更有说服力的事实、数据和形式逻辑结论（公理和定理）等来增强己方的论证效果，这种引证方法说服力最强，一旦在科学文献中，出现引证科学事实、数据或是形式逻辑结论的情形，就形成了最强大的科学修辞气场，“事实胜于雄辩”是自古以来的“铁律”，由它们支持下的论点、论据或结论是无可辩驳的，除非对方能推翻这些事实、数据、公理和定理，否则就必须接受由此而引证得出的结论。

总之，无论是上面哪一种引证方法，其目的只有一个，就是达到论据充分、

① 朱大明. 文献引证的目的是什么.科学时报，2009-7-17（A4）.

② 布鲁诺·拉图尔. 科学在行动. 刘文旋，郑开译. 北京：东方出版社，2005：54.

论证严密和结论正确的目的，“引证、引文和脚注的有无是表明一个文献是否严肃的标志”[①]。正确、恰当和规范的科学引证尽管“不能构成引证文献的实质性内容，而只能作为引证文献独创性学术见解和研究成果的佐证”[②]，但科学引证却是一篇成熟、规范有说服力的科学文献不可或缺的元素，毕竟受众在面对一篇充斥着引证的科学文献时，他们所面对的就不仅仅是孤零零的作者一个人而是庞大的引证源群体，其通过性和抗论辩性极大增强。

2. 谋篇布局（arrangement）

自古希腊罗马起，写作上的谋篇布局都一直是修辞统摄的疆域，在其中，没有什么工具可以替代修辞的作用，因此，谋篇布局在写作中的运用是修辞受到攻击最少的部分。事实上，今天无论是日常写作，还是科学文献的写作都受到了谋篇布局的影响，几乎可以在每一篇规范的写作尤其是科学文献中追索到谋篇布局修辞方法的线索或“身影”，这其中对后世影响最深刻、最深远的当数古希腊罗马时期对谋篇布局的规设以及中世纪宗教布道修辞的规定：

1）亚里士多德的谋篇布局观

亚里士多德对谋篇布局所秉持的观点简明扼要，他认为，不管什么修辞体裁，我们都只可以区分出两个基本结构，即对主题作出陈述的“说明”和对主题加以发挥论证的证明，最多可以再加上“引言”和“结语”，其中“引言”的功能在于介绍主题并使各个部分合为一体，或者澄清话语达到的目的；“结语”则用来完成四项任务——增进听众对演说的好感以及对其对手的反感，扩展或收缩，触动受众，使之作出情感反映；促使受众对刚说过的要点进行回顾。[③]

2）《罗马修辞手册》的谋篇布局观

《罗马修辞手册》对谋篇布局需要遵守的修辞原则提出了两种基本结构。其一，“六部结构”：“引言、事实陈述、观点区分、证明、批驳和结语”；其二，“五部结构”：“论点、理由、理据、修饰和概述”。

在此基础上，《罗马修辞手册》还对“证明”和“批驳”这两个部分提出了三个特殊的规则：①最强的论点必须在言说的首、尾推出；②只有中等程度说服力，或者是对于证明既非完全无用又谈不上必不可少的那些论点，应该在言说的中间部分合在一起推出；③由于最后提及的总是在听众心中留下最为深刻的印象，在言说结尾处无论如何应该安排很强的论点。[④]

但《罗马修辞手册》也明确指出，谋篇布局的修辞方法要灵活掌握、酌情实施，并不能机械地生搬硬套，否则必定会适得其反、弄巧成拙。

---

① 布鲁诺·拉图尔. 科学在行动. 刘文旋，郑开译. 北京：东方出版社，2005：54.
② 朱大明. 文献引证的目的是什么. 科学时报，2009-7-17，A4.
③ 刘亚猛. 西方修辞学史. 北京：外语教学与研究出版社，2008：63.
④ 刘亚猛. 西方修辞学史. 北京：外语教学与研究出版社，2008：94.

3）中世纪“学府式布道”的谋篇布局观

①主题：引自《圣经》的一段话；②预破题：简要讲解主题的要义并祈祷；③破题：介绍和解释布道的目的意义；④分题：将主题分为三点（或三的倍数点），用权威意见证明每一个分点；⑤小分题：将部分或全部分点再进一步细分为更多小点；⑥扩展：通过详解每一个分点或小点，将主题扩展为一篇完整的布道文。①

4）中世纪宗教布道的谋篇布局

而在 14 世纪出版的《布道之形态》一书中，作者罗伯特更是将宗教布道的谋篇布局细化为更具有写作指导性的“二十二法”：①发明主题；②赢得受众；③祈祷文；④引言；⑤内容划分；⑥陈述各部分内容；⑦证明各部分主题；⑧内容扩展；⑨转换话题；⑩在各部分之间建立联系；⑪对各部分之间一致性进行说明；⑫在首尾之间建立迂回关系；⑬在各部分之间建立交互关系；⑭统合；⑮结语；⑯润色；⑰调声；⑱配以适当动作；⑲适时运用幽默；⑳间接用典；㉑加深印象；㉒按照主旨通篇考虑。②

我们这里按照刘亚猛教授在《西方修辞学史》一书中提出的有关修辞谋篇布局方法的线索，详细列举出了古希腊罗马以及中世纪的谋篇布局方法，其意并不是要重新走上复古之路，也不是要为今后科学文献的撰写套上枷锁，而是意在考察究竟这些传统的或是宗教的修辞写作方法对于现今科学文献写作有多大的影响，以及如何从中能取其精华、去其糟粕，为今后科学文献的写作提供一些可借鉴的思路。

事实上，尽管在包括科学巨著、科学期刊等在内的科学文献中并没有明文规定具体的写作方法，但从古至今几乎每一篇刊发的科学文献都或多或少、或明或暗地受到了传统谋篇布局的影响，有意或无意地使用着谋篇布局的修辞方法，因为一篇论证结构零乱而毫无章法的科学文献根本无法与一篇内在逻辑结构合传统要求、合章法要求以及合严密性要求的科学文献相比，两者在论证力度、效度、信度和美感上存在着天壤之别。

3. 辞格（figures）

辞格主义者声称，“什么是真理？真理就是由比喻、借代和拟人格等组成的修辞大军”③。尽管这一论断有些夸张，但比喻、象征、重复、顶真、加重、倒装和措辞模棱两可等文学辞格的适当和巧妙运用一方面会使科学文献生色而高雅，另外也会增强科学文献的论证力量。在哲学上，正如尼采所言，正是修辞上

---

① 刘亚猛. 西方修辞学史. 北京：外语教学与研究出版社，2008：180-181.

② 刘亚猛. 西方修辞学史. 北京：外语教学与研究出版社，2008：183.

③ 李小博. 科学修辞学研究. 北京：科学出版社，2010：146.

的操作才成就了从柏拉图理想国到康德纯粹理性批判再到黑格尔“圆圈”式辩证理性的真理陈述；而在科学史上，无论是牛顿的《自然哲学的数学原理》还是达尔文的《物种起源》都是辞格使用的代表，面对当时众多的反对者和受众，这些科学巨匠在撰写其著作时，一方面要考虑其科学思想要在尊重事实和恪守逻辑前提的基础上得以准确表达，另一方面也必须要考虑两个无法回避的困境——受众的接受程度和自己科学思想的疑点或难点。正是这两个无法回避的困境迫使或驱使这些科学巨匠不得不或有意无意地要使用辞格修辞方法，其作用主要表现在以下两个方面：

其一，受众的接受程度参差不齐，决定了科学文献的作者必须选择最适合和最易接受的语言去撰写文献。众所周知，在科学史上，那些科学巨匠所要表达的科学观点、理论或思想往往都是超现实、超实体和超时空的，那么如何利用文献语言把这些抽象、空洞和晦涩的理念或概念清晰而有说服力地表达出来，辞格派上了用场。比喻、象征和类比等辞格的形象性特征正好满足了这样的要求，它们如同桥梁一样把抽象和具体、空洞与生动连接起来，结果呈现给受众的是易于更广大的受众接受的话语，如果缺少了这些辞格的运用，必将失去更多受众群的理解和支持；同时，重复、顶真、加重和倒装等辞格在科学文献中的作用在于突出重点，在于提醒或提示受众要引起注意，从而在受众心理上形成累积效应和行文上的韵律和美学效应。

其二，化解科学思想中的疑点或难点离不开辞格的张力。从科学史上看，任何一个完整的科学思想体系都不可能从头到尾是推理严密、证据完备和论证绝对的“真空体”或“绝缘体”，事实上，总会在其中找到“漏洞”——推理前提的来源问题、限于当时科技水平而造成的证据缺乏、演绎和归纳论证以及或然性论证自身的不充分性等都会导致思想体系的不完善，但要么因为这些思想体系中的瑕疵而放弃整个思想体系，要么暂时搁置或巧妙回避这些易受攻击的难点或疑点，当然大多数的科学家会选择后者，模棱两可辞格和科学隐喻辞格这时就成了科学家不得不使用的辞格修辞方法。

1）模棱两可辞格

具体来说，模棱两可的辞格修辞方法是指在科学实践中，科学家通过使用那些含糊不清的名词、动词等实词来达到模糊概念、暂时避难目的的方法。例如，科学史上的“以太”一词，最早是亚里士多德提出的“第五元素”（是不同于地上的四大元素水、火、气、土的一种更为纯洁的、完美无缺的元素），而在近代科学尤其是近代物理学的革命中却成了众多物理学家寻求暂时避难的方舟，每每遇到理论上或事实上的困难，就会想到借助“以太”这一模棱两可的概念。“尽管‘以太’随着科学的发展最终遭到了抛弃，甚至有段时间几乎成了伪科学的专用词，但无论怎样，以太的概念在科学史上还是占有它的地位的。它曾经代表的光媒以及绝对参考系，虽然已经退出了舞台中央，但毕竟曾经担负过历史的使命。”①

此外，模棱两可的辞格修辞方法也可以指那些在科学文献中通过使用概率不确定的程度副词来降低来自对方批评的风险的方法。例如，在《物种起源》一书中，达尔文使用了大量的程度副词——也许（may）、大概（probably）、可能（possible）、在理论上可以做到（can）、在某种程度上说（to some extent）等——来替代那些确定概率的绝对语词，如一定（certain）、必须（must）、必然（necessary）、确定（sure）、99%（percentage），其原因一方面是由于达尔文的思想体系大多来源于实地考察后的归纳论证，所以很难做到基于全部物种资料的确定概率性的枚举，此外，其关键性的进化理论也无法找到从人工选择转向自然界的逻辑通道；另一方面，则是达尔文并不想因为自己进化论的某些难点或疑点就选择放弃，他只能选择大量的辞格修辞方法来阐述其思想，以期招致更少的批评，也为今后完善进化论留下充足的空间和余地，难怪达尔文将其思想的表达看成是一次“长期的论证”。

2）科学隐喻辞格

值得一提的是，类比和隐喻方法往往被当今逻辑方法论者强行划分到了逻辑方法的行列中，事实上，类比和隐喻根本不存在逻辑通道，也不存在任何固定的程序，而且自古希腊亚里士多德开创修辞学起，它们就是经典的获取或然知识的修辞方法而非获取必然知识的逻辑方法。

从本质上说，科学隐喻是科学理论内部和理论之间意义转化的媒质，是一种由科学共同体集体约定的语言调适手段，是对客观世界特征具有洞察力的猜想和描摹，是一种人类构造理论和提供真理的强大工具。②而在科学修辞语境中，作为“整个非文字设计集合的提喻法”③，科学隐喻致力于“科学概念及范畴的重构（再概念化）、新理论术语的引入乃至整套科学理论的构建和发展”④，从而开启了科学发明的新途径，丰富了科学新术语和新理论建构的视角。

郭贵春将科学隐喻的方法论功能概括为以下五个方面，具体来说：

（1）科学理论的发明功能：尽管也许科学隐喻起初不是一种科学的话语，但它却能够产生出重要的科学发现甚至导致科学革命的发生，发散性和创造性内在地构成了科学隐喻的本质，其中，科学理论的建构、科学概念的创建和科学术语的搭建等都是科学隐喻发明的重要功能。

（2）科学理论的表征功能：简单说，科学隐喻就是对特定科学实体、状态或事件的术语表征；从理论上讲，科学隐喻是“前科学”的直觉与科学经验的概念

① 曹天元. 上帝掷骰子吗：量子物理学史话. 沈阳：辽宁教育出版社，2011：9.
② 郭贵春. 隐喻、修辞与科学解释. 北京：科学出版社，2007：43.
③ 郭贵春. 语境与后现代科学哲学的发展. 北京：科学出版社，2002：41.
④ 郭贵春. 隐喻、修辞与科学解释. 北京：科学出版社，2007：42.

化之间、科学的“前”理论与“替代理论”之间由此及彼的桥梁。

（3）科学理论的说明功能：科学隐喻的说明功能是对传统科学说明功能的适当修正和补充。它在语形层面上说明了符号系统关联源泉的隐喻基础，以及科学模型构造的概念背景；在语义层面上说明了语义的变化和关联，尤其是指称的扩张、符号的转换以及物理图像的意义；在语用层面上说明了隐喻所具有的修辞学功能，增强了物理学理论的理由及其可接受性。[①]

（4）科学理论的评价功能：镶嵌了科学隐喻的陈述传输了比通常解释更多的信息内容，正是这些信息内容确定了科学隐喻的评价功能，特别是在几个竞争科学理论在经验上等价的情况下，或者是在现代量子物理学中，研究对象越来越远离经验世界，科学隐喻的评价功能就显得尤为重要——经验被描述的状态和隐喻假设的意向状态，即科学理论的优劣和可接受性有了新的评价标准——科学隐喻的内恰性、载容性和逼真性等。

（5）科学理论的交流功能：科学隐喻在科学交流中的方法论功能在于不同科学共同体和相同共同体内部成员间的通约，库恩描述下的不同学术背景、不同术语和不同语境为他们之间的交流造成了客观的障碍，但科学隐喻为其构建起了一座由此达彼的桥梁，这是由科学隐喻的特性——形象性、意向性和感知性所决定的，因为这是人类共有的基本智性，也是人类可以顺畅交流的基本人性。

科学隐喻方法论功能的实现依赖于科学隐喻的创造和实施，尽管科学隐喻是一个创造的过程，并不存在任何固定的量化程序，但根据科学实践中那些成功的科学隐喻，我们依然可以大致勾勒出科学隐喻孕育和实施的过程，如图 7-2 所示。

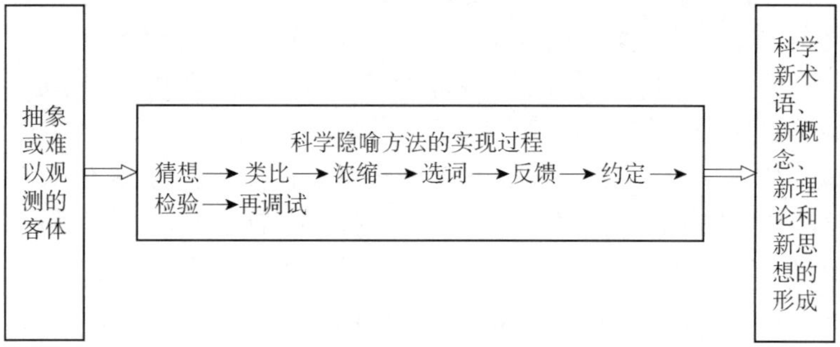

图 7-2　科学隐喻方法的实现过程

我们这里试探性地给出科学隐喻方法的实现过程，目的并不是要限定今后科学隐喻都要遵循这样的方法程序，因为科学隐喻的创造性和复杂性也绝非图 7-2 所能表达的，我们的真正目的在于可以为今后的科学实践提供一种方法论上的启迪。

① 郭贵春. 隐喻、修辞与科学解释. 北京：科学出版社，2007：36-40.

第二节　科学修辞战略的辩证理性科学观

与理性主义科学观和非理性主义科学观相比，辩证理性科学观为我们提供了一种更为符合科学实践同时也更富有前途的指向。因为与理性主义科学观不同，它并不是与一个特性或一组已确立的必要条件相联系，而是更正确地与自由争论的不同特性和必要条件相联系；同时与“怎么都行”的“非理性”相比，辩证理性更加适当，因为它并不取决于权威的冲动或外在的社会因素；此外，它还克服了早期那些辩证法的单一、步骤化的缺陷，使辩证法在多变的科学修辞战略实践中更好地彰显其丰富性和应变性。

一、理性主义科学观

正如我们在第一章有关科学理性的分析中所指出的那样，针对科学理性存在着两条背道而驰的进路，其中，一条是由科学认识论和科学方法论所支撑的传统科学理性大道，它始终坚信，科学是理性主义最典型和最值得骄傲的一项事业，通过理性，科学得到不断的累积和进步，同时也在不断推动着社会发展，而且科学是客观的，他们相信只要掌握了通达真理的方法或标准，他们的认知就可以得到理性的确认，换句话说，如果我们能够运用正确加工证据的方法，我们就可以得到科学知识。显然，方法或标准在这里做出的保证是，如果方法正确，那么结论也将是正确的。从历史的角度看，培根、笛卡儿、莱布尼茨、牛顿、惠威尔和穆勒之间，波普、拉卡托斯和劳丹之间，在方法论上的观点并无本质上的差别，尽管他们各自在方法论上的规则与目的明显不同，但他们各自的纲领在潜在的层面上都是一致的，理性是根据他们所确立的方法论规则来定义的：

说明 1：（传统科学理性）一个理论 T 当且仅当它具有 x，y 或 z 特性时，它在理性上是可接受的。

在这里，x，y 和 z 是诸如“可证实的”“可检验的”“富有成效的”“含有更多的经验内容”之类的特性，这些特性是通过一种或另一种方法论的规则来得以确立的，例如“欧几里得几何原理”“批判理性主义”“精致的证伪主义”等方法论规则。

显然，无论是逻辑经验主义还是批判理性主义都正是沿着这一理性进路不断寻求着更好和更为“精致”的方法论从而确立其所谓科学理性的。但当支撑传统的科学理性的两根支柱——传统科学认识论和科学方法论倒塌下来的时候，由这种方法论构建起来的传统科学理性也难以为继。逻辑经验主义试图通过不断放宽其方法论的标准——从早期卡尔纳普提出的“可证实原则”到“可检验性原则”，再到“可验证性原则”，最后到赖欣巴哈提出的“概率性原则”，来寻求解决困境的出路，但当其面对面对现代科学尤其是现代物理学中那些高速-微观的研究客体以及那些难以直接为感官所感受到的客观规律时，逻辑经验主义再也无法挽救其衰落的命运，最终成了一些现代物理学家嘲笑中的毫无意义的废话；之后，波普尔又试图通过其“精致”的证伪主义来取代逻辑经验主义衰落的“证实”标准，但最终也由于与“证伪”标准和“证实”标准所面临的一样的经验困境而失败。

二、非理性主义科学观

历史主义以及后来崛起的科学知识社会学与后现代主义彻底摧毁了逻辑经验主义和批判理性主义最后的梦想。他们试图取消所有科学中的普遍性原则或元标准，取而代之的是文化的多样性和方法的多元性，用费耶阿本德的话来说就是“怎么都行”，最终要把科学理性引向另外一条更难以让人接受的进路——彻底“告别理性”的道路。我们可以用下面的说明来阐释历史主义、科学知识社会学与后现代主义的科学观：

说明 2：一个理论 T 当且仅当它受到 x，y 或 z 的支持时，它在理性上是可接受的。在这里，x，y 和 z 是分别来自历史主义的科学共同体的信仰、来自科学知识社会学的社会因素和来自后现代主义的语言游戏获胜的支持。

更为详尽地说，历史学派的代表人库恩认为，一个理论或者一个范式要想获得胜利，就像宗教的改宗一样，必须被一个科学共同体在信念上接受，而且这个接受的过程有时要花费一代人的时间，“特别是那些较年长、较有经验的科学家会一直抗拒下去，大部分科学家总能以这种或那种方式被打动……直到最后的抗拒者死光以后，整个专业又会在一个单一的新范式下工作了”[①]。最为重要的是，在新理论或者新范式的转变或者为科学共同体接受的过程中，库恩认为，“科学家是理性的人，他们中的大部分最终会被这个或那个论证所说服”[②]，最终在科学共同体内部形成“虔诚的狂热”，从而接受新的范式或新的理论。

此外，当科学知识社会学强调科学研究中的社会因素的时候，应该说它是有道理的；但当它试图用社会因素取代科学的客观性和进步性的时候，显然它是我们无法接受的。因为他们认为，科学理论或者科学知识就是社会因素中政治磋商的结果、金钱支持的结果或者是权力运作的结果，“这种做法的最直接后果就是将科学中本来所包含的自然性因素排除了，于是，本来以自然为研究对象的科学，现在成了一种与自然无关的文化产品”[③]。

最后，后现代主义也在从语言学角度不断地消解着传统科学理性，其鼓手利

① 托马斯·库恩. 科学革命的结构. 金吾伦，胡新和译. 北京：北京大学出版社，2003：137.
② 托马斯·库恩. 科学革命的结构. 金吾伦，胡新和译. 北京：北京大学出版社，2003：143.
③ 刘鹏. 三万英尺高空的相对主义者. 科学技术哲学研究，2010，（5）：52.

奥塔明确提出，“科学性的知识不能自我证实是真知，也无法使别人知道其为真知，除非它诉诸另一种知识——叙事性的知识，而从科学观点来看，叙事性的知识根本就算不上知识”[①]。于是，利奥塔借用维特根斯坦的语言游戏理论——语言是人的一种现实的活动，它就像游戏一样没有本质；语言的使用、词的功能及上下文关系都是无穷无尽的；一个词的用法就像一个棋子的走动，总有一个目的，这个目的也包括在上下文中；怎样使用词或语言总有规则，就像网球是一种游戏而且有规则一样，但词和语言的使用也像打网球一样，并没有处处受到规则的限制，并且规则在一定意义上是随意的提出——来力求解决科学的困境，最终科学理论在理性上的接受也只是科学这一游戏获胜的结果。

可见，无论是历史主义的科学共同体信仰的转换、科学知识社会学社会因素的左右，还是后现代主义的语言游戏获胜的支持，尽管它们都在一定程度上偏离了传统科学理性，但它们却没有走上非理性甚至是告别理性的道路。

然而，费耶阿本德却将科学引入了彻底告别理性的道路，应该说，费耶阿本德的理性之路分为两个阶段，我们分别可以用下面的两个说明来加以阐释：

说明 3：一切方法论，甚至是最为明显不过的方法论都有其局限性，只有一条原理可以在一切境况和人类发展的一切阶段上加以维护，这条原理就是：怎么都行[②]；同时，科学不能排除非理性，而且比通常所理解的要非理性得多，科学史上的“哥白尼革命”在费耶阿本德看来并不是靠理性而取得的胜利，而是靠“伽利略的诡计”取得胜利的。

说明 4：根本不存在着任何理论的理论性，因为“理性主义没有得到确证的内容，理性也不具有超越偶尔碰巧名副其实的政党的原则的议程，今天所做的一切就是驱使把种出卖给属，走向单调性。该是让理性脱离这种驱使的时候了，因为它已经被这种联系彻底地损害，是时候命令它告别了”[③]。

如果说，说明 3 表明费耶阿本德还只是倡导方法论上的“多元论”和理性主义上的“非理性主义”的世界观，那么说明 4 就彻底表明了费耶阿本德“告别理性”的态度。具体来讲，在《反对方法》一书中，费耶阿本德所要强调的是，科学是一种自由实践，理论上的无政府主义要比按规律和秩序来办事更为人道，也更容易鼓励进步；而且他也并不打算提出一种可以取代以往方法论的新的方法论，他所倡导的理论和方法论的多元论的观点只是为了证明单一的理论和唯一规范的方法并不存在。可见，在这一阶段，费耶阿本德不敢事实上也没有提出要与理性彻底决裂的观点，只是强调了一些非理性主义的观点，例如，他只是认为，“科学本质上是一种无政府主义的事业，它没有普遍的规范性的方法。我们要想

---

① 利奥塔. 后现代状况：关于知识的报告. 岛子译. 长沙：湖南美术出版社，1996：101.

② Feyerabend P. Against Method. London：NLB，1975：28.

③ 保罗·费耶阿本德. 告别理性. 陈健等译. 南京：江苏人民出版社，2002：12.

探索的世界是一个巨大的未知实体，因此我们必须保持选择上的开放态度，必须不能事先限制了自己的手脚”[①]。

但在《告别理性》一书中，费耶阿本德义无反顾地走上了彻底告别理性的道路——“我关心的既不是理性，也不是科学，更不是自由……该是停止推理素未谋面者的生活的时候了！该是放弃‘人类’（好自负的概括）能被一群坐在温暖的办公室里闲聊的人拯救的信仰的时候了！该是变得谦逊、放下架子作为机构需要的笨蛋，或者说因业务关系作为乞丐，而不是作为上帝给予穷人、病人和智障者的最好礼物，去接近那些估计能从他人的思想中获益的人的时候了。”[②]显然，费耶阿本德对理性大加斥责，他指出许多事情是受到理性所害，而不是受它所助；理性其实是名不副实的，理性常常歪曲成就，超越自己的界限，因此，“理性是个大灾难，是时候告别它了”[③]。

科学理性的发展脉络——从最早的归纳主义者把科学理论的发现与科学理论的证明都归结为同一归纳过程的理性主义，到逻辑经验主义者赖欣巴哈继承约翰·郝歇尔的思想，把科学的发现与科学证明区分开来，认为科学证明是逻辑的（即理性的），而科学的发现虽然没有明确指出是非理性的，但他认为它不是科学哲学研究的课题，而是心理学研究的课题，再到波普尔明确提出科学理论的发现是非理性的过程，是产生于非理性的“灵感”或“直觉”，而科学理论的证伪或检验却是理性的过程，最后到历史主义的代表人库恩进一步发展了波普尔哲学思想中的非理性因素，认为科学理论的发现是非理性的，就连科学理论的竞争也是非理性的，因此他把科学理论看成是非理性的信念，而不是理性认识的结果，而费耶阿本德则直接提出了“无政府主义”的倡导，乃至“告别理性”的极端——向我们昭示，无论是传统僵硬的科学理性，还是无定向的非理性进路都无法把科学哲学引向正确的道路。

三、辩证科学观及优势比较

面对传统科学理性无法自拔的困境以及更加让人难以接受的非理性和告别理性的极端，我们只能另辟蹊径，去寻求一种介于传统科学理性和非理性之间的中间战略，从而挽救理性的传统科学，同时又能充分吸收非理性主义中那些有益的批判，避免滑入相对主义的泥潭。幸运的是，科学辩证理性为我们提供了一条新的可选择的进路。我们可以用下面的说明来阐释辩证科学观所支持的基本观点：

说明 5：一个理论 T 在理性上是可接受的，当且仅当它得到了有效论证的支

① Feyerabend P. Against Method. London：NLB，1975：20.
② 保罗·费耶阿本德. 告别理性. 陈健等译. 南京：江苏人民出版社，2002：17.
③ 保罗·费耶阿本德. 告别理性. 陈健等译. 南京：江苏人民出版社，2002：17.

持，或者说，支持理论 T 的论证比支持理论 T′的论证更有说服力。

显然，这种辩证科学观蕴含着一种优势：它更符合科学实践，因为在科学实践中，科学共同体可能碰巧更喜欢 T′，而不喜欢 T，即使是 T′没有说明更多的事实，没有预言“新颖的事实”，也没有解决更多的问题。但是，在这里绝不会碰到下列情况，如果支持 T′的论证并不比支持 T 的论证更有说服力，共同体还会喜欢 T′；与方法论的理性相比，辩证理性在道义上更加宽容，因为它不是与一个特性或一组已确立的必要条件相联系，而是更正确地与自由争论的不同特性和必要条件相联系；与“怎么都行”的“理性”相比，辩证理性更加适当，因为它并不取决于权威的冲动或外在的社会因素。

事实上，科学辩证理性的哲学魅力在于，它取决于自身的内在本性，即论证的效力：如果不是经过最好的论证，那么又是通过什么才得到科学共同体支持的呢？其动态过程可以通过图 7-3 来表示。

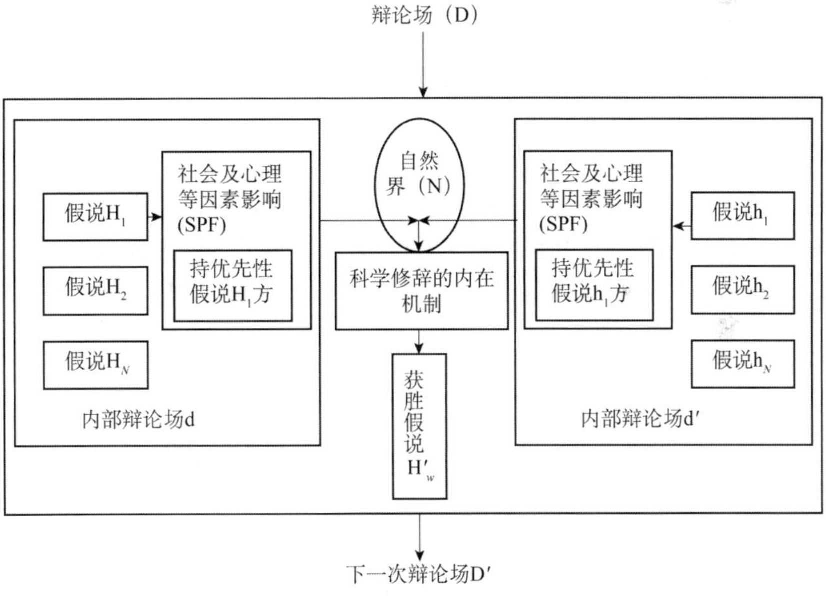

图 7-3　辩证理性科学观下的动态论证

这里，假说 H_1 是正方假说阵营中的优先性假说，假说 h_1 是反方假说阵营中的优先性假说，他们都会受到社会及心理等因素影响（SPF），他们会就自然界中的客体及规律而展开论辩，论辩中会受到科学修辞内在机制的调控和裁决，最终获胜假说 H'_w 脱颖而出。H'_w 会有三种情形：可能是假说 H'_1，可能是假说 h'_1，也可能是 H_1 和 h_1 结合体或创新体 H'_c，显然，这也是更符合科学实践的。

首先，无论是假说 H'_1，假说 h'_1，还是 H_1 和 h_1 结合体或创新体 H'_c，它们都是科学论辩的结果——是论辩双方的相互理解和“意见一致”，它们也都是经过科学辩证法反复劝说-反驳的思维完善或飞跃，这是辩证理性科学观的最大优势，因为它不会出现费耶阿本德所批判的那两种“意见一致”。具体来说，经过科学辩证法，论辩双方达成的共识——意见一致，既不是“政治决策的结果：反对者受到压制或保持沉默以维护科学作为可靠性的源泉和几乎是无误的知识的声誉”[①]；同时它也不是“共同偏见的结果：见解的采纳没有经过对所要检验的问题的详细考察，并得到了同一个经过详尽研究而成为权威的人的鼓励。”[②]费耶阿本德指出，之所以会出现这样的“意见一致”，是因为缺少了批判意识，“只要只有一种观点被考虑，批判就仍然是虚弱的。只依赖于‘内部’考虑的意见一致结果经常是错误的”[③]。而我们这里提出的辩证理性科学观是在“开放的”和“批判的”科学修辞语境中形成的，科学修辞的特质——修辞的同一性和交际性——保证了双方话语的平等性、交流性、批判性和反驳性，同时，科学修辞的内制——科学辩证法——保证了双方论证的合法性和有效性。

此外，科学辩证理性的哲学魅力还在于与历史上出现过的辩证理性相比而表现出的进步性。

其一，与早期的朴素辩证法——古希腊赫拉克利特最早提出对立面之间的斗争和统一是运动变化根源的自然辩证法，芝诺探究有限与无限、间接与连续、时间与空间关系和极限等问题的概念辩证法以及苏格拉底通过探索事物“是什么”的对话式的辩证法——相比，科学辩证理性克服了这些早期辩证法朴素的、直观的和单纯论断性的局限性，并继承和发展了这些早期辩证法中的光辉思想：①科学辩证理性与科学尤其是当代科学实践紧密结合在一起，并承担起在科学争论的修辞实践中的逻辑支撑的重任，力图在形式逻辑与相对主义之间形成必要的张力，可以肯定的是，缺少了科学辩证理性指导的科学争论以及其他的科学修辞实践，其结果必然要么是刚性的、垄断的，要么就是盲目的、诡辩的，显然这种缺失又会再次返回到我们前面所分析过的，也是我们不愿意看到的困境。②科学辩证理性为我们提供的理性更为成熟，它并未给我们设定具体的模式，这就克服了这些早期辩证法的单一、步骤化的缺陷，使辩证法在多变的科学修辞学实践中更好地彰显其丰富性和应变性。

其二，应该说，黑格尔在批判地吸取他的前辈特别是康德、费希特和谢林的辩证法的基础上，提出了“正”（肯定）、“反”（否定）、“合”（否定之否定）的三段式，并把宇宙万物看作是一个由于其内在矛盾而自我运动的过程，从而把真理理解为过程、结果和全体，从而把辩证法的发展推向了登峰造极的境界。与黑

①②③　保罗·法伊尔阿本德. 自由社会中的科学. 兰征译. 上海：上海译文出版社，1990：93.

格尔“圆圈”式的辩证理性相比，科学辩证理性体现出三个明显的不同或优势：①科学辩证理性并没有把自身建立在唯心主义的基础上，尽管在科学修辞的实践中，它也充分考虑到了那些非理性因素的作用，但并未就此加以夸大，也并未由此而走向诡辩论；②与黑格尔“圆圈”式的辩证理性不同，科学辩证理性并不是一个只强调通过自身扬弃而最终实现完善的过程，而是着眼于“大科学”时代背景，借鉴亚里士多德意义上的辩证法优势，强调在不同科学共同体论辩语境下的辩证理性的研究，它一方面克服黑格尔概念辩证法的局限性——缺乏客观性和实践性，另一方面论辩双方形成的辩证理性更有利于把握事物的真理，有利于防止某一方形成对事物的歪曲认识，这无疑又是对辩证法在新的实践背景下的创新和发展；③科学辩证理性并没有像黑格尔那样试图通过“整体”理念的设置来终结辩证法或者说终结人类认识，因为这显然等于在窒息人类的认识，也最终成为像波普尔那样的批判主义者笔下的靶子，而是坚信科学是一项不断进步的事业，尽管步履艰难，但却可以通过使用各种战略或策略得以实现，同时也坚信在局部的暂时性论战中，可以通过使用各种权衡战略或策略来结束论战，从而避免永无休止的或毫无意义的争论或“争吵”。

综上所述，科学辩证理性立足于科学实践尤其是科学修辞实践，力图为其提供一种可能的理性指导，并有可能成为传统科学理性和非理性之间的一种调节器，从而在维护科学客观性或理性的前提下，容纳那些科学认识的社会或心理因素，最终使逻辑和理性从先在的高度降低到历史和社会的网络当中，同时把心理、社会和文化等因素从科学的对立面融入到理性的行列之中，我们用图 7-4 来表达这种辩证理性科学观。

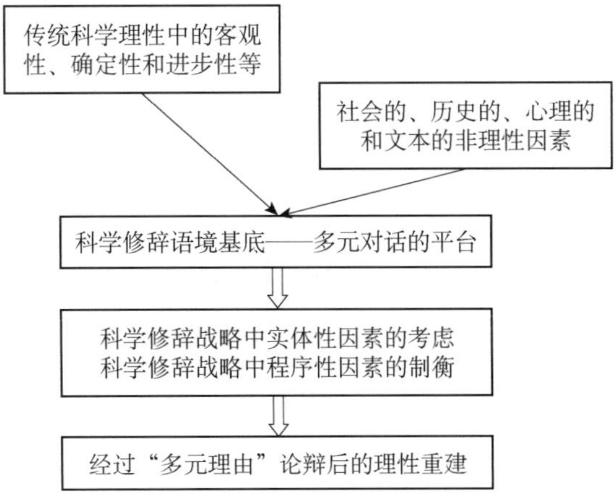

图 7-4　辩证理性科学观

显然，这里科学修辞战略引导着不同视角的修辞主体将其所持的不同观点走向可以进行多元对话的平台，再经过科学修辞战略中的实体性因素的考虑和科学修辞战略中程序性因素的制衡，最终形成论辩后的理性重建，这正是我们所要追求的一种可能的中间战略的目标。

这里提出的论辩后的理性重建观恰恰与成素梅教授提出的语境构建论的观点相得益彰。成素梅教授指出，我们可以把由理论描绘的可能世界逼近真实世界的过程，以及前后相继的理论之间的更替关系总结为：

前语境阶段→语境确立阶段→语境扩张阶段→语境转换阶段→新的语境确立阶段……

在科学进步的这个语境模式中，前语境阶段是指，当科学进入一个新的研究领域时，面对无法被旧理论解释的现象和难以解决的难题，科学家首先是进行大胆的创新和积极的猜测，提出相互竞争的理论或假说，而这些理论或假说分别描绘出了相互竞争的可能世界的图像，在这个时期，科学家们会通过模型和现象的比较，在相互竞争的假说之间进行理性的选择；之后，当一个假说的说明与理解模型能够完全经得起经验的考验的时候，科学共同体将认为，假说描绘的可能世界与真实世界之间达到了某种一致性，这时，科学发展进入了语境的确立阶段，这个阶段相当于库恩的常规科学时期或范式的形成时期，这时，科学家们不仅拥有共同的信念和共同的语言，而且拥有对真实世界的共同图像；当科学家把成熟理论所揭示的世界机理作为一个范式和信念的基础，延伸推广到解释其他相关领域的现象时，科学的发展进入到语境的扩张阶段，其中，既包括理论研究的信念与方法的扩张，也包括以它的基本原理为基础的技术和实验的扩张；但当科学共同体在语境扩张的过程中，遇到了与理论相矛盾的而且是他们未曾预料到的实验事实时，他们才有可能开始对理论的信念产生怀疑，这时，理论的应用边界，或者说，语境扩张的边界逐渐变得明确起来，科学的发展开始进入语境转换阶段，在这个阶段，旧语境的扩张受到了限制，新的语境处于形成与培育当中，新的假说也就随之开始了；随着新假说竞争的开始，科学共同体的信念也在不断地发生着改变，直到一个全新的语境形成为止。①

可见，无论是我们这里提出的论辩后的理性重建观还是成素梅教授提出的语境构建论，都是意在表明：这种重建既存在着前后相继的连续性，同时又是一种新的论辩超越——前后相继的理论、假说或者科学观都包含着一定程度的真理成分，只是说后者揭示出了更深刻、更全面及更逼近真理的世界结构和机理。同时，这种重建既不会像库恩那样单纯的强调心理的“格式塔”转换而置科学的进步性于不顾，也不会像逻辑经验主义那样彻底拒斥主观的、心理的、社会的和语言的作用——前后相继的理论、假说或者科学观都是理性论辩后的重建，而非

① 郭贵春，成素梅. 科学哲学的新进展. 北京：科学出版社，2008：18-20.

“库恩鸭”与“库恩兔”的直接转换，“是不断向着揭示世界真实机理的方向发展的”，“是向着不断逼近真理的方向发展的”[①]，此外，在前后相继的理论、假说或者科学观的理性论辩过程中，“每个人在相互竞争的理论之间进行的选择，都取决于客观因素和主观因素的混合，或者说共有准则和个人准则的混合”[②]。这样，“科学家所作出的选择便不再是毫无把握的非理性选择了，而是成了一个机会与冒险并存的选择，是个理性非常强的有意识的选择”[③]。可见，无论是科学进步的语境生成论模式，还是我们这里提出的论辩后的理性重建尽管殊途但却同归，都是在坚持科学实在论的立场下，寻求解决当前科学哲学困境和挑战的可能思路。

① 郭贵春，成素梅. 科学哲学的新进展. 北京：科学出版社，2008：20.
② T. 库恩. 必要的张力. 纪树生译. 福州：福建人民出版社，1981：234.
③ 汉斯·波塞尔. 科学：什么是科学. 李文潮译. 上海：上海三联书店，2002：134.

第八章　科学修辞战略的局限性

如果不正当地使用修辞的力量可以害人不浅，那么，除了美德之外，许多好东西，如体力、健康、财富、将才，都应当受到同样的非难；这些东西使用得当，大有好处，使用不当，大有害处。

——亚里士多德

遗憾的是，修辞学作为一个普通术语，后面还拖着笼罩在所谓的传讹和被讹双重阴影之下的尾巴。

——沃尔特·约斯特

激进的科学修辞混淆了探究和论述之间的差别，合理的科学修辞必须承认自己是宣传不是探究，更不是科学。

——苏珊·哈克

科学修辞战略的源理论（修辞学）、元理论（科学修辞）以及永恒发展的科学实践决定了科学修辞战略具有难以克服的局限性，更为可怕的是，科学修辞战略实施的主体一旦随意误用科学修辞战略必将对科学造成损害。因此，科学修辞战略的两面性在很大程度上取决于科学修辞主体的态度，“强”修辞主义会将科学带向相对主义，而非修辞又会把科学重新带回绝对主义的老路上，而在其中把持必要张力的辩证修辞将为今后科学和科学哲学的发展提供一条希望之路。

第一节　易受批判的“强”科学修辞

有些科学修辞学家在突出科学修辞在科学实践中的地位的同时，并没有把持住科学修辞必要张力的范围和力度，而是进一步将科学修辞的作用和范围扩大化和极端化，其结果是必然招致批判，这些“强”科学修辞最终也走向了诡辩主义和相对主义的老路。

一、福勒的强科学修辞纲领（the strong program in the rhetoric of science）

福勒认为，在科学修辞学中，修辞为科学增添的东西是我们从文学批评、话语分析、解释学以及文化研究中所得不到的，更不用说哲学上的相对主义了。为了回答这一问题，福勒提出了一个科学修辞学的强纲领，这是一个模仿布鲁尔（D. Bloor）在科学知识社会学中提出的强纲领而建构出的概念框架和研究章程。福勒既试图通过这一纲领把科学修辞学与对科学进行哲学、文学、历史以及社会学的研究拉开一定的距离，同时又试图将其卷入修辞语境中，在此基底上进行理性和非理性地建构。

福勒试图通过提出两个一般性的问题把那些科学修辞学中具有强纲领特征的典型标准整合成为一个独特的研究议程。

1．有争论性的文化是否削弱了知识命题的重要性？如果这样，这又向我们讲述了有关科学知识本性的哪些特点？①

福勒认为，不存在可以摆脱文化批判的纯科学知识，具体来说，就是允许各种具有批判性的哲学家、历史学家、社会学家和文本学家对科学的知识命题进行多角度的批判，当然在批判或批评的修辞语境中，原本科学知识的客观性、进步性和中立性等先在的理性要素会从高头大马上被拉下来，受到历史、社会和哲学等语境要素的批评，在批评的语境中（没有人会反对批评，正如波普尔指出的那样，任何知识命题在任何时候都应该向批评敞开大门，批评是知识成长发展所必需的生命血液），修辞成了不可替代的双方斗争和融合的工具和武器，因为自修辞学形成之日起，批评就始终是修辞的本性之一。

福勒这里所提出的第一个支持科学修辞强纲领的问题在于强调科学修辞的批评性在科学知识领域具有普遍性，换句话说，在福勒眼中，没有可以独立于科学修辞批评的科学知识命题，同时，在科学修辞的语境中或机制内，哲学家、历史学家、社会学家和文本学都有权力对科学的知识命题进行多角度的批评，批评的结果也许会削弱但有时也会加强科学知识本性——逻辑性和客观性，这就如同达尔文的生物进化一般，在残酷的批评斗争中要么被击败，要么则不断进化完善而幸存下来。因此，福勒认为，要想在这种残酷的批评斗争中幸存下来，掌握科学修辞的好与坏将直接关系到科学知识的生存问题。

---

① Krips H，McGuire J E，Media T. Science，Reason，and Rhetoric. Pittsburgh：University of Pittsburgh Press，1995：112.

2. 今天我们写一本书，其对科学研究实践的影响可以与牛顿的《自然哲学的数学原理》以及达尔文的《物种起源》相媲美，从修辞角度看，这是可能的吗？如果这是不可能的，那么又将会告诉我们什么有关科学革命的本质呢？[①]

通常情况下，人们会给出两条理由来解释为什么说现今没有哪一本书的影响力可以与牛顿的《自然哲学的数学原理》以及达尔文的《物种起源》相媲美。其中的一条理由很简单，就是认为今天再也难找到像牛顿和达尔文那样具有天才般能力的人；另一条理由则认为，科学的相关分支还没有发展到足以可以进行像牛顿和达尔文那样综合的可能。

与此形成鲜明对照的是，科学修辞学的强纲领可以为此提供第三条可供考虑的理由：尽管也许有人具有进行这样综合的兴趣、精力和技术，但却没有人懂得如何进行写作，从而同时可以征服所有的受众。[②]

福勒认为，现今之所以找不出一本可以与牛顿的《自然哲学的数学原理》以及达尔文的《物种起源》相媲美的书，原因在于缺乏科学文本的写作技巧，即不知道如何运用科学修辞来进行科学知识的表达、写作和交流。

应当承认，尽管福勒这里所提出的第二个用于支持其强纲领的问题尽管有些极端，因为他认为，现今之所以找不出有哪一本科学著作能与牛顿的《自然哲学的数学原理》以及达尔文的《物种起源》相媲美，是因为现今的科学家不会或不懂得如何运用科学修辞进行科学写作，但其观点也是值得现今科学家深思的一个问题。

然而，为什么在最后的科学创作上无法写出那些可以影响整个人类或可以改变科学进程的著作呢？福勒这里所给出的唯一答案是没有恰当合理地使用科学修辞，换个逻辑说，成就那些伟大科学思想的唯一途径就只有在其中充分合理地使用了科学修辞的著作，再换句话说，只有征服了广大受众的著作才有机会使其科学思想获得成功，反之，即使是那些在逻辑上自洽、在内容上似真及在理论上符实的客观真理，如果没有科学修辞的助力也无法获得最后的成功。

如上所述，福勒的强科学修辞纲领尽管对现今的科学家有一定的借鉴和启发意义，但其弊端也是难以克服的：

首先，福勒的强科学修辞纲领过于强调批评或批判的作用，难以避免地会走向文化批判的相对主义道路上。福勒在第一个问题中，试图将各种具有批判性的哲学家、历史学家、社会学家和文本学家引入对科学的知识命题进行多角度的批判，从而彻底的批判或批评的修辞语境中，创造理性因素和非理性因素的碰撞机

---

① Krips H，McGuire J E，Media T. Science，Reason，and Rhetoric. Pittsburgh：University of Pittsburgh Press，1995：113.

② Krips H，McGuire J E，Media T. Science，Reason，and Rhetoric. Pittsburgh：University of Pittsburgh Press，1995：114.

会，试图削弱科学在客观性上的退步而在文化层面上的进步。如果科学修辞战略的本意在于削弱科学的客观性，那么必将对科学造成危害，必将滑入相对主义的泥潭，同时也背离了本书研究的初衷。

其次，福勒提出的第二支持强科学修辞纲领的问题过分突出了写作和文本在科学革命中的作用，这当然是舍本逐末的策略之举，如果大多数科学家遵循福勒的纲领，必然会更关注科学修辞而非客观世界，会更关注论辩的技巧而非自然的本性，会更蓄意或随意地使用科学修辞而非自然或恰当地使用科学修辞。通过前面章节的科学修辞战略研究，我们可以在那些经典的科学著作中找到大量的科学修辞案例，但我们不能本末倒置，说那些经典的科学著作之所以具有科学革命性完全是凭借科学修辞战略的使用和设置而得以实现的。苏珊·哈克也批评了这种激进的科学修辞学，反对将科学和文本等同，她认为，“激进的科学修辞学混淆了探究和论述之间的差别，合理的科学修辞学必须承认自己是宣传不是探究，更不是科学”[①]。

二、拉图尔从“弱修辞”走向“强修辞”进路

随着 20 世纪末科学知识社会学的异军突起，人们越来越关注科学知识的社会性，特别是以法国科学知识社会学家布鲁诺·拉图尔为代表的巴黎学派，他们通过实验室跟踪和田野式的调查，对科学家和技术专家的实践引入了社会分析，试图使人们了解科学家实际上是怎样工作的，“而不要听信哲学家们关于世界说了些什么，也不要听信科学家关于自然说了些什么[②]”。

拉图尔在对科学知识进行社会性分析的过程中发现，“科学的形成过程实际上是一个决定何种理论和观测将变为真实、何种理论和观测将遭到拒绝的过程，在这个过程中，争论和修辞学出人意料地扮演着重要角色，这使得盟友、资源和网络这些在科学的通常意义上‘非常规’的词语进入了科学的分析之中”[③]。

与福勒提出的强科学修辞纲领思路完全不同，拉图尔的强科学修辞是以现今科学文献（scientific literature）的过分修辞设计为研究进路，他强调在现今的科学文献中，甚至是在实验室中，都充斥着大量精心设计过的引证和引用，它们形成了强大的盟友和支持者网络，反对者很难对其进行反驳，因为反对者要面对的不是单单一个作者，而是强大的盟友阵营或引证权威。在拉图尔的代表作《科学在行动》中，拉图尔从下面四个方面系统阐述了科学从弱修辞走向强修辞的观点：

① 刘永谋. “中道”与审度：苏珊·哈克论科学. 科学技术哲学，2010，(5)：13.

② 布鲁诺·拉图尔. 科学在行动. 刘文旋，郑开译. 北京：东方出版社，2005：4.

③ 布鲁诺·拉图尔. 科学在行动. 刘文旋，郑开译. 北京：东方出版社，2005：8.

第一，传统科学争论转向现代语境中的科学争论。

正如在前面章节中分析的那样，传统意义上的科学争论会以修辞为语境、以辩证法为制衡，从而形成双方论辩的情形，在其中双方都有平等使用理性和非理性的修辞武器进行较量的权力，获胜的关键在于科学修辞的效度和强度。但拉图尔认为，现在的科学争论已经发生了转变，“人们开始利用文本（texts）、档案（files）、文件（documents）和文章（articles）来迫使别人把起初仅仅是意见的东西转变为事实。如果争论继续下去，那么口头争论中的竞争者就变成了技术文本或者技术报告的阅读者”①。在拉图尔眼中，文本修辞将直接关系到越来越具有科学性和技术性的科学文献的价值与存亡。

第二，引证的强修辞作用。

在传统的科学著作或文献中，也会出现少量的引证，但只起辅助的修辞作用，而且在那个新思想不断涌现，新理论不断生成的经典科学时代，几乎没有科学家会看重引证的作用，相反“引证”往往被视为是那个时代阻碍科学进步的羁绊和枷锁；此外，尽管在传统的科学争论中也允许“引证”——引用权威论证，但引证在传统科学争论中，同样也不能成为驳倒对方的唯一有效武器。

但时过境迁，拉图尔发现在现今的科学文献中，“一篇没有引证的论文就像一个无人跟随的孩子，深夜孤独地行走在他一无所知的大城市里，他会走失，会碰到任何可能发生的事情。相反，攻击一篇充斥着注脚的论文，这意味着持异议者必须削弱每一篇被它引证的其他论文，或者至少将被威胁着这么做。攻击一篇没有任何引证的论文则意味着读者和作者同是半斤八两，他们是一对一、面对面的”②。

在拉图尔看来，修辞的力量就在于使持异议者感到孤单，而从技术和科学上说，通过引入大量的资源使得读者遭到孤立，这恰恰发挥了引证的强修辞作用。

第三，科学文本写作的修辞化。

为了使科学文献更有说服力，除了引证，还必须引入更多的修辞因素，从而使论文更技术化，或用拉图尔的术语来说就是“更层积化”（stratified）。拉图尔提出以下三个科学文本写作的修辞手段：

（1）文章为自己设防。拉图尔认为，在一篇层积化的科学文本中，每一个断言都被文本以外或者文本以内的引证打断而转向其他部分，转向图式、柱形物、表格、图例和曲线图等，从而形成大量的保护层——新资源的联盟，这时反对者要反对的就不仅仅是引证的权威了，而是“众多文本已经防御性地采取了交迭、卷绕和层积化”③的形式，况且这些设防的新资源往往都是定量化的联系，“这已经不是一个是否相信的问题了，而是一个有关视力的问题了”④。

① 布鲁诺·拉图尔. 科学在行动. 刘文旋，郑开译. 北京：东方出版社，2005：49.
② 布鲁诺·拉图尔. 科学在行动. 刘文旋，郑开译. 北京：东方出版社，2005：72.
③ 布鲁诺·拉图尔. 科学在行动. 刘文旋，郑开译. 北京：东方出版社，2005：81.
④ 布鲁诺·拉图尔. 科学在行动. 刘文旋，郑开译. 北京：东方出版社，2005：78.

（2）部署战术。拉图尔认为，尽管我们已经为科学文本引入了数目众多的资源，但如何将它们组织起来，这就需要部署（positioning）：①堆叠——就是要把各个层次的资源恰当地堆叠，为了避免出现裂隙，每一个层次都应该为前一个层次增加某些东西，"一篇论文的堆叠就像建造一座石屋，每一块石头都要比上一块垒得更高、更远"。②安排和设计——和一般修辞学一样，科学文本撰写前也要预先估计读者的反对意见，如果能预先估计尽了反对者们的意见，那么就有可能最大限度地使读者或反对者哑口无言；此外，还要对科学文本的内容进行安排：什么是应当讨论的，什么是真正有趣的，以及什么是公认可争论的，什么是可以回避的等。③操控——即修辞学中的"抓住"（captatio）之意，就是反对者的所有行动都应当被控制起来，从而使他们与规模巨大的数目遭遇并被击败，使读者总是能够自由流动，然而却是在一条足够深的沟壑里，操控者们把所有其他可能的渠道都筑坝堵死，迫使读者在这一沟壑中碰到的只是更难以争论的仪器、更难以怀疑的图式、更难以辩驳的引证以及被堆叠起来的黑箱的阵列，逼使读者只能从引言一路流到结论，这就是强大的修辞学，它能使持异议者被逼得发疯。[①]

（3）方法的第二条规则。拉图尔所谓的第二条规则就是其第一条原理——事实和机器的命运掌握在后来使用者的手里——的逻辑推演，这条规则要求我们不要寻找任何给定陈述的内在性质，而要代之以寻找它在后来其他人手里所经历的全部转变，从而使我们能认清我们所处的位置。[②]

第四，实验室中成果的强修辞生成过程。

拉图尔认为，即使是最完美的科学文本，也总是至少存在着这样一个缺陷，即被它调用的大量资源据说来自仪器、动物和图像，来自处于该文本之外的事物，并且强硬的反对者于是可能试图通过拆散这种供给线而把文本置于险境，这样一来，他或她就将被从文本引向文本之外的实验室。[③]

但当摆脱了科学文本的读者进入所谓的神圣而庄严的实验室的殿堂的时候，是否就可以见到纯粹的科学知识的生成过程呢？拉图尔给出的答案是否定的。拉图尔通过体验和追踪实验室的生活，发现实验室并非是传统意义上的爱迪生发明灯泡的工作室，也并非是身着实验服的实验员严格按照实验程序夜以继日地做着谨慎记录的数据加工厂，而是充满着吵闹和争论的地方，随时都要为下一步的去向或步骤作出"个人或集体的决定"，随时都要与内部其他成员达成一致，也随时要与外界进行磋商，从而争取联盟的支持、资金的支持和政策的支持等，一句话，实验室已经全然变成了修辞场。

正如拉图尔描绘的一位实验室主管的旅行路线那样，他在全世界飞来飞去，

① 布鲁诺·拉图尔. 科学在行动. 刘文旋，郑开译. 北京：东方出版社，2005：82-97.
② 布鲁诺·拉图尔. 科学在行动. 刘文旋，郑开译. 北京：东方出版社，2005：97.
③ 布鲁诺·拉图尔. 科学在行动. 刘文旋，郑开译. 北京：东方出版社，2005：100.

与政府官员交谈，以争取更多的投资；与杂志编辑交谈，以说服他们开辟一个新专栏；与各种公司交谈，以使公司改进它们的仪器，从而使其实验室里进行的研究更有效率。[①]这显然不是传统意义上的科学知识的生成过程，但拉图尔坚信，在现代科学知识的生成过程中，每一个卷入其中的参与人员都对科学有贡献，根本无法寻找到一个可以摆脱社会因素的现代意义上的科学知识，而传统意义上把自然和社会分割开来的做法是错误的，相反，科学是一个“人类和非人类行动两者交互作用的场所，其中任何一方的因素并未被赋予特别的优先权”[②]。这样一来，科学知识在实验室中的生成最终变成了科学家与社会人员修辞磋商的结果。

应当承认，拉图尔的强科学修辞进路对于现代意义上的科学文本和实验室生活的考察是细致和客观的，在一定意义上揭示了当下科学家越来越无法摆脱的社会性和修辞性。客观地讲，在现代的科学文献中，我们根本找不到一篇非技术化的已刊发的论文，即在其中没有任何的引证、图式、表格、图例和曲线图等修辞设防，没有任何迫使读者走向作者唯一可以到达其结论的修辞安排和部署，同时也更找不出一个可以摆脱社会性的实验室，即在其中，没有修辞争论，没有政治磋商而只有与自然的对话。

但拉图尔的强科学修辞进路也至少存在着两个明显的缺陷：

（1）拉图尔的强科学修辞进路强调科学文本的修辞性却忽视了科学修辞的多面性。如前所述，真正“好的”科学修辞是有内在逻辑支撑的科学修辞，它不仅仅包括科学文献的修辞设计，更包括有科学辩证法作为逻辑和制衡的科学修辞战略的实施；不仅仅包括那些磋商技巧的软修辞，更包括那些争论双方在论辩场中较量证据强度和效度的硬修辞；不仅仅包括那些征服对手的劝说和反驳艺术，更包括那些正题和反题辩证统一的思维和话语的冲突和融合；不仅仅包括实验室的内外交流和磋商，更包括在知识生成过程中的修辞认知、心智的自我辩明以及征服自然的客观辩证升华。拉图尔的强科学修辞进路只是片面地强调了科学修辞多面性中的一面——科学文本的修辞性和实验室的社会性，忽视了科学修辞的多面性，最终使其强科学修辞进路别无选择地走向了文本的诡计之路。

（2）拉图尔的强科学修辞进路突出了实验室中的社会性，抹杀了科学的客观性和真理性。在拉图尔看来，实验室就是一个把一部或几部仪器聚集在一起的地方，更是一个再集结新盟友、再配置新修辞资源和通过仪器记录等实验程序制造事实的场所，“从论文来到实验室是从一组修辞学的阵列来到一组新的资源，这组资源被进行了这样的设计，从而能够向文献提供最强大的工具：可见显示。从论文走向实验室，只不过是从文献走向获得这一文献的盘旋的道路而已”[③]。换

① 布鲁诺·拉图尔. 科学在行动. 刘文旋，郑开译. 北京：东方出版社，2005：10.
② 布鲁诺·拉图尔. 科学在行动. 刘文旋，郑开译. 北京：东方出版社，2005：11.
③ 布鲁诺·拉图尔. 科学在行动. 刘文旋，郑开译. 北京：东方出版社，2005：112.

句话说，文献的证据来自实验室中的数据，而实验室中数据却是海量的，它们的采集和选用又受制于实验人员的判断和决定，而这些判断和决定又取决于文献的需要、争论的需要和社会的需要，最终事实成了被实验室制造出的产物，即新的修辞资源的成果。

可见，拉图尔不仅极端化了科学文献中的修辞之花，甚至还将其强科学修辞进路引入到了实验室，将实验室中的成果看成了科学修辞的产物，是一个可以为我们提供“事实制造的立体声舞台”[①]。尽管拉图尔也声称不想破坏科学中已经被接受的那一部分的稳固性，但他最终在其第三条方法规则中，提出“我们永远不能用产物，即自然，来解释一个争论是如何解决和为什么被解决的”[②]。这样一来，拉图尔的强科学修辞进路彻底走向了相对主义，抛弃了科学的客观性、逻辑性和进步性。

三、米德勒的十种诡辩之计

如果说福勒的强科学修辞纲领和拉图尔的强科学修辞进路在一定程度上还具有合理性，因为毕竟他们只是极端化了科学修辞某一方面的作用，那么米德勒列举出的十种利用权力以期实现利益的诡辩之计则完全令人难以接受，甚至都无法将它们列入强科学修辞的范围，而只能将其视为伪修辞或者是假借修辞的诡辩之计，因为它们完全偏离了“好的”科学修辞的轨道，背离了科学修辞的本性。

事实上，从古至今那些假借修辞之名实为诡辩之计的谋策一直都在败坏着科学修辞的名声，它们凭借权力的力量意在实现个人的目的，它们全然不顾理性的存在，疯狂地操作着人们的接受性，为此，米德勒详细地列举了十种利用权力以期实现利益的诡辩之计：①政治领域中的“抬轿”（spin doctoring）；②粉饰性的描述；③偏袒一方的调研；④账目的造假；⑤其他的统计操纵；⑥微妙的修饰语；⑦新闻的编辑；⑧影射性用语；⑨善意的（或不那么善意的）忽略；⑩不公正的修辞[③]。

第一，米德勒提出的政治上的“抬轿”是指，以一种对自己尽可能有利的方式来陈述或解读事实或事件的技巧。于是乎，对于同党派成员的言谈举止，都以尽可能优化的方式进行解读，反面的因素则尽量忽视，或轻描淡写，甚至一番巧舌如簧的辩解，让反面的也显得冠冕堂皇。另一方面，在描绘对手时则尽量放大其负面形象，对喜讯每个党派都争先恐后抢功劳，对经济上、世界政治上的负面

---

① 布鲁诺·拉图尔. 科学在行动. 刘文旋，郑开译. 北京：东方出版社，2005：168.

② 布鲁诺·拉图尔. 科学在行动. 刘文旋，郑开译. 北京：东方出版社，2005：166.

③ 米勒德·艾利克森. 后现代主义的承诺与危险. 叶丽贤，苏欲晓译. 北京：北京大学出版社，2006：239-246.

发展则想方设法将罪责推给对手。①

这是一种可怕的计策或计谋，是通过巧舌如簧的辩解来实现其利益或政治目的的手段，它毫无理性和客观性可言，试想它一旦入侵科学会带来怎样的后果。同时这也正是我们分析的科学修辞战略易遭误解之处，因为政治上的“抬轿”带来的不是有力的论证而是有利的狡辩，它使用的不是科学修辞战略而是诡辩之计，它不需要逻辑的支撑，需要的只是伶牙俐齿。

第二，粉饰性的描述是指在描述一桩行为时只指其结果，而不针对所描述的行为本身。②这样的描述如同宣布圣旨，读者或受众无权获得了解事实真相的机会，你们只需要知道结果就可以了，至于炮制的过程只有描述者知道。

第三，偏袒一方的调研。在争论的语境中，本应该处于中立的仲裁一方在利益或其他社会因素驱动下，做出了有利于某一方的调研和判断，使证据反转或形成新的调研证据更有利于利益的驱动方。

第四，账目的伪造。就是在财务报表上做些手脚，使其更有利于既得利益集团的资源分配。例如在研究项目上的资金夸大则有利于使公众相信项目的投入性和可靠性，而在研究项目上的资金缩小则有利于研究方掩饰在该项目上的浪费。此外，项目上的额外支出和变相支出则助长了科研项目上的腐败。

第五，其他的统计操纵。统计数据上的不可靠性主要来自统计方法上的概率性和人为操作性，特别是当科学从确定性走向不确定性和概率统计性的时候，这个问题显得尤为突出。这也正如拉图尔指出的那样，实验室中数据是海量的，它们的采集和选用又受制于实验人员的判断和决定，而这些判断和决定又取决于文献的需要、争论的需要和社会的需要，一旦实验人员或统计人员受到利益驱使，就很难做出公允的统计结果，最终的统计结果必将有利于利益驱动方。此外，就同一课题的研究，存在着不同的统计方法和统计口径，选用不同的方法和口径会得出不同的统计结果，当然究竟选用哪种统计方法或统计口径完全取决于统计者的决定。可见，来自统计上的操作或操纵有时将直接关系到统计结果乃至科学成果的真实性和有效性。

第六，微妙的修饰语。米德勒提醒我们要注意陈述句中那些修饰语的作用，“比如形容词、副词，原本是为了服务于陈述句字面上的真实，但其实它们可能和名词、动词一样重要，或许还更重要，一些比较级的词也都一样起到了这种作用”③。

与我们前面章节中所阐述的科学修辞语言战略不同，米德勒这里强调的是在

① 米勒德·艾利克森. 后现代主义的承诺与危险. 叶丽贤，苏欲晓译. 北京：北京大学出版社，2006：239.
② 米勒德·艾利克森. 后现代主义的承诺与危险. 叶丽贤，苏欲晓译. 北京：北京大学出版社，2006：239-240.
③ 米勒德·艾利克森. 后现代主义的承诺与危险. 叶丽贤，苏欲晓译. 北京：北京大学出版社，2006：239-243.

陈述句中限定词和程度词的作用，这无异于颠倒了轻重，夸大了形容词和副词的作用，如果科学的文本变成了诗歌、散文或朗诵的文本，科学也就会由真、善、美的殿堂转变成由华丽辞藻堆砌而成的宫殿。

第七，新闻的编辑。米德勒指出，“对于一份报纸而言，编辑新闻是一项必要的活动，因为收集到的材料几乎总是要比发表的多。可是在编辑的时候，主观的因素总是会以某种方式渗透出来，从而使总体印象产生偏斜”[①]。新闻的操纵手段多种多样，包括断章取义、有目的选题和有意识排版等，特别是受到利益集团或科学共同体控制的新闻媒体，他们都会朝着有利于控制方的方向来裁减、加工和编辑，他们会为控制方造势，平息反对方的声音。

第八，影射性用语。与追求真实性、真理性和客观性的科学论述不同，文本主义的用语往往是含沙射影或含糊其辞的，它们追求的是用语上的诗性，留给读者的是想象而非限制。尽管在科学论述中也有像隐喻等这样的诗性用语，但其仅仅属于修辞上的助力而非主力，它们是前科学理论的语言发明和后理论阶段实验验证的受体。因此，科学论述中的用语当然要防止诗性语言的大量入侵和流行，其结果必然会削弱科学论述的客观性和真实性。

第九，善意的（或不那么善意的）忽略。“好的”修辞是公平的修辞，它赋予论辩双方平等的申辩和控诉的权力，但如果其中一方利用其他的权力不让对方发话或者对异己者的意见“视而不见、听而不闻”，“好的”修辞就被扭曲成了诡辩之策。

第十，不公正的修辞。米德勒指出，“我们必须认识到，媒体是仅次于政府的拥有最大权势的机构，它能操纵真理，或者从事利用知识的行当，使知识成为权力的手段”。一份期刊对一个问题可能只反映一方的观点而不反映另一方的，甚至不承认有另一方的观点，也可以只允许自己冷嘲热讽却不给嘲讽者反击的机会。[②]

这种修辞的不对称直接导致了修辞的失效，因为修辞的本性赋予了论辩双方使用修辞方法的公平性，尽管修辞双方也许在地位和身份上存在着差异性，较量的结果并不取决于修辞某一方的势力而是修辞的论证力度和效度。

综上所述，米德勒这里提出的十条诡辩之策大致可以分为两类：一类是政治上的伎俩或利益上的驱动，第二类是语言上的欺骗。尽管这十条诡辩之策不属于我们探究的科学修辞战略的范围，但我们应该清醒地认识到，这恰恰是修辞易遭误解之处，同时也是科学修辞易滑入的泥沼之地。因此，我们一方面应该时刻警惕这些诡辩之策假借科学修辞之名入侵科学，对科学造成危害或破坏；另一方面，我们也应该注意对科学修辞的误用而带来的这些后果。

① 米勒德·艾利克森. 后现代主义的承诺与危险. 叶丽贤，苏欲晓译. 北京：北京大学出版社，2006：243.
② 米勒德·艾利克森. 后现代主义的承诺与危险. 叶丽贤，苏欲晓译. 北京：北京大学出版社，2006：246.

四、两种值得警惕的科学修辞态度

概括地讲，在对待科学修辞的态度上，存在着三种不同的态度——非修辞、强修辞和辨证修辞的态度。非修辞的态度秉承了传统科学哲学中的逻辑经验主义的观点，认为在科学领域根本不需要修辞的渗透，科学应该是修辞无涉的领域，修辞不过是语言上的修饰，修辞对科学的入侵无疑会对科学造成危害，导致更多的科学诡辩或欺骗，科学实践需要的只是经验上的证实和理论上的自恰，科学语言需要的也只是逻辑语言和公式符号，根本没有科学修辞的容身之处，其基本理念是——“科学需要探索和研究的是自然，而非论证中的对手。”[①]正如布斯指出的那样，甚至“大多数科学家在今天仍然认为修辞和他们庄严的探索毫不相干；同样，修辞往往只是诡辞而已。最近，许多有关‘科学之修辞’的书籍和文章的问世引发了诸多愤怒的回应。这些回应者担心，仅‘科学之修辞’一词就会破坏科学的断言”[②]。

与此形成鲜明对比的是，某些后现代主义者立足“大科学”时代背景，充分吸收当代科学知识社会学、历史主义以及文本主义的某些观点，提出在“大科学”时代的条件下，多数科学研究工作，在工作目标的确定上、实验程序的订立上及成果的评价与交流上完全都是由科学共同体来完成的，甚至在某些开发研究中，共同体的目标和任务的确定以及成果的评价在相当大的程度上是由雇主来决定的。由此，科学共同体就成了科学研究中的主角，他们不但需要说服共同体的内部成员就共同体的纲领、目标、任务以及新成果的交流评价达成一致，而且面对外部的压力和竞争还要形成一致对外的合力，共同面对学术中的“生存斗争”，正是共同体的内部修辞语境和一致对外的辩护语境为科学修辞学留下了大显其能的空间。

值得注意的是，某些极端的强修辞主义者继承和发挥了科学知识社会学的某些观点，进一步把“现实”“真理”和“知识”看作是不存在于外界的待人去发现的客观的东西，即使通过所谓的“科学论证”所获得的“知识”和“真理”也不是客观的，而是修辞的结果。他们给出的理由是：在逻辑证明时，不是从支撑材料到达结论，而是相反：你在证明结论的时候，是根据要证明的结论去选择材料，所以论证这个过程本身就是主观性的；此外，选择某一种材料其实也不是客观的，因为选择是对现实的建构或反映，其实就是对现实的偏离，选择 A 其实就是回避 B。因此，他们提出质疑说，科学论证不是不带主观倾向的，知识、真理、现实不是百分之百客观的，[③]科学论证的过程和结果就是修辞的过程和

① Bacon F. On the Dignity and Advancement of Learning. London：Longman Press，1973：168.

② 韦恩 · 布斯. 修辞的复兴. 穆雷等译. 南京：译林出版社，2009：273.

③ 邓志勇. 修辞理论与修辞哲学. 上海：学林出版社，2011：96.

结果。

更有甚者，直接把科学知识看成是科学协商或政治磋商的结果。在他们眼中，科学不仅在理论形态上，而且在实验的经验层次上也发生了根本性的变化，因为证据是靠技术手段获得的，而技术手段是靠基金来支持的，他们坚信的唯一目标就是权力和金钱，于是修辞成了他们唯一能实现其目标的万能工具。据此，福勒提出了他所谓的科学修辞的强纲领——“通常情况下，人们会给出两条理由来解释为什么说现今没有哪一本书的影响力可以与《自然哲学的数学原理》以及达尔文的《物种起源》相媲美，其中的一条理由很简单，就是认为今天再也难找到像牛顿和达尔文那样具有天才般能力的人，另一条理由则认为，科学的相关分支还没有发展到能够足以进行像牛顿和达尔文那样综合的可能，而科学修辞强纲却给出了一条新的可供考虑的理由：尽管也许有人具有进行这样综合的兴趣、精力和技术，但却没有人懂得如何进行写作，同时还可以征服所有的受众，然而这两点修辞的运用恰恰就是别人无法超越牛顿和达尔文的原因之所在。”①看来，强科学修辞已经把科学上的成功等同于科学修辞运用的直接结果，换句话说，缺少了科学修辞的科学是无法获得成功的，同时科学家要想取得成功就必须首先成为一位非凡的修辞学大师。

显然，非科学修辞的观点因为担心修辞会对科学所起到“有害”的作用就如同毒蛇对夏娃所起的作用②——科学家会在提出某些科学命题时使用那些引诱性的语言，会最终使科学或科学的受众误入歧途，因而态度坚决地拒斥修辞对科学的入侵，但非科学修辞的观点忘记了拒斥修辞在科学语境中的张力无异于把我们重新带回逻辑经验主义的老路上，再次陷入我们所分析的传统科学的困境之中。此外，正如拉图尔所言，科学也不能一方面大肆使用修辞手段，另一方面又强烈地排斥和贬低修辞学，这是可笑的，这仅仅是一种掩耳盗铃的心理习惯。

持科学修辞万能观点的强科学修辞则更难站住脚跟，因为无论是福勒提出的强科学修辞纲领思路，还是拉图尔的强科学修辞进路都片面地强调了科学修辞的作用亦无异于要用泛文本、泛文化、泛社会以及泛后现代主义的观点彻底取代传统科学中的客观性、基础性和进步性，选择这条路无异于走上了与费耶阿本德一样的告别理性的不归之路。

幸运的是，我们还有另外一条进路——科学修辞的辩证法进路可供选择，这也正是本书力图追求的希望之路。

---

① Fuller S. Philosophy，Rhetoric and the End of Knowledge：The Strong Program in the Rhetoric of Science. Madison：University of Wisconsin Press，1993：107.

② Kitcher P. The cognitive functions of scientific rhetoric. Journal of Philosophy，1990，(5)：22.

第二节　科学修辞战略本身和实践中的局限性

科学修辞战略的局限性首先是由科学修辞源理论——修辞学自身的缺陷性所决定的，正如亚里士多德对于修辞学最初的定义所言，修辞学是一门劝说艺术，它所覆盖的事务和事物都带有不确定性，得出的结论也是或然性的；其次，科学修辞战略的局限性也是由科学修辞元理论特性——语境性所决定的，科学修辞具有语境性特征决定了科学修辞战略的实施也必然会带有社会性、历史性和文本性等局限性烙印；再次，科学实践的永恒发展性也决定了先前由科学家在当下发明的科学修辞战略的滞后性；最后，科学修辞战略的人为误用性也决定了科学修辞战略转为科学诡辩的可能性。

一、科学修辞战略本身的局限性

修辞学本身的两面性从根源上决定了科学修辞战略也不可避免地具有局限性，“好的”修辞会将人类引向一个“信”“达”“雅”的世界，而“欺诈的”修辞则最终会把人类带到一个“无定向”“无规则”“无进步”的渊薮。

同时科学修辞的语境性特征也从特质上决定了实施科学修辞战略必将卷入历史性、社会性、人为性和功利性等非理性因素中，失去制衡的科学修辞战略也必将会对追求真、善、美的科学造成危害。

首先，科学修辞战略的历史性决定了科学修辞战略无法形成定量化的、公式化的或程序化的方法论工具，更无法找到一种亘古不变、一劳永逸的科学修辞方法，换句话说，昨天适当的科学修辞方法很难再适用于今天的科学实践，更不用说明天的科学实践了，否则拿不适时的科学修辞战略生搬硬套必将给科学套上枷锁，阻碍科学的发展。

其次，科学修辞战略的社会性决定了科学修辞战略的“阶级性”和固化性。每一位科学家或科学共同体都有平等的权利使用科学修辞，但使用科学修辞的科学家或科学共同体却处于不同的“阶级”——等级，这种等级上的分裂性最终造成他们使用科学修辞的力度和强度上的差异性，并逐渐固化，形成了阻碍科学新思想的桎梏。

最后，科学修辞战略的人为性和功利性决定了科学修辞战略的利益驱动性。受到利益驱动的科学修辞战略必将失去制衡，如同脱缰的野马，特别是当在几个竞争性的科学方案中进行优选时，受到更大或更多利益驱动的科学方案（这既包括前利益驱动——有更多资金支持、有更多权威支持，也包括后利益驱动——有更广阔的商业前景，有更多升迁机会等）必将会有更大的胜算，特别是当几个科学方案在科学的客观性、逻辑性等理性要素势均力敌难分高下之时，受到利益驱动的科学修辞战略通常会发挥一语定乾坤的作用，而不会给那些暂时处于孱弱状态的、也许在未来科学发展上更有前途的科学方案以机会。

二、科学修辞战略实践的局限性

应当指出的是，我们在前一章中所分析的科学修辞战略都是科学家根据当下所处的具体情况而采取或发明的战略，并不存在任何的固定模式，也并非是一劳永逸的“万能钥匙”。尽管科学修辞战略在科学史的案例分析中确有其实战性、有效性和必要性，换句话说，其积极意义是不容置疑的，但其局限性同时也是不容忽视的，下面我们将着重对几种具体的科学修辞战略的局限性进行详细的分析。

第一，就经验优先性战略而言，由于不存在着中性的观察，观察会受到理论的污染，因此经验观察的可靠性是值得怀疑的；此外，按照奎因整体主义的观点，任何科学命题或理论都不是各自孤立的，而是与其周围条件和其他理论密切相联系的，因而与它联系的周围条件和其他理论就构成了这个理论的背景知识，当实验事实与该理论不相一致时，是该理论错了，还是背景知识有问题是无法确定的，用经验事实来作为竞争理论判断的标准是有问题的。

为此，拉卡托斯提供了一个著名的例子，“试想象在爱因斯坦之前，如果有一位物理学家发现了一颗小行星 P 背离了计算轨道运行，他能认为这就证伪了牛顿理论 N 吗？显然不能。他会猜想：一定另有一颗尚未发现的行星 P′干扰了行星 P 的轨道。于是他计算出行星 P′的运行轨道，并请一位天文学家去观测。如果观测不到行星 P′，他就会猜想这是由于行星 P′的质量太小了，现有的天文望远镜观测不到它。于是他会向研究基金会申请建造更大功率的天文望远镜来重新进行观测。如果还是观测不到，他就会因而放弃牛顿理论吗？不会，他还会猜想可能是由于一团宇宙尘埃遮住了行星 P′……不会，他还可以继续想出各种其他类似的辅助性假设来，使它从经验的反驳中永恒地挽救回来”[①]。

第二，理论优先性战略也存在着一定程度上的局限性。科学史向我们表明，甚至是最清楚和最明确的概念（空间、时间、因果关系、物质及数字）都无法逃脱有朝一日被修正的命运，而且甚至是最为纯粹的感知（例如对图形和运动的感知）也都不可能不被歪曲，从而使得传统科学认识论的意义不断得以削弱：从确定性到真理性，从真理性到概率性，从概率性到逼真性。可见，从历史主义的角度看，我们很难找到任何凝固不变的清规戒律，更难以以此作为评判竞争理论优先的标准或依据。

① Lakatos I. The Methodology of Scientific Research Programmes. Cambridge，New York：Cambridge University Press，1978：98.

这也难怪邦迪在面对宇宙稳态学说与能量守恒原理相冲突时，会愤愤不平地辩护说："当然，能量守恒原理确实已经存在了相当长的时间，但是，当埃丁顿指出，该原理之所以已存在了这么久的时间，只是因为在物理学上能量是被定义为守恒的，我认为，他指出了症结。"①换句话说，那些通过约定主义而形成的定义、定理甚至是原理不应该为了自身免受修改而成为阻碍科学探索的桎梏，因此能量守恒原理也并不是一条碰不得的教条。

第三，正如拉卡托斯所指出的那样："判决性实验只是在数十年后才被认为是判决性的。水星近日点的反常行为作为牛顿纲领中许多尚未解决的困难之一已经有数十年；但是，只有在爱因斯坦的理论更好地说明了这个事实之后，才把这个阴沉沉的反常变成了对牛顿研究纲领的光辉'反驳'。英国物理学家托马斯·杨认为，他在 1801 年的双缝实验是在光学的微粒纲领和波动纲领之间的一个判决性实验，但他的主张只是在菲涅耳大大'进步地'发展了波动纲领，而且牛顿论者显然无法同它的启发力相抗衡之后不久，才得到承认。"②

这表明对于相互竞争的理论的裁决并不是一件容易的事情，因为从科学史看，相互竞争的理论往往会有一个漫长的、不平衡的发展过程，在其中，尽管某些具有压倒优势的经验证据，或无可辩驳的逻辑，会在当时的科学背景下为某一理论的胜出起到关键性的作用，但这并不意味着某一次的裁决就可以彻底分出竞争理论的优劣或胜负，也许若干年后，当时被裁决失败的理论又会随着实验条件的改变、科学认识的深化而重新占据上风。

例如，在关于光的本性的争论中，在给牛顿微粒说以沉重打击的两个实验——光的干涉和衍射实验后，19 世纪 60 年代，麦克斯韦又总结了电磁现象的基本规律，建立了光的电磁理论。到了 80 年代，赫兹通过实验证实了电磁波的存在，并证明电磁波确实同光一样，能够产生反射、折射、干涉、衍射和偏振等现象，利用光的电磁说，对于以前发现的各种光学现象，都可以做出圆满的解释。这一切使波动说锦上添花，使它在同微粒说的论战中，取得了无可争辩的胜利。

然而，正当波动说欢庆胜利的时候，意外的事情发生了，以太存在的否定和光电效应的发现又一次要置波动说于死地，波动说完全陷入了困境。爱因斯坦运用光量子说——全新意义上的微粒说，把光电效应解释得一清二楚。至此，光的微粒说又昂首挺胸活跃在科学的舞台上。但是，爱因斯坦并没有抛弃波动说，而是把二者巧妙地结合在一起，并辩证地指出光——同时又是波，又是粒子；是连续的，又是不连续的。

可见，对于两个相竞争的理论而言，双方会逐渐深入对方的领域，结果某一

① Bondi H B. Rival Cosmological Theories. New York：Oxford University Press，1960：55.

② 伊姆雷·拉卡托斯. 科学研究纲领方法论. 兰征译. 上海：上海译文出版社，2005：89.

方会利用裁决争论的修辞战略来宣布己方获胜，但这只能称得上是某一次战斗的胜利，[①]双方的战争并不会因为这次战斗而完结，因为在这次小的战斗中获胜的理论可能很快、也可能很久之后在随后的战斗中，面对新的经验证据或在新的实验结果面前又会败下阵来；相反，在这次小的战斗中失败的理论可能很快、也可能很久之后在随后的战斗中，又会卷土重来，英姿焕发地重新步入科学殿堂，取代相竞争的理论或与相竞争的理论辩证共存。

第四，诉诸权威的修辞论证也存在着一定局限性，甚至是一定的危害性。伽利略就曾经在其著作《关于托勒密和哥白尼两大世界体系的对话》中，对其进行了犀利的批判。伽利略指出，如果我们是在讨论法律或者古典文学上的一个论点，其中就不存在着什么正确和错误的问题，那么我们也许就可以把我们的信心寄托在作者的信心、辩才和丰富的经验上，并且指望他们在这方面的卓越成就能使他把他的理论讲得娓娓动听，而且人们不妨认为这就是最好的论述；但是自然科学的结论就必须是正确的，必然的，不以人的意志为转移的，我们讨论时就得小心，不要使自己为错误辩护，因为在这里，任何一个人，只要碰到了真理和事实，那么即使是有 1000 个狄摩西尼和 1000 个亚里士多德也都要陷入困境。换句话说，即使是亚里士多德这样流传千古的权威在事实面前也会失效，连亚里士多德本人也承认这一点——亚里士多德承认，由于距离太远很难见到天体上的情形，而且他承认，哪一个人的眼睛能更清楚地描绘它们，就能更有把握地从哲学上论述它们。而现在多亏有了望远镜，我已经能够使天体比离亚里士多德近三四十倍，因此辨别出天体上的许多事情，都是亚里士多德所没有看见的，别的不谈，单是这些太阳上的黑子就是他绝对看不到的事实，所以我们要比亚里士多德更有把握地对待天体和太阳。而且伽利略认为，如果亚里士多德能够看到天上的那些新发现，他将改变自己的意见，并修正自己的著作，除非亚里士多德是一种顽固不化、头脑固执和不可理喻的人，一个专横的人，他把一切别的人都当作笨牛，把自己的意志当作命令，而凌驾于感觉、经验和自然本身之上。[②]

但亚里士多德的权威究竟是怎样形成的呢？伽利略认为，真正给亚里士多德戴上权威王冠的，是他的那些信徒们，他自己并没有窃取这种权威，或者据为己有，由于披着别人外衣藏起来比公开出头露面方便得多，他们变得非常胆怯，不敢越出亚里士多德一步，他们宁可随便地否定他们亲眼看见的天上的变化，而不肯动亚里士多德天界中的一根毫毛。

事实上，在科学家论述自己观点的时候，往往都会引用该学科或本领域内流传时间较长、也较为成熟的权威理论或权威人士的观点，因为在科学研究中，科学家们不可能对所有涉及的问题都进行论证，也不可能对所有涉及的实验数据全

① 伊姆雷·拉卡托斯. 科学研究纲领方法论. 兰征译. 上海：上海译文出版社，2005：87.

② 陈如松. 世界名人论辩技巧赏析：科学巨匠的论辩格调. 北京：当代世界出版社，2007：178.

部进行重复，于是就形成了下面的这种论辩模式：

前提：A 是某一领域 F 内的一位权威；

A 断言：T 理论或观点被认为是真的；

T 属于 F 领域。

结论：T 就可以被认为是真的或可信的。

应当说，权威论证一方面有助于提高科学研究的效率、提升自己理论或观点的可信度以及增加其获得本学术界认可的几率，但另一方面，同时也是我们不能忽视的，有时这些看起来有较强说服力的权威理论或权威人士并不十分可靠，“事实上，所有的科学家都完全清楚，在官方文献中整理和保存的多数知识远非令人信服……因此，大量在官方文献中被（非常真诚地）宣称的东西，后来往往被证明是非常错误的”[①]。因为新的实践和新的语境要求我们必须考虑这些权威的相关性、失真性和可变性问题，在新的事实面前也许那些过去（不管它是流传多少年的权威）在当时也许是正确的权威就会失去效力，甚至成为科学进步最大的障碍。

新的科学修辞战略也力图弥补这一局限性，沃尔顿就试图通过其新论辩术来完善权威论证，他为这种权威论证提出了相配套的九个批判性问题：

（1）A 真的是 F 领域内的一位名副其实的专家吗？

（2）A 真地断言 T 被认为是真的吗？

（3）专家的声明是被直接引述的吗？如果不是，是否提及原始资料？能对它进行核对吗？

（4）如果专家建议没有被引述，那么它看起来像是被遗漏的重要信息或限定条件吗？

（5）如果不止一个专家被引述，那么每一个权威是被分别引述的吗？他们之间有分歧吗？

（6）权威所说的清楚吗？使用未解释清楚的专业术语了吗？如果建议是以外行人用语表达的，那么这是否能表明：它是由专家所给出的某种其他表达形式转化而来的？

（7）T 与 F 领域相关吗？

（8）T 与 F 领域其他专家所说的一致吗？

（9）T 与 F 领域已知证据一致吗？[②]

可见，沃尔顿这里为完善权威性论证而提出的这九个批判性问题是有一定借鉴意义的。试想，2007 年发生的“华南虎事件”的当事人如果能够严格遵循这

---

① 约翰·齐曼. 真科学. 曾国屏等译. 上海：上海科技教育出版社，2008：299.

② Walton D. Argumentation Schemes for Presumptive Reasoning. Mahwah：Lawrence ErLbaum Associates，1996：65-66.

种权威论证的批判性题设，怎么会去聘请几位非相关专业领域的“权威”来对所谓的“华南虎”进行鉴定呢？

最后，在科学实践中广泛而且频繁使用的传统价值（如简单性优先于复杂性）优先性战略也并非是一种一劳永逸的战略，尽管爱因斯坦等一直在为其进行辩护，“从有点像马赫的那种怀疑的经验论出发，经过引力问题，我转变成为一个信仰唯理论的人，也就是说，成为一个到数学简单性中去寻求真理的唯一可靠源泉的人”[①]。然而，传统价值（以简单性原则为例）优先性战略尽管在科学实践中屡获战功，并有屡试不爽的自大，但它却存在两个难以解决的难题。

第一个难题是简单性真的是自然界的本来面目吗？尽管自牛顿以来，科学探索都在致力于寻找宇宙万物运动的最简单的原因，不断运用“奥康剃刀”剔除那些多余的原因，最终将物质构成的简单性、运动规律的简单性和科学方法的简单性作为最高的追求目标，但自 20 世纪以来，随着科学的深入发展尤其是以耗散结构理论、协同学和突变论为代表的系统科学的发展，经典力学无论在宇观还是微观领域都遭受到了难以解释的困难，其局限性日益暴露，最终使得试图用经典力学的观念来解释一切物理现象的雄心变成了难以实现的幻想，同时也说明了由传统科学理论所描述的简单化的科学实在并不等同于有着生动性、丰富性与复杂性特征的自然实在；之后，越来越多的科学家也认识到，对于自然实在、生物生存和人类而言，复杂性要比简单性更基本，可能性要比现实性更可能，演化要比静止不变更合理。

第二个难题是简单性真的优先于复杂性吗？按照简单性优先性战略，无论数据促使我们思考的假说有多么复杂，当对这些假说进行彼此之间的比较时，我们看来仍然会赋予简单性更多的权重，即使证据充分地证明了自然是相当复杂的，简单性仍然可以继续发挥推理的功用。[②]然而，令人遗憾的是，为了赢得简单性，又有多少富含真理成分的假说只因较为复杂而被抛弃呢？此外，科学家发现，越是接近于数据的假说，经常是离真理越远，而更简单的假说，尽管可以更好地预测新的数据，但经常却是不太拟合于目前的数据的。[③]可见，以简单性作为竞争理论优选的标准并不是一劳永逸和永保成功的万能工具，即使获得成功，有时也会为此付出一定代价。

第五，在科学修辞语言战略中，运用隐喻和类比的危险性也是值得我们时刻警惕的。尽管在思想的初始阶段，隐喻以及与之密切相关的类比早已成了科学熟练运用的工具，但长时间以来，科学家们却只能悄悄地使用它们，因为对它们的反对不仅仅是公开的，而且甚至到了无法容忍的地步，反对者们指出，隐喻和类

① 爱因斯坦. 爱因斯坦文集. 第一卷. 许良英，范岱年译. 北京：商务印书馆，1976：380.
② 牛顿-史密斯. 科学哲学指南. 成素梅，殷杰译. 上海：上海科技教育出版社，2006：525.
③ 牛顿-史密斯. 科学哲学指南. 成素梅，殷杰译. 上海：上海科技教育出版社，2006：528.

比是一种特别容易从正确前提推出错误结论的推论方式，因为隐喻又被称作“诗的本质”，它通过错觉来起作用，而且可以肯定地说，科学家的事业恰恰与之相反，因此隐喻和类比似乎是科学家们最迫切需要避免的，也难怪一些哲学家会提出它们在科学中毫无位置的极端观点。

在科学史上，19 世纪英国物理学家托马斯·杨就曾经利用类比来论证其观点——光本质上是一种波现象，在其最初发表的一篇论文中，托马斯·杨写道：“光是发光体施加给以太的推动力的一种传播”，这种思想在当时仅仅是一种推测，但托马斯·杨说他已经完成了证明，是“通过薄盘的颜色和管风琴一系列金属管的声音之间的类比”来完成证明的。[①]但其朋友剑桥三一学院的乔治·皮科克（George Peacock）却在 1855 年——托马斯·杨去世 26 年后，波动理论也早已被坚实地确立起来后，仍然在其论文集提醒读者要小心托马斯·杨使用这个类比可能带来的错误，因此，他在引用托马斯·杨的那篇论文的一个关键句子后加了星号，并给出了一个苛刻的注脚，这或许在整本论文集中都是唯一的：“这一类比是空想，是完全没有根据的——编者注”[②]。这充分说明，隐喻和类比所起的作用就如同一柄双刃剑——既是创造性的，同时也是充满冒险性的。

应当承认，任何任意夸大科学修辞战略作用的鼓吹，或是抛弃理性根基而滥用科学修辞战略的行为都会对科学造成危害，毕竟科学的生成不仅仅包括语言交流的实践，它更包括科学家在头脑中认知和思维的实践以及在实验室中实验和分析的实践。对此，舍格斯特尔的评价恰如其分，“修辞学的观点几乎赋予了语言、文本和话语以神奇应有的权力，与此同时却忽略了科学工作的组织化和材料性语境，修辞是但仅仅是这个工作的很小的一部分，正如它所做的那样，主要表现在科学表征的公共舞台上。科学家用修辞说服人是真实的，但只是其工作的很小的一部分”[③]。客观地讲，科学修辞战略仅仅是科学家根据当时所处的具体情况而采取或发明的战略，并不存在任何的固定模式，其合理性还有待于进一步完善和发展。

①② 杰拉尔德·霍尔顿. 爱因斯坦、历史与其他激情. 刘鹏等译. 南京：南京大学出版社，2006：89.
③ 奥利卡·舍格斯特尔. 超越科学大战. 黄颖等译. 北京：中国人民大学出版社，2006：175-176.

结语：对科学修辞战略的展望

只有当真理的辩护者不理解和不运用修辞时，错误的思想观点才会盛行起来。

——亚里士多德

具有启发作用的修辞，能够把人类引导到一个充满希望、文雅而又相互尊重的世界；而无知的、欺诈的修辞，会把人类引导到一个绝望的、不能忍受的世界。

——温科学

如前所述，在看待科学修辞的观点上，存在着三种截然不同的观点——非修辞的观点、强修辞的观点和辩证修辞的观点。具体来说，非科学修辞的观点因为担心修辞会使科学或科学的受众误入歧途，因而态度坚决地拒斥修辞学对科学的入侵，但非科学修辞的观点忘记了拒斥修辞在科学语境中的张力无异于把我们重新带到逻辑经验主义的老路上，再次陷入我们所分析的传统科学理性的困境之中；而持科学修辞万能观点的强科学修辞则更难站住脚跟，因为片面强调科学修辞的作用亦无异于要用泛文本、泛文化、泛社会以及泛后现代主义的观点彻底取代传统科学中的客观性、基础性和进步性，选择这条路无异于走上了与费耶阿本德一样的“告别理性”的不归之路。

那么，我们究竟应该对科学修辞持怎样的观点呢？换句话说，究竟哪一条科学修辞进路才能在传统科学理性与后历史主义的非理性主义立场之间形成必要和合理的张力呢？本书从以下八个方面系统论述了这一问题：第一，科学修辞战略复兴的时代背景；第二，科学修辞战略的合理性辩护；第三，科学修辞战略的构成因素；第四，科学修辞战略的辩证逻辑；第五，科学修辞战略的基本类型；第六，科学修辞战略与科学争论；第七，科学修辞战略的积极意义；第八，科学修辞战略的局限性。本书的研究结果表明，只有秉持辩证修辞的态度才能为科学修辞寻求一条希望之路。

面对 21 世纪科学哲学的发展，郭贵春提出了科学哲学四个近期努力实现的目标：①重铸科学哲学发展的新的逻辑起点——要超越逻辑经验主义、历史主义、后历史主义的范式；②构建科学实在论与反实在论各个流派之间相互对话、交流、渗透与融合的新平台；③探索各种科学方法论相互借鉴、相互补充和相互交叉的新基底；④坚持科学理性的本质，面对前所未有的消解科学理性的围剿，要持续地弘扬科学理性的精神。[①]

尽管在辩证理性指导下的科学修辞战略的实施会在“一定程度上弱化规范理性对科学活动的强约束，但却在更大程度上延展了科学理性运动的疆域，开拓了实现科学理性的新方法”[②]；尽管我们还不能想当然地依据本书中的论证就推论或推定科学修辞战略一定会成为今后科学哲学发展的中心，但我们却有充分的理由相信科学修辞战略可以通过自身不断地完善和发展而成为引领和推动科学哲学发展的一支重要力量。理由来自科学修辞战略的四个基本特征，换句话说，科学修辞战略的基本特征不仅与上述科学哲学目标吻合，而且也是实现上述科学哲学目标的必要方法和途径。

第一，科学修辞战略具有“辩证理性”特征——构建科学哲学新的逻辑起点。

“辩证理性”是科学修辞战略的逻辑支撑，正是因为有了这一逻辑支撑，科学修辞战略才获得了立足和得以实施的基石，逻辑和理性也被从它们绝对的先在的高度降低到历史和社会的语境网络当中，而心理和文化则从科学的对立面，融入了理性的行列中。

科学修辞战略实施过程离不开“辩证理性”的支撑。没有了辩证理性支撑的科学修辞战略就是“自由社会中”的诡辩论，因为辩证理性在这里提供了“对自然的高度思索”，没有这个基础，科学修辞战略就没有了依据，也必将迷失方向，并有可能对科学造成危害；相反，在辩证理性指导下，经过反复劝说-反驳的思维完善或飞跃，论辩双方最终达成的共识——意见一致，既不是政治决策的结果，同时也不是共同偏见的结果。可见，正是科学修辞战略的内制——辩证理性——保证了双方论证的合法性和有效性。

尽管我们还不能由此以点带面地把“辩证理性”看作是整个科学哲学的逻辑起点，毕竟，将支撑整个科学哲学宏伟大厦的重任交由一个分支领域中的逻辑起点来承担，未免显得科学修辞战略过于势单力薄，难以承担如此大任。客观地讲，科学修辞也并不能解决所有科学哲学问题，但却至少可以把富有张力和活力的“辩证理性”看作是支撑整个科学哲学众多逻辑起点中大有前途、富有竞争力的一个，毕竟我们要重铸的科学哲学发展的新的逻辑起点不是单一的“阿基米德支点”，而是由众多逻辑起点汇集而成的具有整体语境性的“逻辑原点”。

---

① 郭贵春，成素梅. 科学哲学的新趋势. 北京：科学出版社，2010：iv.

② 郭贵春. 后现代科学哲学. 长沙：湖南教育出版社，1998：5.

第二，科学修辞战略具有交际性特征——构建不同思想、观点之间相互对话、交流、渗透与融合的新平台。

科学修辞的特质——修辞的同一性和交际性——不但保证了双方有平等进行对话、互动、交流、批判和反驳的可能性，而且也可以构建一座双方或多方进行沟通思想、通约概念、交流评价、听取意见、表达观点、公平论辩、博采众长、完善发展、搁置争议和达成共识的平台或桥梁，在其中科学共同体成员不但可以与其内部成员交流，而且还可以与其他的共同体进行交流，从而最大限度地消除内部成员之间的隔阂以及不同共同体之间的壁垒，为人类的最终解放铺平道路；同时，科学论辩双方在交际的互动过程中，既可以相互理解也可以相互修正，其结果可以是一方的观点获得胜利，同时其也在交际过程中获得完善和提升，也可以是双方观点交际后的新生，它源于双方原初观点又高于双方原初观点。

可见，缺少了交际中的修辞，人类要么会走向封闭，要么会走向冲突，正是交际修辞打开了封闭的大门，控制了冲突的炮火，为人类和谐发展和最终得到“解放”起到了“缓冲器”或“整流器”的作用。

第三，科学修辞战略具有批判性特征——探索各种科学方法论相互借鉴、相互补充和相互交叉的新基底。

与世俗日常语言中尖酸刻薄的批评不同，与文学评论中指点江山的批评不同，同时也与时事评论中针砭时弊的批评不同，科学修辞学中的批评或批判方法不仅仅是一种批判思维和批评对方理论的工具，而是立足于更开阔的空间，以更包容的态度去“聆听”对方、“审美”对方，它不会去排斥那些历史、社会及文本的分析方法，而是要与那些传统的逻辑和经验方法形成“批判”后的优选方法论集合一同去“解题”。

众所周知，传统科学理性主义失败的原因之一就在于过于笃信传统科学方法的可靠性，同时相对主义难逃失败噩运的原因之一也在于过于轻视科学方法的规范，既然在方法论上的两个极端思路都以失败告终，那么就应该在两个极端之间寻求一个平衡点，将那些传统的逻辑方法和经验方法以及非理性的历史、社会、文本和心理方法汇集成一个多方法的集合，对“难题”形成多维度、宽领域和全方位的思考，但这个多方法的集合并不是简单地方法论总汇，而是一个经过科学修辞“批判优选”后的方法集合，在其中，各种科学方法论相互借鉴、相互补充、相互交叉和相互竞争，从而保证了更优势方法的形成，从而避免了方法论上的多元论和一元论。

第四，科学修辞战略具有理性重建特征——弘扬科学理性的精神

正如郭贵春教授所说的那样，科学哲学的“正途”就是要去弘扬科学理性，而不是去彻底消解科学理性。尽管科学修辞战略中的科学文献写作上的文本主义、战略设计上的心理主义、语境中的历史主义和社会建构论撬开了传统理性的

大门，但它们并不是要把传统科学理性元素全部驱逐出去，而是进行新的以科学修辞语境为基底的理性重建，使科学领域内的分析对象成为一种具有劝导性的网状集合，从而再造了一个理性与非理性可以相互交流的公共空间，两者在其中并不矛盾，而是相互辩证统一的，都是人类认识世界的不同视角，因为正是这些非理性因素的引入延伸或拓宽了传统科学理性的疆域和思路，同时也正是保留了传统科学理性中的理性因素对相对主义形成了制衡和防范，由此重建的科学理性是一种更具有开放性、包容性和整体性的科学理性。

但不可否认的是，科学修辞战略的源理论（修辞学）、元理论（科学修辞）、科学修辞战略实施主体的主观性以及永恒发展的科学实践性都决定了科学修辞战略具有难以克服的局限性。因此，科学修辞战略的两面性在很大程度上取决于科学修辞主体的态度，“强”修辞主义会将科学带向相对主义，而非修辞又会把科学重新带回绝对主义的老路上，而只有在其中能够把持必要张力的辩证修辞才有希望成为今后科学修辞学发展的趋向。

总之，从研究目的上看，科学修辞战略研究的目的在于证明在科学事业中修辞维度的重要性，尽管具有复杂性的科学无法简单还原为修辞理论或修辞战略，但却可以让修辞分析加入其他分析模型的行列中，一起来阐释人类追求的伟大真理。

从研究意义和价值上看，科学修辞战略的研究就是去挖掘和提炼出那些经典的科学修辞方法和机制，从而在认识论上形成一个理性和非理性交织、融合的理性重建过程，在方法论上形成一个多维度的“批判优选”分析方法，其价值就在于它最终要引领人类走向“开放的”“公平的”和“和谐的”社会，而不是逻辑经验主义的“封闭社会”，更不是费耶阿本德的“自由社会”。

在新的科学“论辩”（argumentative）时代背景下，观点对峙、唇枪舌剑、有效论证、捍卫真理，以及在更高层次上聆听、审美和达成共识已成为这个时代最显著的特征，这无疑都给科学修辞战略的实施留下了广阔的空间。

参 考 文 献

爱因斯坦. 1976. 爱因斯坦文集. 第一卷. 许良英，范岱年译. 北京：商务印书馆.

爱因斯坦. 爱因斯坦文集. 第一卷. 许良英，范岱年译. 北京：商务印书馆.

奥利卡・舍格斯特尔. 2006. 超越科学大战. 黄颖等译. 北京：中国人民大学出版社.

保罗・蒂普勒. 1981. 近代物理学基础及其运用. 《近代物理基础及其应用》翻译组译. 上海：上海科学技术出版社.

保罗・法伊尔阿本德. 1990. 自由社会中的科学. 兰征译. 上海：上海译文出版社.

北京大学哲学系. 1981. 西方哲学原著选读. 上卷. 北京：商务印书馆.

波普尔. 2001. 猜想与反驳. 傅季重等译. 上海：上海译文出版社.

布鲁诺・拉图尔. 2005. 科学在行动. 刘文旋，郑开译. 北京：东方出版社.

蔡仲. 2004. 后现代相对主义与反科学思潮. 南京：南京大学出版社.

曹天予. 2000. 科学和哲学中的后现代性. 哲学研究，（2）：11-19.

曹天元. 2011. 上帝掷骰子吗：量子物理学史话. 沈阳：辽宁教育出版社.

陈嘉映. 2007. 哲学 科学 常识. 北京：东方出版社.

陈如松. 2007. 世界名人论辩技巧赏析：科学巨匠的论辩格调. 北京：当代世界出版社.

成素梅，郭贵春. 2007. 语境论的真理观. 哲学研究，（5）：73-78.

成素梅，李洪强. 2004. 析佩拉的科学修辞方法. 哲学动态，（10）：17-22.

成素梅. 1998. 论科学实在. 北京：新华出版社.

成素梅. 2003. 量子测量的解释语境与实在论. 山西大学博士学位论文.

成素梅. 2008. 理论与实在. 北京：科学出版社.

达尔文. 1982. 人类的由来及性的选择. 北京：科学出版社.

达尔文. 2002. 物种起源. 周建人等译. 北京：商务印书馆.

达尔文. 2007. 物种起源. 谢蕴贞译. 北京：商务印书馆.

丹皮尔. 2001. 科学史. 李珩译. 桂林：广西师范大学出版社.

邓志勇. 2011. 修辞理论与修辞哲学. 上海：学林出版社.

恩格斯. 1971. 自然辩证法. 北京：人民出版社.

费耶阿本德. 1992. 反对方法. 周昌忠译. 上海：上海译文出版社.

费耶阿本德. 2002. 告别理性. 陈建等译. 南京：江苏人民出版社.

冯・赖特. 2003. 知识之树. 北京：生活・读书・新知三联书店.

伽达默尔. 1999. 真理与方法. 洪汉鼎译. 上海：上海译文出版社.

高辛勇. 1997. 修辞学与文学阅读. 北京：北京大学出版社.

高之栋. 1986. 自然科学史讲话. 西安：陕西科学技术出版社.
郭贵春. 1991. 科学争论及其意义. 自然辩证法通讯，(3)：22-28.
郭贵春. 1998. 后现代科学哲学. 长沙：湖南教育出版社.
郭贵春. 2002. 语境与后现代科学哲学的发展. 北京：科学出版社.
郭贵春. 2004. 科学实在论的方法论辩护. 北京：科学出版社.
郭贵春. 2007. 隐喻、修辞与科学解释. 北京：科学出版社.
郭守夫. 2009. 古希腊语言哲学思想. 科学技术哲学研究，(5)：40-44.
郭贵春，成素梅. 2002. 当代科学实在论的困境与出路. 中国社会科学，(2)：87-97.
郭贵春，成素梅. 2008. 科学哲学的新进展. 北京：科学出版社.
郭贵春，成素梅. 2010. 科学哲学的新趋势. 北京：科学出版社.
郭贵春，魏屹东. 2006. 科学大战与后现代主义科学观. 北京：科学出版社.
哈尔· 赫尔曼. 2001. 真实地带：十大科学争论. 赵乐静译. 上海：上海科学技术出版社.
海森堡. 1981. 物理学和哲学. 北京：商务印书馆.
汉斯·波塞尔. 2002. 科学：什么是科学. 李文潮译. 上海：上海三联书店.
黑格尔. 1956. 哲学史讲演录. 第 1 卷. 北京：生活·读书·新知三联书店.
黑格尔. 1979. 精神现象学. 上卷. 贺麟，王玖兴译. 北京：商务印书馆.
黑格尔. 1980. 小逻辑. 贺麟译. 北京：商务印书馆.
洪效楠. 2005. 科学文化哲学研究. 上海：上海文化出版社.
胡曙中. 1999. 美国新修辞学研究. 上海：上海外语教育出版社.
怀特. 1981. 分析的时代. 杜任之译. 北京：商务印书馆.
姜萍. 2011. 修辞学视野中的转基因技术争论研究. 科学技术哲学研究，(6)：96-101.
杰拉尔德·霍尔顿. 2006. 爱因斯坦、历史与其他激情. 刘鹏等译. 南京：南京大学出版社.
金炳华. 2007. 哲学大辞典. 上海：上海辞书出版社.
鞠玉梅. 2011. 社会认知修辞学：理论与实践. 北京：外语教学与研究出版社.
卡尔·皮尔逊. 2003. 科学的规范. 李醒民译. 北京：华夏出版社.
肯尼斯·博克. 1998. 当代西方修辞学：演讲与话语批评. 常昌富，顾宝桐译. 北京：中国社会科学出版社.
兰西·佩尔斯，查理士·撒士顿. 2006. 科学的灵魂. 潘柏滔译. 南昌：江西人民出版社.
李伯聪. 2008. 选择与建构. 北京：科学出版社.
李洪强，成素梅. 2006. 论科学修辞语境中的辩证理性. 科学技术与辩证法，(4)：41-44.
李洪强，成素梅. 2007. 科学中的实用论证. 科学技术与辩证法，(4)：40-47.
李建华. 2004. 科学哲学. 北京：中共中央党校出版社.
李小博. 2004. 科学修辞学研究. 山西大学博士学位论文.
李小博. 2010. 科学修辞学研究. 北京：科学出版社.
里克曼. 2006. 理性的探险. 姚休译. 北京：商务印书馆.

理查德·罗蒂. 2003. 哲学和自然之镜. 李幼蒸译. 北京：商务印书馆.
理查德·罗蒂. 2004. 真理与进步. 杨玉成译. 北京：华夏出版社.
利奥塔. 1996. 后现代状况：关于知识的报告. 岛子译. 长沙：湖南美术出版社.
梁庆寅，江龙. 2007. 论辩术的新发展及其对科学论证的贡献. 哲学研究，(6)：86-92.
列宁. 1995. 列宁选集. 第二卷. 中共中央马克思恩格斯列宁斯大林著作编译局译. 北京：人民出版社.
刘大椿. 2002. 科学活动论与互补方法论. 桂林：广西师范大学出版社.
刘珺珺. 1987. 科学中的权威结构. 自然辩证法通讯，(6)：27-34.
刘魁，干承武. 2005. 经典科学知识论的理论困境与未来趋向. 科学技术与辩证法，(6)：45-48.
刘鹏. 2010. 三万英尺高空的相对主义者. 科学技术哲学研究，(5)：50-54.
刘亚猛. 2008. 西方修辞学史. 北京：外语教学与研究出版社.
刘永谋. 2010. “中道”与审度：苏珊·哈克论科学. 科学技术哲学，(5)：12-16.
娄永清. 2005. 哲学相对论. 北京：人民出版社.
罗姆·哈瑞. 2006. 认知科学哲学导论. 魏屹东译. 上海：上海科技教育出版社.
马尔切洛·佩拉. 2006. 科学之话语. 成素梅，李洪强译. 上海：上海科技教育出版社.
马赫. 1975. 感觉的分析. 洪谦，唐钺，梁志学译. 北京：商务印书馆.
迈克尔·马尔凯. 2001. 科学与知识社会学. 林聚任等译. 北京：东方出版社.
米勒德·艾利克森. 2006. 后现代主义的承诺与危险. 叶丽贤，苏欲晓译. 北京：北京大学出版社.
苗力田. 1995. 古希腊哲学. 北京：中国人民大学出版社.
默顿. 2003. 科学社会学. 鲁旭东，林聚任译. 北京：商务印书馆.
塞耶. 1974. 牛顿自然哲学著作选. 上海外国自然科学哲学著作编译组译. 上海：上海人民出版社.
牛顿-史密斯. 2006. 科学哲学指南. 成素梅，殷杰译. 上海：上海科技教育出版社.
乔尔· 利维. 2011. 科学争论. 张雷等译. 长沙：湖南科学技术出版社.
全增嘏. 1985. 西方哲学史. 下册. 上海：上海人民出版社.
史蒂文·塞德曼. 2001. 后现代转向. 吴世雄等译. 辽宁教育出版社.
斯蒂芬·贝斯特，道格拉斯·科尔纳. 2004. 后现代转向. 陈刚译. 南京：南京大学出版社.
孙思. 2005. 理性之魂. 北京：人民出版社.
腾慧群. 2006. 语法修辞关系新论. 哈尔滨：黑龙江人民出版社.
托马斯·库恩. 2003. 科学革命的结构. 金吾伦，胡新和译. 北京：北京大学出版社.
托马斯·库恩. 2005. 必要的张力. 范岱年等译. 北京：北京大学出版社.
瓦尔特尔·霍利切尔. 2006. 科学世界图景中的自然界. 孙小礼等译. 上海：上海世纪出版集团.
王士平. 1998. 科学的争论. 北京：科学出版社.
王巍. 2004. 科学哲学问题研究. 北京：清华大学出版社.
王彦雨，高璐. 2010. 科学与修辞：从二元对立到辩证统一. 科学技术哲学研究，(6)：32-37.

王治河. 1998. 扑朔迷离的游戏——后现代哲学思潮研究. 北京：社会科学文献出版社.
威廉·哈维. 2005. 心血运动论. 凌大好译. 西安：陕西人民出版社.
威廉·詹姆士. 1997. 实用主义. 陈羽纶等译. 北京：商务印书馆.
韦恩·布斯. 2009. 修辞的复兴. 穆雷等译. 南京：译林出版社.
维特根斯坦. 1962. 逻辑哲学论. 郭英译. 北京：商务印书馆.
温科学. 2006. 20 世纪西方修辞学理论研究. 北京：中国社会科学出版社.
温科学. 2009. 中西比较修辞论. 北京：中国社会科学出版社.
夏基松，沈斐凤. 1987. 西方科学哲学. 南京：南京大学出版社.
肖显静. 2006. 科学哲学研究三大转向的内涵及意义简析. 科学技术与辩证法，(2)：52-56.
谢林. 1977. 先验唯心论体系. 北京：商务印书馆.
许向东. 2006. 怀疑论、知识与辩护. 北京：北京大学出版社.
亚里士多德. 1991. 修辞学. 罗念生译. 北京：生活·读书·新知三联书店.
亚里士多德. 2003. 修辞术·亚历山大修辞学·论诗. 彦一，崔延强译. 北京：中国人民大学出版社.
亚里士多德. 2005. 修辞学. 罗念生译. 上海：上海人民出版社.
阎莉. 2008. 整体论视域中的科学模型观. 北京：科学出版社.
颜青山. 2001. 科学是什么. 长沙：湖南科学技术出版社.
杨仲耆，申先甲. 1993. 物理学思想史. 长沙：湖南教育出版社.
野家启一. 2002. 库恩范式. 毕小辉译. 石家庄：河北教育出版社.
伊曼纽尔·沃勒斯坦. 2006. 知识的不确定性. 王日丙等译. 济南：山东大学出版社.
伊姆雷·拉卡托斯. 2005. 科学研究纲领方法论. 兰征译. 上海：上海译文出版社.
约翰·齐曼. 2002. 真科学. 曾国屏等译. 上海：上海科技教育出版社.
泽诺. 2003. 哲学中的语言学. 万德勒，陈嘉映译. 北京：华夏出版社.
张家治，刑润川. 1988. 科学技术史简明教程. 北京：科学出版社.
张志伟. 2002. 西方哲学史. 北京：中国人民大学出版社.
朱永生，董宏乐. 2001. 科技语篇中的词汇隐喻、语法隐喻及其互补性. 山东外语教学，(4)：5-8.
Aristotle. Rhetoric. Roberts W R，trans. New York：Random House，Inc.
Bacon F. 1973. On the Dignity and Advancement of Learning. London：Longman Press.
Balashov Y，Rosenberg A. 2002. Philosophy of Science：Contemporary Readings. London：First Published by Routledge.
Black M. 1962. Models and Metaphor. New York：Cornel University Press.
Bondi H B. 1960. Rival Cosmological Theories. New York：Oxford University Press.
Brown R H. 1987. Society as Text，Essays On Rhetoric，Reason and Reality. Chicago：University of Chicago Press.

Brown R H. 1987. Society as Text：Essays on Rhetoric，Reason and Reality. Chicago：The University of Chicago Press.

Brulle R. 1988. Power，Discourse，and Social Movements. unpublished paper：Washington：George Washington University.

Burke K. 1935. Permanence and Change. New York：New Republic Inc.

Burke K. 1945. A Grammar of Motives. New York：Prince-Hall.

Burke K. 1950. A Rhetoric of Motives. New York：Prince-Hall.

Burke K. 1966. Language as Symbolic Action. Berkeley：University of California Press.

Burke K. 1973. The Philosophy of Literary Form：Studies in Symbolic Action. Berkeley：University of California.

Cahoone L E. 1996. From Modernism to Postmodernism. Oxford：Blackwell Publishers Inc.

Campbell G. 1963. The Philosophy of Rhetoric. Carbondale：Southern Illinois University Press.

Cohen I B. 1989. Studies on William Harvey. New York：Arno Press.

Darwin C. 2003. The Origin of Species. Maryland：Wildside Press.

Descartes R. 1985. Rules for the Direction of the Mind. Cambridge：Cambridge University Press.

Dick H C. 1955. Selected Writings of Francis Bacon. New York：Modern Library.

Farrel T B. Landmark Essays on Contemporary Rhetoric. New Jersey：Lawrence Erlbaum Associates Publishers.

Farrell T B. 1998. Landmark Essays on Contemporary Rhetoric. New Jersey：Lawrence Erlbaum Associates Publishers.

Feyerabend P. 1975. Against Method. London：NLB.

Fuller S. 1992. Philosophy，Rhetoric and the End of Knowledge. Madison：University of Wisconsin Press.

Fuller S. 1993. Philosophy，Rhetoric and the end of Knowledge：The Strong Program in the Rhetoric of Science. Madison：University of Wisconsin Press.

Gross A H. 1990. The Rhetoric of Science. Cambridge：Harvard University Press.

Habermas J. 1990. The Philosophical Discourse of Modernity. Cambridge：Polity Press.

Harris R A. 1997. Landmark Essays on Rhetoric of Science：Case Studies. New Jersey：Lawrence Erlbaum Associates Publishers.

Hesse M. 1980. Revolutions and Reconstructions in the Philosophy of Science. Bloomington：Indiana University Press.

Iser W. 1987. Representation：a performative act// Kreiger M. The Aims of Representation：Subject/Text/History. New York：Columbia University Press.

Jevons F R. 1981. W. Harvey's quantitative method. Bulletin of the History of Medicine.（36）：462.

Johannesen R L. 1980. Contemporary Theories of Rhetoric. Oxford：Oxford University Press.

Jost W，Hyde M. 1997. Rhetoric and Hermeneutics in Our Time. New Haven：Yale University Press.

Kilgour F. 1994. William Harvey's use of the quantitative method. Yale Journal of Biology and Medicine，(25)：410-421.

Klee R. 1999. Scientific Inquiry：Readings in the Philosophy of Science. Oxford：Oxford University Press.

Koertge N. 2000. "New Age" philosophies of science：constructivism，feminism and postmodernism. British Journal for Philosophy of Science. 51（4）：667-683.

Krips H，McGuire J E，Media T. 1995. Science，Reason，and Rhetoric. Pittsburgh：University of Pittsburgh Press.

Kuhn T. 1970. Structure of Scientific Revolution. 2nd ed. Chicago：The University of Chicago Press.

Lakatos I. 1978. The Methodology of Scientific Research Programmes. Cambridge，New York：Cambridge University Press.

Latour B. 1983. Give me a laboratory and I will raise the world//Cetina，M. Science Observed：Perspective on the Social Study of Science. London：Bevery Hills：142.

Laudan L. 1984. Science and Values. Berkeley：University of California Press.

Louis J L. 1999. Contemporary Rhetorical Theories. New York：The Guilford Press.

Lyotard J-F. 1984. The Postmodern Condition：A Report on Knowledge. Minneapolis：University of Minnesota Press.

Massey G J. 1998. Rhetoric and Rationality in William Harvey's De Motu Cordis. Los Angeles：University of Southern California Press.

McErlean J. 2000. Philosophy of Science：From Foundation to Contemporary Issues. Belmont：Wadsworth Publishing Co.

Pera　M. 1994. The Discourses of Science. Chicago：The University of Chicago Press.

Peralman C H. 1963. The Idea of Justice and the Problem of Argument. Petrie J，trans. London：Routledge and Kegan Paul.

Perelman C H. 1969. The New Rhetoric：A Treatise on Argumentation. Wilkinson J，Weaver P，trans. Notre Dame：University of Notre Dame Press.

Perelman C H. 1982. The Realm of Rhetoric. Klubach W，trans. Notre Dame：University of Nortre Dame Press.

Popper K R. 1961. The Logic of Scientific Discovery. New York：Harper&Row.

Richards I A. 1965. The Philosophy of Rhetoric. New York：Oxford University Press.

Ross A. 1991. Strange Weather：Culture，Science，and Technology in the Age of Limits. London：Verso Press.

Rummelhant D E. Metaphor and Thought. Cambridge：Cambridge University Press.

Russell B. 1920. Form and Function. London：George Allen and Unwin.

Shapere D. 1991. On Deciding What to Believe and How to Talk about Nature. New York：Science History Publication.

Snow C P. 1959. The Two Culture and the Scientific Revolution. New York：Cambridge University Press.

Stove D. 1982. Popper and After：Four Modern Irrationalists. Oxford：Pergamon Press.

Toulmin S. 1998. Science and the Many Faces of Rhetoric. Pittsburgh：University of Pittsburgh Press.

Tulmin S. 1958. The Uses of Argument. Cambridge：Cambridge University Press.

Tulmin S. 1972. Human Understanding. Princeton：Princeton University Press.

Walton D. 1996. Argumentation Schemes for Presumptive Reasoning. Lawrence ErLbaum Associates.

Weaver R M. 1948. Ideas Have Consequences. Chicago：University of Chicago Press.

Weaver R M. 1964. Vision of Order：The Cultural Critics of Our Time. Baton Rouge：Louisana State University Press.

Weaver R M. 1985. The Ethics of Rhetoric. Davis：Hermagoras Press.

Whately R. 1989. Elements of Rhetoric. London：Heinemann Educational Books.

White R M. 1996. The Structure of Metaphor. Cambridge：Blackwell Publishers.

后　　记

在书稿交付出版之际，我的内心既感到无比激动和兴奋，同时也感到十分惶恐。激动和兴奋的是，自 2001 年选定本研究课题起，经过 3 年的攻读硕士期间的资料准备阶段，4 年博士论文的撰写阶段，又经过了 9 年国家社科基金课题的拓展和完善阶段，终于可以与更多的受众进行分享和交流，也终于可以聆听和接受各位专家和学者的批评和指正了。惶恐的是，这是我的第一本学术性著作，书中的观点和见解难免会暴露出自己的年轻、无知和浅薄，生怕自己知识上的浅薄和学术上的不严谨影响到本书的水平。

但幸运的是，本书最终得以付梓，我想这首先归功于我的导师成素梅教授。在近 16 年的科学修辞研究过程中，从本书的选题、资料的收集到本书框架的建构，再到本书的定稿，每一个细节都倾注了成老师的心血。事实上，每当我思想松懈的时候，成老师都会给予我深刻的警醒和激励；每当我面对课题无从下笔和深感迷茫的时候，成老师都会像灯塔和领航人一样为我指明方向，令我茅塞顿开。成老师学识上的渊博、思想上的深邃和学术上的严谨都给我留下了深刻的印象和一生的精神财富。师恩浩荡，我将永生难忘。

还要特别感谢牛芳教授，牛老师为我能顺利完成本书的课题研究创造了良好的环境和提供了多次难得的学术交流机会。她对知识的尊重，对"真、善、美"的追求以及对青年学者的爱护和关心，无不让我难以忘怀，珍藏在心。我想如果没有了这些帮助，本书是无法顺利完成的，同时也要感谢我的同事闫世强老师为本书所做出的大量工作，包括子课题的研究、资料的收集和整理以及最后的校正。

感谢山西大学科学技术哲学研究中心的殷杰教授，正是殷老师为本书的研究提供了大量的资料，在与殷老师多次的学术交谈中，他也为本书提出了许多宝贵的意见和建议，从而使本书有了新的突破和新的进展。感谢柯林斯教授和古克礼教授在来山西大学科学技术哲学研究中心访问期间与我面谈时就科学修辞最新动态所给予的中肯建议和悉心指导。同时也要感谢巴西里约大学哲学系的萨里奥教授等，他们在里约举办座谈时，为本书提出了许多宝贵的建议。感谢我的同学张莉、张克军、刘杰等，我们一起度过了人生最弥足珍贵的研究生阶段，也正是由于他们的帮助，我的研究才得到了不断的完善和发展。

最后要感谢的是我的家人，是他们为我营造了和睦而温馨的家庭氛围，是她们的理解和支持才使得我能够专注于自己的研究工作。

多少个失眠之夜，多少个沉默之夜，多少个奔腾之夜……只希望自己的努力和奋斗能够不辜负国家、母校和师友对自己的培养和期望，也希望能够给自己的孩子留下一笔理解“奋斗”内涵的精神财富。

感谢科学出版社的编辑刘溪先生和刘巧巧女士，他们为本书的最后出版付出了巨大的努力，他们的认真和敬业让我肃然起敬，在此向他们表示深深的谢意！

限于我的研究水平，本书难免会有不足之处，恳请各位专家、师长、学界同仁和读者批评指正。

李洪强

2016 年 5 月